普通高等教育“十一五”国家级规划教材（精品）

21世纪高等学校计算机规划教材

21st Century University Planned Textbooks of Computer Science

大学信息技术应用基础

（Windows 7+WPS 2012）（第3版）

University Fundamental of Information Technology and Application (3rd Edition)

吴丽华 主编

人 民 邮 电 出 版 社

北 京

图书在版编目（CIP）数据

大学信息技术应用基础 : Windows 7+WPS 2012 / 吴丽华主编. -- 3版. -- 北京 : 人民邮电出版社，2013.8（2015.1 重印）
21世纪高等学校计算机规划教材
ISBN 978-7-115-32371-2

Ⅰ. ①大… Ⅱ. ①吴… Ⅲ. ①电子计算机－高等学校－教材 Ⅳ. ①TP3

中国版本图书馆CIP数据核字(2013)第191079号

内 容 提 要

本书根据教育部高等教育司最新制订的“高等学校大学计算机教学基本要求”编写而成，目的是适应高等院校计算机“非零起点”的公共基础课教学任务。

本书分为六大模块，分别为：信息技术与计算机技术办公实用软件 Office、多媒体技术、计算机网络及应用、数据库应用基础、程序设计基础。主要内容包括信息技术与计算机、计算机系统组成、Windows 7 操作系统、WPS Office 2012 办公软件、多媒体技术、Photoshop 图像处理、计算机网络及 Internet 应用、数据库基础知识、程序设计基础、信息安全与职业道德。

本书涵盖了高等学校各专业计算机公共基础课的基本教学内容，可用作高等院校各专业计算机公共基础课教材，还可作为计算机等级考试培训教材，也可供不同层次从事办公自动化的工作者学习参考和使用。

◆ 主　　编　吴丽华
责任编辑　邹文波
责任印制　彭志环　焦志炜

◆ 人民邮电出版社出版发行　　北京市丰台区成寿寺路 11 号
邮编　100164　　电子邮件　315@ptpress.com.cn
网址　http://www.ptpress.com.cn
三河市海波印务有限公司印刷

◆ 开本：787×1092　1/16
印张：19.5　　2013 年 8 月第 3 版
字数：511 千字　　2015 年 1 月河北第 3 次印刷

定价：42.00 元

读者服务热线：(010)81055256　印装质量热线：(010)81055316
反盗版热线：(010)81055315

第 3 版前言

21 世纪是以工业文明为基础、信息文明为手段、生态文明为目标的高速发展的世纪。以计算机、微电子和通信技术为核心的现代信息科学和信息技术的迅猛发展及其越来越广泛的应用，已使人类社会的经济活动和生活方式都产生了前所未有的巨大变化。知识经济使得人们更加清楚地认识到，在信息化社会里，对信息的获取、存储、传输、处理和应用能力越来越成为一种最基本的生存能力，信息素养也逐步被社会作为衡量一个人文化素质高低的重要标准之一。而以计算机学科为代表的计算思维，即运用计算机科学的基本概念去求解问题、设计系统和理解人类的行为，成为信息时代中的每个人都应当具备的一种思维方式。

随着我国中学信息技术教学的推广和规范，高校新生的计算机应用基础起点已有了显著的提高，大学计算机基础教育将面临新的任务和挑战。当前社会对大学生的信息处理与应用能力提出了更高的要求，已成为衡量大学毕业生的工作能力、学习能力和计算思维能力的重要标志之一。因此，大学计算机课程的教学基本任务，应该依据社会就业、专业特点，以及创新、创业人才培养所需要的计算机知识、技术及应用能力的培养，在教学过程中重视培养“计算思维”能力。计算机基础教学也应从产品教学转换到注重培养学生的信息技能和素质上来，提高大学生的计算机应用能力和计算思维能力。

本书是根据中国高等院校计算机基础教育改革课题研究组的《中国高等院校计算机基础教育课程体系（CFC）》课题报告的最新指导精神，结合教育部高等教育司组织制订的《高等学校大学计算机教学基本要求》的最新文件而编写的。本书作为理论教材课堂讲授。与本书配套的《大学信息技术应用基础上机实验指导与测试第 3 版》一书，可作为实验上机指导使用。

本书分为 6 个知识模块，分别为：信息技术与计算机技术、办公实用软件 Office（或者 WPS）、多媒体技术、计算机网络及应用、数据库应用基础和程序设计基础。全书以 Windows 7 操作系统为背景，设置了多媒体技术、网络技术、数据库技术和程序设计基础等知识模块，扩充计算机应用领域，力求使学生能适应信息化社会的要求，培养具有创新精神的复合型人才。凡目录前有“*”的，表示这部分内容难度较大，可供老师根据教学需要选讲。

本书的主要特点如下。

（1）教学内容与当前信息化社会需求息息相关。将计算机技术和信息技术作为教学内容的主体，并且从内容结构上保证课程从单纯的技术层面扩展到学生的应用层面、思维方法、社会责任与行为规范。

（2）知识涵盖面广，内容丰富。内容编写遵循“广度优先”和“应用优先”原则，扩展学生的视野，启发创新思维，提高学生的应用能力和学习能力。

（3）注重知识更新，反映了当代计算机技术的新成就和新应用。以操作平台 Windows 7+WPS 2012 版（或者 Windows 7+ Office 2010 版）为基础，从教学一线的实际需求出发，尊重计算机教学特点，扩充计算机应用领域，既有理论，又有实践指导，力求编写简明扼要，操作性强。

（4）全书共分为 6 个模块，提供了当前大学生应具备的信息技术 6 个方面的知识，为教学提供了不同方面的知识的组合方式，可供不同院校根据各专业的需求进行选用。

（5）在编写中既注重了各方面知识之间的相互渗透，又有机地结合，避免了以往计算机基础教材中各方面知识之间相互独立的缺点。

本书由吴丽华、冯建平、符策群、周玉萍、蒋文娟、吴泽晖、邢琳等教师编写，第 1、2 章由吴丽华编写，第 3 章由符策群编写，第 4、5、6 章由冯建平编写，第 7 章由邢琳编写，第 8、9 章由周玉萍和吴泽晖共同编写，第 10 章由蒋文娟编写。全书由吴丽华统稿，共十几位教师参与了该书的审稿工作。在编写过程中，得到了同行专家、学者们的大力支持和帮助，在此向他们表示衷心感谢!

本书提供了实用的教学资源，包括电子教案、实验辅导、实验素材和习题参考答案。使用本书的学校如有需要，可与人民邮电出版社联系。由于时间仓促，编者水平有限，书中难免存在疏漏和不足之处，敬请广大读者批评指正。

编　者

2013 年 7 月

第三次修订

目 录

第1章 信息技术与计算机

【本章概述】

本章首先从信息的含义、特征和作用出发，对信息技术及其发展和应用进行阐述；其次介绍计算机技术的发展、特点、分类和应用领域；然后介绍信息化社会的计算机文化和信息素养的内涵，最后介绍了计算思维的概念、原理和能力的培养。

1.1 信息与信息技术

自从人类出现在地球上的那一天起，信息就与我们始终紧密相连。信息的积累和传播是人类社会文明进步的基础。语言的使用，文字的出现，印刷术的发明，电报、电话、广播、电视的普及和应用，有力地推动了人类文明的进步。特别是19世纪，电报、电话、广播以及电视的发明，无疑是人类历史上杰出的贡献，它使信息的传播变得更加准确、及时和生动。

20世纪60年代，以计算机的普及应用、计算机与现代通信技术的结合为标志的信息技术革命在世界范围内带来了广泛而深远的影响。以计算机为核心的现代信息技术正在全方位地向人类社会的各个领域渗透，深刻地影响着人们的思维方式、学习方式、工作方式和生活方式。

1.1.1 信息的含义

信息（Information）是人类的一切生存活动和自然存在所传达出来的信号和消息。它既是人类生存的基本条件，也是人类生存的基本需求。它和物质、能量构成了当今人类社会的三大资源。不同领域，不同的人群从不同的角度对信息有不同的理解和认识。

- 《辞海》（1999）把信息解释为：A. 音讯、消息；B. 通信系统传输和处理的对象，泛指消息和信号的具体内容和意义。
- 信息论的奠基人之一香农（Morbert wiener,1894—1964）从通信工程的角度对信息解释为：用来消除不确定性的东西，指的是有新内容或新知识的消息。
- 控制论的奠基人维纳（Claude Elwood Shanon,1916—2001）对信息的解释为：信息就是信息，不是物质，也不是能量。
- 哲学家指出信息是认识世界的依据，数学家认为信息是一种概率，物理学家认为信息是“负熵”，通信学家则认为信息是“不定度”的描述。

目前比较容易被大家普遍接受的关于信息的描述是：信息是反映一切事物属性及动态的消息、情报、指令、数据和信号中所包含的内容。从信息处理的角度上讲，信息是原始数据经过加工以后，能对客观世界产生影响的数据，信息又以数据的形式表现出来。信息本身是看不见摸不着的东西，但它可以用一定的方式表现出来。通常人们把用来表示信息符号的组合叫作信息代码。计算机中采用二进制代码（如10101111B）可以方便地存储、处理和传送信息。

我们说，信息是一种资源，是继物质、能量两种资源之后的另一种资源，它提供知识、消息，能以多种方式传播并被人们所感知。人类不断获取各类信息资源的目的在于认识和理解客观世界，从而改造和控制客观世界。人类对信息资源的利用过程，就是对客观世界信息的获取、变换、处理和使用过程，也是人们不断提高自身认知能力和水平的过程。

1.1.2 信息的作用和特征

1. 信息的作用

信息在科学研究、知识传播、生产流程的控制与管理以及人与人之间的交流等方面发挥着巨大的作用。信息有为决策提供依据的作用，信息可被用于控制，信息有告知作用。另外，信息还有认知、使动、欣赏、学习以及研究等作用。

2. 信息的特征

概括起来，信息主要包括以下几个方面的特征。

（1）普遍性

只要有物质存在，有事物运动，就会有它们的运动状态和方式，就会有信息存在。因而，信息普通存在于自然界、人类社会和人的思维领域。

（2）不完全性

人们难以一次就获得客观事物的全部信息，这与我们认识事物的程度有着直接的关系。因此，信息具有不完全性的特征。

（3）时效性

信息不是一成不变的东西，它会随着客观事物的变化而变化。信息如不能反映事物的最新变化状态，它的效用应会降低。某些信息具有很强的时效性，如金融信息、气象信息和与战争有关的信息等，在某一段时间内的价值非常高，甚至起决定性的作用，但过了这段时间，可能就没有什么价值了。

（4）共享性

信息作为一种资源，通过交流可以由不同个体或群体在同一时间或不同时间共享。在一般情况下，信息共享不会造成信息源信息的丢失，也不会改变信息的内容，即信息可以无损使用、公平分享。

（5）依附性

信息要借助某种方式（如文本、图像和声音等媒体）表现出来；同时也要借助信息的载体，信息才得以传递、存储和交换。

1.1.3 信息技术

信息技术（Information Technology，IT）是指在信息的获取、整理、加工、存储、传递和利用过程中所采用的技术和方法。随着科学技术的不断发展，信息技术已进入现代信息技术阶段。现代信息技术是指产生、存储、转换和加工图像、文字、声音、数据等信息的一切现代高新技术的总称。它是以电子技术（尤其是微电子技术）为基础，以计算机技术（信息处理技术）为核心，以通信技术（信息传递技术）为支柱，以信息技术应用为目的的科学技术群。它主要包括计算机技术、通信技术、微电子技术和传感技术。

1. 计算机技术

计算机技术是信息处理的核心。计算机从诞生之日起就不断地为人们处理大量的信息。随着计算机技术的不断发展，它处理信息的能力也在不断地加强。特别是网络技术和多媒体技术的应用，使计算机在信息获取、存储、加工及传播等方面成为目前首屈一指的信息处理工具。我国一直致力于高性能计算机的研究和产业化，在这一领域如今已经达到了国际先进水平。例如联想计算机公司研制的国家网络主节点“深腾 6800”超级计算机，在 2003 年 11 月公布的全球超级计算机 500 强中列 14 位。

2. 通信技术

现代通信技术主要包括数字通信、卫星通信、微波通信、光纤通信等。现代通信技术的迅速发展大大加快了信息传递的速度，各种信息媒体能以综合业务的方式传输，使社会生活发生了极其深刻的变化。特别是计算机的普及、网络技术的进步、Internet 的飞速发展与广泛应用，正在对当前信息产业及社会发展起着重要的作用。

3. 微电子技术

微电子技术是现代信息技术的基石。所谓的微电子技术，是以大规模集成电路为核心的电子电路微小型化技术。今天，一切技术领域的发展都离不开微电子技术。微电子技术的发展，使得器件的尺寸不断缩小，集成度不断提高，功耗降低，器件性能得到提高。

4. 传感技术

传感技术是一项迅猛发展的高新技术，也是当代科学技术发展的一个重要标志。如果说计算机是人类大脑的扩展，那么传感器就是人类感官的延伸。由于人们在认识客观世界和利用信息资源的过程中，逐步认识到信息获取装置——传感器收集信息的重要作用，传感技术受到了普遍的重视。传感器已广泛应用于航天、航空、国防、信息产业、机械、电力、能源、机器人、家电等诸多领域。现在的传感技术已经发展到高度敏感元件的时代，人们利用它制造出各种热敏、嗅敏、味敏、光敏、磁敏、湿敏以及一些综合敏感元件，从而扩展了人类收集信息的功能。

1.1.4　信息技术的发展与应用

1. 信息技术的发展历程

在人类发展的历史长河中，经历过 5 次信息技术革命。这 5 次信息技术革命，极大地推动了人类社会的文明与进步。

第一次信息技术革命：语言的产生。

在人类的进化过程中逐渐形成语言。语言的产生揭开了人类文明的序幕。它是信息表现和交流手段的一次关键性的革命，大大提高了信息的表达质量和利用效率。语言是人类进行学习、思维和感情交流的工具。通过语言表达，人们非常方便地进行信息的传输与收集。

第二次信息技术革命：文字的发明。

文字的发明使人类得以摆脱自身的束缚，在大脑之外记录和存储大量信息，增加了交流信息的手段，突破了时间、空间的限制，延长了信息的寿命，使人类可以跨时间、空间地传递和交流信息。

第三次信息技术革命：造纸术和印刷术的发明。

造纸术和印刷术的发明，是信息记载与传播手段的一次重要革命。它把信息的记录、存储、传递和使用扩大到更广阔的空间，使知识的积累和传播有了更可靠的保证。

第四次信息技术革命：电报、电话、广播、电视的发明和普及应用。

1837年，美国人莫尔斯发明了有线电报机；1876年，美国人贝尔发明了电话机；1895年，俄国人波波夫与意大利人马可尼分别成功地进行了无线电实验；1925年，英国首次播放电视节目。电报、电话、广播、电视的发明和普及应用使信息传递手段发生了历史性的变革，结束了人们单纯依靠驿站传递信息的历史，进一步突破时间和空间的限制，信息传递的效率和手段再一次发生了质的飞跃。

人类以上4次信息技术革命主要体现在信息载体的变革上，即信息的表示与信息依附载体的变革。随着信息载体的发展，信息传播的空间和时间得到了迅速扩大，信息传播的速度更快，信息保存的时间更长、容量更大。

第五次信息技术革命：计算机的普及和网络技术的应用。

第五次信息技术革命始于20世纪60年代，其标志是计算机的普及应用和计算机与通信技术的结合，以光电子和微电子为基础，以计算机和通信技术为支撑。计算机是信息处理的智能工具，以其处理速度快、存储容量大、计算精确和自动化程度高而得到世人的认可。

2. 信息技术的发展趋势

20世纪中后期以来，信息技术取得了巨大的进步。展望未来，信息技术朝着多元化、网络化、多媒体化、智能化、虚拟化方向发展。现代信息技术的发展呈现以下几个特点。

（1）越来越友好的人机界面

有人将扩音器、按键式电话、方向盘、磁卡、交通指挥信号灯、阴极射线管（CRT）、遥控器、液晶显示器、条形码扫描器、鼠标/图形用户界面（GUI）称为20世纪最伟大的10个人机界面装置。特别是鼠标/图形用户界面，使显示在计算机屏幕上的内容在可视性与操控性方面大大改善。随着信息技术的飞速发展，出现了以下新的技术，使人机界面更加友好。

- 虚拟现实技术：虚拟现实技术是伴随多媒体技术发展起来的计算机新技术。它利用三维图形生成技术，多传感交互技术以及高分辨显示技术，生成三维逼真的虚拟环境，用户需要用特殊的交互设备才能进入虚拟环境中。随着信息技术大众化发展的需要，桌面虚拟现实技术开始发展起来。这种技术只需要使用者利用键盘、鼠标等输入设备，便可进入虚拟空间，感知和操作虚拟世界中各种对象，从而获得身临其境的感受和体会，如某些大型3D游戏、电子宠物、三维全景图片、虚拟实验等。
- 语音技术：语音技术在计算机领域中的关键技术有自动语音识别（ASR）技术和语音合成（TTS）技术。自动语音识别是指将人说话的语音信号转换为可被计算机识别的文字信息，从而识别说话人的语音指令以及文字内容。语音合成是指将文字信息转变为语音数据，以语音的方式播放出来。
- 智能代理技术：智能代理（Agent）技术又可称为人工智能代理，它主要是指具有智能性，可支持高级、复杂的自动处理的代理软件技术。并能够按照设计者的指示，独立地收集信息，并在此过程中自我学习。智能代理技术已在教育、娱乐、办公自动化、电子商务等诸多方面得到应用，主要用于信息的自动检索和过滤。

（2）越来越个性化的功能设计

人们的需求越来越个性化，而且这种需求是多方面的。在这种需求的推动下，信息技术产品走向了个性化和集成化的发展方向，例如，多功能个性化的手机、符合中国人需求的办公软件WPS等。

（3）越来越高的性能价格比

微电子技术和软件技术是信息技术的核心。集成电路的集成度和运算能力、性能价格比继续按每18个月翻一番的速度呈几何级数增长，支持信息技术达到前所未有的水平。现在每个芯片上包含上亿个元件，构成了“单片上的系统”（SOC），模糊了整机与元器件的界限，极大地提高了信息设备的功能，并促使整机向轻、小、薄和低功耗方向发展。因此，信息技术正向低消耗、高速度、降成本和高性能的方向发展。

今天的科学家仍在不断提出各种各样和信息技术有关的新思想，这些包括新材料、新能源和新元器件的开发，新的计算方式、新的计算机体系结构的研究，新的网络通信技术、网络体系结构的改进，新的应用技术的开发。这些新技术的代表有：量子计算机、生物计算机、网格计算、机器人技术、数字地球和智能化社区、Internet 2 和下一代因特网、虚拟现实的实用化。

3. 信息技术的应用

信息技术推广应用的显著成效，促使世界各国致力于信息化，而信息化的巨大需求又驱使信息技术高速发展。当前，信息技术发展的总趋势是以互联网技术的发展和应用为中心，从典型的技术驱动发展模式向技术驱动与应用驱动相结合的模式转变。在当今的社会中，信息技术的应用已遍及我们的工作和生活。例如，手机通话、发短信，用因特网收发电子邮件、在线讨论，利用可视电话和网络视频功能进行远程通话；网上购物、远程诊疗和公众会议电视系统已进入人们的生活；企事业单位建立办公自动化管理系统，呈现每天的生产经营情况，为决策提供保障。信息技术还改变了今天和未来的教育方式，现在 Internet 上已经出现了各类网上学校和远程授课。

互联网的应用开发也是一个持续的热点。一方面电视机、手机、个人数字助理（PDA）等家用电器和个人信息设备都向网络终端设备的方向发展，形成了网络终端设备的多样性和个性化，打破了计算机上网一统天下的局面；另一方面，电子商务、电子政务、远程教育、电子媒体、网上娱乐技术日趋成熟，不断降低对使用者的专业知识要求和经济投入要求；互联网数据中心（IDC），网门服务等技术的提出和服务体系的形成，构成了对使用互联网日益完善的社会化服务体系，使信息技术日益广泛地进入社会生产、生活各个领域，从而促进了网络经济的形成。

在 21 世纪这个信息时代，信息技术将在信息资源、信息处理和信息传递方面实现微电子与光电子结合，智能计算与认知科学等结合，其应用领域将更加广泛，将给人类带来全新的工作方式和生活方式。

1.2　计算机技术

当前，信息技术是以多媒体计算机技术和网络通信技术为主要标志的，计算机技术的发展和应用，有力地推动了整个信息化社会的发展。随着计算机技术的不断发展，计算机处理信息的能力也在不断地增强。

1.2.1　计算机的发展

自从世界上第一台计算机问世以来，经过了 50 多年的发展历程，计算机技术突飞猛进，历经了电子管、晶体管、集成电路、大规模集成电路 4 个时代的发展。特别是进入 20 世纪 70 年代以后，微型计算机的出现为计算机的广泛应用开拓了更为广阔的前景。它已渗透到国民经济的各个领域，成为信息时代的主要标志。

1. 近代计算机的发展

近代计算机指的是具有程序概念的机械式计算机或机电式计算机。

1822 年，英国数学家查尔斯·巴贝奇（Chars Babbage，1791－1871，见图 1-1）发明了差分机，用它即可计算等式间的差距。1834 年，他又设计了分析机，尝试用来执行多种类型的运算。由于技术条件的限制，查尔斯·巴贝奇的设计没有立即实现。尽管这台机器在他有生之年并未完成，但其概念其实已经具备了现代计算机的特征，所以国际上称巴贝奇为“计算机之父”。

1936 年，美国数学家霍华德·艾肯（Howard Aiken）提出用机电设备实现差分机的设计思想。1944 年，IBM 公司根据艾肯的设计制造了 Mark I 计算机，并在哈佛大学投入运行。Mark I 计算机使查尔斯·巴贝奇的梦想变成了现实。

英国数学家艾兰·图灵（Alan Mathison Turing，1912 – 1954，见图 1-2）是世界上公认的计算机科学奠基人。他的主要贡献有两个：一是建立图灵机模型，奠定了可计算理论的基础；二是提出图灵测试，阐述了机器智能的概念。为纪念图灵对计算机科学的贡献，美国计算机学会（ACM）在 1966 年创立了“图灵奖”，每年颁发给在计算机科学领域的领先研究人员，号称计算机业界和学术界的诺贝尔奖。

另一个也被称为计算机之父的是美籍匈牙利数学家冯·诺依曼（Von Neumann，见图 1-3）。他和他的同事们研制了世界上第二台电子计算机——EDVAC，在体系结构和工作原理上对后来的计算机具有重大影响。EDVAC 中首先采用了“存储程序”的概念，以此概念为基础的各类计算机统称为冯·诺依曼机。50 多年来，虽然计算机系统从性能指标、运算速度、工作方式、应用领域等方面与当时的计算机有很大差别，但基本体系结构没有变，都属于冯·诺依曼计算机。

图 1-1　查尔斯·巴贝奇

图 1-2　艾兰·图灵

图 1-3　冯·诺依曼

2. 现代计算机的发展

现代计算机阶段也称为传统大型电子计算机阶段，它采用先进的电子技术来代替落后的机械或继电器技术。

20 世纪 40 年代，电子技术和电子工业的发展为电子计算机的研制提供了物质基础。1946 年，美国宾夕法尼亚州州立大学莫尔学院的莫奇莱（John. W. Mauchly）教授及其学生埃克特（J.Presper Eckert Jr.）博士等人研制的电子数值积分计算机（The Electronic Numerical Integrator And Computer，ENIAC）是世界上第一台电子计算机。当时，第二次世界大战正在进行，为了完成新式武器的炮弹弹道轨迹等许多复杂问题的计算，在美国陆军军械部门出资 48 万美元的资助下，经过对该机制造方案与技术的多次论证，有关科研人员开展了紧张的研制工作。经过两年半时间的努力，ENIAC 于 1945 年年底研制出来，1946 年 2 月正式交付使用。一般认为，大型电子计算机阶段始于 1946 年，延续至 1981 年。

3. 微机及网络发展阶段

微机和计算机网络的出现都早于 20 世纪 80 年代。20 世纪 70 年代初，大规模集成电路用于计算机。1971 年，第一台微机问世。但微机大范围的普及并开始部分取代大型机的地位，则始于 20 世纪 80 年代初。1981 年 8 月，IBM 公司推出个人计算机 IBM-PC。此后，微机的发展十分迅猛，其功能越来越强，价格却越来越低，应用领域不断扩大。

20 世纪 60 年代末，鉴于当时的国际背景，美国国防部高级研究计划管理局（Advanced Research Projects Agency，ARPA）建立了名为 ARPAnet 的计算机网络。该网络起初只连接了美国本国的 4 台主机，完全用于军事目的，并处于高级军事机密保护之下。当时，谁也不曾想到，20 多年后这个 ARPAnet 竟成了全球因特网的雏形。

目前，各国科学家正在积极研制新一代智能计算机，这将对人类社会的信息化进程产生不可估量的深远影响。

1.2.2 计算机的特点

计算机具有如下一些主要特点。

1. 运算速度快

目前，一般微机的运算速度可达每秒几百万次至上亿次，巨型机的运算速度已经达到每秒千亿次以上。

2. 精确度高

计算机处理数据的精度用它的字长来评价。微机的字长已从 8 位、16 位、32 位发展到 64 位。大型机的基本字长是 64 位或 128 位。

3. 存储容量大

计算机的存储器可以存储大量的数据，并能根据解决问题的需要随时存取。目前，微机的主存容量已从早期的 640 KB，发展到 128 MB、256 MB 甚至 1 GB。硬盘容量也从几十 MB 发展到几百 GB。

4. 具有逻辑判断能力

计算机除了进行数值计算外，还可以进行逻辑运算，能够对数据进行分析、比较和判断。

5. 具有自动控制能力

当计算机用户将要处理的数据和处理这些数据的指令送入计算机后，计算机会按照指令的安排自动完成处理任务，一般情况下不需要人工的干预。

1.2.3 计算机的分类

计算机有许多种分类方法，比较典型的分类方法有以下两种。

1. 按用途的不同来划分

按照计算机用途的不同，可以把它分为专用计算机和通用计算机。

专用计算机专门用于完成特定的工作任务，它对于特定用途而言更经济、快速和有效，但适应性差，如军事控制计算机和轧钢控制计算机。而通用计算机适应性较强，平时我们购买的品牌机、兼容机都是通用计算机。

2. 按规模的不同来划分

按照计算机规模的不同，可以把它分为巨型机、大型机、小型机、工作站和微机。

巨型机（Super Computer）也称超级计算机，采用大规模并行处理体系结构，CPU 由数以千万计的处理器组成，有极强的运算处理能力，大多使用在军事、科研、气象、石油勘探等领域。

大型机（Mainframe）速度快、容量大、处理能力强且通信联网功能完善，有丰富的系统软件和应用软件。它在信息系统中起核心作用，承担主服务器（企业级服务器）的功能。

小型机（Minicomputer）结构与巨型机相同，但体积小、成本低，甚至可以做成桌面机，放在用户的办公桌上。

工作站（Workstation）是指 SGI、SUN、DEC、HP 和 IBM 等大公司推出的具有高速运算能力和很强的图形处理功能的计算机，是介于小型机与个人计算机之间的一种高档微机。它通常采用 UNIX 操作系统，特别适用于工程产品设计，具有较好的网络通信能力。

微机（Micro Computer）也称个人电脑或个人计算机（Personal Computer，PC），通常安装 Microsoft Windows 系列操作系统和 Linux 操作系统。PC 的价格便宜、性能高，适合办公或家庭使用。

1.2.4 计算机的主要应用

计算机的应用十分广泛，已涉及人类社会的各个方面。概括起来，其主要应用领域可分为以下几个方面。

1. 科学计算

科学计算也称数值计算，是指用计算机来完成科学研究和工程技术中所提出的数学问题。它是计算机最早也是最重要的应用领域之一。例如，在空气动力学、核物理学、量子化学、天文学等领域中，都需要依靠计算机进行复杂的计算；在军事方面，导弹的发射及其飞行轨道的计算、人造卫星与运载火箭的轨道计算等工作。

2. 信息管理

信息包括文字、数字、声音、图形、图像、影像等编码。信息管理包括数据的采集、转换、分组、计算、存储、检索与排序等。当前计算机应用最多的方面就是信息管理，例如，企事业管理、档案管理、人口统计、情报检索、图书管理、金融统计等。

3. 计算机控制

计算机控制也称实时控制或过程控制，利用计算机对动态过程进行控制、指挥和协调。在现代化工厂里，计算机普遍用于生产过程的自动控制，例如，在工厂中用计算机来控制配料、温度和阀门的开关，用程控机床加工精密零件等。此外，在民航系统、铁路运输调度系统以及城市的交通管理系统等过程控制中，计算机也具有不可替代的作用。

4. 计算机辅助系统

计算机辅助系统包括 CAD、CAM 与 CBE 等。

计算机辅助设计（Computer Aided Design，CAD）就是用计算机帮助各类设计人员进行设计。它不但降低了设计人员的工作量，而且提高了设计的速度和质量，例如，飞机船舶设计、汽车设计、建筑设计、机械设计、大规模集成电路（VLSI）等的设计。

计算机辅助制造（Computer Aided Manufacturing，CAM）是指用计算机进行生产设备的管理、控制和操作的技术。CAM 技术可以提高产品的质量，降低成本，缩短生产周期。

计算机辅助教育（Computer-Based Education，CBE）包括计算机辅助教学（CAI）、计算机辅助测试（CAT）和计算机管理教学（CMI）。

5. 人工智能

人工智能（Artificial Intelligence，AI）一般是指模拟人脑进行演绎推理和采取决策的思维过程，即在计算机中存储一些定理和推理规则，然后设计程序让计算机自动探索解题的方法。人工智能是计算机应用研究的前沿学科，如机器人、专家系统、模式识别、推理工程、自然语言处理等都是目前人工智能应用的领域。

6. 信息高速公路

1993 年 9 月，美国政府正式提出实施“国家信息基础设施”（National Information Infrastructure,

NII）计划，俗称“信息高速公路”计划，目前已初步建成。

信息高速公路即是将所有的信息库及信息网络连成一个全国性的大型网络，把大网络连接到所有的机构和家庭中去，让各种形态的信息（如文字、声音、图像等）都能在该网络里交互传输和共享。

7. 电子商务

电子商务（E-Business）是指利用计算机和网络进行的商务活动。具体地说，它是综合利用局域网（LAN）、企业内部网（Intranet）和 Internet 进行商品与服务交易、金融汇兑、网络广告或提供娱乐节目等商业活动。交易的双方可以是企业与企业（B2B），也可以是企业与消费者（B2C）。

8. 电子政务

电子政务（E-Government）是指政府机构运用现代计算机和网络技术，将其管理和服务职能转移到网络上去完成，其目的是便民、高效和廉政。电子政务模型包括两个层面：一个层面是政府部门内部利用先进的网络信息技术实现办公自动化、管理信息化和决策科学化；另一个层面是政府部门与社会各界利用网络信息平台充分进行信息共享与服务，加强群众监督，提高办事效率，促进政务公开等。

1.3 信息素养与计算机文化

1.3.1 信息化社会

从 20 世纪 60 年代开始的第五次信息技术革命，使人类开始迈入信息化社会。特别是 20 世纪 90 年代以来，多媒体和网络技术的普及正在以惊人的速度改变着人们的工作方式和生活方式。正如尼葛洛庞帝于 1997 年所说的：“计算机不再只和计算有关，它决定我们的生存”。没有人能够否认信息技术的发展已经引起人类社会全面和深刻的变革，使人类社会由工业社会迈向信息化社会。

信息化社会在各个方面都呈现出与工业社会显著不同的特征；一是信息成为重要的战略资源，二是信息产业上升为最重要的产业，三是信息网络成为社会的基础设置。信息化社会就是在现代信息科技发展的推动下，由工业化社会向以信息产业为主导和信息媒介高度普及的社会演进的社会。在信息化社会中，网络构成了新的社会形态，是支配和改变社会的源泉。在这个社会里，传统的物质生产方式逐渐收缩，被信息型、服务型生产方式所代替。例如，网上书店、网上医院、网上学校、网上购物、网上银行等新事物的涌现，反映知识和信息的作用大大突出。伴随着信息化进程的是整个社会的结构发生根本性变化，社会面貌和生活方式也发生巨大变化。信息化时代与工业时代的特征对照如表 1-1 所示。

表 1-1 信息化时代与工业时代的特征对照

	工 业 时 代	信 息 化 时 代
生产过程	工业化、程序化、标准化	个性化、灵活性、多元化
生产形式	劳动密集、技术密集	技术密集、信息密集
组织形式	工厂	国际化、全球化
对人才的要求	高度分化、专门化	分化与综合统一、个性化、创造性
对教育的要求	学校的标准化、工业化	学校的多样化
信息传播	单向	双向、个性化服务

在当今的信息化社会，信息技术对人类社会全方位的渗透和广泛应用，使得许多领域焕然一新，正在形成一种新的文化形态——信息化时代的计算机文化。

1.3.2 计算机文化

从广义角度看，文化是指人类在社会历史发展中所创造的物质财富和精神财富的总和。

信息化时代的文化与以往的文化有着不同的主旋律。农业时代文化的主旋律是人与大自然竞争，以谋求生存；工业时代文化的主旋律是人对大自然的开发，改造大自然以谋求发展；信息化时代文化的主旋律是人对其自身“大脑”的开发，以谋求智力的突破和智慧的发展，在大自然中寻求更广阔的生存空间。

计算机自1946年问世至今，只有短短的半个多世纪，但它对人类社会文化产生了深远的影响，具体表现在以下几个方面。

（1）计算机技术的发展促进了社会物质财富和精神财富的飞速增长

1965年提出的摩尔定理指出：微处理器的集成度每18个月翻一番，并由此衍生出计算机能力、价格和网络用户翻番的推论。事实表明，摩尔定理至今仍有效。计算机诞生以来的50多年中，创造的财富总和远远超过了过去人类五千年历史的总和。因此，在现代信息化社会里，促进社会物质财富和精神财富飞速增长的一个公认特征是计算机技术的发展和应用。

（2）计算机技术引起了语言的重构与再生

文化离不开语言，所以当技术触动了语言时，也就影响了文化本身。计算机技术已经创造并且还在继续创造出不同于传统自然语言的“计算机语言”，这种计算机语言已从简单的应用发展到多种复杂的对话，并逐步发展到能像传统自然语言一样表达和传递信息。视窗的界面和图标的含义都给人们带来了新的文字的丰富内涵。可以说，计算机技术引起了语言的重构与再生。

（3）计算机技术引起了人类社会记忆系统的更新

一个社会的文化模式，是以它的记忆为基础的。数据库的诞生使知识和信息的存储在数量上与性质上都发生了质的变化，人们获取知识的方式也因此而发生了改变。事实表明，文字的出现曾改变了人类历史的进程和文明的面貌，而数据库的出现也宣布了类似的变革。计算机技术的出现引起了人类社会记忆系统的更新，它延伸了人类大脑，是支持人脑进行逻辑思维的强有力的现代化工具。

（4）计算机技术引起了人类社会思维概念和推理的改变

计算机技术使语言和知识，以及语言和知识的相互交流发生了根本性变化，因此引起了思维概念和推理的改变。人类文化的创造是在人类自觉意识控制下的一种创造性实践活动，它起源于人的创造性思维。而计算机技术引起了语言的重构和人类记忆系统的更新。这就是说，在人类谋求生存和发展的过程中，创造方式、方法、过程和结果都发生了根本变化；不仅精神文明发生了变化，物质文明也发生了变化；不仅创造这些精神文明和物质文明的过程发生了变化，而且产生了更有益于人类的成果。

总之，计算机已作为一种影响社会发展的明显的特征出现在每个人的面前。计算机技术冲击着人类创造的基础、思维和信息交流，冲击着人类社会的各个领域，改变着人类的观念和社会结构。这些变化中的共同特征就是计算机的介入。这就导致了一种全新的文化模式——计算机文化（Computer Literacy），即信息化时代的文化的诞生。

因此，计算机已不是单纯的一门科学技术，它是跨国进行交流、推动全球经济与社会发展的重要手段，是人类社会发展到一定阶段的时代文化。今天，计算机文化已经广泛地存在于人们的工作和生活之中。

1.3.3　信息素养

信息社会是一个“知识爆炸”的社会，也是一个“信息爆炸”的社会。据联合国教科文组织的统计，人类近 30 年来所积累的科学知识占有史以来积累的科学知识总量的 90%，而在此之前的几千年中所积累的科学知识只占 10%。英国技术预测专家詹姆斯·马丁的测算结果也表明了同样的趋势：人类的知识在 19 世纪是每 50 年翻一番，20 世纪初是每 10 年翻一番，20 世纪 70 年代是每 5 年翻一番，而近 10 年则是大约每 3 年翻一番。可见，信息和知识就像产品一样频繁地更新换代。如果不能以最有效的方法去获取信息、分析信息和加工信息，就无法及时地利用这些信息。

由此可见，为了能适应信息化社会的经济发展，信息化社会所需要的新型人才必须具有很强的信息获取、信息分析和信息加工的能力。计算机与网络技术的发展，使这种能力同当代信息技术结合，成为信息化时代的每个公民必须具备的基本素养，引起了世界各国教育界的高度重视。

信息素养这个术语最早是由美国信息产业协会主席保罗·车可斯基于 1974 年提出来的，他把信息素养定义为“人们在解决问题时利用信息的技术和技能”。1992 年，美国图书馆协会给信息素养下的定义是“信息素养是人能够判断确定何时需要信息，并且能够对信息进行检索、评价和有效利用的能力”。1998 年，美国图书馆协会和美国教育传播与技术协会进一步制定了人们学习的九大素养标准。这一标准从信息技能、独立学习和社会责任 3 个方面表述，更进一步扩展与丰富了信息素养的内涵与外延。具体要求：在信息技能方面，应具有高效获取信息和批判性地评价、选择信息的能力，有序化地归纳、存储和快速提取信息的能力，运用多媒体形式表达信息、创造性使用信息的能力；在独立学习方面，能将一整套驾驭信息的能力转化为自主、高效地学习与交流的能力；在社会责任方面，能培养和提高信息文化新环境中公民的道德、情感、法律意识与社会责任。

1.4　计算思维

计算是人类文明最古老而又最时新的成就之一。从远古的手指计数，经结绳计数，到中国古代的算筹计算、算盘计算，再到近代西方的耐普尔骨牌计算及巴斯卡计算器等机械计算，直至现代的电子计算机计算，计算方法及计算工具的无限发展与巨大作用，使计算创新在人类科技史上起了异常重要的作用。美国总统信息技术咨询委员会（PITAC）在《计算科学：确保美国竞争力》一文中提出：“虽然计算本身也是一门学科，但是其具有促进其他学科发展的作用。21 世纪科学上最重要、经济上最有前途的研究前沿都有可能通过熟练掌握先进的计算技术和运用计算科技而得到解决”。1972 年图灵奖得主 Edsger Dijkstra 说：“我们所使用的工具影响着我们的思维方式和思维习惯，从而也将深刻地影响着我们的思维能力”。这就是著名的“工具影响思维”论。劳动工具在从猿到人的进化过程中起了关键作用。人类在使用原始的劳动工具过程中开始学会思维；之后，冶炼技术的出现、纸张和印刷技术的发明、现代交通工具和航天技术的发展，无一不对人类的生活方式和思维方式产生深刻的影响。计算机的出现催生了并将进一步发展智能化思维。

1.4.1 计算思维的概念及特征

2006 年 3 月，美国卡内基·梅隆大学计算机系主任周以真（Jeannette M Wang)教授在美国计算机权威杂志《Communication of the ACM》上发表并定义了计算思维。周以真教授指出：计算思维就是运用计算机科学的基本概念去求解问题、设计系统和理解人类的行为，它包括了涵盖计算机科学之广度的一系列思维活动。学会计算思维，是信息社会中创新的需要。文章中指出，计算思维是每个人的基本技能，不仅仅属于计算机科学家。我们应当使每个孩子在培养解析能力时不仅掌握阅读、写作和算术（Reading，wRiting , and aRithmetic，3R），还要学会计算思维。犹如印刷出版促进 3R 的普及，计算和计算机也以类似的正反馈促进了人类计算思维的传播。这种思维在不久的将来，会成为每一个人的技能组合，而不仅仅限于科学家。随即这一概念被国内外计算机界、社会学界以及哲学界的广大学者进行了广泛的研究与探讨。

计算思维的概念一经提出，就引起了国内外很多研究者的关注。2007年，微软研究院资助美国卡内基·梅隆大学建立了计算思维中心，以寻找计算机科学与其他领域交叉研究的新方法。2008年，ACM公布的《CC2001计算机科学教学指导草案》也明确提出应该将计算思维作为计算机科学教学的重要组成部分。国内学者董荣胜论述了计算思维与计算机方法论的关系；学者朱亚宗指出计算思维、实验思维和理论思维是人类三大科学思维方式，并指出交叉创新是计算思维创新发展的根本途径。

自然科学领域公认有三大科学方法，即理论方法、实验方法与计算方法。有专家指出，与三大科学方法相对应，人类认识世界和改造世界就有三种思维，即理论思维（以数学学科为代表）、实验思维（以物理学科为代表）和计算思维（以计算机学科为代表）。究竟什么是计算思维？计算思维（Computational Thinking，CT）是运用计算机科学的基础概念进行问题求解、系统设计以及人类行为理解等涵盖计算机科学之广度的一系列思维活动。它的本质是抽象和自动化。下面的内容是表达计算思维的一些重要概念。

- 计算思维是通过约简、嵌入、转化和仿真等方法，把一个看来困难的问题重新阐释成一个我们知道怎样解决的问题。
- 计算思维是一种递归思维，它是并行处理，它采用了抽象和分解来迎接庞杂的任务或者设计巨大复杂的系统。
- 计算思维是基于关注分离的方法（Separation of Concerns，SOC 方法）这种方法选择合适的方式对一个问题的相关方面建模，使其易于处理。
- 计算思维能力是形式化描述和抽象思维能力以及逻辑思维方法。

计算思维的特征可描述为：是概念化而不是程序化，是根本的而不是刻板的技能，是人的而不是计算机的思维方式，是数学和工程思维的互补与融合，是思想而不是人造物，面向所有的人、所有的地方。计算思维的本质是抽象和自动化。抽象体现在完全使用符号系统甚至形式化语言；自动化体现在算法实现最终是机械地按步骤自动执行。因此，计算思维是一种形式规整的、问题求解的和人机共存的思维。典型的计算思维包括一系列广泛的计算机科学的思维方法：递归、抽象和分解、保护、冗余、容错、纠错和恢复，利用启发式推理来寻求解答，在不确定情况下的规划、学习和调度等。

1.4.2 计算思维的原理

计算思维的原理包括可计算性原理、形理算一体原理和机算设计原理。所谓“可计算性原理”，亦即计算的可行性原理。1936 年，英国科学家图灵提出了计算思维领域的计算可行性问题：怎样判断一类数学问题是否是机械可解的，或者说一些函数是否可计算。所谓“形理算一体原理”，即是针对具体问题应用相关理论进行计算而发现规律的原理。在计算思维领域，就是从物理图像和物理模型出发，寻找相应的数学工具与计算方法进行问题求解。所谓“机算设计原理”，就是利用物理器件和运行规则（算法）相结合完成某个任务的原理。

在计算思维领域，最显著的成果就是计算机的设计原理，比如，电子计算机构成就是五个外部设备（计算器、运算器、存储器、输入设备、输出设备）以及运用二进制和存储程序的概念来达到解决问题的目的。计算科学中的三个学科形态分别是理论、抽象和设计，对应于计算思维和问题求解的三个典型过程：问题表示（如何建立模型）、问题求解（如何设计算法）和效率（如何有效地求解）。

1.4.3　计算思维能力的培养

美国心理学和教育学家 Robert J. Sternberg 指出：思维教学的核心理念是培养聪明的学习者，教学者不仅要教会学习者如何解决问题，也要教会他们发现值得解决的问题。教学者要为学习者提供足够的思维空间，设法激励和引导学习者自主学习，发现问题所在，继而解决问题。

“计算思维”是当前国际计算机界广为关注的一个重要概念，也是当前计算机教育需要重点研究的重要课题。计算思维是信息时代中的每个人都应当具备的一种思维方式，“让思维具有计算特征”。思维教学的中心是学习者，以培养思维能力为目的，其核心理念是培养聪明的学习者。科学的探究需要有高效思维的正确引导。面向 21 世纪，我们要培养出具有创造性的人才，在思想方法上就必须摆脱传统教学的偏见，让学习者运用高效的思维去思考。计算机不仅为不同专业领域提供了解决专业问题的有效方法和手段，而且提供了一种独特的处理问题的思维方式。它对各个学科的发展产生了深远的影响。近年来涌现了许多将计算思维和计算机技术用于各学科领域的成功尝试，出现了一些跨学科的新学科，如计算生物学（生物信息学）、计算力学、计量经济学等，它们的出现改变了有关专业的科学工作者的思维方式。目前，国内外广大学者在教学过程中都大力推进学习者计算思维能力的培养，计算思维在教学和培训中的应用和推广正在逐步开展。

我们不仅要注重研究和运用工具，还要注重研究工具对思维的影响，自觉运用日益丰富的科学思维，推动科学技术的发展和社会进步。通过学习和应用计算机，人们改变了旧的思维方式和工作方式，逐步培养了现代的科学思维方式和工作方式，懂得现代社会处理问题的科学方法。这个意义是更为深远的。

习　题

一、思考题

1. 什么是信息？信息和数据的主要区别是什么？
2. 什么是信息技术？
3. 结合身边的实例，说说信息技术给当今社会带来的重大变革。
4. 人类史上的五次信息技术革命中，前四次和第五次的实质区别是什么？
5. 计算机的主要特点是什么？计算机按规模大小如何进行分类？
6. 信息化社会与工业社会相比较，在哪些方面呈现出显著不同的特征？

7. 简述计算机文化对人类社会文化产生的深远影响。

8. 什么是信息素养？谈一谈如何加强我们自身的信息素养。

9. 什么是计算思维？计算思维的主要特点是什么？如何培养自己的计算思维能力？

二、单项选择题

1. 下列不属于信息的是（　　）。

（A）报纸上刊登的新闻　　（B）书本中的知识

（C）存有程序的软盘　　（D）电视里播放的足球比赛实况

2. 常见的信息表达方式有文字、图形、图像、（　　）等几种。

（A）声音　　（B）Word 文档　　（C）网页　　（D）Excel 文件

3. IT 通常是指（　　）。

（A）Internet Technology　　（B）Information Technology

（C）Inter – Action Teacher　　（D）In – bedding Technology

4. 下列有关信息的描述，正确的是（　　）。

（A）只有以书本的形式才能长期保存信息

（B）数字信号比模拟信号易受干扰而导致失真

（C）计算机以数字化的方式对各种信息进行处理

（D）信息的数字化技术已逐步被模拟化技术所取代

5. 下列有关信息的叙述，不正确的是（　　）。

（A）微电子技术是现代信息技术的基石

（B）信息是一成不变的东西，如春天的草地是绿色的

（C）信息是一种资源，具有一定的使用价值

（D）信息的传递不受时间和空间限制

6. 第二次信息技术革命的标志是（　　）。

（A）文字的发明　　（B）电报、电话的发明使用

（C）语言的产生　　（D）造纸术、印刷术的发明和应用

7. “你有一种思想，我有一种思想，彼此交换，我们就有了两种思想，甚至更多”这句话表达了信息的一个非常基本的特点，即（　　）。

（A）载体依附性　　（B）价值性　　（C）时效性　　（D）共享性

8. 你的好朋友给你发送了一封电子邮件，邀请你参加生日聚会，但因为学习比较忙，你最近没有去上网，当你看见这封邮件的时候聚会的日期已经过了。这件事情主要体现了信息的（　　）。

（A）共享性　　（B）时效性　　（C）载体依附性　　（D）可压缩性

9. 从信息的一般特征来说，以下说法不正确的是（　　）。

（A）信息不能独立存在，需要依附于一定的载体

（B）信息可以转换成不同的载体形式而被存储和传播

（C）信息可以被多个信息接受者接受并且多次使用

（D）同一个信息不可以依附于不同的载体

10. 为了测试汽车安全气囊的安全性，用计算机制作汽车碰撞的全过程，结果“驾驶员”头破血流。这里使用了计算机技术中的（　　）。

（A）虚拟现实技术　　（B）语音技术

（C）智能代理技术　　（D）微电子技术

11. 通过计算机网络，人们可以进行网上购物、网上交易和在线电子支付，这种运营模式被称为电子商务。其中的信息自动检索和过滤主要应用了（　　）。

（A）语音技术　　（B）智能代理技术

（C）虚拟现实技术　　（D）多媒体技术

12. 我们的家用电脑既能听音乐，又能看影碟，这是利用了计算机的（　　）。

（A）人工自动控制技术　　（B）多媒体技术

（C）智能技术　　（D）信息管理技术

13. 搜索引擎中的“机器人”或“蜘蛛”程序，主要用于信息的自动检索和过滤。它们通常可以主动地根据人的需求完成某些特定的任务，我们把这种技术称为（　　）。

（A）语音识别技术　　（B）程序设计技术

（C）虚拟现实技术　　（D）智能代理技术

14. 从计算思维能力的定义来说，以下说法最准确的是（　　）。

（A）计算思维是形式化描述和抽象思维能力以及逻辑思维方法

（B）学会掌握阅读、写作和算术（Reading，wRiting , and aRithmetic，3R）

（C）理解庞杂的任务或者设计巨大复杂的系统

（D）寻找相应的数学工具进行问题求解

第 2 章 计算机系统

【本章概述】

计算机系统由硬件和软件两大系统组成。硬件由运算器、控制器、存储器、输入设备和输出设备 5 个基本部分组成。软件分为系统软件和应用软件。

本章首先介绍计算机系统的组成，以及计算机的基本工作原理；然后介绍微型计算机系统的硬件构成，软件系统的基本概念和软件分类；最后简单介绍计算机操作系统的基本知识。

2.1 计算机系统概述

2.1.1 计算机系统的组成

一个完整的计算机系统是由硬件和软件两大系统组成的，如图 2-1 所示。

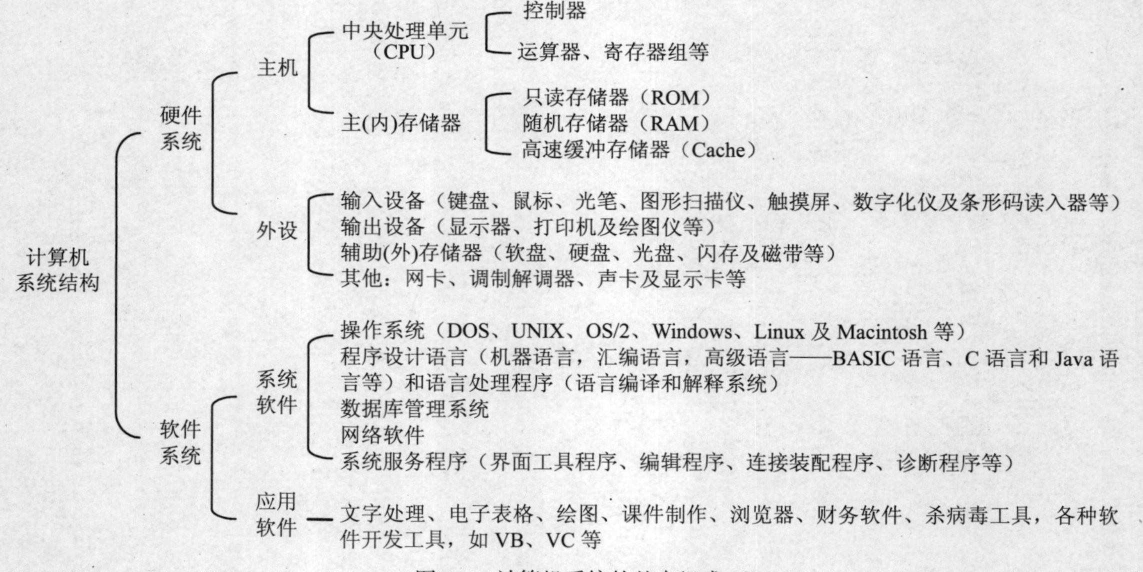

图 2-1 计算机系统的基本组成

硬件是计算机系统中的物理装置的总称。它可以是电子的、机械的、光电的元件或装置，例如主机、存储器、键盘、显示器等。软件是为运行、管理和维护计算机而编制的各种程序、数据和文档的总称，例如操作系统、程序设计语言、数据库管理系统、各种办公软件等。

硬件是计算机系统的物质基础，软件是计算机系统的灵魂。没有软件只有硬件的计算机是“裸机”，它无法做任何工作。用户通过软件系统控制、管理和使用计算机硬件系统，只有硬件和软件结合起来才能充分发挥计算机系统的功能。在计算机系统中，用户、硬件系统和软件系统的层次关系如图 2-2 所示。

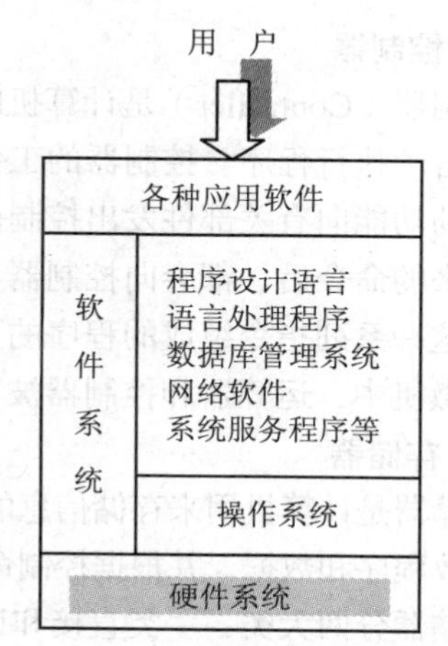

图 2-2 用户、硬件系统和软件系统的层次关系

2.1.2 硬件系统

第一台计算机 ENIAC 的诞生仅仅表明人类发明了计算机，从而进入了“计算”时代。在体系结构和工作原理上对后来的计算机具有重大影响的是在同一时期由美籍匈牙利数学家冯·诺依曼（Von Neumann）和他的同事们研制的 EDVAC 计算机。EDVAC 中采用了“存储程序”的概念，后来以此概念为基本结构的各类计算机统称为冯·诺依曼计算机。

归结起来，冯·诺依曼计算机的主要特点如下。

- 计算机应由 5 个基本部分组成：运算器、控制器、存储器、输入设备和输出设备。
- 程序和数据以同等地位存放在存储器中，并要按“地址”寻访。
- 程序和数据以二进制编码形式表示。

50 多年来，虽然计算机系统从性能指标、运算速度、工作方式、应用领域、价格等方面与当时的计算机有很大差别，但基本组成结构没有变，都属于冯·诺依曼计算机。其结构框图和工作流程如图 2-3 所示，图中双线为数据流，单线为控制流。

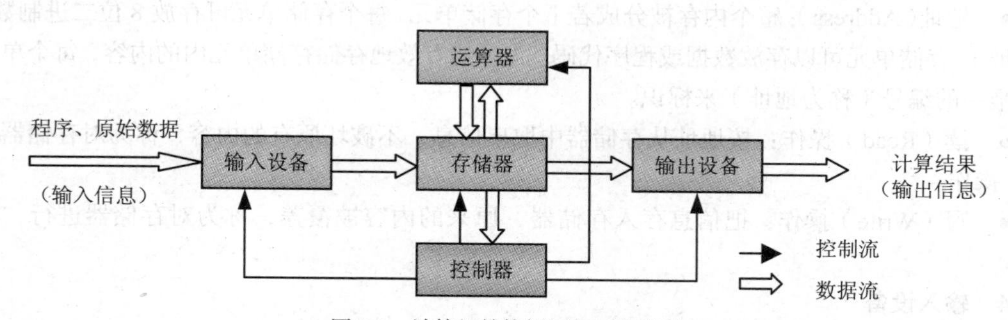

图 2-3 计算机结构框图与工作流程

1. 运算器

运算是计算机最主要的工作，大量的数据运算任务是在运算器中进行的。运算器的主要功能是进行算术运算和逻辑运算。算术运算是指加、减、乘、除等基本运算，逻辑运算是指逻辑判断（True 真/False 假）、逻辑比较（>，<，=，≥，≤，≠）以及其他的基本逻辑运算（ANO 与、OR 或、NOT 非）。因此，运算器又称算术逻辑单元（Arithmetic and Logic Unit，ALU）。

运算器中的数据取自内存，运算的结果又送回内存。运算器对内存的读/写（Read/Write）操作都是在控制器的控制之下进行的。

2. 控制器

控制器（Controller）是计算机的神经中枢。只有在它的控制之下，计算机才能有条不紊地工作，并自动执行程序。控制器的工作过程：首先从内存中取出指令，并对指令进行分析，然后根据指令的功能向有关部件发出控制命令，控制它们执行这条指令规定的操作。当各部件执行完控制器发来的命令后，都会向控制器反馈执行的情况。这样逐一执行一系列指令，就使计算机能够按照由这一系列指令组成的程序的要求自动完成各项任务。

在微机中，运算器和控制器被集成在同一个芯片上，通常被称为中央处理器（CPU）。

3. 存储器

存储器是计算机用来存储信息的部件。有了存储器，计算机才具有“记忆”能力。它的主要功能是存放程序和数据，并根据控制命令提供这些程序和数据。

存储器分两大类：一类直接和计算机的运算器、控制器相连，称为主存储器（内部存储器），简称主存（内存）；另一类称为辅助存储器（外部存储器），简称辅存（外存）。内存是计算机中信息交流的中心，与计算机的各个部件直接交换数据，因此，内存的存取速度直接影响计算机的运算速度。外存主要用来长期存放“暂时不用”的备份程序和数据。通常，外存不和计算机的其他部件直接交换数据，只和内存交换数据。

目前，内存的存储介质一般有半导体材料或大规模集成电路，如内存条，其存取速度快，价格较贵，容量相对小。外存使用的存储介质主要有磁性材料和光学材料，如硬盘、软盘、闪存、磁带、光盘等，容量较大，价格便宜，但存取速度相对慢。

存储器的有关术语如下。

- 位（bt）：存放一位二进制数，即 0 或 1。位是计算机中存储信息的最小单位。
- 字节（Byte）：字节是计算机中存储信息的基本单位，它是作为一个单元来处理的一串二进制数位。常用的是 8 位，即 8 个二进制数位为一字节。为了便于衡量存储器的大小，我们一般统一以字节（Byte 简写为 B）为单位表示。
- 地址（Address）：整个内存被分成若干个存储单元，每个存储单元可存放 8 位二进制数（字节编址）。存储单元可以存放数据或程序代码。为了能有效地存储存储单元内的内容，每个单元必须有唯一的编号（称为地址）来标识。
- 读（Read）操作：按地址从存储器中取出信息，不破坏原有的内容，称为对存储器进行“读”操作。
- 写（Write）操作：把信息存入存储器，原来的内容被覆盖，称为对存储器进行“写”操作。

4. 输入设备

输入设备用来接受用户输入的原始数据和程序，并将它们转变为计算机可以识别的二进制形式以存放到内存中。常用的输入设备有键盘、鼠标、扫描仪、光笔、数字化仪、麦克风等。

5. 输出设备

输出设备用于将存放在内存中的由计算机处理的结果转变为人们所能接受的形式。常用的输出设备有显示器、打印机、绘图仪、音箱等。

2.1.3 软件系统

除了硬件系统外，计算机还必须配备软件系统才能发挥其性能。软件（Software）是指挥、控制计算机各部分协调工作并完成各种功能的程序和数据。计算机软件又可分为系统软件和应用软件两大类。

1. 系统软件

系统软件是指控制计算机的运行，管理计算机和各种资源，并为应用软件提供支持和服务的一类软件。它包括操作系统、各种语言处理程序、数据库管理系统、网络管理软件以及各种常用的服务程序。

（1）操作系统

操作系统（Operating System，OS）在系统软件中处于核心地位，其他系统软件要在操作系统的支持下工作。常用操作系统有 MS-DOS、Windows XP/7、Linux、UNIX 及 OS/2 等。

本章 2.3 节将对计算机操作系统的内容做更详尽的介绍。

（2）语言处理程序

程序是计算机语言的具体体现，是用某种计算机程序设计语言按问题的要求编写而成的。随着计算机语言由机器语言、汇编语言向高级语言的发展，程序也越来越接近于人的自然语言，直观、易学且便于交流。

对于用高级语言编写的源程序，计算机是不能识别和执行的。要执行高级语言编写的程序，首先要将高级语言编写的程序通过相应的语言处理程序翻译成计算机能识别和执行的二进制机器指令，然后供计算机去执行。语言处理程序的工作原理如图 2-4 所示。

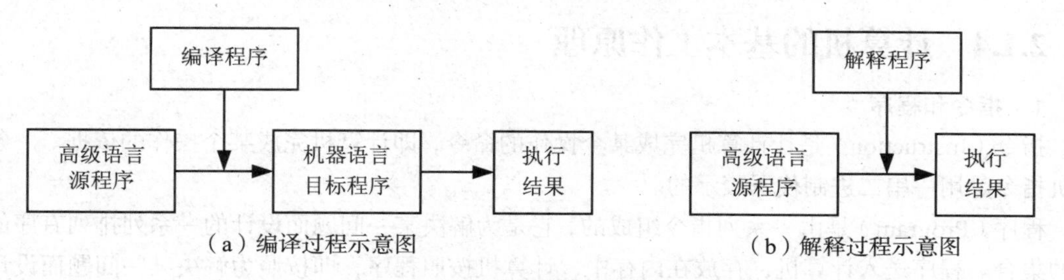

图 2-4　语言处理程序的工作原理

本书第 9 章 9.1 节将对计算机程序设计语言、语言翻译器的内容做更详尽的介绍。

（3）数据库管理系统

数据库是按一定的数据方式组织起来的数据的集合。数据库管理系统（Dada Base Management System，DBMS）的作用就是管理数据库。它一般具有建立、编辑、维护和访问数据库的功能，并提供数据独立、完整及安全的保障。不同的数据库管理系统以不同的方式将数据组织到数据库中去，组织数据的方式称为数据模型。按数据模型的不同，数据库管理系统可分为层次型、网状型、关系型和面向对象型 4 种类型。关系型推出的时间较层次型和网状型晚，但由于它采用人们习惯的表格来表示数据库中的关系，具有直观性强、使用方便等优点，近年来得到了广泛的使用。例如 FoxPro、Access、Oracle、SQL Server、Sybase、DB2 等，都是用户比较熟悉的数据库管理系统。

（4）网络管理软件

网络管理软件主要指的是网络通信协议及网络操作系统。其主要功能是支持终端与计算机、计算机与计算机、计算机与网络之间的通信，提供各种网络管理服务，实现资源共享与分布式处理，并保障计算机网络的畅通和安全使用。

（5）常用的服务程序

常用的服务程序指一些公用的工具性程序，以方便用户对计算机的使用和管理人员对计算机的维护管理。主要的服务程序有如下几种。

- 编辑程序：能提供使用方便的编辑环境，用户通过简单的命令即可建立、修改和生成程序文件、数据文件等，例如 EDLIN、EDIT 等都是编辑程序。
- 连接装配程序：一个大软件由多人开发出多个功能模块，通过编译程序翻译成目标程序后，通过连接装配程序生成一个可执行程序方可执行。
- 测试、诊断程序：测试程序能检查出程序中的某些错误；诊断程序能自动检测计算机硬件故障并进行故障定位。

2. 应用软件

应用软件是在计算机硬件和系统软件的支持下，为解决各类专业问题和实际问题而设计开发的一类软件，如文字处理、电子表格、多媒体制作工具、各种工程设计和数学计算软件、模拟过程、辅助设计、管理程序等。

近年来，微机迅速普及，丰富而实用的应用软件极大地满足了各类非计算机软件开发人员的需要。常用的应用软件有 Word、Excel、PowerPoint、Access、Photoshop、Flash、Matlab 等。

本书后续章节将对以上提到的大部分软件逐一进行介绍。

2.1.4 计算机的基本工作原理

1. 指令和程序

指令（Instruction）是让计算机完成某个操作的命令，即计算机完成某个操作的依据。一条计算机指令是用一串二进制代码表示的。

程序（Program）是由一系列指令组成的，它是为解决某一问题而设计的一系列排列有序的指令的集合。程序送入计算机，存放在内存中，计算机按照程序，即按照为解决某一问题而设计的一系列排好顺序的指令进行工作。

2. 基本工作原理

计算机的基本工作原理是“存储程序”和“程序控制”，按照程序编排的顺序，一步一步地取出命令，自动地完成指令规定的操作。其工作流程如图 2-3 所示。

第一步，预先把指挥计算机如何进行操作的指令序列（称为程序）和原始数据输入到计算机内存中，每一条指令中明确规定了计算机从哪个地址取数，进行什么操作，然后送到什么地方去等步骤。

第二步，计算机在运行时，先从内存中取出第 1 条指令，通过控制器的译码器接受指令的要求，再从内存中取出数据进行指定的运算和逻辑操作等，然后按地址把结果送到内存中去。接下来，取出第 2 条指令，在控制器的指挥下完成规定操作。依此进行下去，直到遇到停止指令。

在图 2-3 中，计算机中基本上有两股信息在流动。一是数据流，包括原始数据和若干条指条的程序。它们在程序运行前已经预先送至内存中，而且都是以二进制形式编码的。在运行程序时，数据被送往运算器参与运算，指令被送往控制器。二是控制信号。它是由控制器根据指令的内容发出的，指挥计算机各部件执行指令规定的各种操作或运算，并对执行流程进行控制。这里的指令必须为该计算机能直接理解和执行的。

2.1.5　计算机的主要技术指标

1. 字长

字长就是计算机运算器进行一次运算所能处理的数据的位数。例如，字长为 32 位的计算机，运算一次便可处理 32 位的二进制信息。字长不仅标志计算的精度，也反映计算机处理信息的能力。一般情况下，字长越长，计算精度就越高，处理能力越强。目前，微机以 32 位、64 位为主，大中型机都在 64 位以上。字长有时也以字节为单位表示。

2. 主存容量

主存（内存）是 CPU 可以直接访问的存储器。需要执行的程序与需要处理的数据就放在主存之中。主存容量大，则可以运行比较复杂的程序，并可存入大量信息，可利用更为完善的软件支撑环境。所以，计算机处理能力的大小在很大程度上取决于主存容量的大小。

3. 外存容量

外存容量一般是指计算机系统中联机运行的外存储器容量。操作系统、编译程序及众多的软件资源往往存放在外存中，需用时再调入主存运行。在批处理、多道程序方式中，也常将各用户待执行的程序、数据以作业形式先放在外存中，再分批调入内存运行。所以，机器的外存容量也是一项重要评价指标，一般以字节数表示，如 100 MB 或 2 GB 的硬盘容量。

目前，软件系统的体积越来越大，对存储空间的要求也越来越高。很多复杂的软件，要有足够大的硬盘空间才能装得下，要有足够大的内存空间才能运行。

4. 运算速度

运算速度主要用以衡量计算机运算的快慢程度，但表示的方法有多种。现在经常采用的有两种：一种是具体指明执行定点加、减、乘、除各需要多少时间，另一种是给出每秒钟所能执行的机器指令的百万条数（Million of Instructions Per Second，MIPS）。微机速度多用 CPU 主频性能指标 Hz（赫兹）来表示。

5. 所配置的外围设备及其性能指标

外围设备配置也是影响整个系统性能的重要因素，所以在系统技术说明中常给出允许配置情况与实际配置情况。

6. 软件配置情况

软件配置情况直接影响微机系统的使用和性能的发挥。通常应配置的软件有：操作系统、计算机语言以及工具软件等。另外，还可配置数据库管理系统和各种应用软件。

2.1.6　计算机中信息的表示

数据是计算机处理的对象。这里的“数据”含义非常广泛，包括数值、文字、图形、图像、视频等各种数据形式。本小节将讨论我们日常生活和学习中的各种数据在计算机中是如何表示的。

1. 二进制

计算机最基本的功能是对数据进行计算和加工处理，数据是信息在计算机内部的表示形式。到目前为止，计算机仍然不能自动识别和直接处理人的自然语言、文字和其他媒体形式的数据，必须通过某种转换后传送给计算机，让它来识别和处理，然后将处理后的结果转换为人所能识别的信息输送出来。转换过程如图 2-5 所示。

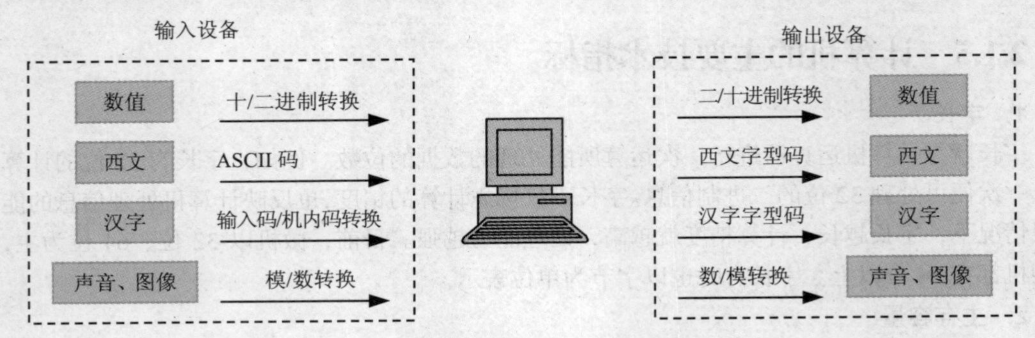

图 2-5　各类数据在计算机中的转换过程

因此，进入计算机中的各种数据，都要进行二进制编码的转换；同样，从计算机输出的数据，也要进行逆向的转换过程。

计算机中之所以采用二进制数表示文字、图形、图像、色彩、动画、声音和视频，是因为二进制数在技术操作上的可行性、可靠性、简易性以及其逻辑性。

具体地讲，用二进制表示数据的主要优点如下。

（1）物理上容易实现，可靠性好

电子元器件大都具有两种稳定的状态，如电压的高和低、晶体管的导通和截止、电容的充电和放电等。这两种状态正好用来表示二进制数的两个数码：0 和 1 。由二进制数的 0、1 两种状态表达分明，计算机工作的可靠性高，抗干扰能力强。

（2）运算简单，通用性强

二进制数运算法则简单，使计算机运算器结构大大简化。

除了可以进行加、减、乘、除等算术运算外，由于二进制数只有 0、1 两个数码，也便于逻辑量“假”和“真”的表示和进行逻辑运算。

（3）数字化信息处理

二进制形式适用于对各种类型的数据的编码，声、文、图以及数字合为一体，使得数字化信息成为可能。

2．数据的存储单位

计算机数据存储的基本单位有位、字节等。

（1）位（bit）

二进制的一个数位（0 或 1）是计算机中存储数据的最小单位。一位二进制数可以表示两个信息单元（0、1）；若使用 2 位二进制数，则可以表示 2^2=4 个信息单元（00、01、10、11）。

（2）字节（Byte 或 B）

每 8 位二进制数可组成 1 字节。字节是计算机中存储数据的最基本的单位，也就是说，字节是计算机不可分割的基本存储单元。PC 中由 8 个二进制位构成 1 字节，从最小的 00000000 到最大的 11111111，即 1 字节可表示 2^8=256 个信息单元。

	d_7	d_6	d_5	d_4	d_3	d_2	d_1	d_0
1 字节	0	1	0	1	1	1	0	1

通常，1 字节可存放一个西文字符编码（半角），2 或 4 字节可存放一个中文字符编码（全角）。

在实际应用中，数据的存储单位还经常使用 KB（千字节）、MB（兆字节）、GB（吉字节）、TB（太字节）来表示。它们之间的关系为：

1 KB=1 024 B，1 MB=1 024 KB，1 GB=1 024 MB，1 TB=1 024 GB（其中 1 024=2^{10}）。

3. 不同形式数据的表示

计算机中的数据信息可以划分为两类：数值数据和非数值数据。

数值数据有确定的值，它表示数的大小。非数值数据一般用来表示符号和文字，没有值的含义。由于计算机采用二进制，所以输入到计算机中的任何数值数据和非数值数据都必须转换为二进制。为了书写和使用的方便，计算机中还采用了其他的数制，比如八进制、十进制、十六进制等。

（1）数值数据的表示

数值数据有大小和正负之分。无论多大的数，是正数还是负数，在计算机中只能用 0 和 1 来表示。显然，一个 bit 所能表示的范围是有限的，最大只能表示 1；要想表示更大的数，就把多个 bit 作为一个整体按照进位规则来描述一个数。例如，用 2 字节表示一个整数，用 4 字节表示一个实数。至于数的正负号，通常在二进制数的最前面（最高位）规定一个符号位，若是 1 就代表正数，若是 0 就代表负数。

- 二进制：在计算机内，数值是用二进制来表示的，每个二进制数按权相加就可得到其十进制数值。在书写二进制时，为了与其他数制进行区别，在数据后面紧跟一个字母 B。

数据的二进制表示形式简单、明了，但它书写起来比较长，所以，通常情况下，我们在程序中不直接用二进制来书写具体的数值，而改用八进制、十进制或十六进制。

- 八进制：八进制是一种二进制的变形。3 位二进制可变为一位八进制，反之亦然。八进制的表示符号是：0，1，…，7。在书写时，为了与其他数制进行区别，在数据后面紧跟一个字母 O，如 1234O、7654O、54O 等都是八进制。

- 十进制：十进制是我们最熟悉的一种数据表示形式。它的基本符号是：0，1，…，9。在书写时，为了与其他数制进行区别，在数据后面紧跟一个字母 D。在程序中经常用十进制来表示数据。

- 十六进制：十六进制是另一种二进制的变形。四位二进制可变为一位十六进制，反之亦然。十六进制的基本符号是：0，1，…，9，A，B，…，F（字母小写也可以）。其中，字母 A，B，…，F 依次代表十进制数 10，11，…，15。在书写时，为了与其他数制进行区别，在数据后面紧跟一个字母 H。当十六进制数的第一个字符是字母时，在第一个字符之前必须添加一个“0”，如 100H、56EFH、0FFH、0ABCDH 等都是十六进制数。十六进制在计算机程序中的使用频率很高。

表 2-1 列出了计算机中常用的几种进位制的表示方法。

表 2-1　计算机中常用的几种进位制的表示

进位制	十进制	二进制	八进制	十六进制
进位规则	逢十进一	逢二进一	逢八进一	逢十六进一
基数	10	2	8	16
基本符号	0～9	0、1	0～7	0～9、A～F
权	10^i	2^i	8^i	16^i
形式表示	D	B	O	H
实例	638.94D	110011B	712.34O	2C1D.A1H

（2）非数值数据的表示

非数值数据是指数值数据之外的字符，如各种符号、西文字母、汉字等。由于计算机是以二进制的形式存储和处理信息的，因此字符也必须按特定的规则进行二进制编码才能进入计算机。

① 西文字符编码

对西文字符编码，最常用的是 ASCII（American Standard Code for Information Interchange）字符编码，即美国信息交换标准代码。ASCII 有 7 位和 8 位两种编码形式。7 位 ASCII 使用 7 位二进制编码，可以表示 2^7=128 个字符，是国际上通用的，又称为基本 ASCII 码。表 2-2 为 7 位 ASCII 代码表。

表 2-2　　7 位 ASCII 代码表

高 3 位 / 低 4 位	000	001	010	011	100	101	110	111
0000	NUL	DEL	SP	0	@	P	、	p
0001	SOH	DCI	!	1	A	Q	a	q
0010	STX	DC2	”	2	B	R	b	r
0011	EXT	DC3	#	3	C	S	c	s
0100	EOT	DC4	$	4	D	T	d	t
0101	ENQ	NAK	%	5	E	U	e	u
0110	ACK	SYN	&	6	F	V	f	v
0111	BEL	ETB	,	7	G	W	g	w
1000	BS	CAN	(	8	H	X	h	x
1001	HT	EM	)	9	I	Y	i	y
1010	LF	SUB	*	:	J	Z	j	z
1011	VT	ESC	+	;	K	[	k	{
1100	FF	FS	·	<	L	\	l	|
1101	CR	GS	—	=	M	]	m	}
1110	SO	RS	。	>	N	↑	n	~
1111	SI	US	/	?	O	↓	o	DEL

这个 7 位二进制字符编码的代码表可表示 128 种字符编码，其中包括 34 个控制字符，52 个英文大小写字母、10 个数字、32 个其他字符。

从表 2-2 7 位 ASCII 代码表中可以看出：

“a”字母字符的编码为 1100001，对应的十进制数是 97，则“b”的码值是 98；

“A”字母字符的编码为 1000001，对应的十进制数是 65，则“B”的码值是 66；

“0”数字字符的编码为 0110000，对应的十进制数是 48，则“1”的码值是 49；

“ ”空格字符的编码为 0100000，对应的十进制数是 32；

“LF”（换行）控制符的编码为 0001010，对应的十进制数是 10；

“CR”（回车）控制符的编码为 0001101，对应的十进制数是 13。

② 汉字编码

英文是拼音文字，采用不超过 128 种字符的字符集就可满足英文处理的需要，编码容易，而且在一个计算机系统中，输入、内部处理和存储都可以使用同一编码，即 ASCII。

汉字是象形文字，种类繁多，编码比较困难，而且在一个汉字处理系统中，输入、内部处理和输出对汉字编码的要求不尽相同，因此需要进行一系列的汉字编码及转换。汉字信息处理中各编码及转换流程如图 2-6 所示。

图 2-6　汉字信息处理中各编码及转换流程

- 汉字国标码：汉字国标码全称是 GB2312—80《信息交换用汉字编码字符集—基本集》，1980 年发布，是中文信息处理的国家标准，也称汉字交换码，简称 GB 码。根据统计，把最常用的 6 763 个汉字分成两级：一级汉字有 3 755 个，按汉语拼音排列；二级汉字有 3 008 个，按偏旁部首排列。为了便于编码，将汉字分成若干个区，每个区中 94 个汉字。由区号和位号（区中的位置）构成了区位码。例如，“中”位于第 54 区 48 位，其区位码为 5448。为了与 ASCII 兼容，每个字节值要大于 32（0～32 为非图形字符码值），区号和位号各加 32 就构成了国标码，如“中”字的国标码就为 8680。
- 汉字机内码：一个国标码占 2 字节，每字节最高位为“0”。英文字符的机内代码是 7 位 ASCII，最高位也为“0”。为了在计算机内部能够区分是汉字编码还是 ASCII，将国标码的每字节的最高位由“0”变为“1”，变换后的国标码称为汉字机内码。由此可知，汉字机内码的每字节都大于 128，而每个西文字符的 ASCII 码值均小于 128。例如，

汉字	区位码	汉字国标码	汉字机内码
中	5448	8680（0101011001010000）	（1101011011010000）
华	2710	5942（0011101100101010）	（1011101110101010）

- 汉字输入码：这是一种用计算机标准键盘上按键的不同排列组合来对汉字的输入进行编码的方式。目前，汉字输入编码法的研究和发展迅速，已有几百种汉字输入编码法。用户可以从汉字输入法菜单中选择自己熟悉的输入法，如图 2-7 所示。

中文(中国)
✔ 中文之星智能狂拼
金山英文写作助手
中文(简体) - 微软拼音输入法 3.0 版
王码五笔型输入法 86 版
王码五笔型输入法 98 版
智能ABC输入法 5.0 版
中文(简体) - 全拼
中文(简体) - 郑码
显示语言栏(S)

图 2-7　汉字输入法菜单

目前常用的输入法大致分为两类。

音码：主要是以汉语拼音为基础的编码方案，如全拼、双拼、自然码、智能 ABC 等。其特点是易学，与人们的习惯一致。但由于汉字同音字太多，输入重码率很高，因此，按字音输入后还必须进行同音字选择，影响了输入速度。智能 ABC 输入法以词组为输入单位，很好地弥补了重码、输入速度慢等音码的缺陷。

形码：主要是根据汉字的特点，按汉字固有的形状，把汉字先拆分成部首，然后进行组合。有代表性的有五笔字型输入法、郑码输入法等。五笔字型输入法使用广泛，适合专业录入员使用，基本可实现盲打，但必须记住字根，学会拆字和形成编码。

为了提高输入速度，输入方法走向智能化是目前研究的内容。未来的智能化方向是基于模式识别的语音识别输入、手写输入或扫描输入。

- 汉字字形码：汉字字形码又称汉字字模，用于汉字在显示屏或打印机输出。汉字字形码

通常有点阵和矢量两种表示方式。

用点阵表示字形时，汉字字形码指的就是这个汉字字形点阵的代码。根据输出汉字的要求不同，点阵的多少也不同。简易型汉字为 16×16 点阵，提高型汉字为 24×24、32×32 及 48×48 点阵等。

矢量表示方式存储的是描述汉字字形的轮廓特征，当要输出汉字时，通过计算机的计算，由汉字字形描述生成所需大小和开头的汉字点阵。Windows 中使用的 TrueType 技术就是汉字的矢量表示方式。

- 汉字地址码：每个汉字字形码在汉字字库中的相对位移地址称为汉字地址码。需要向输出设备输出汉字时，必须通过地址码，才能在汉字字库中取到所需的字形码，最终在输出设备上形成可见的汉字字形。地址码和机内码要有简明的对应转换关系。

2.2 微型计算机硬件系统

微型计算机又称个人计算机（PC），简称微机，是指以微处理器为核心，配上由大规模集成电路制作的存储器、输入/输出接口电路及系统总线所组成的计算机。它是计算机领域中发展速度最快、应用最广泛的一类。图 2-8 所示为典型的微机的基本外部硬件配置。

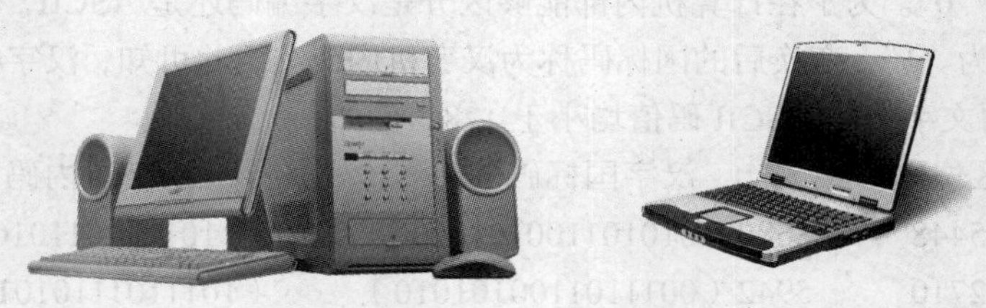

图 2-8 微机的基本外部硬件配置

1969 年，Intel 公司设计了第一台微机。目前，微机已达到了 32 位 Pentium Ⅳ和 Pentium Ⅴ高速系列。不论是早期的 IBM PC 还是现在的 Pentium 系列机，它们都是由显示器、键盘和主机组成的。主机安装在主机箱内，主机箱有立式和卧式两种形式。在主机箱内有系统主板（又称主机板或母板）、硬盘驱动器、CD-ROM、软盘驱动器、电源和显示器适配器（又称显示卡）等，如图 2-9 所示。

图 2-9 主机箱内部结构

2.2.1 主板系统

主板系统是连接各个计算机设备的“纽带”，是微机中最大的一块集成电路板，如图 2-10 所示。主板上有 CPU 插座、芯片组、CMOS 只读存储器、内存条插槽、Cache 存储器、各种扩展插槽、硬盘接口、软盘接口、各种外设接口、各种开关及跳线等。

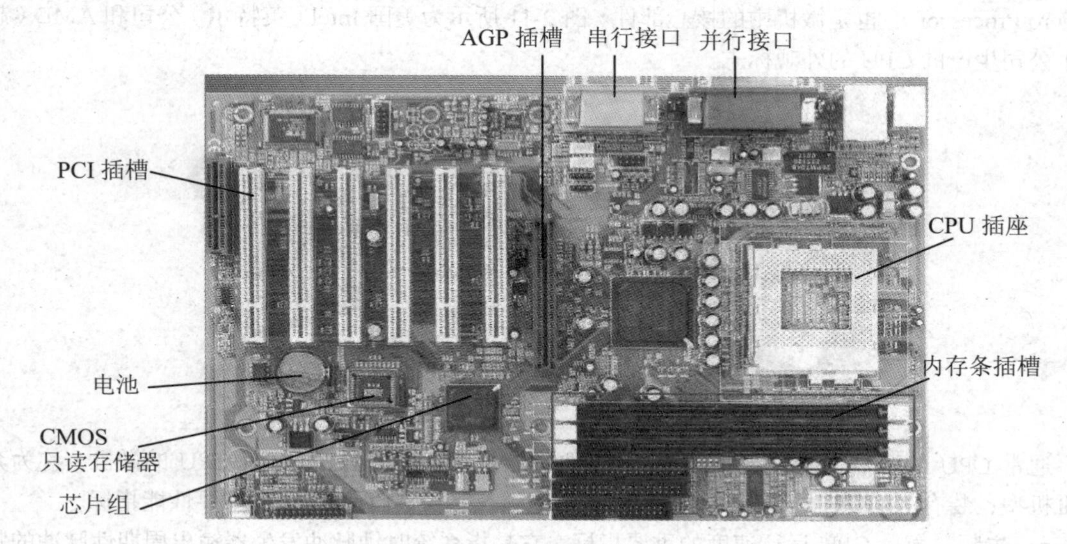

图 2-10　主板系统

1. CMOS 只读存储器

在主板上有一块 CMOS 芯片，它实际上是一个只读存储器，也是最常见的 ROM。CMOS 只读存储器中装载着 BIOS（Basic Input Output System）程序。BIOS 负责处理主板与操作系统之间的接口问题，其功能是对 CPU、主板芯片以及有关的接口部件进行初始化；对计算机进行开机自检；帮助系统从驱动器中寻找 DOS 的引导系统，并向 RAM 中装入 DOS；运行 Setup 程序，对系统的硬件进行设置。当开机后，用户按 Del 键或 F1 键即可设置 BIOS 参数。

2. I/O 扩展插槽

在微机中，为了便于插入扩充部件（如显卡、网卡和声卡等）和连接外部设备，在主板上备有一些扩展插槽，用来插入插件板，连接外部设备。这些插槽所传送的信号实际上是系统总线信号的延伸，通过扩展插槽接通总线，就可以实现与 CPU 的信息交换，从而实现系统的扩展和与外设的连接。目前，主板上的扩展插槽有 ISA 插槽、PCI 插槽和 AGP 插槽。

3. 外设接口

微机中主机与外部设备通过外设接口连接。目前，主机上一般都设有两个串行接口（COM1 和 COM2）、两个并行接口（LPT1 和 LPT2）、新型通用串行总线接口（USB）以及鼠标、键盘接口。通常，COM1 用于连接鼠标，COM2 用于连接外置 Modem；LPT1 用于连接打印机，LPT2 用于连接扫描仪；而某些小口径的鼠标接口则只能连接在 PS/2 接口上；对于数码相机、闪存存储器及可移动存储设备等新式输入/输出设备，一般都将其连接在 USB 接口上。

4. 芯片组

微机主板上布满了各种结构复杂的电路元件。为了简化主板结构，人们将这些复杂的电路元件集成性能可靠的几块芯片，统称为“芯片组”。它的主要功能是控制与管理整个计算机的硬件以及数据传递，因此芯片组对整块主板的特性起着决定性的作用。

2.2.2 微处理器

在微机中，运算器和控制器被制作在同一块半导体芯片上，称为中央处理单元（Central Processing Unit，CPU）。它是计算机内部执行数据处理指令的器件，在微机中又称为微处理器（Micro Processor），也是微机中的核心部件。图 2-11 所示为美国 Intel（英特尔）公司和 AMD（超微）公司生产的 CPU 的外观标志。

图 2-11 Intel 公司和 AMD 公司生产的 CPU 外观标志

通常 CPU 的型号决定了微机的档次和主要性能指标。使用 Pentium Ⅲ CPU 的微机，称为奔腾Ⅲ机型；装有 K8 CPU 的微机称为 K8 机型。主频、字长是衡量 CPU 的主要性能指标。

- 主频：衡量 CPU 运行速度的重要指标。它是指系统时钟脉冲发生器输出周期性脉冲的频率，通常以赫兹（Hz）为单位。
- 字长：指 CPU 可以同时处理的二进制数据位数，如 64 位 CPU，一次能够处理 64 位二进制数据。常用的有 CPU 16 位、32 位、64 位等。

微机中的 CPU 广泛采用的是美国 Intel 公司的系列芯片，其型号由 8088/8086、80286、80386、80486 直至 PentiumⅢ、Ⅳ系列产品，此外还有美国的 IBM、AMD 和 Cyrix 等著名的生产微处理器产品的公司的 CPU 产品。

2.2.3 内部存储器

内存是微机的重要部件之一，它是存放程序与数据的装置，一般由记忆元件和电子线路组成。在计算机中，内存按其功能特征可分为 3 类。

1. 随机存储器（Random Access Memory，RAM）

RAM 是一种读写存储器（可读可写的随机存储器）。通常 RAM 指计算机的主存，CPU 对它既可读出数据又可写入数据。但由于信息是通过电信号写入的，因此，在计算机断电后 RAM 中的信息会全部丢失。

目前微机上广泛采用动态随机存储器（DRAM）作为主存。DRAM 的特点是数据信息以电荷形式保存在小电容器内，由于小电容器的放电回路的存在，超过一定的时间后，存放在小电容器内的电荷就会消失，故必须对小电容器周期性刷新来保持数据。DRAM 的功耗低，集成度高，成本低。DRAM 中的同步动态随机存储器（Synchronous DRAM，SDRAM）是目前奔腾计算机系统普遍使用的内存形式，它的刷新周期与系统时钟保持同步，使 RAM 和 CPU 以相同的速度同步工作，取消等待周期，减少了数据存取时间。SDRAMⅡ是 SDRAM 的更新换代产品，而存储器总线式动态随机存储器（Rambus DRAM，RDRAM）被广泛地应用于多媒体计算机领域。

微机上使用的动态随机存储器被制作成内存条，内存条需要插在系统主板的内存插槽上。常用的内存条的引脚分为 72 芯和 168 芯，一条内存条的容量有 512MB、1 GB 和 2 GB 等不同的规格。几种常见的内存条如图 2-12 所示。

图 2-12 几种常见的内存条

2. 只读存储器（Read Only Memory，ROM）

ROM 主要用来存放固定不变的程序和数据，如微机 BIOS 程序。这种存储器中的信息只能读出而不能随意写入，它们是厂商在制造时用特殊方法写入的，断电后其中的信息不会丢失。ROM 中一般用来存放计算机系统管理程序。

3. 高速缓冲存储器（Cache）

现今的 CPU 的速度越来越快，它访问数据的周期甚至达到了几纳秒（ns），而 RAM 访问数据的周期最快也需 50 ns。计算机在工作时 CPU 频繁地和内存交换信息，当 CPU 从 RAM 中读取数据时，就不得不进入等待状态，因此极大地影响了计算机的运行速度和整体性能。为有效地解决这一问题，目前微机上也采用了高速缓冲存储器（Cache）。

Cache 是介于 CPU 和内存之间的一种可高速存取信息的芯片，是 CPU 和 RAM 之间的桥梁，用于解决它们之间的速度冲突问题，它的访问速度是 DRAM 的 10 倍左右。Cache 内保存了主存中某部分内容的拷贝，通常是最近曾被 CPU 使用过的数据。CPU 要访问内存中的数据，先在 Cache 中查找，当 Cache 中有 CPU 所需的数据时，CPU 直接从 Cache 中读取；如果没有，就从内存中读取数据，并把与该数据相关的一部分内容复制到 Cache，为下一次的访问做好准备，从而提高了工作效率。Cache 的使用如图 2-13 所示。

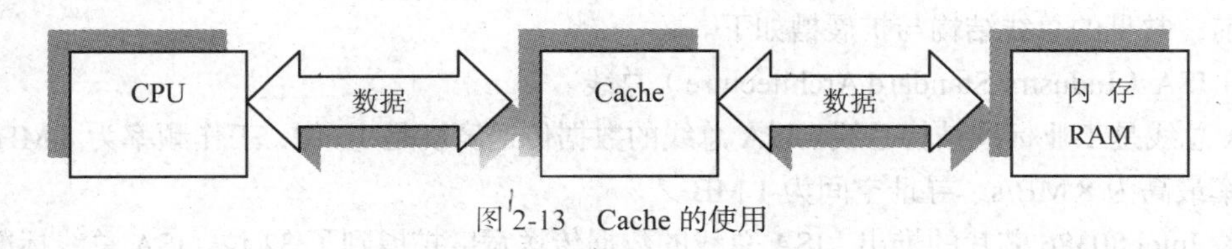

图 2-13 Cache 的使用

2.2.4 I/O 总线与扩展槽

总线（Bus）是计算机中各部件之间传送信息（传输数据信号）的公共通道，实际上是连接计算机中 CPU、内存、外存和输入/输出设备的一组通信线路以及相关的控制电路。

微机目前多采用总线体系结构，通过总线可以将微处理器、存储器和输入/输出设备连接在一起，如图 2-14 所示。从图中可以看出，机器内部各部件之间通过总线连接，外部设备通过总线连接相应的接口电路，然后与该设备相连。

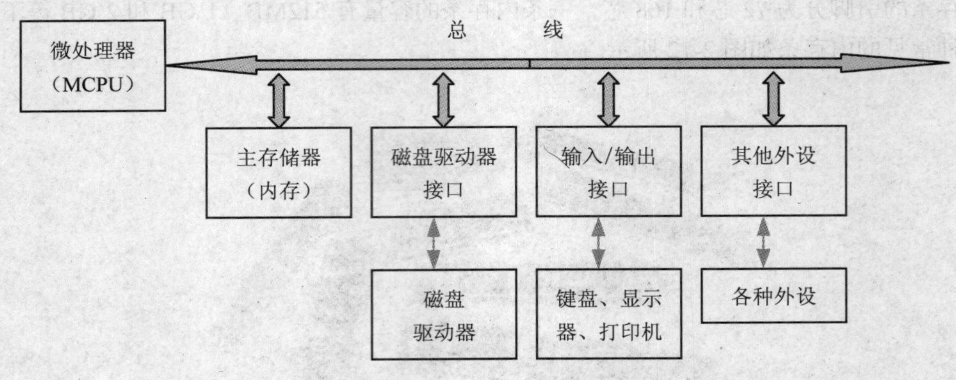

图 2-14 总线体系结构

I/O 总线（Input Output Bus）就是 CPU 互连 I/O 设备，并提供外设访问系统存储器和 CPU 资源的通道。在 I/O 总线上通常传输地址、数据和控制信号。

总线按照传输的信号种类可分为地址总线、数据总线和控制总线。

1. 地址总线

地址总线用于传递地址信息。CPU 通过地址总线把地址信息送出给存储器或 I/O 接口，因而地址总线是单向的。地址总线的位数决定了 CPU 的寻址能力，也决定了微机的最大内存容量。例如，16 位总线的寻址能力是 2^{16}=64 KB，而 32 位地址总线的寻址能力是 4 GB。

2. 数据总线

数据总线用于传输数据。数据总线的传输方向是双向的，是 CPU 与存储器、CPU 与 I/O 接口之间的双向传输。数据总线的位数和机器的字长是一致的，是衡量微机运算能力的重要指标。

3. 控制总线

控制总线用于传输控制信号，这些控制信号控制微机的各个部件之间协调工作。控制总线是最复杂、最灵活且功能最强的一类总线，其方向也因控制信号的不同而有差别。例如，读写信号和中断响应信号由 CPU 传给存储器和 I/O 接口，中断请求和准备就绪信号由其他部件传输给 CPU。

为了方便总线与 I/O 接口板的连接，总线向插件板提供符合其标准的插槽（Slots）或总线插座（Bus Sockets）。任何插件板只要符合总线的标准，都可以方便地插入扩展槽与总线相连，并且正常工作。符合不同标准的总线，有各自的扩展槽。

目前，常见的总线结构与扩展槽如下。

（1）ISA（Industry Standard Architecture）总线

ISA 总线是工业标准结构总线。ISA 总线的数据传送宽度是 16 位，工作频率为 8 MHz，数据传输速率最高为 8 MB/s，寻址空间为 1 MB。

随着 Intel 80386 芯片的推出，ISA 总线的数据传送宽度扩展到了 32 位。ISA 总线标准至今还用于某些微机，并将趋于淘汰。

（2）PCI（Peripheral Component Interconnect）总线

PCI 是外围设备互连总线，亦称 PCI 局部总线，于 1991 年由 Intel 公司推出，是用于解决外部设备接口的总线。采用了 PCI 局部总线标准的主板按混合总线结构设计，并且 PCI 扩展槽不再需要兼容 ISA 扩展卡，此时的主机板上 ISA 扩展槽与 PCI 扩展槽并存。PCI 扩展槽大多设计为白色，以易于与 ISA 黑色插槽区分。PCI 总线传送数据宽度为 32 位，可以扩展到 64 位，工作频率为 33

MHz，数据传输速率可达 133 MB/s。

（3）AGP（Accelerated Graphics Port）总线

由于图像和视频数据传输的需要，Intel 公司推出了 AGP 总线，又称加速图形端口总线，对应的扩展槽是 AGP 图形显示卡的专用插槽。AGP 专门用于高速处理图像，它使用 64 位图形总线使 CPU 与内存连接，大大提高了计算机对图像的处理能力。

2.2.5　接口

要使各种外部设备与计算机连接并协调工作，不是简单地用一根电缆连接起来就行了，而是要通过相应的接口来连接。接口（Interface）是指不同设备之间为实现互连和通信的正常进行而需要具备的对接部分，主要起到了协调、控制和缓冲等作用。常用接口如图 2-15 所示。

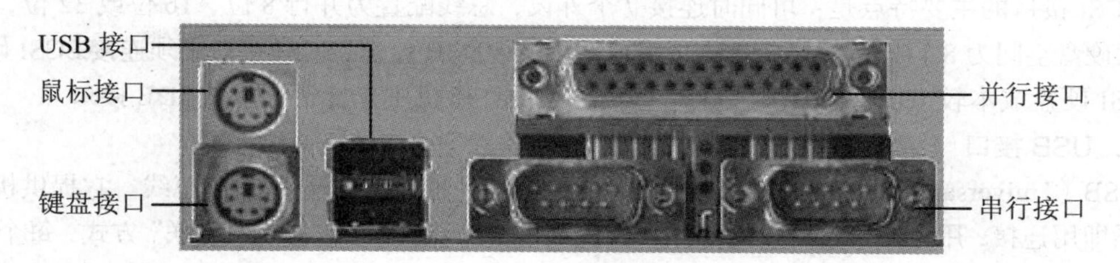

图 2-15　常用接口

接口可分为两大类：一类是总线接口，位于主板上，就是各种“扩展槽”；另一类是外设连接端口，是主机连接各种外部设备的端口。常见的接口有并行接口、串行接口、磁盘 IDE 接口、SCSI 接口以及 USB 接口。

1．并行接口与串行接口

输入/输出设备是计算机上不可缺少的组成部分，任何输入/输出设备都要向 CPU 发送数据或从 CPU 取得数据。输入/输出接口就是 CPU 和输入/输出设备之间传送数据的部件。微机上不可缺少的两种输入/输出接口是并行接口和串行接口。

并行接口和串行接口的基本差别在于，并行接口可以同时传送 8 路信号，因此能够一次并行传送完整的一个字节的数据；串行接口在一个方向一次只能传送 1 路信号，传输一个字节的数据时必须一位一位地依次传送。并行接口的传输速度一般高于串行接口，并行接口的传输距离相对较近。

两种接口都是符合一定尺寸规格的梯形插座，一般安装在机箱背面。并行接口插座上有 25 个导电小孔，串行接口插座分为 9 针和 25 针两种。并行接口和串行接口都必须在软件控制下才能按需要输入或输出数据。在计算机上，并行接口被赋予专门的设备名 LPT1、LPT2。同样，串行接口被赋予专门的设备名 COM1、COM2 等。

2．磁盘 IDE 接口与 SCSI 接口

（1）磁盘 IDE 接口

IDE（Integrated Drive Electronics），即集成驱动器电子部件，有时也称为 ATA 接口。IDE 接口只可以连接两个容量不超过 528 MB 的硬盘驱动器。它的制造成本较低，在 386、486 微机上非常流行。但大多数 IDE 接口不支持直接存取方式（Direct Memory Access，DMA）数据传送，只能使用标准的 I/O 接口指令传送所有的命令、状态和数据。586 主板上一般都集成有两个 40 针的双排针 IDE 接口插座，并标注为 IDE1 和 IDE2。

随着流行硬盘容量的增大，这种 IDE 接口的限制越来越明显，于是人们提出了 EIDE（Extended IDE）。它较 IDE 接口有了很大的改进，也是目前比较流行的接口。它允许一个系统连接 4 个 EIDE 设备。EIDE 接口通常提供两个插座，称为主插座和辅插座，每个插座又可以连接主、从两个设备。除支持硬盘的连接之外，还支持符合 ATAPI（AT Attachment Packet Interface）标准的 CD-ROM 和磁带驱动器。EIDE 标准对每个硬盘支持的最高容量可达 8.4 GB，具有更高的数据传输速率。IDE 驱动器的最大数据传输速率只有 3 MB/s，EIDE 支持的数据传输速率可达 12～18 MB/s。

（2）SCSI 接口

SCSI（Small Computer System Interface），即小型计算机系统接口，在做图形处理和网络服务的计算机中被广泛采用。

SCSI 接口除了可接硬盘以外，还可以连接 CD-ROM 驱动器、扫描仪、打印机等外设。

SCSI 接口的主要特点是：可同时连接 7 个外设，总线配置为并行 8 位、16 位或 32 位，允许的最大硬盘空间为 8.4 GB，最高的数据传输速率可达 40 MB/s。但 SCSI 接口必须连接 SCSI 硬盘，而 SCSI 硬盘成本较 IDE 或 EIDE 硬盘高得多，因而在微机中未能迅速取代 IDE 接口。

3. USB 接口

USB（Universal Serial Bus），即通用串行总线，是一种新型的输入/输出总线。它提供机箱外的即插即用连接，用户在连接外设时不用再关闭电源、打开机箱。它采用“级联”方式，每个 USB 设备用一个 USB 插头连接到另一个外设的 USB 插座上，而其本身又提供一个 USB 插座给下一个 USB 设备使用。通过这种方式的连接，一个 USB 控制器可以连接多达 127 台输入/输出设备，包括显示器、键盘、鼠标、扫描仪、光笔、数字化仪、打印机、绘图仪、调制解调器等外设，每个外设间的距离可达 5 m，最大数据传输速率为 12 MB/s。像并行和串行接口一样，USB 也要在软件控制下才能正常工作，Windows 支持 USB。

2.2.6 外部存储设备

外存用于接收数据和保存数据。常见微机的外存一般是指磁盘存储器、光盘存储器和 USB 闪存存储器等。

1. 硬盘存储器

硬盘存储器是常用的外存储器，由硬盘片、硬盘控制器、硬盘驱动器及连接电缆组成，如图 2-16 所示。硬盘片是涂有磁性材料的铝合金薄片。硬盘和软盘一样，在能够存储数据之前，也需要将各面划分为磁道和扇区。其特点是存储容量大，存取速度快。

图 2-16 硬盘正面、反面及内部结构

硬盘从结构上分固定式与可换式两种，按盘片直径大小可分为 5.25 英寸、3.5 英寸、2.5 英寸及 1.8 英寸等数种。硬盘容量大小和硬盘驱动器的速度是衡量计算机性能技术的指标之一。目前微机的一般配置为 3.5 英寸的 500 GB 硬盘。现有高至 1 TB 的硬盘。硬盘转速目前使用 7 200 r/min，而更高的则达到了 10 000 r/min。硬盘的使用寿命为 20 万～50 万小时。

2. 闪存存储器

闪存存储器又称 U 盘，是一种新型的移动存储设备，如图 2-17 所示。闪存存储器可像在软盘、硬盘上一样地读写。它采用无缝嵌入结构，为数据安全性提供了保障，具有很好的防震、防潮性能，使用方便，可靠性强。它的擦写次数可达 100 万次以上，数据可保存 10 年之久，存储速度较软驱快 15 倍以上，且容量可依用户需求进行调整，为大容量数据的存储或携带提供了更多的便利及更好的选择。

图 2-17 各种闪存存储器

闪存的主要优点如下。

① 无需驱动器和额外电源，只需从其采用的标准 USB 接口总线取电，可热插拔，真正“即插即用”。在插拔闪存存储器时，必须注意等指示灯停止闪烁时方可进行。

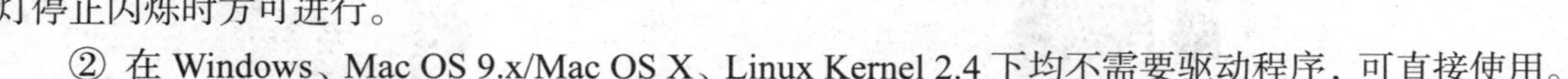

② 在 Windows、Mac OS 9.x/Mac OS X、Linux Kernel 2.4 下均不需要驱动程序，可直接使用。

③ 通用性强，存储容量大，读写速度快。

3. 光盘存储器

光盘（Optical Disk）是利用激光进行读写信息的圆盘。光盘存储器系统由光盘片、光盘驱动器和光盘控制适配器组成。常见的光盘存储器有 CD-ROM、CD-R、CD-RW、DVD-ROM 等。光盘驱动器如图 2-18 所示。

（a）DVD-ROM

（b）CD-ROM

图 2-18 光盘驱动器

光盘存储器也是微机上使用较多的存储设备。在计算机上，用于衡量光盘驱动器传输数据速率的指标叫作“倍速”，一倍速率为 150 KB/s。如果在一个 24 倍速光驱上读取数据，数据传输速率可达到 24×150 KB/s =3.6 MB/s。

只读式压缩光盘（Compact Disk-Read Only Memory，CD-ROM）是最常见的光盘存储工具，是多媒体计算机的必选设备。CD-ROM 上的信息是由厂家在工厂中预先刻录好的，用户只能根据自己的需要选购。其优点是存储容量大（可达 640 MB），复制方便，成本低廉，通常作为电子出版物、素材库和大型软件的载体。其缺点是只能读取而不能写入。

另外，使用得较多的是一次性可写入光盘（Compact Disk-Recordable，CD-R），但需要专门的光盘刻录机完成数据的写入。常见的一次性可写入光盘的容量为 650 MB。写入后 CD-R 盘就与

CD-ROM 盘一样，可以反复读取但不能再改写数据。一次性可写入光盘 CD-R74 的存储容量为 650 MB，记录时间为 74 min。

可读写光盘（Compact Disk-Rewritable，CD-RW）可以像磁盘一样进行反复读写。

CD-ROM 的后继产品是 DVD-ROM（Digital Video Disk）。DVD-ROM 一倍速率是 1.3 MB/s，向下兼容，可读音频 CD 和 CD-ROM。DVD-ROM 单面单层的容量为 4.7GB，单面双层的容量为 7.5 GB，双面双层的容量可达到 17 GB。新出的"蓝光盘"（Blue-ray Disc），其数据存储量达 27GB。

4. 其他外部存储设备

为了适应大规模的信息交换，现在又出现了"光盘库"，如图 2-19 所示。它是一种能够自动交换光盘盘片和读写数据的装置。磁带机是最古老的一种存储器，如图 2-20 所示。其特点是存储容量大，速度慢。目前磁带机主要用于金融、档案、邮电和科研部门等需要大量备份数据时使用。

图 2-19 光盘库

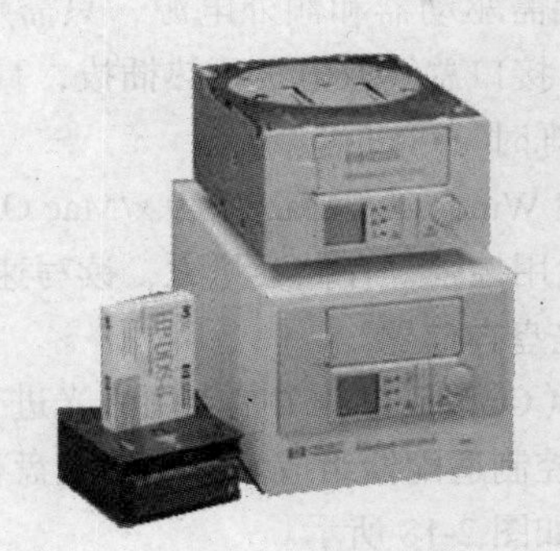

图 2-20 磁带机

2.2.7 输入/输出设备

1. 输入设备

输入设备是向计算机输入程序、数据和命令的部件，常见的输入设备有键盘、鼠标、扫描仪、光笔、数字化仪、数码相机和话筒等。

（1）键盘

键盘（Keyboard）是计算机必备的标准输入设备。用户的程序、数据以及各种对计算机的命令都可以通过键盘输入。键盘根据按键可分为触点式和无触点式两类。机械触点式和薄膜式属于触点式键盘；电容式属于无触点式键盘，是目前键盘的发展方向。

根据按键的数量，键盘又分为 83 键、101 键、104/105 键以及适用于 ATX 电源的 107/108 键。由于 Windows 的广泛应用，104 键已经被广泛使用，而 107/108 键则在较新型的高档微机上使用。

（2）鼠标

鼠标（Mouse）也是微机中常用的一种输入设备。尤其随着 Windows 图形用户界面的运用，鼠标已经成为与键盘并列的输入设备。鼠标是一种"指点"式设备，利用它可以方便地指定光标在显示器屏幕上的位置，以及菜单项的选择和绘图等。

鼠标根据其使用原理可分为：机械鼠标、光电鼠标和光电机械鼠标。根据按键数可分为：两键鼠标、三键鼠标和多键鼠标。

（3）扫描仪

扫描仪（Scanner）是一种光电一体化的高科技产品，它是将各种形式的图像信息输入计算机的重要工具。扫描仪由扫描头、主板、机械结构和附件 4 个部分组成。扫描仪按照其处理的颜色可分为黑白扫描仪和彩色扫描仪两种；按照扫描方式可分为手持式、台式、平板式和滚筒式 4 种，平板和手持式扫描仪如图 2-21 所示。扫描仪的性能指标有分辨率、扫描区域、灰度级、图像处理能力、精确度以及扫描速度等。

（4）光笔

文字输入主要是靠键盘进行的。对于中文来说，需要进行学习，熟悉后才能较快地输入。随着现代电子技术的发展，人们已经研制出了手写输入方法，其代表产品就是光笔，如图 2-22 所示。其原理是用一只与笔相似的定位笔（光笔）在一块与计算机相连的书写板上写字，根据压敏或电磁感应将笔在运动中的坐标位置不断送入计算机，使得计算机中的识别软件通过采集到的笔的轨迹来识别所写的字，然后把得到的标准代码作为结果存储起来。因此，手写输入的核心技术是识别软件。

图 2-21　平板和手持式扫描仪

图 2-22　光笔

（5）数码相机

数码相机是近几年开始出现的摄影输入设备。数码相机是一种无胶片相机，是集光、电、机于一体的电子产品。数码相机集成了影像信息的转换、存储和传输等部件，具有数字化存取功能，能够与计算机进行数字信息的交互处理，如图 2-23（a）所示。

（6）话筒与录音笔

利用话筒也可以进行语音输入，这项技术实现了人们长期以来所追求的文字输入理想。用话筒和声卡还可以进行录音等工作。录音笔可实现连续十几小时的录音，如图 2-23（b）所示。

（7）其他输入设备

人们根据不同要求研制开发了许多输入设备，如在许多公共场所经常见到的查询系统使用的是“触摸屏”，如图 2-23（c）所示；在商场购物交款时，营业员使用的是条形码“阅读器”；用于 PC 游戏的“游戏手柄”；对标准化答卷进行评分的“光电阅读仪”等。

（a）数码相机

（b）录音笔

（c）触摸屏

图 2-23　几种输入设备

2. 输出设备

输出设备用来输出经过计算机运算或处理后所得的结果，并将结果以字符、数据及图形等人们能够识别的形式进行输出。常见输出设备有显示器、打印机、投影仪、声音输出设备、绘图仪等。

（1）显示器

显示器是计算机必备的标准输出设备。用户通过显示器能及时了解到机器工作的状态，看到信息处理的过程和结果，及时纠正错误，指挥机器正常工作。

显示器由监视器和显示控制适配器（显示卡）组成，如图 2-24、图 2-25 所示。

图 2-24 监视器

图 2-25 显示卡

显示器的显示种类很多，显示原理也不一样。从显示原理上可将显示器分为阴极射线管显示器（CRT）、液晶显示器（LCD）、发光二极管显示器（LDD）、等离子显示器（PD）等。CRT 就是大家熟悉的电视机显像管，又可分为单色和彩色两种。目前的显示器以 LCD（液晶显示器）为主流。

液晶显示器的主要技术指标如下。

- 尺寸：一般 LCD 显示器（LCD 屏）的对角线尺寸有 14 英寸、15 英寸、15.1 英寸、17 英寸、17.1 英寸等。
- 点距：水平点距指每个完整像素的水平尺寸，垂直点距指每个完整像素的垂直尺寸。例如，采用 1 024×768 像素的 LCD 屏，尺寸为 15 英寸（304.1 mm×228.1 mm），则水平点距=304.1÷1 024=0.297 mm，垂直点距=228.1÷768=0.297 mm。
- 对比度：对比度是表现图像灰度层次的色彩表现力的重要指标，一般为 200∶1～400∶1，越大越好。
- 亮度：亮度是表现 LCD 显示器屏幕发光程度的重要指标，亮度越高，对周围环境的适应能力就越强。一般为 150～350 cd/m^2，越大越好。
- 显示色彩：LCD 显示器的色彩显示数目越高，对色彩的分辨力和表现力就越强，这是由 LCD 显示器内部的彩色数字信号的位数（bit）所决定的。显示器内采用的是 R（8 bit）、G（8 bit）、B（8 bit）的数字信号，则显示色彩数目为 $2^8\times2^8\times2^8=2^{24}$=16.7M。
- 响应时间：由于液晶材料具有黏滞性，对显示有延迟，响应时间就反映了液晶显示器各像素点的发光对输入信号的反应速度。它由两个部分构成，一个是像素点由亮转暗时对信号的延迟时间 t_r（又称为上升时间），另一个是像素点由暗转亮时对信号的延迟时间 t_f（又称为下降时间），而响应时间为两者之和，一般要求小于 50 ms。
- 可视角度：可视角度是指站在距 LCD 屏表面垂线的一定角度内仍可清晰看见图像的最大角度，越大越好。

（2）打印机

打印机可以将计算机的运行结果直接在纸上输出，方便人们阅读，同时也便于携带。打印机按打印技术可分为击打式和非击打式，按印字方式可分为串式打印机、行式打印机和页式打印机，按构成字符的方式可分为字模式和点阵式，按打印的宽度可分为宽行打印机和窄行打印机。图 2-26 所示为各种类型的打印机。

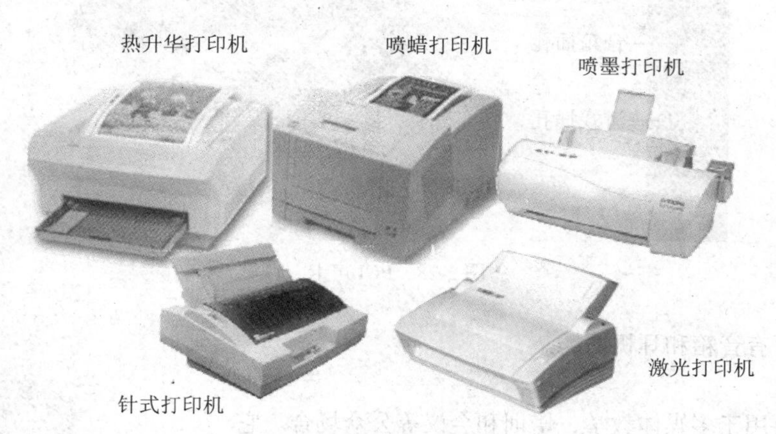

图 2-26 各种打印机

击打式打印机一般指针式打印机，它是点阵式打印机，利用机械击打色带和纸打印出字符和图形。针式打印按钢针数量分为 9 针、16 针和 24 针，目前常用的是 24 针针式打印机。

非击打式打印机利用物理或化学方法来显示字符，包括喷墨、激光和热升华等打印机。

喷墨打印机利用墨水通过精细的喷头喷到纸面上而产生字符和图像，字符光滑美观。它的优点是体积小、重量轻且价格相对便宜。

激光打印机是激光扫描技术与电子照相技术相结合的产物，由激光扫描系统、电子照相系统和控制系统 3 部分组成。激光扫描系统利用激光束的扫描形成静电潜像，电子照相系统将静电潜像转变成可见图像输出。其优点是高速度、高精度且低噪声。

（3）绘图仪

绘图仪是一种输出图形硬拷贝的输出设备，如图 2-27 所示。绘图仪可以绘制各种平面、立体的图形，已成为计算机辅助设计（CAD）中不可缺少的设备。绘图仪按工作原理分为笔式绘图仪和喷墨绘图仪。绘图仪主要运用于建筑、服装、机械、电子和地质等行业中。

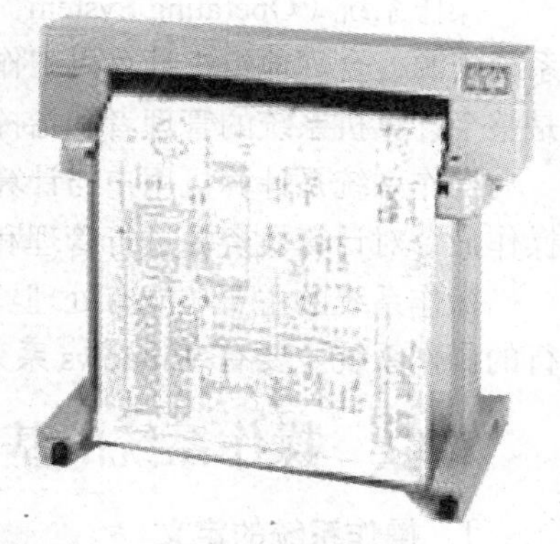

图 2-27 绘图仪

（4）声音输出设备

声音输出设备包括声卡和扬声器两部分。声卡（也称音频卡）插在主板的插槽上，通过外接的扬声器（音响和耳机）输出声音。

声卡按其分辨率可分为 8 位、16 位、32 位和 64 位，位数越高则录制和播放的声音越接近真实，效果越好。现在多数的声卡均采用 16 位和 32 位（个别高档声卡采用 64 位）的分辨率，并且使用了三维环绕立体声技术，使微机具有音响的功能。

目前声卡的总线接口有 ISA 和 PCI 两种。PCI 已经成为主流，如图 2-28 所示。声卡除了发声以外，还提供录入、编辑、回放数字音频和进行MIDI音乐合成的能力。

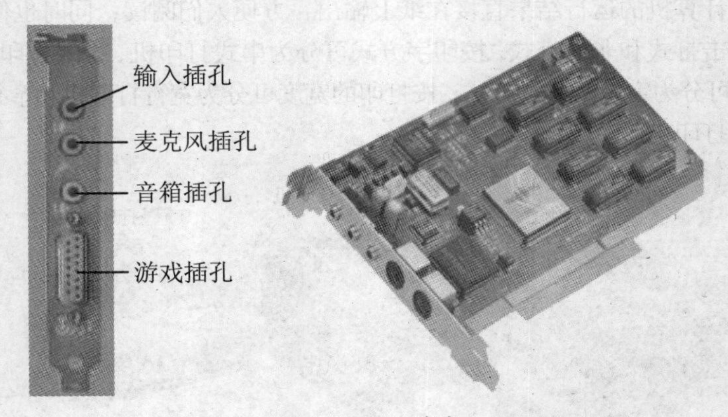

图2-28　PCI声卡

扬声器主要有音箱和耳机两类。

（5）投影仪

投影仪主要用于多媒体教学、培训和会议等公众场合。它通过与计算机的连接，可把计算机的屏幕内容全部投影到银幕上，如图2-29所示。随着技术的进步，高清晰、高亮度的液晶投影仪的价格迅速下降，并已开始普及应用。投影仪分为透射式和反射式两种。投影仪的主要性能指标是显示分辨率、投影亮度、投影度、投影尺寸、投影感应时间、投影变焦、输入源、投影颜色等。

图2-29　投影仪

2.3　计算机操作系统

操作系统（Operating System，OS）是计算机系统软件的重要组成部分，是控制和管理计算机系统资源，合理地组织计算机工作流程，使用户充分、有效地使用计算机系统资源的程序集合，是整个计算机系统的管理者和指挥者。

操作系统是计算机用户与计算机之间进行通信的一个接口。计算机用户通过操作系统提供的操作命令对计算机资源进行管理和利用，在其支持下使用各种软件和各种外部设备。

操作系统的主要功能有处理器管理、存储器管理、设备管理、文件管理和作业管理。目前流行的操作系统主要有Windows系列、UNIX（IBM）、Linux系列和Mac OS（苹果）等。

2.3.1　操作系统的基本概念

1. 操作系统的定义

操作系统（Operating System，OS）是用于管理和控制计算机硬件和软件资源、合理组织计算机工作流程、方便用户充分而高效地使用计算机的一组程序集合。它是计算机系统的核心控制软件，是所有计算机都必须配置的基本系统软件。

操作系统直接运行于计算机硬件系统之上。在操作系统的支持下，计算机才运行其他的系统软件和应用软件。图 2-30 所示为计算机系统的层次结构。

从资源管理的观点出发，操作系统作为计算机系统资源的"管理者"，它的主要功能是对系统所有的软、硬件资源进行合理而有效的管理和调度，提高计算机系统的整体性能。从用户使用的角度看，操作系统是计算机硬件与其他软件的接口，也是用户和计算机之间的接口，即人机交互界面。它为用户创造了一个方便、友好的工作环境，用户通过操作系统使用计算机。

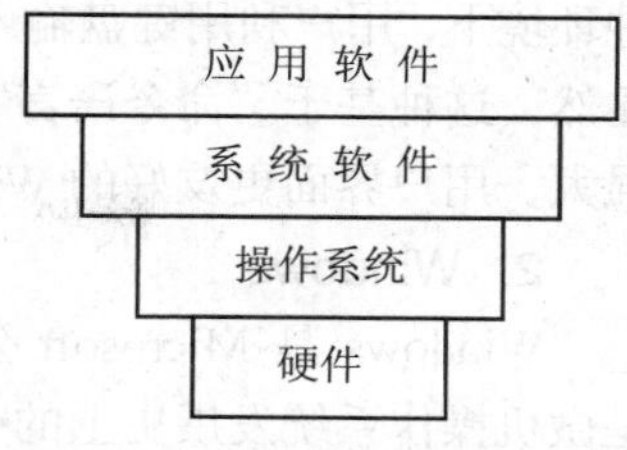

图 2-30 计算机系统层次结构

2. 操作系统的分类

操作系统有各种不同的分类标准，常用的分类标准如下。

（1）按与用户对话的界面分类

① 命令行界面操作系统

在这类操作系统中，用户只能在命令提示符（如 C:\DOS>）后输入命令才能操作计算机。典型的命令行界面操作系统有 MS-DOS、UNIX、Novell Netware 等。

② 图形用户界面操作系统

在这类操作系统中，每一个文件、文件夹和应用程序都可以用图标来表示，所有的命令也都组织成菜单或以按钮的形式列出。因此，若要运行一个程序，无须知道命令的具体格式和语法，而只要使用鼠标对图标和命令进行单击或双击即可，如 Windows 95/98/Me/NT/ 2000/XP 等。

（2）按能够支持的用户数分类

① 单用户操作系统

在单用户操作系统中，系统所有的硬件、软件资源只能为一个用户提供服务。也就是说，单用户操作系统只完成一个用户提交的任务，如 MS-DOS、Windows 95/98 等。

② 多用户操作系统

多用户操作系统能够管理和控制由多台计算机通过通信口连接而组成的一个工作环境，并为多个用户服务，如 Windows NT、UNIX 和 Linux 等。

（3）以是否能够运行多个任务为标准分类

① 单任务操作系统

只支持一个任务，即内存只有一个程序运行的操作系统称为单任务操作系统。在这类操作系统中，用户一次只能提交一个任务，待该任务处理完毕后才能提交下一个任务，如 MS-DOS 就是一种典型的联机交互单用户操作系统。其提供的功能简单，规模较小。

② 多任务操作系统

多任务操作系统可支持多个任务，即内存中同时存在多个程序并发运行的操作系统。在这类操作系统中，用户一次可以提交多个任务，系统可以同时接受并且处理，如 Windows 95/98/ME/NT/ 2000/XP、UNIX 和 Novell Netware 等。

2.3.2 常用的微机操作系统

微机中常用的操作系统有：DOS、Windows、UNIX、Linux 等。

1. MS－DOS

MS-DOS（Disk Operating System）全称是磁盘操作系统。DOS 是 Microsoft 公司研制的配置在 PC 上的单用户、单任务的磁盘操作系统。它早期曾经广泛地应用于 PC，对于计算机的应用普及起到非常重要的作用。MS-DOS 的特点是提供的功能比较简单，规模较小，硬件要求低。在这种环境下，用户利用键盘输入由字符组成的命令（称为键盘命令）指挥计算机去完成相应的操作。显然，这种基于“命令语言”的用户界面直观性差，不灵活，学习和使用困难，现在已被功能更强大、用户界面更友好的 Windows 操作系统所取代。

2. Windows

Windows 是 Microsoft 公司推出的一个运行在微机上的图形窗口操作系统。Windows 的开发是微机操作系统发展史上的一个里程碑。它覆盖了 DOS 的全部功能，采用图形化用户界面，窗口操作简单、直观、形象、易学。对计算机的管理和控制，可以通过鼠标对图形或菜单进行单击、双击等操作实现。其吸引着成千上万的用户，已成为目前微机安装普及率最高的一种操作系统。

主流 Windows 版本具有以下特点。

- 图形化的人机交互界面。
- 丰富的管理工具和应用程序。
- 多任务操作。
- 与 Internet 的完美结合。
- 即插即用硬件管理。

Windows 主要有两个系列。

（1）个人计算机操作系统（Personal Operating System）

它是主要用于低档 PC 上的操作系统，其主要特点为单用户个人专用，方便友好的图形用户界面。目前常用产品有 Windows 95、Windows 98、Windows 2000、Windows XP/Me、Windows 7 等。

（2）网络操作系统（Network Operating System）

它是用于高档服务器上的网络操作系统，如 Windows NT4.0 主要适用于多用户、多任务环境，支持网间通信和网络计算，具有很强的文件管理、数据管理、系统容错和系统安全保护功能。2000 年，Microsoft 公司推出了集 Windows NT 的先进技术和 Windows 98 的优点于一身的新一代操作系统——Windows Server 2000。2003 年，Microsoft 公司又发布了 Windows Server 2003。这是一款服务器平台产品，与原有的 Windows Server 版本相比，它在增加管理、安全性、可靠性、运行性能和 XML Web 服务等方面做了巨大的改进和创新。

本书第 3 章将对微型计算机使用 Windows 7 操作系统的内容做更详尽的介绍。

3. UNIX

UNIX 系统是由 AT&T 公司贝尔实验室的研究人员设计开发的。UNIX 是一个多用户、多任务的分时操作系统，是一种发展比较早的操作系统，一直在操作系统市场占有较大的份额，但是近两年 Windows NT 和 Windows 2000 逐渐发展并占据了它的市场。UNIX 的优点是具有较好的可移植性，可运行于许多不同类型的计算机上，具有较好的可靠性和安全性，支持多任务、多处理、多用户、网络管理和网络应用。但是由于统一的标准，应用程序不够丰富，并且不易学习，这些缺点都限制了 UNIX 的普及应用。

4. Linux

Linux 实际上是从 UNIX 发展起来的，与 UNIX 兼容，能够运行大多数的 UNIX 工具软件、应用程序和网络协议。Linux 继承了 UNIX 以网络为核心的设计思想，是一个性能稳定的多用户网络操作系统。同时，它还支持多任务、多进程和多 CPU。

Linux 是一种源代码开放的操作系统。用户可以通过 Internet 免费获取 Linux 及其生成工具的源代码，然后进行修改，建立一个自己的 Linux 开发平台，开发 Linux 软件。

Linux 版本众多，厂商们利用 Linux 的核心程序，再加上外挂程序，推出了现在的各种 Linux

版本。现在主要流行的版本有 Red Hat Linux、Turbo Linux、S.u.S.E Linux 等。我国自己开发的有红旗 Linux、蓝点 Linux 等。

5. OS/2

IBM 公司在 1987 年推出 PS/2，同时还发布了为 PS/2 设计的操作系统 OS/2。较新的版本是 OS/2 Warp，它支持多任务处理和多道程序设计，并且内置了网络支持。它的图形用户界面可以由用户自己定制。OS/2 Warp 还可以运行为 MS-DOS 和 Windows 设计的应用程序，具有较强的灵活性。虽然 OS/2 Warp 是一个优秀的操作系统，但它还是不能与流行的操作系统相抗衡。

6. Mac OS

Mac OS 是在 Apple 公司的 Power Macintosh 机和 Macintosh 计算机上使用的，是最早成功的基于图形用户界面的操作系统。它具有较强的图形处理能力，广泛用于桌面出版和多媒体应用等领域。Macintosh 的缺点是与 Windows 缺乏较好的兼容性，影响了它的普及。

7. Novell Netware

Novell Netware 是 Novell 公司的一个基于文件服务和目录服务的网络操作系统，主要用于构建局域网。

习　题

一、思考题

1. 简述微型计算机系统的组成。
2. 简述人机界面的类型与发展。
3. 什么是操作系统？它的主要功能是什么？
4. 存储器为什么要分为内存和外存？两者各有何特点？
5. 存储器的容量单位有哪些？
6. 什么是总线？微型计算机的总线如何分类？
7. 什么是接口？微型计算机中常用的主机连接外设接口有哪些？
8. 比较命令行界面和图形用户界面各自有何特点。
9. 计算机中为什么要采用二进制表示数据？
10. 什么是指令？什么是程序？举例说明软件和程序之间的关系。

二、单项选择题

1. 一个完整的计算机系统是由（　　）组成的。

（A）主机及外部设备　　（B）主机、键盘、显示器和打印机

（C）系统软件和应用软件　　（D）硬件系统和软件系统

2. 组成微型计算机的基本硬件的 5 部分是（　　）。

（A）外设、CPU、寄存器、主机、总线

（B）CPU、内存、外存、键盘、打印机

（C）运算器、控制器、存储器、输入设备、输出设备

（D）运算器、控制器、主机、输入设备、输出设备

3. 微型计算机中，控制器的基本功能是（　　）。

（A）进行算术运算和逻辑运算

（B）存储各种控制信息

（C）保持各种控制状态

（D）控制机器各个部件协调一致地工作

4. 运算器的主要功能是（　　）。

（A）实现算术运算和逻辑运算

（B）保存各种指令信息供系统其他部件使用

（C）分析指令并进行译码

（D）按主频指标的规定发出时钟脉冲

5. 计算机软件系统一般包括系统软件和（　　）。

（A）字处理软件　（B）应用软件　（C）管理软件　（D）科学计算软件

6. 计算机能够直接识别和处理的是（　　）。

（A）汇编语言　（B）源程序　（C）机器语言　（D）高级语言

7. 操作系统是一种（　　）。

（A）系统软件　（B）应用软件　（C）源程序　（D）操作规范

8. 既能向主机输入数据，又能从主机输出数据的设备是（　　）。

（A）CD-ROM　（B）显示器　（C）硬盘驱动器　（D）光笔

9. 下列各组设备中，全部属于输入设备的一组是（　　）。

（A）键盘、磁盘和打印机　（B）键盘、扫描仪和鼠标

（C）键盘、鼠标和显示器　（D）硬盘、打印机和键盘

10. 能直接与 CPU 交换信息的存储器是（　　）。

（A）硬盘　（B）软盘　（C）CD-ROM　（D）内存储器

11. 微型计算机中内存储器比外存储器（　　）。

（A）读写速度快　（B）存储容量大

（C）运算速度慢　（D）以上 3 种都可以

12. 下列几种存储器中，存取周期最短的是（　　）。

（A）内存储器　（B）光盘存储器

（C）硬盘存储器　（D）软盘存储器

13. 微型计算机在工作中，由于断电或突然“死机”重新启动后微型计算机（　　）中的信息将全部消失。

（A）ROM 和 RAM　（B）ROM

（C）硬盘　（D）RAM

14. 配置高速缓冲存储器（Cache）是为了解决（　　）。

（A）内存与辅助存储器之间速度不匹配的问题

（B）CPU 与辅助存储器之间速度不匹配的问题

（C）CPU 与内存储器之间速度不匹配的问题

（D）主机与外设之间速度不匹配的问题

15. 激光打印机的特点是（　　）。

（A）噪声较大　（B）速度快、分辨率高

（C）采用击打式　（D）以上说法都不是

16. 光驱的倍速越大，表示（　　）。

（A）数据传输越快　　（B）纠错能力越强
（C）所能读取光盘的容量越大　　（D）播放 VCD 效果越好

17. 40 倍速 VCD 光驱的读取速率是（　　）KB/s 左右。
（A）1 500　　（B）3 000　　（C）6 000　　（D）8 000

18. ASCII 是（　　），GB2312-80 是（　　）。
（A）汉字国标码　　（B）二—十进制编码
（C）二进制字符码　　（D）美国信息交换标准代码

19. 下列一组数中最小的数是（　　）。
（A）10010001B　　（B）157D　　（C）137O　　（D）10AH

20. 计算机中数据的表示形式是（　　）。
（A）八进制　　（B）十进制　　（C）二进制　　（D）十六进制

21. 计算机内存常用字节（Byte）作为单位，一个字节等于（　　）位二进制。
（A）16　　（B）4　　（C）8　　（D）2

22. 下列字符中，ASCII 码值最小的是（　　），ASCII 码值最大的是（　　）。
（A）a　　（B）A　　（C）9　　（D）&

第3章 Windows 7 操作系统

【本章概述】

操作系统是计算机系统中所有软、硬件资源的管理者和指挥者，是计算机正常运行的神经中枢，它能为用户提供高效、方便、灵活的使用环境。本章系统地介绍 Windows 7 的基本知识和基本操作，同时介绍 Windows 7 中资源管理、文件管理、环境设置和系统维护等操作。

3.1 Windows 7 概述

Windows 7是Microsoft公司于2009年开发的新一代操作系统，核心版本号为Windows NT 6.1。Windows 7 可供家庭及商业工作环境、笔记本电脑、平板电脑、多媒体中心等使用。

中文 Windows 7 目前主要有：简易版、家庭普通版、家庭高级版、专业版、企业版以及旗舰版。而 Windows 7 旗舰版拥有 Windows 7 家庭高级版和 Windows 7 专业版的所有功能，当然硬件要求在这些版本里也是最高的。本章主要介绍 Windows 7 旗舰版操作系统的使用，除非特别说明，在以后的叙述中简称为 Windows 7。

3.1.1 Windows 7 的特点

Windows 7 的界面友好美观，有很强的多媒体和游戏性能，同时还具备全新的家庭网络向导、系统还原等功能。相对于 Windows XP 来说，Windows 7 包含许多新增特性、改进程序以及工具，用户使用起来也将更加便捷。

Windows 7 提供的新特性主要有以下几点。

1. 系统运行更加快速

微软在开发 Windows 7 的过程中，始终将性能放在首要的位置。Windows 7 不仅仅在系统启动时间上进行了大幅度的改进，并且连从休眠模式唤醒系统的细节也进行了改善，使 Windows 7 成为一款反应更快速、令人感觉清爽的操作系统。

2. 革命性的工具栏设计

Windows 7 中有了革命性的设计颠覆，工具栏上所有的应用程序都不再有文字说明，只剩下一个图标，而且同一个程序的不同窗口将自动群组。鼠标移到图标上时会出现已打开窗口的缩略图，再次点击便会打开该窗口。在任何一个程序图标上单击右键，会出现一个显示相关选项的选单。

3. 更个性化的桌面

在 Windows 7 中，用户能对自己的桌面进行更多的操作和个性化设置。Windows 7 中内置主题包带来的不仅是局部的变化，更是整体风格的统一壁纸、面板色调甚至系统声音都可以根据用户的喜好选择定义。

4. 智能化的窗口缩放

用户把窗口拖到屏幕最上方，窗口就会自动最大化；把已经最大化的窗口往下拖一点，它就会自动还原；把窗口拖到左、右边缘，它就会自动变成 50%宽度，方便用户排列窗口。这对需要经常处理文档的用户来说是一项十分实用的功能，可以省去不断在文档窗口之间切换的麻烦，轻松直观地在不同的文档之间进行对比、复制等操作。另外，Windows 7 拥有一项贴心的小设计：当用户打开大量文档工作时，如果用户需要专注在其中一个窗口，只需要在该窗口上按住鼠标左键并且轻微晃动鼠标，其他所有的窗口便会自动最小化；重复该动作，所有窗口又会重新出现。虽然看起来这不是什么大功能，但是的确能够帮助用户提高工作效率。

5. 无缝的多媒体体验

Windows 7 中强大的综合娱乐平台和媒体库 Windows Media Center 不但可以让用户轻松管理电脑硬盘上的音乐、图片和视频，更是一款可定制化的个人电视。它支持从家庭以外的 Windows 7 个人电脑上安全地通过远程互联网访问家里 Windows 7 电脑中的数字媒体中心，随便欣赏保存在家庭电脑中的任何数字娱乐内容。

6. 多点触摸带来极致触摸操控体验

Windows 7 的核心用户体验之一就是通过触摸支持触控的屏幕来控制计算机。在配置有触摸屏的硬件上，用户可以通过自己的指尖来实现许许多多的功能，包括通过触摸来实现拖动、下拉、选择项目的动作，而在网站的内横向、纵向滚动，也可通过触摸来实现。

7. Homegroups 和 Libraries 简化局域网共享

Windows 7 通过图书馆（Libraries）和家庭组（Homegroups）两大新功能对 Windows 网络进行了改进。图书馆是一种对相似文件进行分组的方式。即使这些文件被放在不同的文件夹中，它也会让你的这些图书馆更容易地在各个家庭组的用户之间进行共享。

8. 全面革新的用户安全机制

在 Windows 7 中，微软对安全功能进行了革新，不仅大幅降低提示窗口出现的频率，而且用户在设置方面还将拥有更大的自由度。而 Windows 7 自带的 Internet Explorer 8 也在安全性方面较之前版本提升不少，让用户在互联网上能够更有效地保障自己的安全。

9. Windows XP 模式

现在仍然有许多用户坚守着 Windows XP 的阵地，为的就是它强大的兼容性，游戏、办公甚至企业级应用全不耽误。同时也有许多企业仍然在使用 Windows XP。为了让用户，尤其是中小企业用户过渡到 Windows 7 平台时减少程序兼容性顾虑，微软在 Windows 7 中新增了一项 Windows XP 模式。它能够使 Windows 7 用户由 Windows 7 桌面启动，运行诸多 Windows XP 应用程序。

3.1.2 Windows 7 的运行环境与安装

1. Windows 7 硬件环境要求

安装 Windows 7 的硬件环境有最低配置和推荐配置，如表 3-1、表 3-2 所示。

表 3-1　　Windows 7 硬件环境的最低配置

设备名称	基本要求	备　注
CPU	1 GHz 及以上	
内　存	1 GB 及以上	安装识别的最低内存是 512 BM，小于 512 BM 会提示内存不足(只是安装时提示)。实际上，384 BM 就可以较好地运行，即使内存小到 96 BM 也能勉强运行
硬　盘	20 GB 以上可用空间	安装后最好保证该分区有 20 GB 的大小
显　卡	有 WDDM1.0 或更高版驱动的集成显卡 64MB 以上	128 MB 为打开 Aero 最低配置；不打开的话，64 MB 也可以
其他设备	DVD-R/RW 驱动器或者 U 盘等其他储存介质	安装用。如果需要，可以用 U 盘安装 Windows 7，这需要制作 U 盘引导
	互联网连接/电话	需要联网/电话激活授权，否则只能进行为期 30 天的试用评估

表 3-2　　Windows 7 硬件环境的推荐配置

设备名称	推荐配置	备　注
CPU	1 GHz 及以上的 32 位或 64 位处理器	Windows 7 包括 32 位及 64 位两种版本，如果用户希望安装 64 位版本，则需要支持 64 位运算的 CPU 的支持
内　存	1 GB（32 位）/2GB（64 位）	最低允许 1 GB
硬　盘	20 GB 以上可用空间	不要低于 16 GB，参见 Microsoft 官网
显　卡	有 WDDM1.0 驱动的支持 DirectX 10 以上级别的独立显卡	显卡支持 DirectX 9 就可以开启 Windows Aero 特效
其他设备	DVD – R/RW 驱动器或者 U 盘等其他储存介质	安装使用
	互联网连接/电话	需在线激活或电话激活

2. Windows 7 的安装方式

由于 Windows 7 的安装光盘具有直接启动功能，可首先在 CMOS 中设置系统从光盘启动，之后将 Windows 7 的安装光盘插入 CD-ROM 中，并重新引导系统启动。当系统启动后，将自动执行相应目录中的 Setup.exe 文件，开始安装系统。Windows 7 有 3 种安装方法。

方法一：

（1）使用光盘安装，在 Windows 系统下，放入购买的 Windows 7 光盘，运行 Setup.exe，选择“安装 Windows”。

（2）输入在购买 Windows 7 时得到的产品密钥（一般在光盘上找）。

（3）接受许可条款。

（4）选择“自定义”或“升级”。

（5）选择安装的盘符，如选择 C 盘，会提示将原系统移动至 windows.old 文件夹，确定即可。

（6）到“正在展开 Windows 文件”这一阶段会重启，重启后继续安装并在“正在安装更新”

这一阶段再次重启；如果是光盘用户，则会在“正在安装更新”这一阶段重启一次。

（7）完成安装。

方法二：

（1）使用光盘安装，在 BIOS 中设置光驱启动，选择第一项即可自动安装到硬盘第一分区。有隐藏分区的品牌机，建议手动安装。

（2）按方法一中第 2 步至第 3 步进行操作。

（3）选择安装盘符，如 C 盘，选择后建议单击“格式化安装”（不然会变成双系统）。

（4）开始安装。

（5）完成安装。

方法三：

从网上下载 Windows 7 ISO 镜像文件后，无须刻盘，直接在 XP 或 Vista 系统下进行安装。

① 在 XP 或 Vista 系统下安装一个虚拟光驱，设置一个虚拟光驱。

② 将 Windows 7 ISO 镜像文件加载到虚拟光驱中。

③ 从其他分区中新建一个文件夹，将 Windows 7 ISO 镜像文件从虚拟光驱拷贝到该文件夹下，在准备安装 Windows 7 的分区中预留 15 GB 的硬盘空间，并确认设置为 NTFS 分区。

④ 在文件夹下运行 Setup.exe 文件，即可启动安装。

安装前的注意事项：在安装之前，首先进行磁盘扫描和磁盘碎片整理，这样可以降低安装中断的几率。此外，如果主板上有病毒防护功能的话，注意安装之前要关闭主板的病毒防护功能。如果选择升级安装，也需要在安装之前关闭在线病毒防护墙，关闭所有在 Windows 启动组中添加的不必要的应用程序项。

3.1.3　Windows 7 启动与退出

1. 启动 Windows 7

在安装完成后第一次启动 Windows 7，我们所看到的各种设置都是默认的。它的桌面和“开始”菜单较以前的 Windows XP 版本有了很大的变化，如图 3-1 所示。

2. 注销 Windows 7

在多个用户使用 Windows 7 时，一个用户使用完后可以“注销”，让另一个用户继续使用。该功能适合使用网络或几个人共用计算机的情况。此选项用于关闭程序，并提示用户进行登录，这样，其他用户就可以重新登录计算机，不需要重新启动系统。

3. 退出 Windows 7

退出 Windows 7 并关闭计算机有两种情况：正常关机和异常关机。

（1）正常关机

退出 Windows 7 时不要直接关机，而应当按照正确的步骤进行关闭，否则会丢失系统未保存的数据或信息，而且会在运行应用程序的过程中产生大量临时文件保留在硬盘上，占用宝贵的硬盘空间。通常，退出 Windows 7 的操作步骤如下。

单击“开始”菜单，选择“关机”，单击“关闭”按钮后，即可退出系统。

如果需要重新启动计算机，可单击“关机”后面的▶按钮，在弹出的菜单中选择“重新启动”，如图 3-2 所示，然后重新启动计算机。单击“睡眠”按钮，可使计算机处于待机模式，即关闭监视器和硬盘，使整个系统处于低能耗状态。该功能可以使得不需要重新启动计算机就可返回工作状态。

图 3-1　Windows 7 启动后的桌面

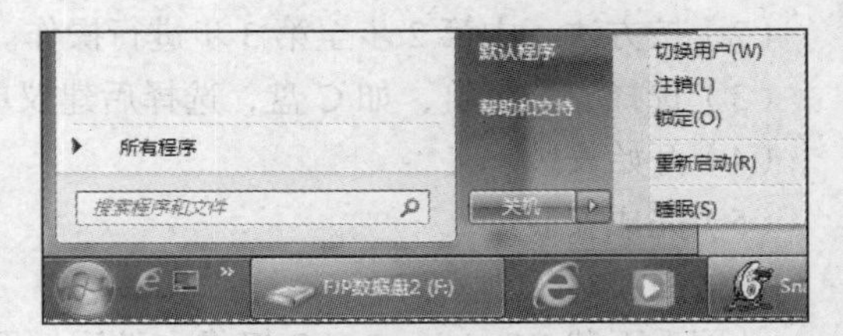

图 3-2　“关闭计算机”对话框

（2）异常关机

当遇到系统或程序死机的情况，即不管按哪个键或单击鼠标，屏幕上都没有响应时，可以选择如下的方法关机。

按 Ctrl+Alt+Del 组合键，弹出窗口，可以选中其中的一个要求，单击右下角“关机”，这样就可以关机。这样做还可以把系统中运行不正常的程序关闭。

Windows 7 中集成了开机修复功能，可让系统进行自动修复，非常方便。

3.2　Windows 7 基本操作

3.2.1　Windows 7 桌面

Windows 7 提供了漂亮的系统桌面、各种新的图标样式、漂亮的界面显示字体、使用鼠标拖曳图标时的图标样式、鼠标菜单的淡入淡出效果等。同时，Windows 7 还提供了个性化菜单功能，这样可以将不经常使用的菜单项隐藏起来，以便于快速操作经常使用的应用程序。

Windows 7 启动后显示的桌面如图 3-3 所示。

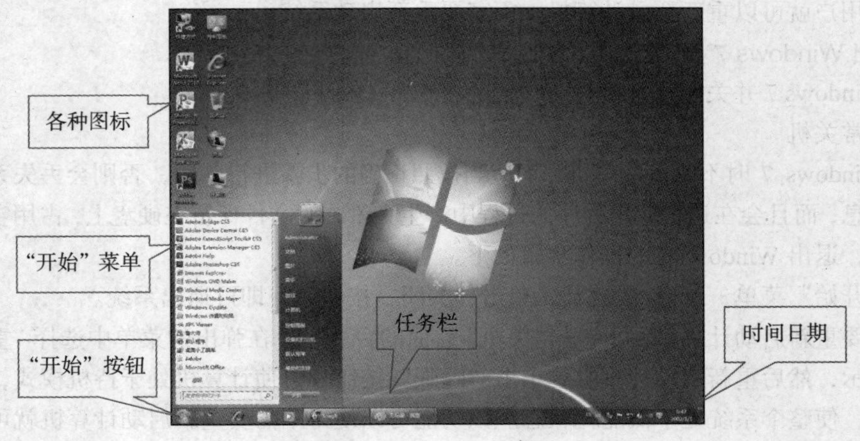

图 3-3　Windows 7 桌面

● 桌面：它占据整个屏幕背景，是用户在屏幕上看到的工作空间。在这个工作空间中，Windows 7 显示和安排所有打开的窗口，还有表示计算机、文件夹、文档等的图标。Windows 7 桌面有两种呈现方式：一种是默认传统方式；另一种是叠加方式，点击任务栏左下角图标，窗口切换为叠加方式，如图 3-4 所示。

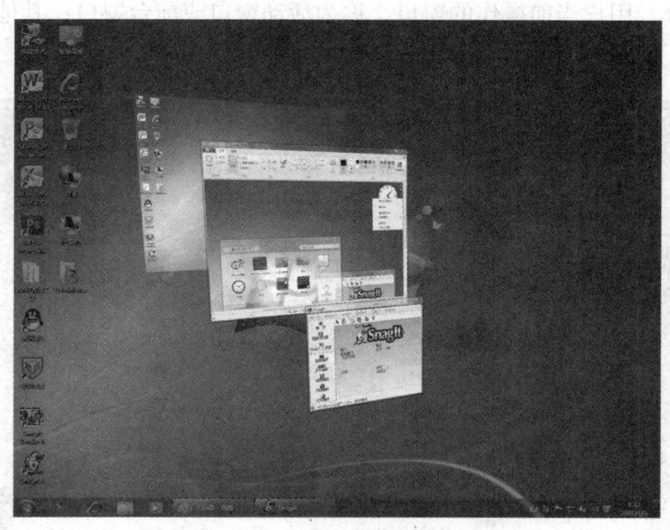

图 3-4　Windows 7 桌面叠加方式

● “开始”菜单：单击“开始”按钮，将显示“开始”菜单。“开始”菜单包含使用 Windows 7 时需要开始的所有工作。

● 任务栏：任务栏上排列打开的应用程序所对应的按钮。鼠标指向任务栏中的图标，则显示该任务缩略图，单击任务栏上的一个按钮便切换到不同的任务。打开每个应用程序时，在任务栏上都会出现一个按钮。当同时使用多个应用程序时，在任务栏上可以看到所有打开的应用程序名。在任何时候，都可以单击任务栏上的相应图标按钮切换应用程序，如图 3-5 所示。

图 3-5　任务栏的应用

3.2.2 窗口及其基本操作

“窗口”是桌面上用于查看应用程序或文档等信息的一块矩形区域。Windows 7 中有应用程序窗口、文件夹窗口、对话框窗口等，如图 3-6、图 3-7 所示。在同时打开几个窗口时，有“前台”和“后台”窗口之分。用户当前操作的窗口，称为活动窗口或前台窗口；其他窗口则称为非活动窗口或后台窗口。

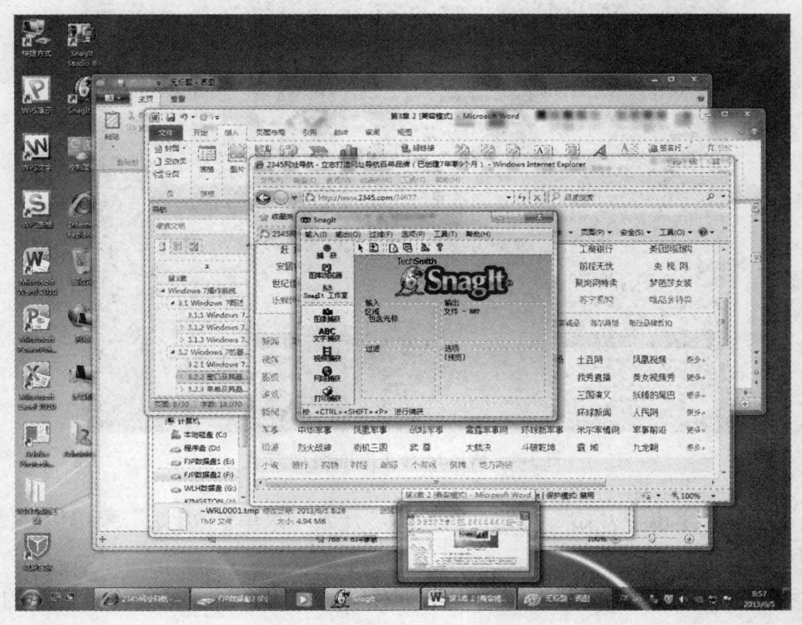

图 3-6 桌面上打多个窗口范例

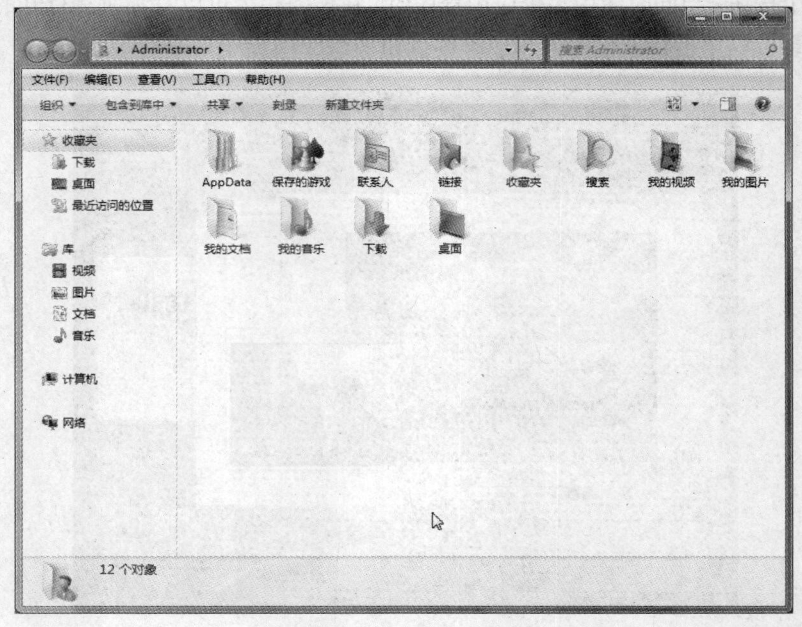

图 3-7 文件夹窗口

1. 窗口的组成

在 Windows 7 中，大部分窗口的组成元素包括：标题栏、菜单栏、工具栏、应用程序工作区、状态栏等，如图 3-8 所示。

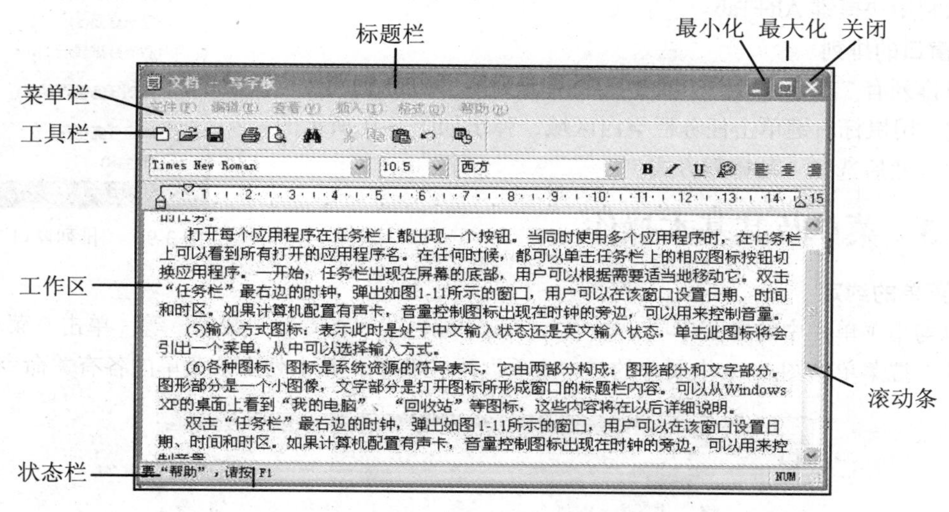

图 3-8　Windows 7 写字板应用程序窗口

2. 应用程序窗口的基本操作

（1）打开窗口

双击文件夹图标或应用程序图标，即可打开应用程序窗口，即启动一个应用程序。

（2）关闭窗口

单击应用程序窗口中的“关闭”按钮，或双击“控制菜单”按钮，或从窗口的“控制菜单”中选择“关闭”按钮，则该应用程序窗口在屏幕上消失，并且程序图标也从任务栏上消失。

（3）移动窗口

将鼠标指针指向窗口标题栏，按下左键不放，移动鼠标到合适的位置再松开按键。

（4）调整窗口大小

将鼠标指针对准窗口的边框或角，鼠标指针自动变成双向箭头，按下左键拖曳，就可改变窗口的大小。

（5）滚动窗口内容

将鼠标指针移到窗口滚动条的滚动块上，按住左键拖动滚动块，或单击滚动条上的上箭头或下箭头，即可以滚动窗口中的内容。

（6）最大化、最小化和关闭窗口

Windows 7 窗口右上角具有最小化、还原（或最大化）和关闭窗口 3 个按钮。

- 窗口最小化：单击“最小化”按钮，窗口在桌面上消失。
- 窗口最大化：单击“最大化”按钮，窗口扩大到整个桌面，此时“最大化”按钮变成“还原”按钮。
- 窗口恢复：当窗口最大化时具有此按钮，单击它可以使窗口恢复成原来的大小。

3. 窗口的切换操作

在 Windows 7 桌面上可打开多个窗口，但活动窗口只有一个。切换窗口就是将非活动窗口切换成活动窗口。切换窗口的操作方法有多种。最简单的方法是用鼠标单击“任务栏”上的窗口图标；或在所需要的非活动窗口还没有被完全挡住时，单击所需非活动窗口任意部位；在不同窗口之间切换还可以利用快捷键 Alt+Tab。

4．窗口的排列

窗口排列有“层叠窗口”、“堆叠显示窗口”和“并排显示窗口”3 种方式。用鼠标右键单击任务栏空白区域，弹出如图 3-9 所示的快捷菜单，然后选择一种排列方式。

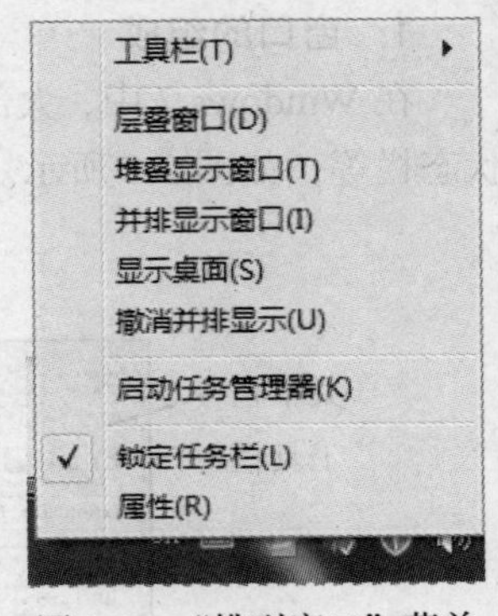

图 3-9 “排列窗口”菜单

3.2.3 菜单及其基本操作

1．菜单的约定

菜单均指菜单栏中的各菜单项，如“文件”、“编辑”、“查看”、“帮助”等。单击一菜单项，可展开其下拉菜单。图 3-10 中展开的是“查看”下拉菜单，其中列出该菜单的各有关命令。

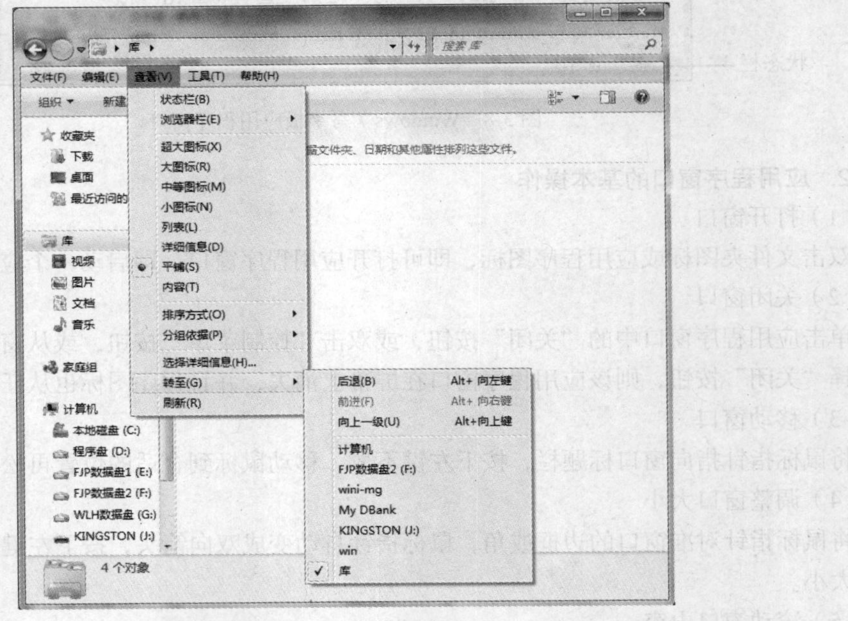

图 3-10 下拉菜单展开

- 命令名中，显示暗淡的，表示不能选用；
- 命令名后有省略号符号（…）时，表示选择命令时会弹出对话框，需要用户进一步提供信息；
- 命令名旁出现“√”时，表示该项命令正在起作用；
- 命令名旁有标记“•”时，表示该命令所在的一组命令中只能任选一个，有“•”的命令为当前选定项；
- 命令名旁出现“▸”时，表示该命令有下一级菜单；
- 命令名的右边若还有另一个键符或组合键符，则为快捷键，在窗口中，按 Ctrl+A 组合键立即选定所有对象。

2. 菜单的基本操作

（1）执行菜单命令

具体方法是：打开应用程序窗口，单击命令所在的菜单，用鼠标指针指向某命令条上单击即可。如果该菜单命令下面还有下一级子菜单，则再次单击，展开子菜单后，鼠标指针移动到该命令上单击即可。

（2）执行快捷菜单中的命令

Windows 7 中，每一个对象（如图标、按钮、文档中的文字等）都有一个快捷菜单，该快捷菜单与所选的对象以及当前对象所在的状态密切相关。

具体方法是：用鼠标右击对象，此时出现一个快捷菜单，如图 3-11 所示，单击菜单中的命令。取消该快捷菜单的方法为在该快捷菜单外部任意位置单击即可。

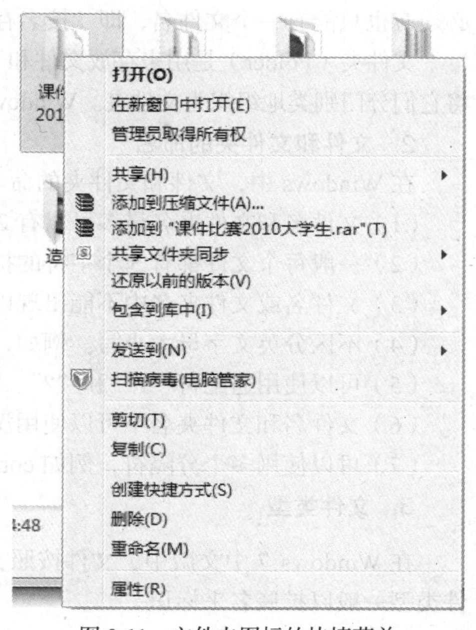

图 3-11　文件夹图标的快捷菜单

3.2.4　剪贴板的使用

Windows 的应用程序之间可以通过多种方式交换、传递信息，实现信息共享，而剪贴板则是信息共享与交换的重要媒介。

1. 剪贴板的功能

剪贴板实际上是 Windows 在内存中开辟的一块临时存放交换信息的区域。它是 Windows 提供的信息传送和信息共享的方式之一。这种信息传送和信息共享方式可以用于不同的 Windows 应用程序之间，也可以用于同一个应用程序的不同文档之间或同一个文档的不同位置。传送或共享的信息可以是一段文字、数字或符号组合，还可以是图形、图像、声音等。

2. 剪贴板的使用

只要 Windows 处于运行中，剪贴板便处于工作状态，即随时准备接收需要传送的信息。

（1）选取文件、文件夹或文件中的信息等对象。

（2）将选取的对象放到剪贴板上，即“复制”或“剪切”操作。

（3）从剪贴板取出交换信息并放在文件中插入点位置或文件夹中，即“粘贴”操作。

如果要将某个活动窗口的信息以位图形式复制到剪贴板中，可按 Alt+PrintScreen 组合键；要将整个屏幕的画面以位图形式复制到剪贴板中，可直接按 PrintScreen 键。

3.3　Windows 7 文件管理

3.3.1　文件和文件夹

1. 文件和文件夹

文件（File）是指赋予名字、存储于外存的一组相关且按某种逻辑方式组织在一起的信息的集合，它可以是程序、数据、文字、图形、图像或声音等。这就是说计算机中的所有程序和数据都是以文件的形式存放在外存（如磁盘、光盘等）上的。文件是操作系统管理信息和能独立进行存取的最小单位。在 Windows 7 中，文件以图标和文件名来标识，每个文件都对应一个图标，都必须有也只能有一个文件名，即“按名存取”。

文件夹（Folder）是用来存放文件和子文件夹的地方。一个磁盘上通常存有大量的文件，必须将它们分门别类地组织为文件夹。Windows 7 是采用树型结构以文件夹的形式组织和管理文件的。

2. 文件和文件夹的命名

在 Windows 中，文件和文件夹的命名约定如下。

（1）文件名和文件夹名最多可以有 255 个字符，其中包含驱动器和完整路径信息。

（2）一般每个文件都有 3 个字符的扩展名，用以标识文件类型和创建此文件的程序。

（3）文件名或文件夹名中不能出现以下 9 个字符：/、\、: *、?、"、<、>、|。

（4）不区分英文字母大小写。例如，USER 和 user 是同一个文件名。

（5）可以使用通配符“*”和“?”。“*”表示任意字符串，“?”表示任意一个字符。

（6）文件名和文件夹名中可以使用汉字。

（7）可以使用多个分隔符，例如 computer.describes a device.system.P4。

3. 文件类型

在 Windows 7 中文版中，文件按照文件中的内容类型进行分类，主要类型如表 3-3 所示。文件类型一般以扩展名来标识。

表 3-3　　Windows 7 中的文件类型

文件类型	扩 展 名	文件描述
可执行文件	.exe、.com、.bat	可以直接运行的文件
文本文件	.txt、.doc	用文本编辑器编辑生成的文件
音频文件	.mp3、.mid、.wav、.wma	以数字形式记录存储的声音、音乐信息的文件
图片图像文件	.bmp、.jpg、.jpeg、.gif、.tiff	通过图像处理软件编辑生成的文件，如画图文件、Photoshop 文档等
影视文件	.avi、.rm 、.asf、.mov	记录存储动态变化画面，同时支持声音的文件
支持文件	.dll、.sys	在可执行文件运行时起辅助作用，如链接文件和系统配置文件等
网页文件	.html、.htm	网络中传输的文件，可用 IE 浏览器打开
压缩文件	.zip 、.rar	由压缩软件将文件压缩后形成的文件，不能直接运行，解压后可以运行

3.3.2 Windows 7 资源浏览

Windows 7 提供了两种浏览计算机资源的环境或工具，即“计算机”图标和点击“开始”菜单浏览不同类型的文档。利用它们不仅可以访问本机资源，还可以用来浏览整个网络的文件资源。

1. 使用 Windows 资源管理器

Windows 7 的“计算机”是处理文件的主要程序，如图 3-12 所示。用户可以在资源管理器中查看本机文件夹的分层结构，还能浏览所选文件夹（当前文件夹）的全部文件和子文件夹。

（1）打开“Windows 资源管理器”的常用方法

- 方法一：依次单击“开始/所有程序/附件/Windows 资源管理器”。
- 方法二：鼠标指向桌面上的“计算机”图标；双击鼠标，弹出“Windows 资源管理器”窗口。
- 方法三：鼠标指向“开始”按钮；单击鼠标右键，弹出快捷菜单；选择“打开 Windows 资源管理器”选项。

（2）“Windows 资源管理器”窗口的组成

“Windows 资源管理器”窗口中除了一般窗口的元素，如菜单栏、搜索栏、状态栏等外，还包括左窗格、右窗格等，如图 3-12 所示。

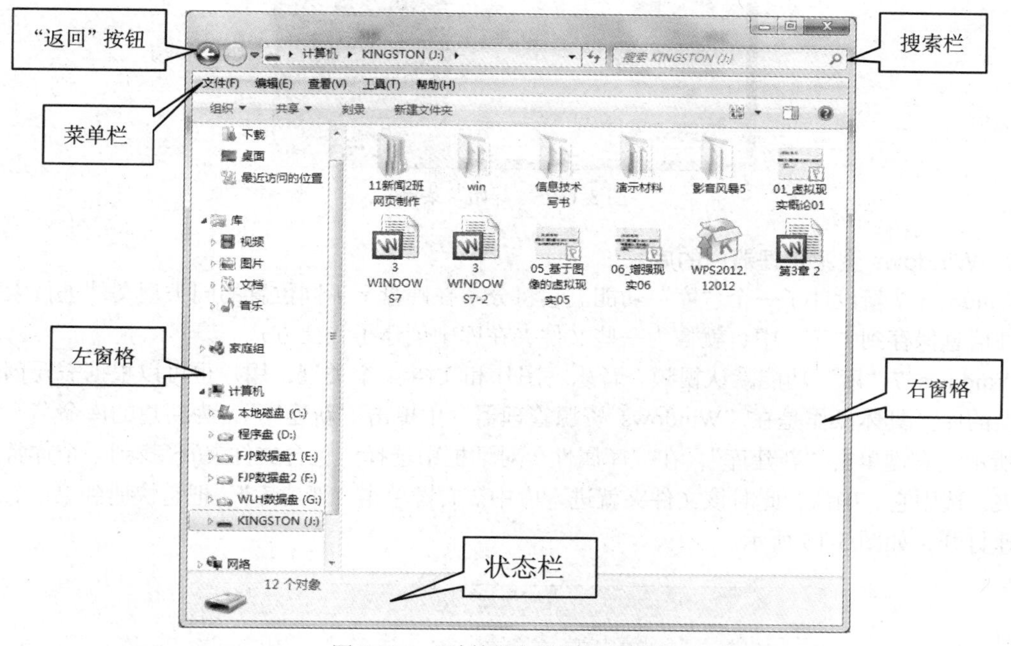

图 3-12　“计算机”资源管理器窗口

Windows 资源管理器的工作区分成左、右两个窗格：“左窗格”（文件夹树型结构框）显示树状文件夹结构，包括收藏夹、库、计算机和网络；“右窗格”（当前文件夹内容框）则总是显示当前文件夹（打开的文件夹）中的内容，包括其下的所有文件和子文件夹。

（3）“Windows 资源管理器”的基本操作

- 展开文件夹：左窗格里带“▷”号的文件夹，表示它包含尚未展开的子文件夹，它是“可扩展的”。单击“▷”将立即展开它的子文件夹，同时“▷”变为“◢”。
- 折叠文件夹：左窗格里带“◢”的文件夹，表示该文件夹含有子文件夹并且已经展开，它是“可收缩的”。单击“◢”时立即折叠它的子文件夹，同时“◢”变为“▷”。
- 查找文件：首先在左窗格里双击文件所在的驱动器，此时打开该驱动器的窗口；然后在右窗格里双击文件所在的文件夹，就进入该文件夹窗口。

2. 使用“开始”菜单

单击“开始”按钮，在菜单中选择文件类型（文档、图片、音乐、计算机等），进入相关资源，如图 3-13 所示。

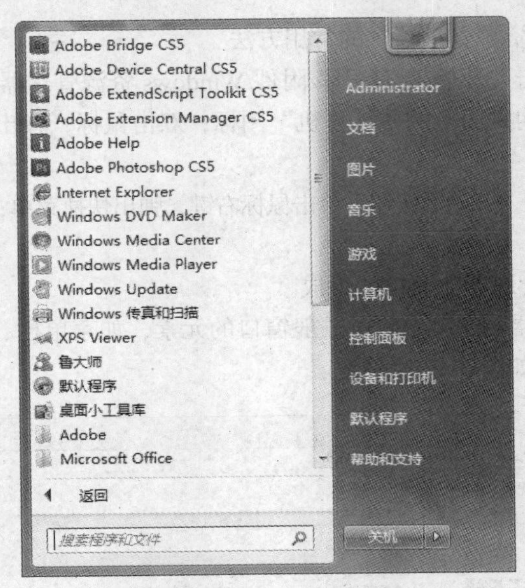

图 3-13 “开始”菜单

3. Windows 资源管理器中的库

Windows 7 新设计了一个“库”功能。它将分布在硬盘上不同位置的同类型文件进行索引，将文件信息保存到“库”中，就像为一些文件夹在库中创建了快捷方式。

Windows 7“库”功能默认视频、音乐、图片和文档 4 个类型，用户也可以根据需要创建其他类型的库。具体操作是在“Windows 资源管理器”中单击“新建库”，为新建的库命名，如图 3-14 所示。右键单击“新建库”，在“库属性”对话框中选择“包含文件夹”，找到一个你常用的文件夹，选中它，确认，此时该文件夹就进入库中。右键单击“新建库”，把它快捷到桌面，就可以快速打开，如图 3-15 所示。

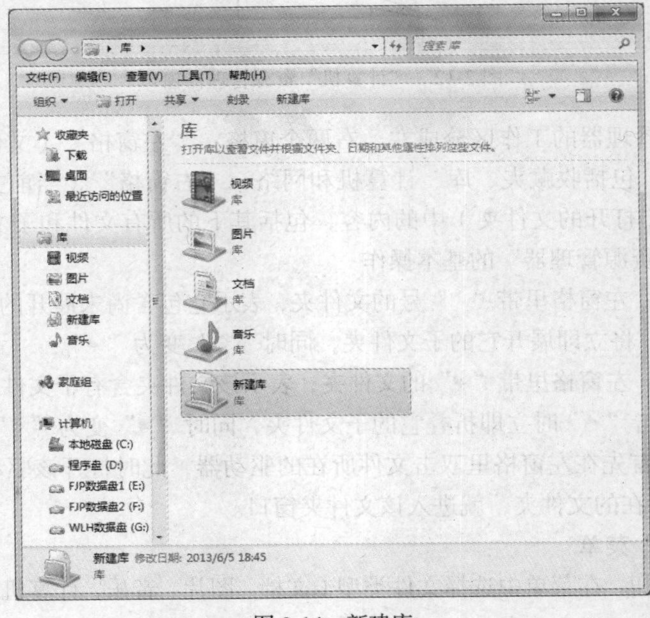

图 3-14 新建库

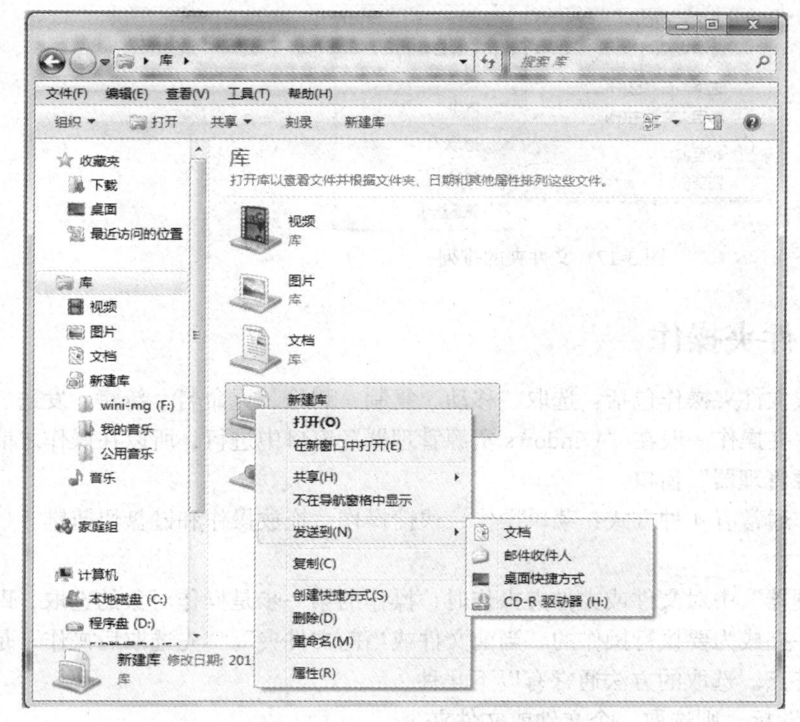

图 3-15　把新建库快捷到桌面

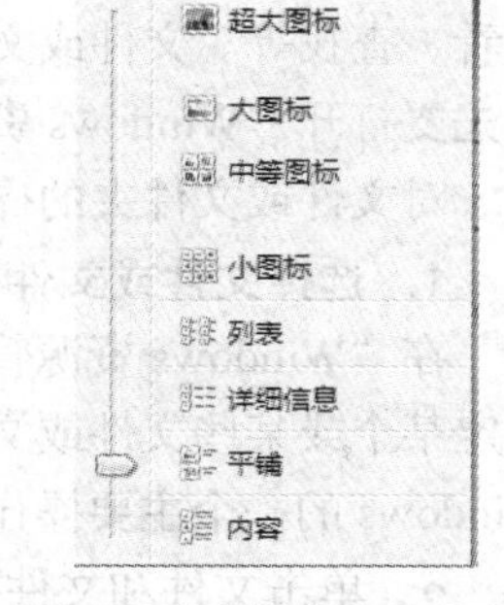

图 3-16　文件夹查看方式

4. 改变文件和文件夹的查看方式

在“Windows 资源管理器”窗口中，文件和文件夹的显示方式有 8 种：超大图标、大图标、中等图标、小图标、列表、详细信息、平铺和内容，如图 3-16 所示。

- “超大图标”：图标以大图片方式显示，适用于查看图片文件。
- “大图标”：图标以缩略图方式显示，尤其适用于图片文件。
- “中等图标”：图标以小图标的方式显示，图标的下面是文字。图标按照从左到右的顺序排列。
- “列表”：图标以列表的方式显示，图标的旁边是文字。与小图标方式显示的区别是，列表图标按照从上到下、从左到右的顺序排列。
- “详细信息”：将显示文件或文件夹的详细信息。如对于驱动器，将显示其名称、类型、总容量和可用空间；对于文件或文件夹，将显示名称、大小、修改时间和类型。
- “平铺”：图标以大图标的方式显示，图标的旁边是文字。图标按照从上到下的顺序排列。

改变查看方式的方法有如下两种。

- 方法一：单击菜单“查看”命令，然后选择查看方式。
- 方法二：单击工具栏上的“查看” 图标，然后选择查看方式。

5、文件夹的排列

Windows 7 系统提供按文件特征进行自动排列的方法。所谓特征，指的是文件的“名称”、“类型”、“大小”和“修改日期”等。此外，还可以用“分组依据”、“自动排列图标”、“将图标与网格对齐”等方式进行自动排列，如图 3-17 所示。

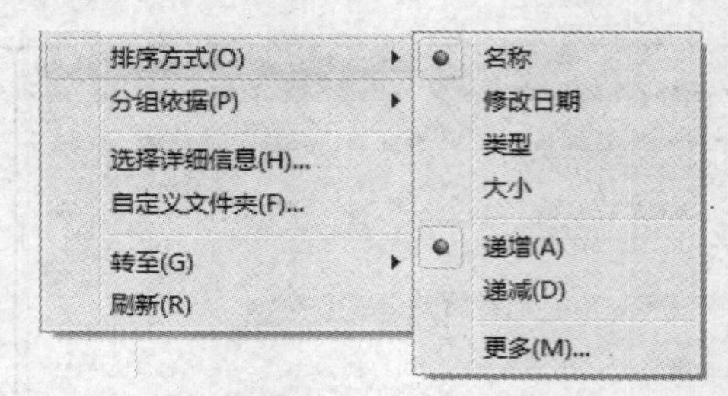

图 3-17　文件夹的排列

3.3.3　文件和文件夹操作

Windows 7 中，文件或文件夹操作包括：选取、移动、复制、删除、重命名、新建、发送、查看、查找等。文件或文件夹操作一般在“Windows 资源管理器”窗口中进行，所以在操作之前首先要打开“Windows 资源管理器”窗口。

对文件或文件夹的操作通常有 4 种方式：菜单操作、快捷操作、拖放操作和键盘快捷键。

1．选择文件或文件夹

在“Windows 资源管理器”中对文件或文件夹操作时，操作的第一步是操作对象的选取，即选定某个或某些文件或文件夹成为要执行操作的“当前文件或当前文件夹”。“先选取后操作”是 Windows 的一个主要操作特点。选取的方法通常有以下几种。

- 单击文件和文件夹图标，则选取一个文件或文件夹。
- 单击第一个选择的文件或文件夹，按住 Shift 键，再单击最后一个文件或文件夹，则选取多个连续的文件或文件夹。
- 按住 Ctrl 键，依次单击每一个要选择的文件或文件夹，则任意选取多个不连续的文件或文件夹。
- 依次单击“编辑/全选”命令，或按 Ctrl+A 组合键，则全部文件或文件夹被选取。

2．移动文件或文件夹

- 菜单操作方式：选取要移动的文件或文件夹；依次单击“编辑/剪切”命令；然后选取目标文件夹；再单击“编辑/粘贴”命令。
- 快捷操作方式：选取要移动的文件或文件夹；鼠标指向选取的对象并单击右键，弹出快捷菜单，如图 3-18 所示，选择“剪切”命令；选取目标文件夹；单击鼠标右键，弹出快捷菜单，选择“粘贴”命令。
- 拖放操作方式：选取要移动的文件或文件夹；鼠标指向选取的对象；按住鼠标左键不放，拖动鼠标到目标文件夹后释放。
- 键盘快捷键方式：选取要移动的文件或文件夹；按 Ctrl+X 组合键（剪切）；然后选取目标文件夹；按 Ctrl+V 组合键（粘贴）即可。

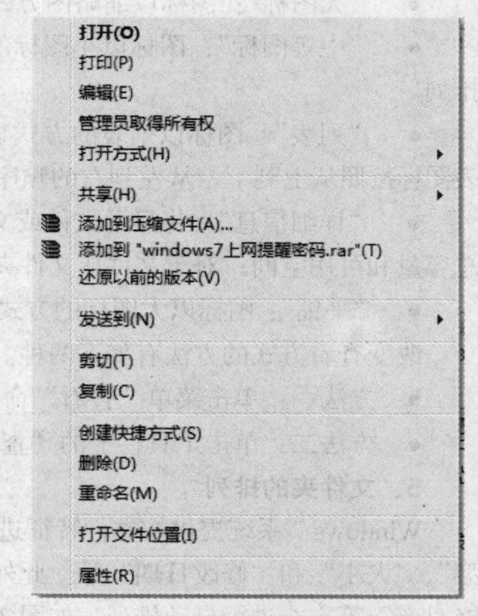

图 3-18　文件/文件夹快捷菜单

3．复制文件或文件夹

- 菜单操作方式：选取要复制的文件或文件夹，依次单击“编辑/复制”命令，然后选取目标文件夹，再单击

“编辑/粘贴”命令。

- 快捷操作方式：选取要复制的文件或文件夹，鼠标指向选取的对象并单击右键，弹出快捷菜单，如图 3-18 所示，选择“复制”命令；选取目标文件夹，单击鼠标右键，弹出快捷菜单，选择“粘贴”命令。
- 拖放操作方式：选取要复制的文件或文件夹，鼠标指向选取的对象；按住 Ctrl 键和鼠标左键不放，拖动鼠标到目标文件夹后释放。
- 键盘快捷键方式：选取要复制的文件或文件夹，按 Ctrl+C 组合键（复制）；然后选取目标文件夹，按 Ctrl+V 组合键（粘贴）即可。

4. 发送文件或文件夹

选取要发送的文件或文件夹，鼠标指向选取的对象并单击右键，弹出快捷菜单，如图 3-19 所示；选择“发送到”命令，在其级联菜单中选择发送的目标对象，包括压缩文件夹、文档、邮件收件人、桌面快捷方式、驱动器等。

5. 删除文件或文件夹

- 快捷操作方式：选取要删除的文件或文件夹；鼠标指向选取的对象并单击右键，弹出快捷菜单，如图 3-18 所示，选择“删除”命令；在弹出的“删除文件”对话框中，选择“是”。
- 键盘快捷键操作方式：选取要删除的文件或文件夹；按删除键 Delete，也弹出“删除文件”对话框，选择“是”。

由于删除操作是一个“危险”的操作，确认之前将弹出“删除文件”对话框。这样完成的删除操作并没有对文件或文件夹进行物理删除，而只是对其做一个删除标记，把它送到“回收站”保存了起来。

“回收站”在桌面上，它用来存放用户删除的硬盘中的文件（注：在 U 盘中删除的文件并不放入“回收站”）。

6. 重命名文件或文件夹

选取要重命名的一个文件或文件夹；鼠标指向选取的对象并单击右键，弹出快捷菜单，如图 3-18 所示，选择“重命名”命令；输入新的名称后按 Enter 键即可。

7. 创建文件或文件夹

创建操作可以是创建文件、文件夹，也可以是创建快捷方式。其操作步骤基本相同，现仅以创建文件夹为例说明其创建的过程。

（1）选取要创建子文件夹的位置，即将它设为当前文件夹。

（2）鼠标指向右窗格空白处并单击右键，弹出“新建”快捷菜单，如图 3-20 所示。

（3）选择“新建/文件夹”命令，输入文件夹名称后按 Enter 键即可，其默认的名称为“新建文件夹”。

8. 设置文件或文件的属性

文件和文件夹都有属性，常规属性有只读、隐藏 2 个属性。对于安装了网络软件的计算机，其文件夹还可以设置“共享”属性。

属性设置操作：选取要设置的文件或文件夹；指向选择对象并单击右键，选择“属性”，弹出“属性”对话框，如图 3-21 所示；设置属性后单击“确定”按钮。

“属性”选项的说明如下。

- 只读：文件设置“只读”属性后，用户不能修改其文件。
- 隐藏：文件设置“隐藏”属性后，只要不设置显示所有文件，隐藏文件将不被显示。

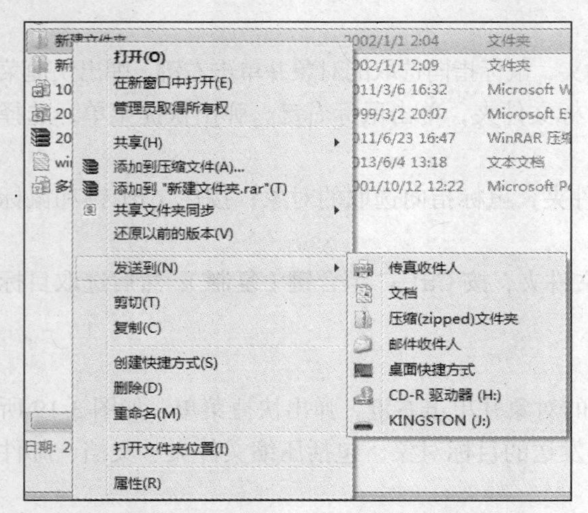

图 3-19　“发送到”快捷菜单

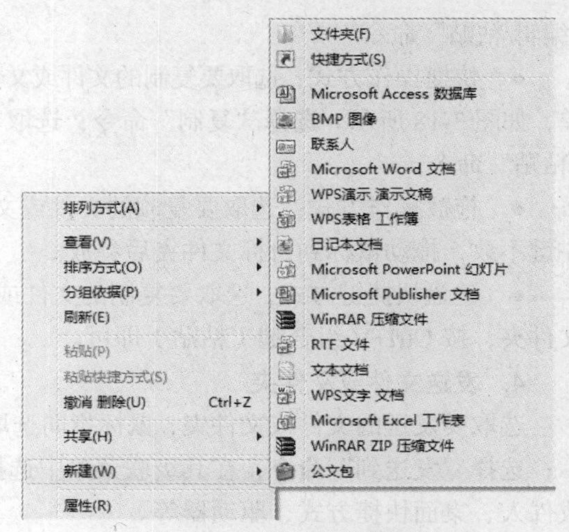

图 3-20　“新建”快捷菜单

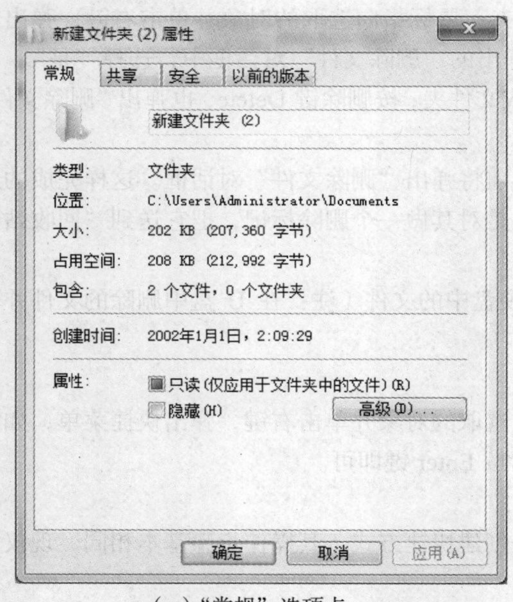

（a）“常规”选项卡

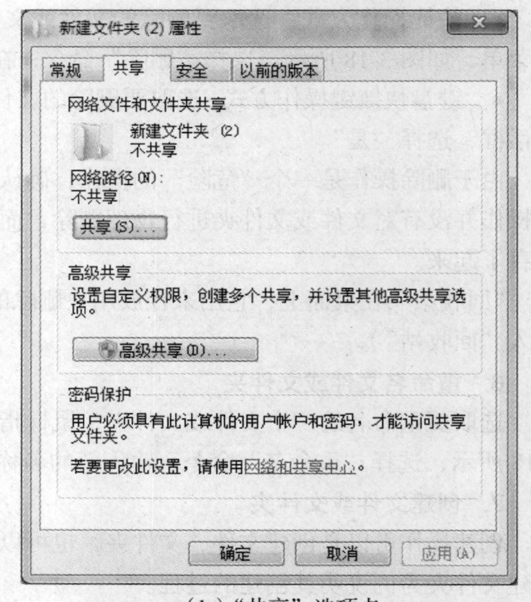

（b）“共享”选项卡

图 3-21　“属性”对话框

9. 查找文件或文件夹

当用户因创建的文件或文件夹过多，而不能快速准确地找到该文件的存放位置时，可在 Windows 提供的“Windows 资源管理器”窗口中实现快速查找，操作方法如下。

在“Windows 资源管理器”窗口的“搜索栏”中，可以快速找到某一个或某一类文件和文件夹。在计算机中搜索任何已有的文件或文件夹，首先要知道文件名或文件类型。对于文件名，用户如果记不住完整的文件名，可使用通配符进行模糊搜索。常用的通配符有两个：星号“*”和问号“?”。星号代表任意多个字符，问号只代表任意一个字符。

搜索的操作步骤：

- 方法一：单击“开始”菜单，在最下方的空白栏中输入要查找的文件或文件夹名，然后单击空白栏右侧“🔍”，此时将弹出一个新的窗口，显示查找结果，如图 3-22 所示。

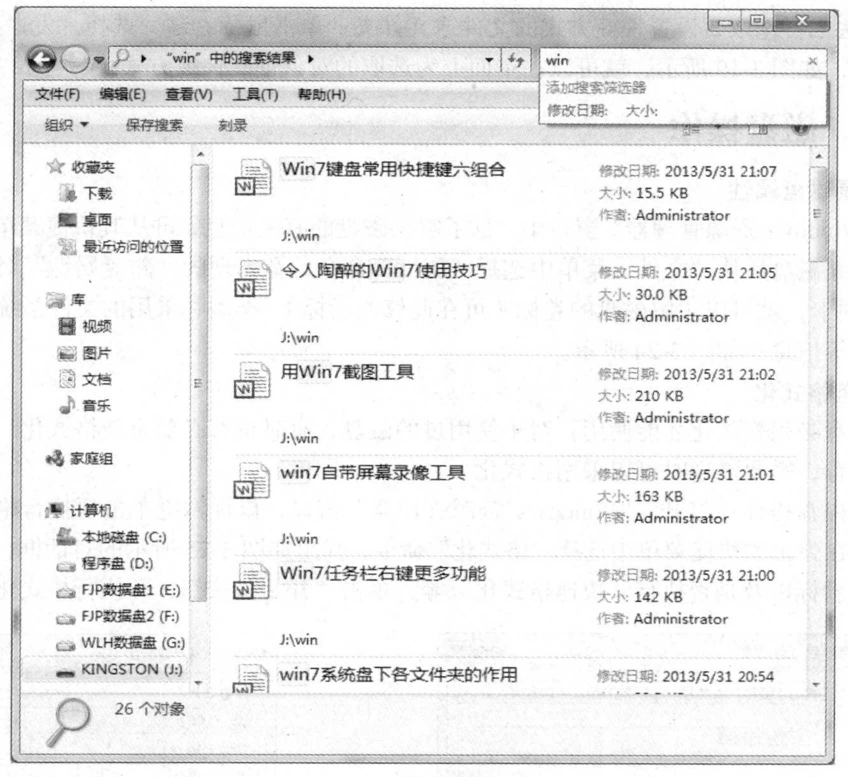

图 3-22　“搜索结果”窗口

● 方法二：打开“Windows 资源管理器”，在搜索栏搜索。

除查找文件、文件夹以外，还能直接查找图片、音乐、视频、文档、用户、网络上的一台计算机等。如图 3-23 所示，搜索可以按日期、文件类型、文件大小和高级选项方式执行。

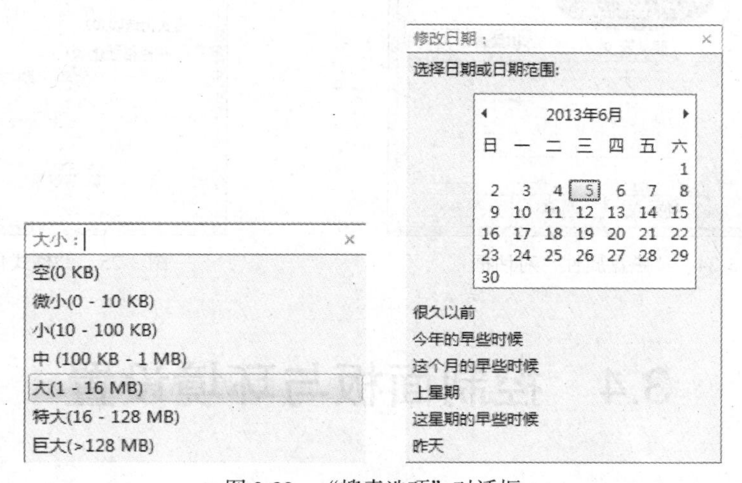

图 3-23　“搜索选项”对话框

10. 创建文件或文件夹快捷方式

● 方法一：选取要设置快捷方式的文件或文件夹；单击鼠标右键，选择“创建快捷方式”命令，则可在当前文件夹下为选取的对象创建快捷方式。

● 方法二：选取要设置快捷方式的文件或文件夹；单击鼠标右键，选择“发送到/桌面快捷方式”命令，如图 3-19 所示，就可以在桌面上为选取的对象创建快捷方式。

3.3.4 磁盘操作

1. 查看磁盘属性

在“Windows 资源管理器”窗口中，欲了解某磁盘的有关信息，可从其快捷菜单中选择“属性”或选定某磁盘后从“文件”菜单中选择“属性”命令，在出现的“磁盘属性”对话框中选择“常规”选项卡，就可以了解磁盘的卷标（可在此修改卷标）、类型、采用的文件系统以及磁盘空间使用情况等信息，如图 3-24 所示。

2. 磁盘格式化

所有磁盘必须格式化才能使用；对于使用过的磁盘，有时也有必要重新格式化。比如，U 盘带有恶意病毒，需要清理时可以采用格式化。

格式化磁盘操作：打开“Windows 资源管理器”窗口，鼠标右键单击要执行格式化操作的软盘图标，在弹出的快捷菜单中选择“格式化”命令，弹出如图 3-25 所示的对话框，设定目标磁盘的容量、卷标以及是否执行“快速格式化”等，单击“开始”按钮，即执行格式化操作。

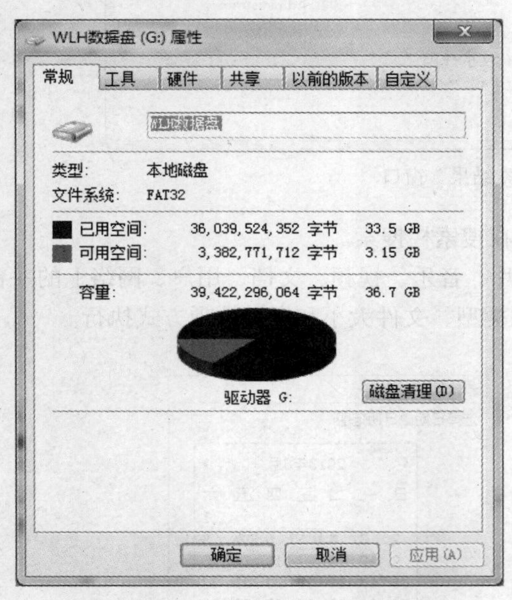

图 3-24 “磁盘属性”对话框

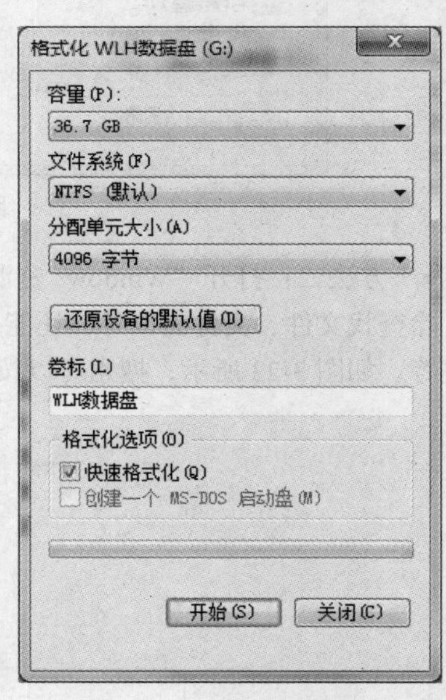

图 3-25 “格式化”对话框

3.4 控制面板与环境设置

3.4.1 Windows 7 控制面板

控制面板是 Windows 中用来对系统进行设置的一个工具集，其中包含许多独立的工具或程序项，可以用来管理用户账户，调整系统的环境参数默认值和各种属性，对设备进行设置与管理，添加新的硬件、软件等。用户可以根据自己的需要进行设置。

启动控制面板的方法很多，最常用的有下列 3 种。

（1）在“Windows 资源管理器”窗口中的上方工具栏中，单击“控制面板”。

（2）依次选择“开始/控制面板”命令。

（3）在桌面单击“控制面板”图标。

控制面板启动后，出现如图 3-26 所示的窗口。

图 3-26 “控制面板”窗口

3.4.2 桌面与显示方式的设置

1. 桌面背景、窗口颜色和屏幕保护程序设置

在 Windows 7 中，用户能对自己的桌面进行更多的操作和个性化设置。Windows 7 中内置主题包带来的不仅是局部的变化，更是整体风格的统一壁纸、面板色调甚至系统声音都可以根据用户的喜好选择定义。喜欢的桌面壁纸有很多，现在用户可以同时选中多张壁纸，让它们在桌面上像幻灯片一样播放，要快要慢由用户决定，中意的壁纸、心仪的颜色、悦耳的声音、有趣的屏保统统选定后，用户可以保存为自己的个性主题包。

在桌面空白处单击右键，选择“个性化”，启动“个性化设置”窗口，如图 3-27 所示。

该界面提供了桌面背景、窗口颜色、声音和屏幕保护程序设置，也可以更改鼠标指针、桌面图标和账户图片等，用户根据需要进行设置。

2. 设置界面“外观大小”、“分辨率”和“颜色位数”

“外观大小”设置是在控制面板下的“显示”图标，单击后用于控制 Windows 7 界面的字体大小，如图 3-28 所示。修改了桌面的设置后，单击“确定”或“应用”按钮，可将新的设置应用到 Windows 7 界面中。

图 3-27 “个性化设置”窗口

屏幕“分辨率”是指显示器将屏幕中的一行和一列分别分割成多少像素点。分辨率越高，屏幕的点就越多，可显示的内容越多；反之，分辨率越低，屏幕的点就越少，可显示的内容越少。

屏幕“分辨率”的设置也是在控制面板下的“显示”图标，单击后选择“调整分辨率”选项，在窗口中设置分辨率，如图 3-29 所示。这是设置显示器基本性能的窗口，其中分辨率的设置依据显示适配器类型的不同而有所不同，分辨率通常有 8 种选择。显示器的最低分辨率为 640 × 480 像素，常用的分辨率为 800 × 600 或 1 024 × 768 （屏幕比例为 4∶3），较高的可以达到 1 280 × 1 024。

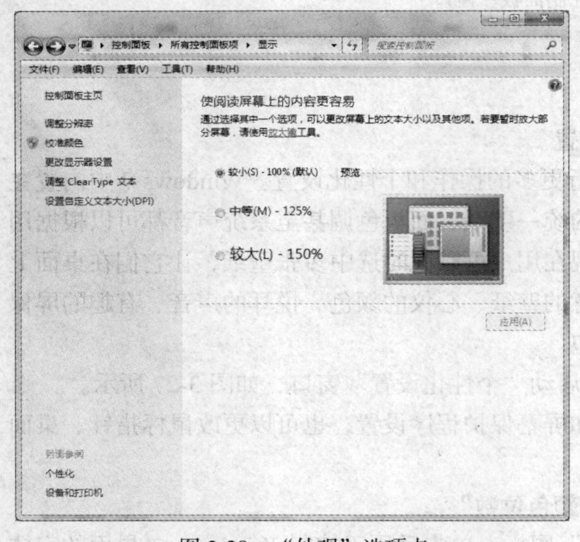

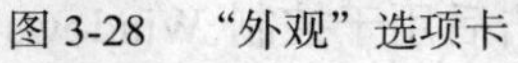
图 3-28 “外观”选项卡　　图 3-29 “设置”选项卡

“颜色位数”是指屏幕能够显示的颜色数量。能够显示的颜色数量越多，图像显示的颜色层次越丰富、越清晰，显示效果越好。 设置颜色位数的方法： 在“调整分辨率”窗口中单击“高级设置”按钮，弹出通用即插即用监视器窗口。在下方的“颜色”选项下拉菜单中，选择在一种颜色设置，单击“确定”按钮，其中包含一般的“增强色”（16 位）和较好的“真彩色”（32 位）两种。真彩色已远远超过真实世界中的颜色数量。

3.4.3　添加新硬件

由于 Windows 7 具有“即插即用”功能，当计算机添加了一个新硬件时，屏幕上出现如图 3-30 所示的提示，Windows 7 会自动检测到该硬件，如果 Windows 7 附带有该硬件的驱动程序，则会自动安装驱动程序，如果没有，则会提醒用户安装该硬件自带的驱动程序。所以安装新硬件非常方便。

图 3-30　提示内容

3.4.4　添加和删除程序

在使用计算机的过程中，常常需要安装、更新或删除已有的应用程序。安装应用程序可以简单地从软盘或 CD-ROM 中运行安装程序（通常是 setup.exe 或 install.exe），但是删除应用程序最好不要直接打开文件夹，然后通过彻底删除其中文件的方式来删除某个应用程序。因为这样操作一方面不可能删除干净，有些 DLL 文件安装在 Windows 目录中，另一方面很可能会删除某些其他程序也需要的 DLL 文件，导致破坏其他依赖这些 DLL 的程序。

在 Windows 7 的控制面板中，有一个添加和删除应用程序的工具。其优点是保持 Windows 7 对更新、删除和安装过程的控制，不会因为误操作而造成对系统的破坏。在控制面板中，双击“程序和功能”图标，弹出如图 3-31 所示的窗口。在该窗口中由对话框进入程序的安装和删除。

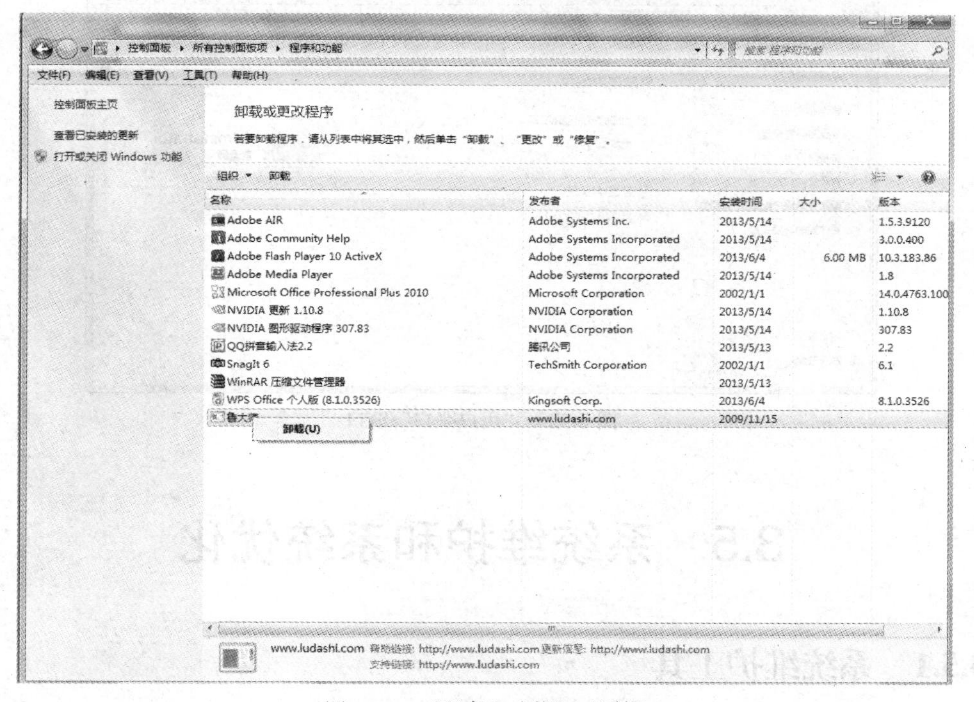

图 3-31　“程序和功能”对话框

3.4.5 个性化环境设置与用户账户管理

Windows 7 安装过程中允许设定多个用户使用同一台计算机，每个用户可以有个性化的环境设置，这意味着每个用户可以有不同的桌面、不同的开始菜单、不同的收藏夹、不同的“我的文档”，以放置每个用户收集的图片、音乐及下载的信息等。每个用户还可以具有不同的对资源的访问方式。

独立计算机或作为工作组成员的计算机中的用户有两种类型：一种是计算机管理员账户，另一种是受限制账户。用户账户建立了分配给每个用户的特权，定义了用户可以在 Windows 中执行的操作。

一台计算机上可以有多个但至少有一个拥有计算机管理员账户的用户。计算机管理员账户是专门为可以对计算机进行全系统更改、安装程序和访问计算机上所有文件的用户而设置的。只有拥有计算机管理员账户的用户才拥有对计算机上其他用户账户的完全访问权。该用户可以创建和删除计算机上的用户账户；可以为计算机上其他用户账户创建账户密码；可以更改其他人的账户名、图片、密码、账户类型等。当计算机中只有一个用户拥有计算机管理员账户时，他不能将自己的账户类型更改为受限制账户类型。

被设定为受限制账户的用户可以访问已经安装在计算机上的程序，但不能更改大多数计算机设置和删除重要文件，不能安装软件或硬件。这一类用户可以更改其账户图片，可创建、更改或删除其密码，但不能更改其账户名或者账户类型。对使用受限制账户的用户来说，某些程序可能无法正确工作，如果发生这种情况，可以由拥有计算机管理员账户的用户将其账户类型临时或者永久地更改为计算机管理员。

在控制面板中选择“用户账户”选项，弹出“用户账户”窗口，如图 3-32 所示。可以从中选择一项任务实现对“用户账户”的管理和设置。

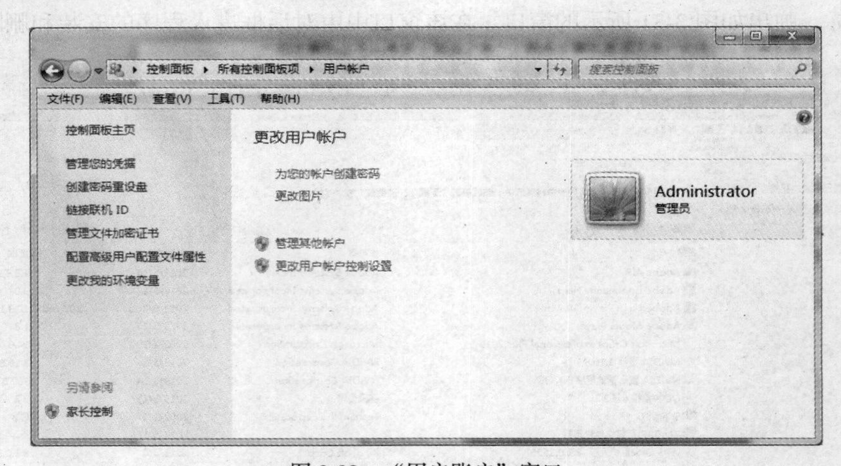

图 3-32 “用户账户”窗口

3.5 系统维护和系统优化

3.5.1 系统维护工具

我们在使用计算机时，经常要安装许多应用软件，而在使用过程中的日常操作和一些非正常操作均有可能使系统偏离最佳状态，因此，要经常性地对系统进行维护，以加快程序运行，清理出更多的磁盘自由空间，保证系统处于最佳状态。

Windows 7 自身提供了多种系统维护工具，如磁盘碎片整理、磁盘清理工具，还有系统数据备份、系统信息报告等工具。下面我们介绍几种一般用户常用的维护工具。

1. 磁盘碎片整理程序

在磁盘使用了一段时间后，会出现磁盘碎片。如果磁盘碎片较多，会大大地降低磁盘的访问速度，也会浪费宝贵的磁盘空间，这时就需要用磁盘碎片整理程序整理磁盘。

启动磁盘清理的方法是：在“Windows 资源管理器”中，右键选择盘符，在弹出的下拉菜单中选择“属性”，如图 3-33 所示。在“工具”选项卡中单击“立即进行碎片整理”按钮，在窗口中选择需要进行磁盘碎片整理的驱动器后，可单击“分析磁盘”按钮，由整理程序分析文件系统的碎片程度；单击“磁盘碎片整理”按钮，可开始对选定驱动器进行碎片整理。

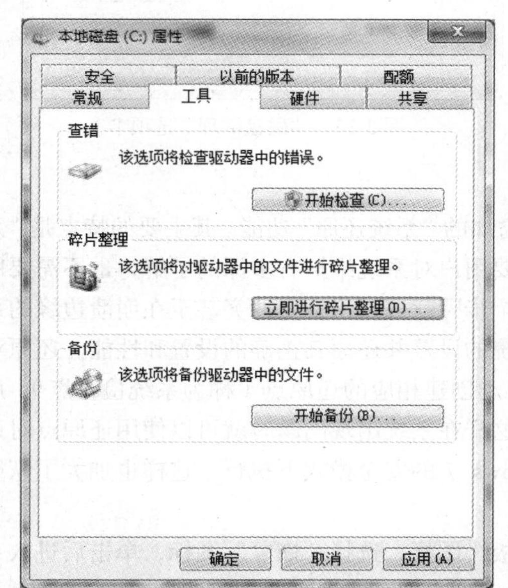

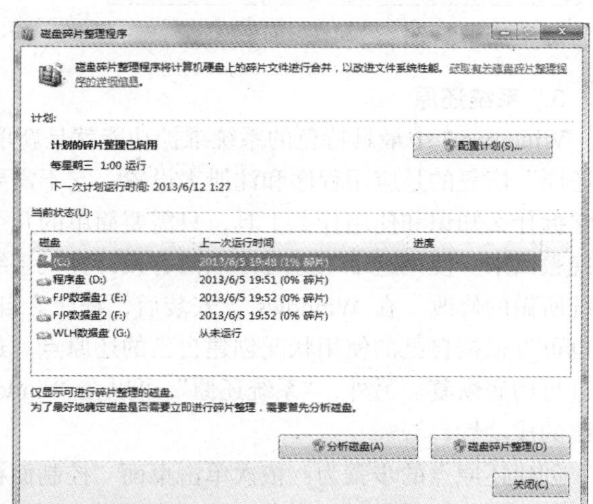

图 3-33 “磁盘碎片整理程序”窗口

2. 清理磁盘空间

利用 Windows 7 的磁盘清理程序可以清理在程序使用过程中生成的无用文件。“无用文件”指临时文件、Internet 缓存文件和可以安全删除的不需要的程序文件。

启动磁盘清理程序的方法是：在“Windows 资源管理器”中，右键选择 C 盘，在弹出的下拉菜单中选择“属性”，弹出如图 3-34 所示的窗口。在“常规”选项卡中单击“磁盘清理”按钮，弹出如图 3-35 所示的窗口。“磁盘清理”选项卡包括可清除回收站文件、Office 安装文件和用于内容索引程序的分类文件。在“其他选项”选项卡中，可删除不用的 Windows 可选组件和删除不用的程序，以便释放更多的磁盘空间。

清理完毕，程序将报告清理后可能释放的磁盘空间，列出可被删除的目标文件类型和每个目标文件类型的说明，选定那些确定要删除的文件类型后，单击“确定”按钮。

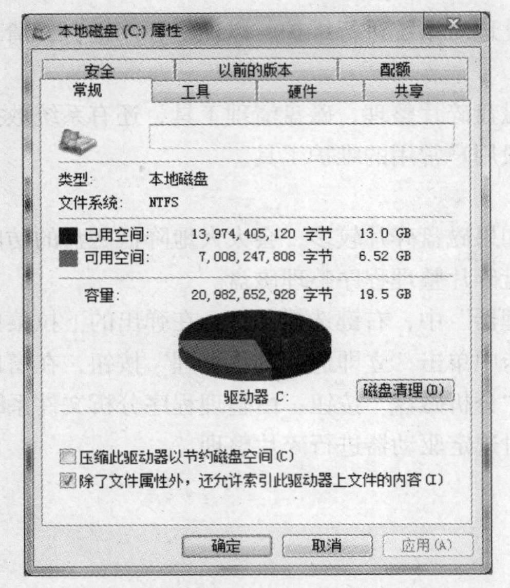

图 3-34　“属性”对话框

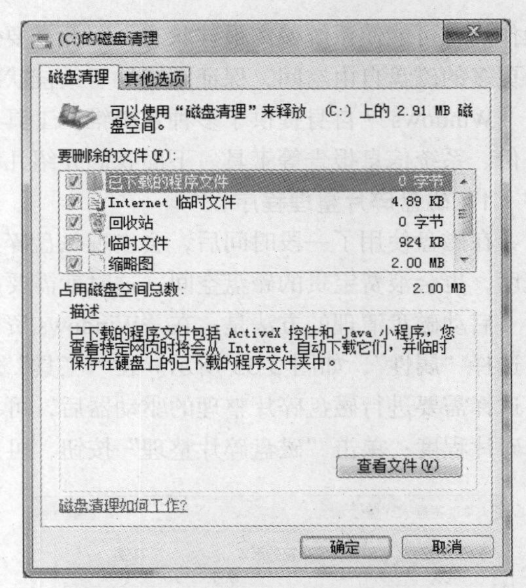

图 3-35　“磁盘清理”选项卡

3. 系统还原

Windows 7 中最具特色的系统维护功能就是新增加的“系统还原”功能。其主要的特点是“系统还原”恢复的是应用程序和注册表设置，它不需要用户对系统维护有多深的了解，也不需要用户掌握什么知识和使用什么工具，只需要简单的几个步骤就可以将发生冲突甚至在崩溃边缘的系统挽救回来。使用这个工具可以取消有损计算机系统的设置并还原其正确的设置和性能，还原对系统所做的修改。在 Windows 7 安装后，程序会自动创建相应的还原点（称为系统检查点），用户也可以根据自己的使用状况创建自己的还原点。这样在系统出现问题时就可以使用还原点对系统进行彻底恢复。另外，“系统还原”可以在 Windows 7 的安全模式下执行，这样也加大了恢复系统的成功性。

创建还原点的步骤为：依次单击桌面“控制面板”图标，选择“恢复”图标，单击后进入系统还原窗口，设置还原点后，进行系统还原。

对文件、文件夹进行还原，则是选择该文件后，单击右键，在弹出的菜单中选择“还原以前版本”。

3.5.2　Windows 注册表

注册表是 Windows 系统存储计算机配置信息的数据库，包括了计算机的全部软、硬件的有关设置和状态信息，应用程序和资源管理器外壳的初始条件，首选项和卸载数据，整个系统的设置和各种许可，文件扩展名与应用程序的关联，硬件的描述、状态和属性，计算机性能记录和底层的系统状态信息以及各类其他数据。

1. 注册表的特点

（1）允许对硬件、系统参数、应用程序和设备驱动程序进行跟踪配置，使得修改某些设置后不用重新启动成为可能。

（2）注册表中登录的硬件部分数据可以支持 Windows 的即插即用特性，可避免新设备与原有设备之间的资源冲突。

（3）管理人员和用户通过注册表可以在网络上检查系统的配置和设置，使得远程管理得以实现。

2. Windows 7 注册表的文件组成

Windows 7 注册表分为系统文件和用户文件两个部分，包括多个文件。系统配置文件位于 Windows 系统目录下的 SYSTEM32\CONFIG 中，包括 DEFAULT、SAM、SECURITY、SOFTWARE、USERDIFF 和 SYSTEM 等多个隐藏文件及其相应的 LOG（日记）文件和 SAV 文件。每个用户配置信息保存在根目录“Documents and Settings”下用户名的目录中，包括两个隐藏文件 NTUSER.DAT、NTUSER.INI 以及 NTUSER.DAT 日记文件。

3. 注册表的访问

单击“开始”按钮，在搜索框中输入“regedit”，便可打开“注册表编辑器”，如图 3-36 所示。

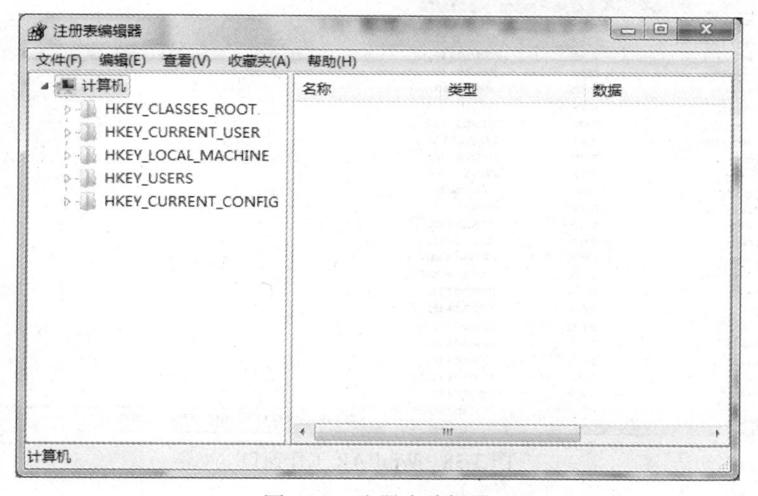

图 3-36 注册表编辑器

4. 注册表编辑

在启动注册表编辑器后，就可以对注册表的项、值项等进行编辑操作，包括新建、查找、删除、重命名、导出、权限等，如图 3-37 所示。

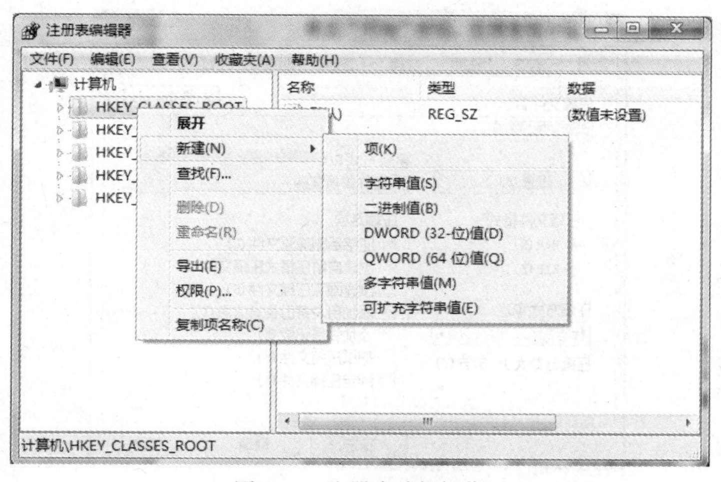

图 3-37 注册表编辑操作

3.5.3　压缩工具 WinRAR

文件压缩就是对文件数据量进行压缩，使文件所占的磁盘空间减少，以便能更好地保存和传输，同时又能保证文件以原样恢复。WinRAR 是适用于 Windows 的一种通用压缩管理软件，操作简易，压缩速度快。当计算机安装 WinRAR 软件后，可通过依次选择“开始/所有程序/WinRAR”命令启动，工作窗口如图 3-38 所示。

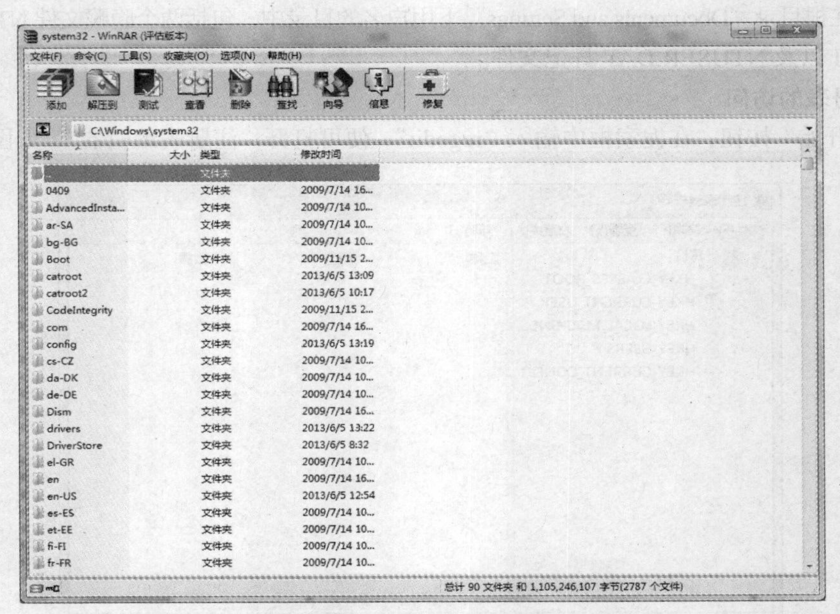

图 3-38　WinRAR 工作窗口

1．文件的压缩

（1）选定压缩对象。可选择一个或多个文件或文件夹。

（2）单击鼠标右键，在弹出的快捷菜单中选择“添加到压缩文件”命令，弹出“压缩文件名和参数”对话框，如图 3-39 所示。

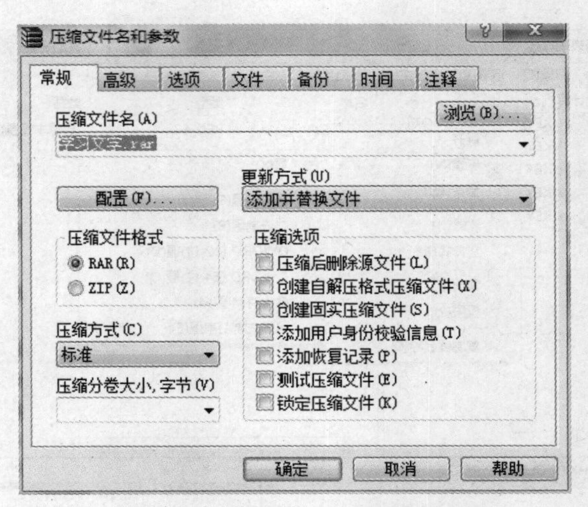

图 3-39　“压缩文件名和参数”对话框

（3）设置压缩文件名、压缩文件格式、压缩选项等参数。

（4）单击“确定”按钮。

2. 文件的解压缩

（1）选定要进行解压缩的文件，单击鼠标右键，弹出快捷菜单，如图 3-40 所示。

（2）选择“解压文件”命令，弹出“解压路径和选项”对话框，如图 3-41 所示。

（3）设置解压文件的目标路径、更新方式、覆盖方式等。

（4）单击“确定”按钮。

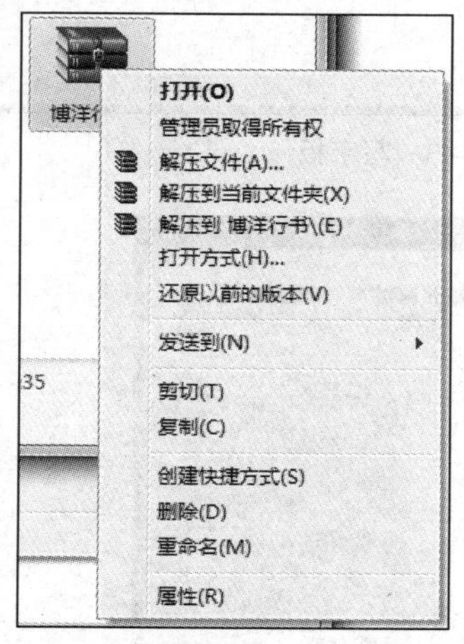

图 3-40 “解压文件”快捷菜单

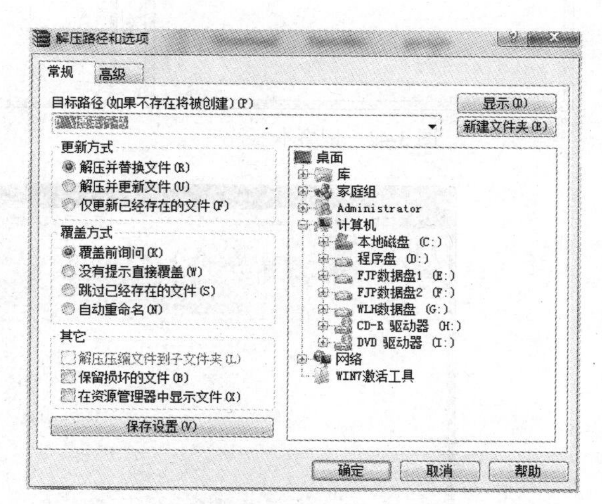

图 3-41 “解压路径和选项”对话框

3.6 Windows 7 其他附件

3.6.1 附件

1. 记事本和写字板

记事本是 Windows 7 附件中提供的一个小型文字处理程序，用它可以很方便地输入和处理很小的纯文本文件，其扩展名为“.txt”。由于记事本保存的 TXT 文件不包含特殊格式代码或控制码，可以被 Windows 的大部分应用程序调用，因此常用于编辑各种高级语言程序文件，并成为创建网页 HTML 文档的一种较好的工具，如图 3-42 所示。

写字板是一个 Windows 7 自带的文字处理程序。其功能与 WPS 文字软件相似，可进行日常的文字、图形处理，建立文本文件并对文本进行编辑，实现文、图、表的混合排版。其所创建的文件默认扩展名为“.rtf”，如图 3-43 所示。

2. 画图工具

画图程序是 Windows 附件中提供的一个图像处理程序，其创建的文件扩展名默认为“.png”。依次单击“开始/所有程序/附件/画图”命令，启动“画图”程序窗口，如图 3-44 所示。对图像的编辑可通过菜单命令、工具栏和颜料盒来完成。

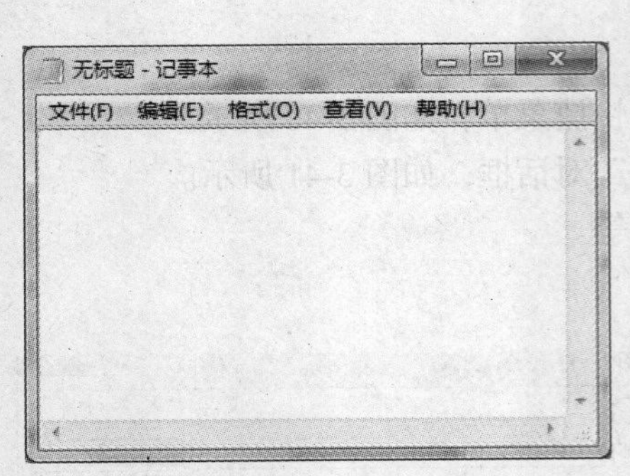

图 3-42　记事本

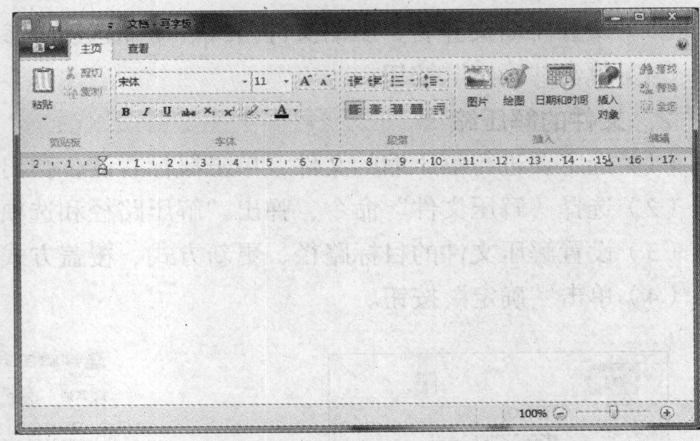

图 3-43　写字板

图 3-44　“画图”程序窗口

3. 便笺

如果需要在工作时提醒或留言，在电脑显示器上用黄色“便笺”提醒是一个很好的选择。点击“开始/所有程序/附件/便笺”命令，启动“便笺”程序，桌面上就会出现即时贴应用程序。用户可以设置便签的文本、改变颜色、调整大小、翻阅便笺等，如图 3-45 所示。

4. 计算器

微软在 Windows 7 中对计算器做出了重大的修改，增加了很多的实用功能。Windows 7 中的计算器不仅仅能够执行算术运算，还具有以下 4 种模式：标准型、科学型、程序员、统计信息。Windows 7 的计算器能够将摄氏转换到华氏温标，将盎司转换到克，将焦耳转换到英国热量单位。Windows 7 计算器的模板包括面积、长度里程、汽车租赁、抵押金以及测量单位转换工具等，如图 3-46 所示。

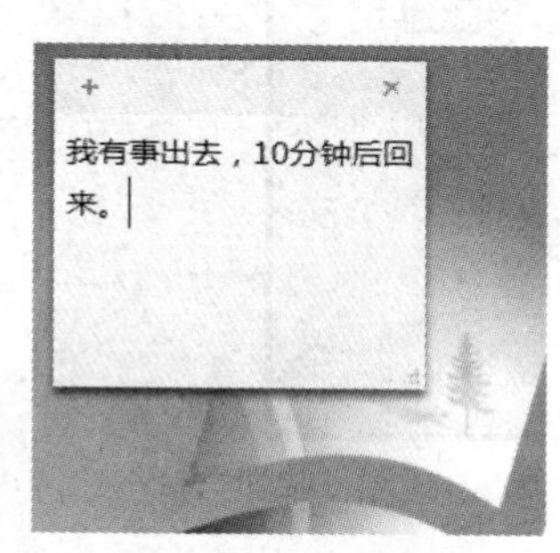

图 3-45 便笺显示

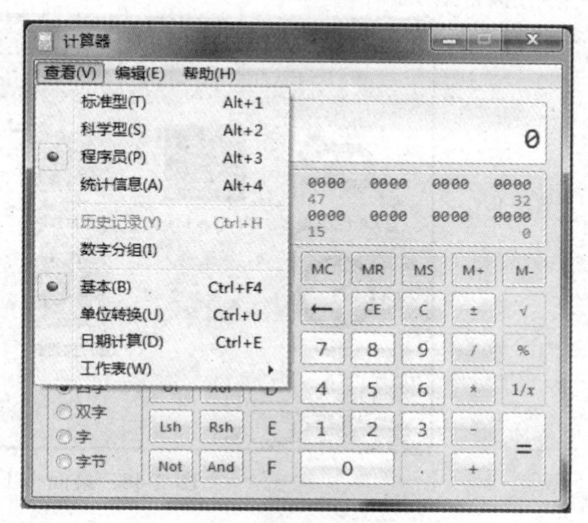

图 3-46 计算器

3.6.2 媒体播放器

在 Windows 7 中，媒体播放工具 Windows Media Player 是最具特色的媒体支持工具，如图 3-47 所示。该工具是计算机和 Internet 上播放和管理多媒体的中心，它完全可以替代其他类型的多媒体播放工具。

而系统内建的 Windows Media Player 为家庭用户提供了全方位的音频、视频播放与管理功能。系统中的媒体播放器更能在一个应用程序中进行多种不同的数字播放活动，用户可以在上面看 DVD、听音乐和收听世界范围内的广播等，还可以把音乐传送到笔记本电脑中或是制作 CD 唱片。

图 3-47 Windows Media Player 界面

3.6.3 桌面小工具

单击“开始/所有程序/桌面小工具”命令，启动“桌面小工具”程序，桌面上就会出现桌面小工具应用程序窗口，如图 3-48 所示。当需要“时钟”时，只要双击“时钟”图标，“时钟”就显示在左面左上角。桌面小工具可以根据需要随意地放置在桌面的任意地方，如图 3-49 所示。

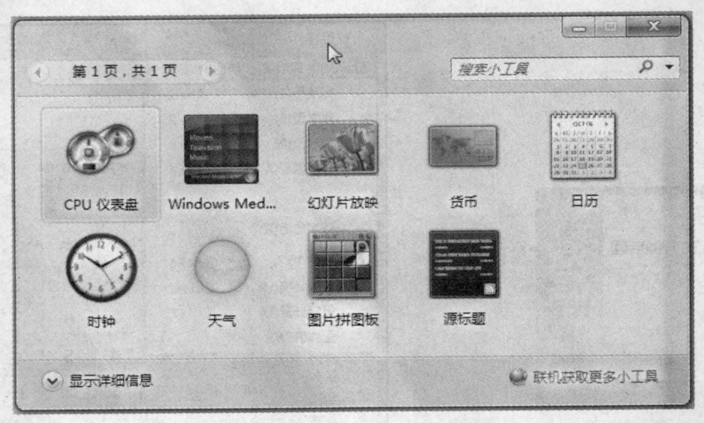

图 3-48　桌面小工具窗口

图 3-49　桌面上的小工具显示

3.6.4　问题步骤记录器

用户在使用电脑的过程中总会碰到一些棘手的问题，在自己无法搞定的时候打电话给客服是比较明智的选择。很多非专业的用户往往说不清楚电脑出现问题前的操作步骤，而这对于解决故障是十分关键的。

Windows 7 的问题步骤记录器可以帮助呈现问题。单击“开始”按钮，在搜索框中输入 PSR，按住 Enter 键，在弹出的记录器窗口中，如图 3-50 所示，单击“开始记录”按钮即可。启用这项功能后，该记录器将会逐一记录你的操作步骤，并将它们压缩在一个 MHTML 文件中。它简单、高效的方法，有助于缩短用户的故障排除时间。

图 3-50　问题步骤记录器

3.6.5　Windows Media Center

Windows Media Center 不但可以让用户轻松管理电脑硬盘上的音乐、图片和视频，更是一款可定制化的个人电视。只要将电脑与网络连接或是插上一块电视卡，就可以随时随处享受 Windows Media Center 上丰富多彩的互联网视频内容或者高清的地面数字电视节目。同时也可以将 Windows Media Center 电脑与电视连接，给电视屏幕带来全新的使用体验。在 Windows 7 中，微软 Windows Media Center 添加了对 Netflix 的支持，这就意味着 Windows 7 将能够和 Xbox 360 一样即时收看互联网电影。Windows 7 对 Netflix 的支持为 Windows Media Center 的家庭院线系统增加了强大的片源，如图 3-51 所示。

图 3-51　Windows Media Center 界面

3.6.6　触摸屏

如果想要使用触摸屏技术的话，用户需要配备一个 Windows 7 触摸屏。Windows 7 是微软推出的第一款支持多触点技术的操作系统。不同于一般的触摸屏，Windows 7 引入了全新的多点触控概念，即一个屏幕多点操作。由于是多点触摸，机器能够感应到手指滑动的快慢以及力度(力度用触摸点的多少转换来实现)，从而使操作系统应用起来更加人性化。

借助 Windows 7 和触摸感应屏幕，只需用手指即可在电脑上翻阅在线报纸，翻阅相册，拖曳文件和文件夹。系统中的“开始”菜单和任务栏采用了加大显示、易于手指触摸的图标。常用的 Windows 7 程序也都支持触摸操作，甚至可以在“画图”中使用手指来画图。相信随着技术和硬件设备的成熟、完善，科幻电影中的场景将不再遥远。多触点技术存在于 Windows 7 家庭高级版、专业版和旗舰版中。

习　题

一、思考题

1. 什么是操作系统？操作系统的作用是什么？
2. Windows 7 增加了哪些新功能？
3. 简述 Windows 操作系统中文件的命名规则。

4. 简述“Windows 资源管理器”窗口的组成。
5. 怎样查找文件及文件夹？
6. 怎样查看与修改文件或文件夹属性？
7. 简述控制面板的功能。
8. 屏幕保护程序有什么功能？
9. 什么情况下不能格式化磁盘？
10. 请说明 Windows 7 的多媒体程序有哪些。

二、单项选择题

1. Windows 7 是（ ）软件。
（A）单任务的字符界面操作系统　（B）多任务的图形用户界面操作系统
（C）多任务的字符界面操作系统功能　（D）单任务的图形用户界面操作系统
2. 在 Windows 操作系统中可以同时打开多个应用程序窗口，但某一时刻的活动窗口（ ）。
（A）可以有多个　（B）有 2 个　（C）有 5 个　（D）只能有 1 个
3. 在 Windows 操作系统中，“剪贴板”是（ ）中的一个临时存储区，用来临时存放文字、图形或文件等。
（A）内存　（B）显示存储器　（C）应用程序　（D）硬盘
4. 在 Windows 7 操作系统中，浏览计算机中的资源是通过（ ）进行的。
（A）资源管理器或“我的电脑”　（B）控制面板
（C）剪贴板　（D）回收站
5. 使用 Windows 7 的菜单命令中，变灰的命令表示（ ）。
（A）将弹出对话框　（B）该命令正在使用
（C）将切换到另一个窗口　（D）该命令此时不能使用
6. 下列关于在资源管理器中选取文件和文件夹的操作，叙述不正确的是（ ）。
（A）Ctrl 键配合鼠标操作可以选中多个不连续排列的文件
（B）单击一次可以选中一个文件或文件夹
（C）Shift 键配合鼠标操作可以选中多个连续排列的文件
（D）单击多个文件及文件夹可以选中多个文件和文件夹
7. 在 Windows 7 中给文件或文件夹命名，可以使用的字符数不超过（ ）。
（A）8　（B）12　（C）128　（D）255
8. 在 Windows 7 中，下面文件名不正确的是（ ）。
（A）My documents　（B）Windows 7 操作练习题.DOC
（C）Book*.TXT　（D）New Book n
9. 在 Windows 7 中，退出“命令提示符”可使用（ ）命令。
（A）QUIT　（B）EXIT　（C）BYE　（D）BACK
10. 在 Windows 操作系统中，“回收站”是（ ）中的一块区域。
（A）软盘　（B）硬盘　（C）ROM　（D）RAM

第 4 章 WPS Office 2012 办公软件

【本章概述】

本章介绍 WPS Office 2012 办公软件中 WPS 文字、WPS 表格和 WPS 演示文稿三个组件的使用。主要内容包括：WPS 文字处理软件中文档的基本操作，文本编辑和格式排版，绘制表格和图文编排的基本方法；WPS 表格处理软件中工作表的基本操作，数据编辑，格式化工作表，图表的生成和数据统计与分析方法；WPS 演示文稿制作软件中幻灯片的版面设计，动画设置和超链接，以及实现多媒体作品的创作方法。

4.1 WPS Office 2012 简介

4.1.1 WPS Office 软件的特色和功能

WPS 是英文 Word Processing System（文字处理系统）的缩写，中文意为文字编辑系统。WPS Office 2012 是北京金山软件公司开发的一款国产办公软件。WPS 软件由三个模块构成：WPS 文字、WPS 表格和 WPS 演示文稿。它集成提供文字处理、电子表格、电子幻灯片、电子邮件、网页编辑制作、图像浏览编辑等六大功能模块，可直接读取 Word、WPS 表格、WPS 演示文稿、HTMI、CCED、RTF 等格式，并可保留 WPS 表格函数格式，还提供大量符合国内需求的本地化功能。

与美国微软 Office 比较，WPS Office 2012 个人版深度兼容微软 Office 各个版本（微软 Office 97-2007），与微软 Office 实现文件读写双向兼容。同时，WPS Office 2012 个人版无论是界面风格还是应用习惯都与微软 Office 完全兼容，用户无须学习就可直接上手。而且，WPS Office 2012 个人版在安装过程中会自动帮用户关联.doc、.xls、.ppt 等 Microsoft Office 文件格式，WPS 保存的默认格式也会被设置为通用格式。

WPS Office 2012 软件的功能如下。

1. 1 分钟下载并安装

WPS Office 2012 在不断优化的同时依然保持超小体积，不必耗时等待下载，也不必为安装费时头疼，1 分钟即可下载安装，启动速度快。

2. 提供 2 种界面切换

遵循 Windows 7 主流设计风格的 2012 新界面，赋予焕然一新的视觉享受，充分尊重用户的选择与喜好，提供双界面切换。用户可以无障碍地在新界面与经典界面之间转换，选择符合自己使用习惯、提高工作效率的界面风格与交互模式。

3. 使用3大资源库

（1）在线模板：在线模板首页全新升级，更新上百个热门标签让用户更方便地查找；用户还可以收藏多个模板，并将模板一键分享到论坛、微博。

（2）在线素材：WPS 内置全新的在线素材库“Gallery”，集合千万精品办公素材。用户还可以上传、下载、分享他人的素材；按钮、图标、结构图、流程图等专业素材可将用户的思维变成漂亮专业的图文格式付诸于文档、演示和表格。群组功能还能方便地将不同素材进行分类。

（3）知识库：在 WPS 知识库频道，来自 Office 能手们的亲身体验能够帮助用户解决一切疑难问题。无论是操作问题，功能理解，还是应用操作，WPS 知识库的精品教程都会帮助用户成为办公专家。

4.1.2 WPS Office 2012 的安装、启动与退出

1. WPS Office 2012 的安装

网上免费下载 WPS Office 2012 软件，运行下载 WPS2012.exe 安装程序，按照安装向导的提示，逐步完成相应的操作，便可完成 WPS Office 2012 的安装。

2. WPS Office 2012 组件的启动

WPS Office 2012 软件中各组件的启动，均遵循 Windows 应用程序启动的操作方法。下面以 WPS 文字软件的启动为例，说明 WPS 各组件启动的常用方法。

（1）利用“开始”菜单。依次选择“开始/程序/WPS Office 个人版/ WPS 文字”命令，即可启动 WPS 文字软件。启动后，WPS 文字软件默认界面风格与微软 Word 2010 相似，此时在窗口左上角执行“WPS 文字/工具/更改界面”命令，弹出“更改界面”对话框，如图 4-1 所示。选择“经典风格”，确定后，关闭 WPS 文字软件。再次打开 WPS 文字软件，此时界面风格就为“经典风格”。

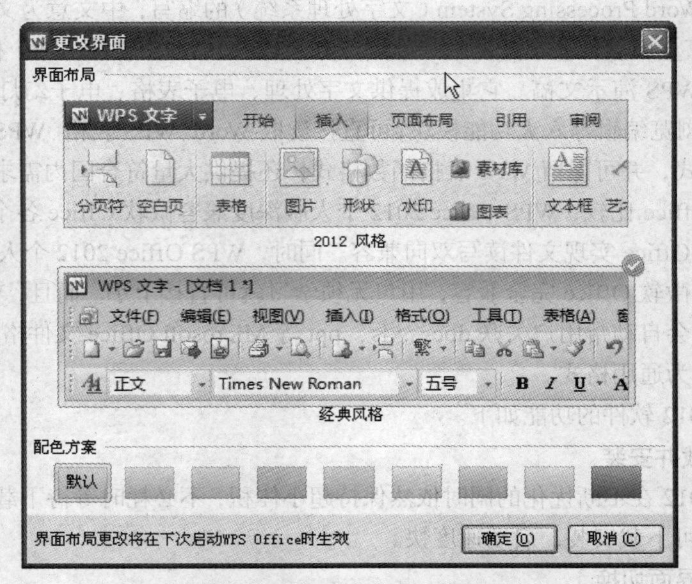

图 4-1　WPS 文字软件风格设置

（2）利用快捷方式。在桌面上创建 WPS 文字应用程序的快捷方式，双击快捷方式，即可启动 WPS 文字软件。

（3）直接双击磁盘上的 WPS 文字文档，即可启动 WPS 文字软件并打开该文件。

3. WPS Office 2012 组件的退出

退出 WPS Office 2012 组件程序常用以下几种方法。

- 在应用程序窗口中依次选择“文件/退出”命令。
- 单击应用程序窗口标题栏右侧的“关闭”按钮☒。
- 双击标题栏中的控制菜单图标。
- 按 Alt+F4 组合键。

4.2 WPS 文字处理软件

4.2.1 WPS 文字工作界面

启动 WPS 文字软件以后，工作窗口界面如图 4-2 所示。各组成部分作用说明如下。

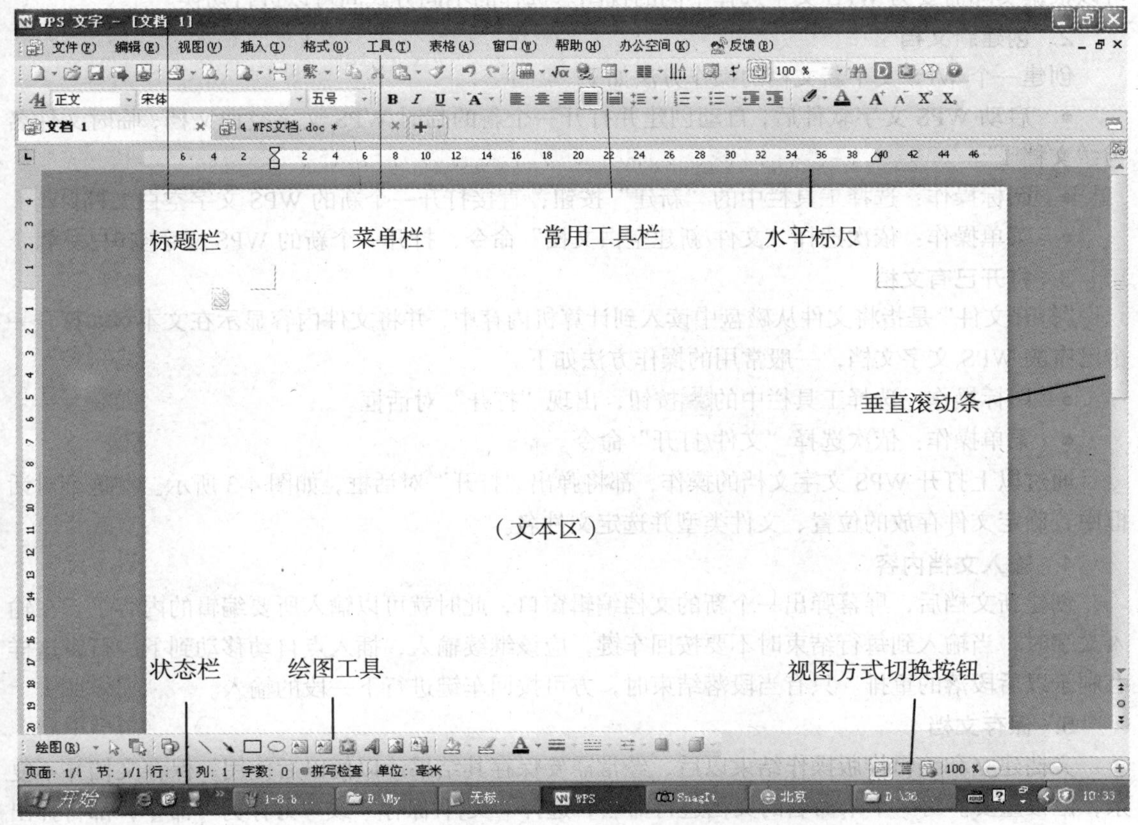

图 4-2 WPS 文字工作窗口组成

- 标题栏：显示控制菜单栏、标题名称、最小化按钮、最大化按钮或还原按钮、关闭按钮。
- 菜单栏：包括 9 个菜单，即文件、编辑、视图、插入、格式、工具、表格、窗口、帮助、办公空间和反馈。

● 工具栏：显示常用操作的快捷按钮，一般可选择“视图/工具栏”命令进行选择。

● 状态栏：位于窗口的底部，显示文档的有关信息（如光标在文本中的行号和列号、文档页数等）。

● 视图方式切换按钮：从左向右有“页面视图”、“大纲视图”和“Web 版式视图”3 个显示方式切换按钮。

● 文本区：文本区又称编辑区，它占据屏幕的大部分空间。在该区可输入文本，还可以插入表格和图形。文档的编辑和排版就在文本区中进行。

● WPS 文档编辑窗口：包括插入点（或光标）、段落结束符（回车）、垂直滚动条、水平滚动条、水平标尺、垂直标尺、视图方式切换按钮、文本区等。

4.2.2 文档的基本操作

1. 文档的显示

WPS 文字提供多种文档显示方式，又被称为视图方式，包括“页面视图”、“大纲视图”和“Web 版式视图”，系统默认的显示方式为“页面视图”。不同的视图方式下显示的文档具有不同的效果，可以根据实际需要为 WPS 文字选择不同的视图。选择的不同方式间可以进行切换。

2. 创建新文档

创建一个 WPS 文字新文档的操作方法如下。

● 启动 WPS 文字软件后，自动创建并打开一个新的临时 WPS 文字空白文档，临时文件名为“文档 1”。

● 图标操作：选择工具栏中的“新建”按钮，直接打开一个新的 WPS 文字空白文档。

● 菜单操作：依次选择“文件/新建空白文档”命令，打开一个新的 WPS 文字空白文档。

3. 打开已有文档

“打开文件”是指将文件从磁盘中读入到计算机内存中，并将文件内容显示在文本区。打开一个已有的 WPS 文字文档，一般常用的操作方法如下。

● 图标操作：选择工具栏中的按钮，出现“打开”对话框。

● 菜单操作：依次选择“文件/打开”命令。

通过以上打开 WPS 文字文档的操作，都将弹出“打开”对话框，如图 4-3 所示。在这个对话框中，确定文件存放的位置、文件类型并选定文件名。

4. 输入文档内容

创建新文档后，屏幕弹出一个新的文档编辑窗口，此时就可以输入所要编辑的内容了。在输入文字时，当输入到每行结束时不要按回车键，应该继续输入，插入点自动移动到下一行，这样有利于以后段落的重排。只有当段落结束时，方可按回车键进行下一段的输入。

5. 保存文档

文档建立和编辑排版操作结束以后，经常需要保存其结果，以便以后使用。保存文档并不复杂，但很重要。对一个未命名的文档进行命名，选择“文件/保存”或“另存为”命令，都将弹出“另存为”对话框，如图 4-4 所示。

保存 WPS 文字文档一般常用的操作方法如下。

● 同名保存：依次选择“文件/保存”命令，文件名和位置没有改变，用已有的旧文件名保存文档。

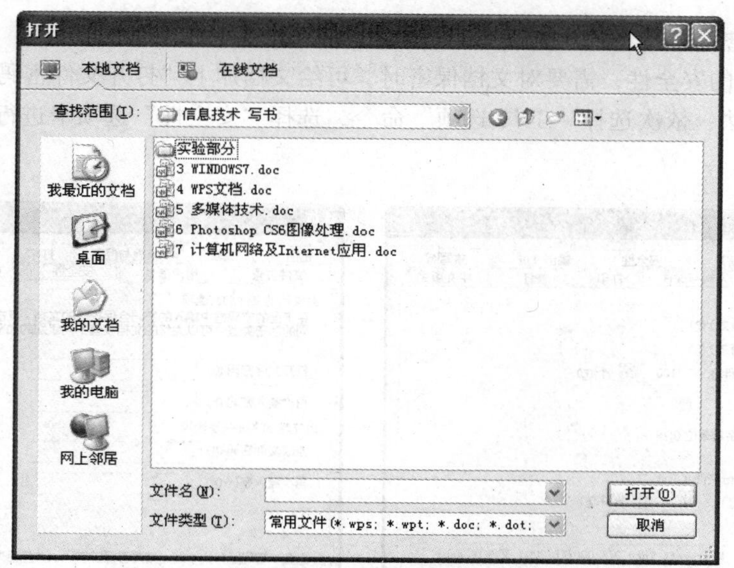

图 4-3　“打开”对话框

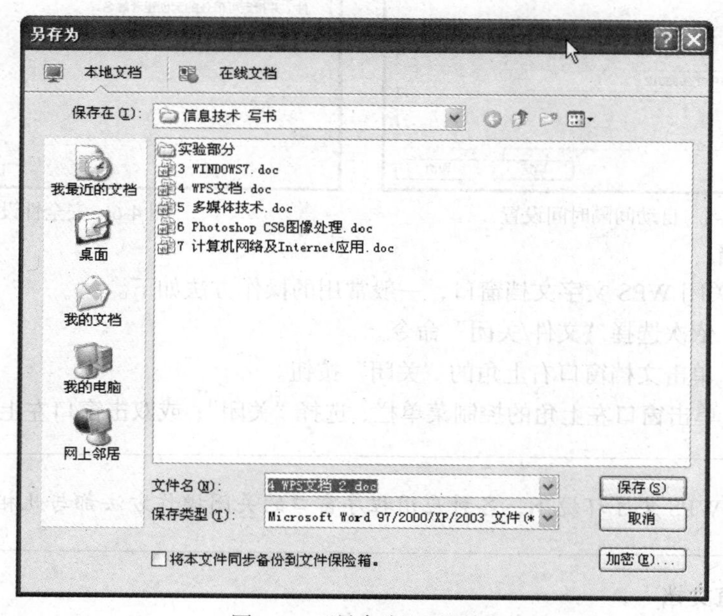

图 4-4　“另存为”对话框

- 改名另存：依次选择“文件/另存为”命令，一般与原文件不同名，包括盘符、路径或文件名的改变。
- 依次选择“文件/输出为 PDF 格式”命令，存为扩展名为.pdf 的格式文件。
- 系统自动保存文档：依次选择“工具/选项”命令，选择“常规与保存”选项卡进行设置，如图 4-5 所示。

注：自动保存文档是为了防止机器突然断电或其他意外事故的发生造成的损失。WPS 文字提供了在指定时间间隔自动为用户保存正在操作的 WPS 文字文档的功能，系统默认的间隔为 10 min，也可以自己设置间隔时间。

6. 文档加密

为加强文档的安全性，需要对文档保密时，可给文档加上“打开文件密码”和“修改文件密码”。操作方法：依次选择“工具/选项”命令，选择“安全性”选项卡进行设置，如图 4-6 所示。

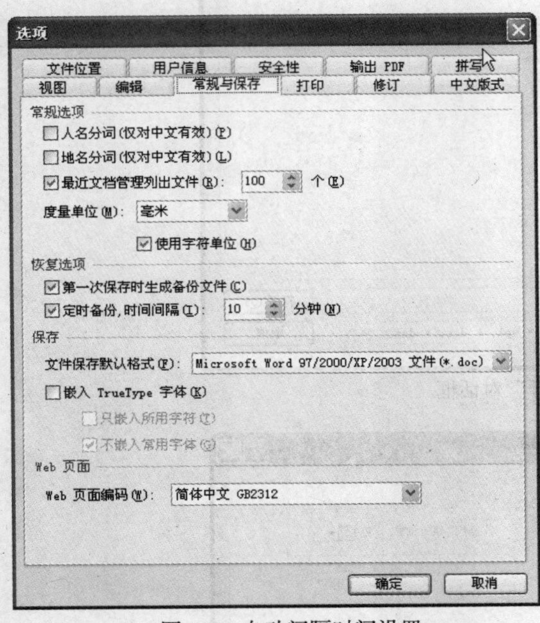

图 4-5　自动间隔时间设置

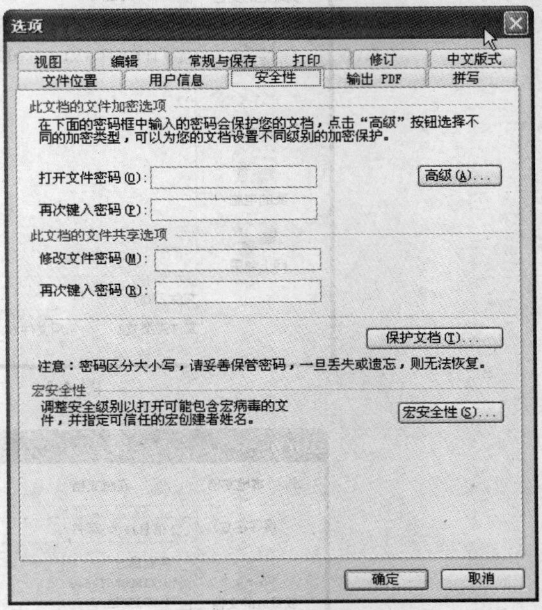

图 4-6　安全性设置

7. 关闭文档

关闭文件即关闭 WPS 文字文档窗口，一般常用的操作方法如下。

- 方法一：依次选择“文件/关闭”命令。
- 方法二：单击文档窗口右上角的“关闭”按钮。
- 方法三：单击窗口左上角的控制菜单栏，选择“关闭”；或双击窗口左上角的控制菜单栏。

在 WPS 文字环境下，各种应用程序窗口的关闭操作方法都与此相同。

8. 打印预览文档

打印预览用于显示文档的打印效果。在打印之前，可以通过打印预览方式观看文档排版效果的全貌。

一般的操作方法：依次选择“文件/打印预览”命令，或单击“常用”工具栏中的“打印预览”图标。

通过以上打印预览操作，将进入打印预览窗口显示模式，窗口自动显示“打印预览”工具栏，如图 4-7 所示。

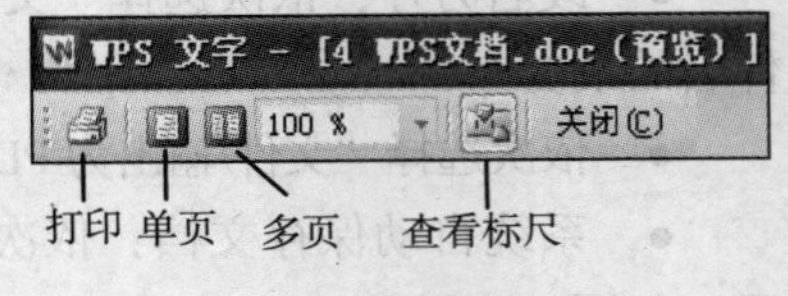

图 4-7　“打印预览”工具栏

9. 文档的打印

要将文档送往打印机进行打印，可依次选择“文件/打印”命令，将弹出“打印”对话框，如图 4-8 所示。

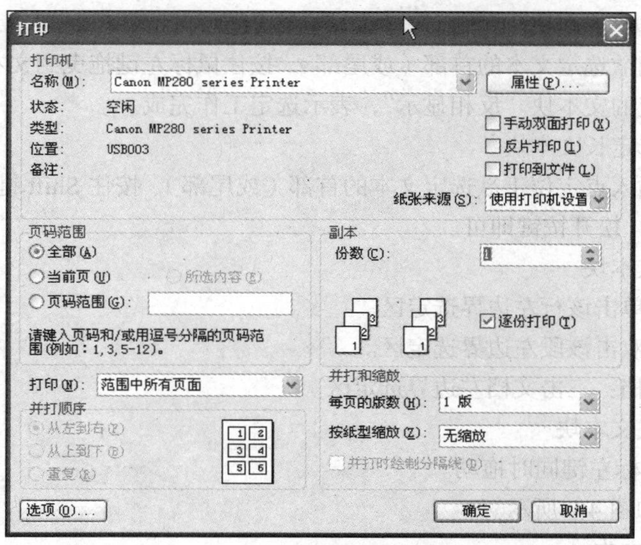

图 4-8　“打印”对话框

“打印”对话框中各选项说明如下。

- 打印机：提供打印机类型的选择，显示打印状态、打印机类型、位置和备注。
- 页面范围：可选择打印的范围，有全部、当前页及页码范围等选项。
- 副本：确定打印的份数。
- 打印：可以控制奇数页和偶数页的打印，一般选择“范围中所有页面”。
- 属性：单击“属性”按钮，可对打印机的属性进行设置。

单击“常用”工具栏中的“打印”图标，会弹出“打印”对话框，进行设置。如果要直接打印当前文档，单击“打印”图标右侧下拉按钮，选择直接打印即可。

4.2.3　文本编辑

WPS 文字文档编辑操作是指对文档的内容进行编辑，确保其内容的正确性，主要包括插入、删除、移动、复制、查找和替换、撤销和恢复等操作。

1. 选定文本内容

Windows 环境下的软件，其操作都有一个共同的规律，即“先选定，后操作”，在 WPS 文字中体现在对文本中哪些内容进行处理。因此，必须先掌握文本的选定操作。

在选定文本内容后，被选中的部分变为黑底白字（反相显示），如图 4-9 所示。选定了文本就可以方便地进行删除、移动、复制、替换等操作。选定文本的一般操作方法如下。

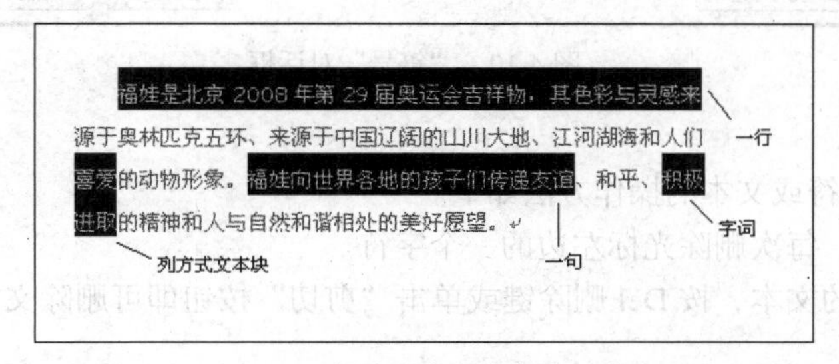

图 4-9　各种选定文本方式示意

（1）鼠标拖曳选定文本块

将鼠标指针移到欲选定文本的首部（或尾部），按住鼠标左键拖曳到文本的尾部（或首部）。放开鼠标，此时选定的文本块“反相显示”，表示选定工作完成。

（2）组合方式选定长文本块

移动光标，将插入点定位于欲选定文本的首部（或尾部），按住 Shift 键，移动鼠标指针单击文本尾部（或首部），松开按键即可。

（3）快速选定文本块

- 选定一行：单击该行左边界选定区。
- 选定一段：双击该段左边界选定区。
- 选定整个文档：三击文档左边界选定区。

（4）选定列方式文本块

按住 Alt 键，鼠标左键同时拖动。

以上选定效果如图 4-9 所示。

2. 插入和删除文本

要在文档中插入字符，首先要将光标定位于插入处，然后才可以输入内容。如果是西文符号，则使用键盘直接输入；如果是中文汉字，必须先选择一种输入方法才能输入汉字；如果是特殊的符号或其他对象（如图片等），则在“插入”菜单命令中进行选择操作。

（1）特殊字符的插入

依次选择“插入/符号”命令，将弹出“符号”对话框，如图 4-10 所示。在此对话框中选择欲插入的符号后，单击“插入”按钮即可。

图 4-10 “符号”对话框

（2）删除文本

在文档中删除字符或文本的操作方法如下。

- 按退格键←，每次删除光标左边的一个字符。
- 选定欲删除的文本，按 Del 删除键或单击“剪切”按钮即可删除文本。

3. 移动和复制文本

文本的移动或复制就是将选定的文本移到或复制到另一位置。可通过“剪切”或“复制”和“粘贴”来实现，一般有 4 种实现方法。

- 方法一：鼠标拖放实现移动，或按住 Ctrl 键和鼠标拖动实现复制。
- 方法二：使用菜单栏，单击“剪切”、“复制”和“粘贴”命令。
- 方法三：单击工具栏“剪切”、“复制”和“粘贴”3 个按钮。
- 方法四：使用快捷键 Ctrl+X 剪切、Ctrl+C 复制和 Ctrl+V 粘贴。

具体使用的操作步骤如下。

- 选定要移动或复制的文本。
- 单击“剪切”或“复制”按钮，将其内容存放到剪贴板中。
- 移动插入点，光标定位到欲插入的目标处。
- 单击“粘贴”按钮。

4. 撤销和恢复操作

“撤销”功能主要用于取消对文本的各种误操作。依次选择“编辑/撤销”命令，将撤销上一次完成的操作。如果要撤销某一次操作，可通过“常用”工具栏中的“撤销”图标进行选择。

“恢复”操作是在发生了撤销命令后，用于恢复前面撤销的内容。

5. 查找和替换

一个文档输入完成以后，需要对全文进行校对以修正错误，这时，“编辑”菜单中的“查找”和“替换”命令将为用户带来很大的方便。“查找”命令能快速找到被查找的对象所在的位置，还可通过设置“高级”选项查找特定格式的文本、特殊字符等。“替换”命令可将整个文档中选定的文本全部替换，也可以在选定的范围内做替换。替换操作对文档内容的批量修改或删除都非常便捷。

（1）查找操作

依次选择“编辑/查找”命令，弹出“查找和替换”对话框，输入查找内容及格式设置。

（2）替换操作

依次选择“编辑/替换”命令，弹出“查找和替换”对话框，分别输入查找和替换的内容及格式，选择命令按钮即可。

例如，要将文档中所有“word”用“WPS 文字”替换，对话框中输入的内容如图 4-11 所示。

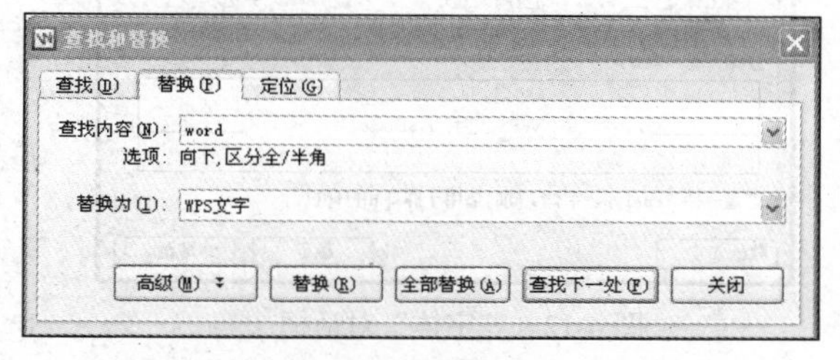

图 4-11 “查找和替换”对话框

注：查找和替换操作不仅可以替换字符内容，还可以替换大小写字母、字符格式及特殊字符，且可以限制查找和替换的范围。如能灵活使用替换操作，工作会省时省力，快速准确。例如要把某文档的所有空格删除，这时使用替换操作，不管有多少个空格，只需一个操作即可。

4.2.4 格式排版

为了使文档具有漂亮的外观，便于阅读，必须对文档进行必要的排版。排版主要包括页面格式、字符外观、段落格式、页眉与页脚、页码和分页等设置。它不仅给文档提供一个美丽的版面，而且实现了“所见即所得”的效果。

1. 字符格式设置

字符格式设置是指对英文字母、汉字、数字和各种符号进行的外观格式设置。字符格式设置是最基本的操作，一般是在“格式”工具栏中设置，也可以通过“格式”菜单操作来实现。

操作方法：依次选择“格式/字体”命令，选择“字体”选项卡，弹出的对话框如图 4-12 所示。

常见的格式如下。

- 字体和字号设置：中文字号从八号～初号，英文磅值从 5～72。表 4-1 列出部分“字号”与“磅值”的对应关系。

表 4-1　部分“字号”与“磅值”的对应关系

字号	初号	一号	二号	三号	四号	五号	六号	七号	八号
磅值	42	26	22	16	14	10.5	7.5	5.5	5

- 字形的设置：包括加粗体、倾斜、下划线和常规选项。
- 字体颜色：设置字体显示的颜色，如红色、蓝色等。
- 字体特殊效果的设置：包括删除线、着重号等。
- 上标和下标的设置：如 16^2+B_8。
- 字符间距的设置：设置行中字符间的距离。依次选择“格式/字体/字符间距”命令，打开“字符间距”选项卡，如图 4-13 所示。

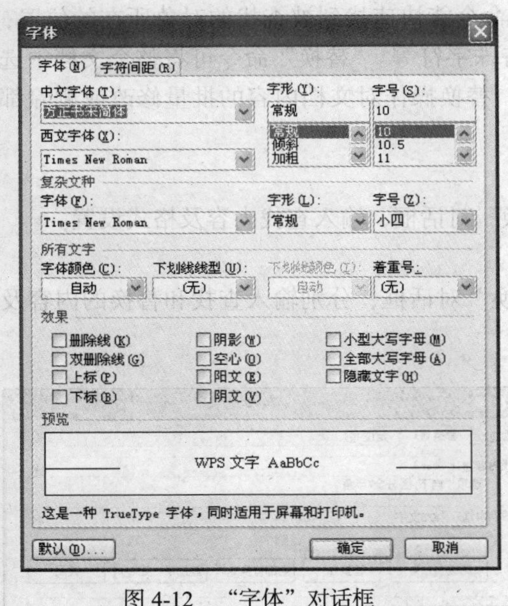

图 4-12　“字体”对话框

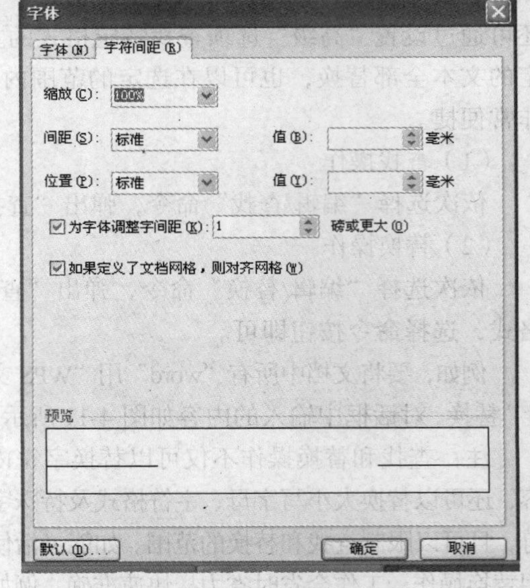

图 4-13　“字符间距”选项卡

- 字符的边框、底纹的设置：设置边框和底纹。

操作方法：依次选择“格式/边框和底纹”命令，弹出“边框和底纹”对话框，如图 4-14 所示。

- 字符缩放效果：依次单击“格式/字体/字符间距”命令，打开“字符间距”选项卡，在“间距”下拉列表框中进行设置。

字符格式设置效果如图 4-15 所示。

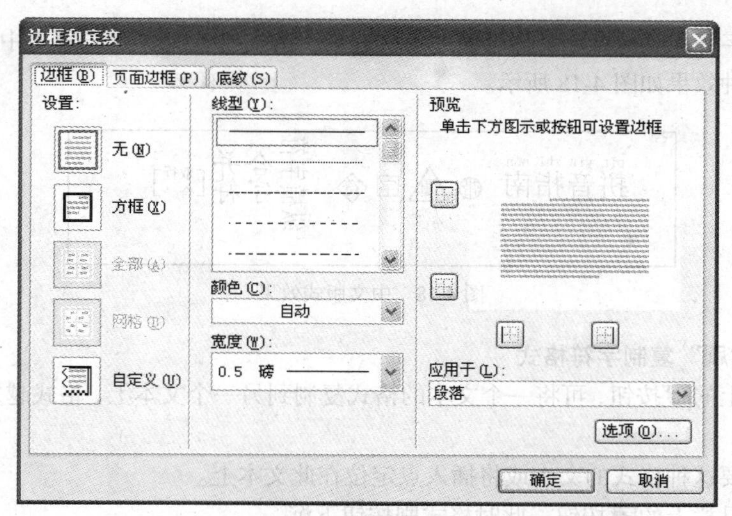

图 4-14 “边框和底纹”对话框

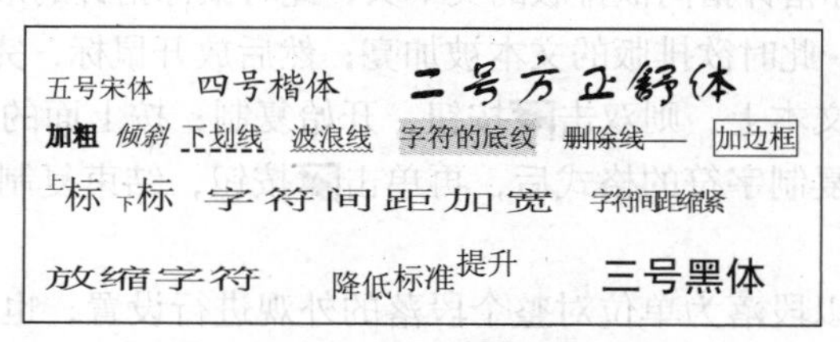

图 4-15 字符格式设置效果图

2. 使用“格式”工具栏

WPS 文字提供包括“格式”工具栏在内的 15 类工具栏。“格式”工具栏中显示的是当前选定的字符格式设置，如图 4-16 所示。如果不做新的定义，显示的字体和字号将用于下一个键入的文字。

图 4-16 “格式”工具栏

工具栏的显示是可选的，某类工具栏上的每个图标在窗口上的显示也是可以选择的。

各种工具栏在窗口上的图标显示或隐藏可以通过以下操作实现。

（1）工具栏在窗口中的显示

依次选择“视图/工具栏”命令，在如图 4-17 所示的下拉菜单中进行选择。

（2）在工具栏中隐藏图标

用鼠标拖工具栏重叠，即被隐藏在工具栏右侧»。

3. 中文版式

WPS 文字在“格式”菜单中有“中文版式”子菜单，用于对中文的处理。子菜单命令为拼音指南、带圈字符、

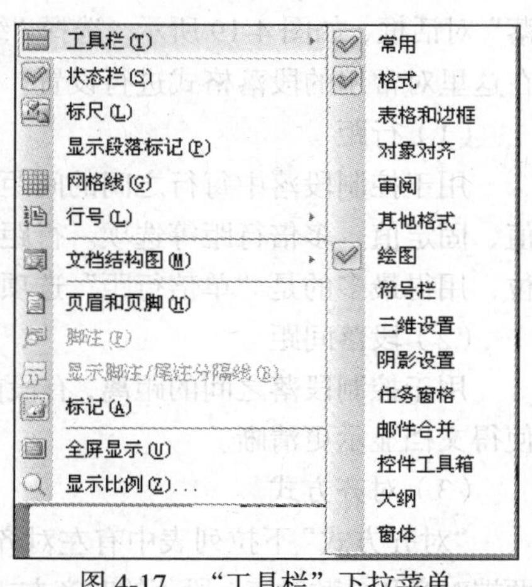

图 4-17 “工具栏”下拉菜单

纵横字符、合并字符和双行合一，都可通过依次选择“格式/中文版式”子菜单中的相应命令来完成中文修饰。各种效果如图4-18所示。

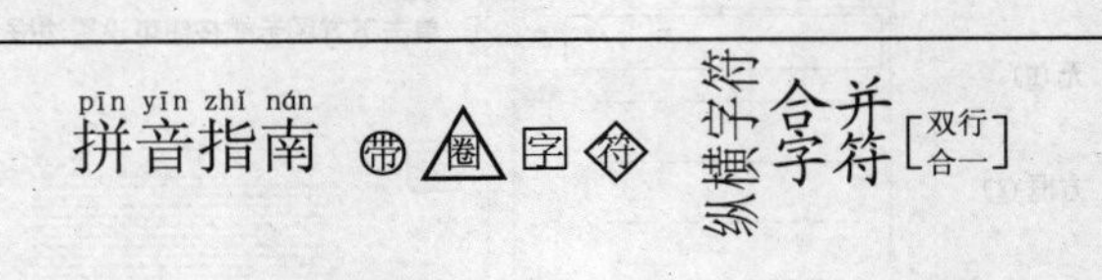

图4-18　中文版式效果

4. 用“格式刷”复制字符格式

利用工具栏上的按钮，可将一个文本的格式复制到另一个文本上，格式越复杂，效率越高。操作方法如下。

（1）选定需要这种格式的文本或将插入点定位在此文本上。

（2）单击工具栏上的按钮，此时格式刷按钮下沉。

（3）移动鼠标，使鼠标指针指向欲排版的文本头，此时鼠标指针的形状变为一个格式刷；按下鼠标按钮，拖曳到文本尾，此时欲排版的文本被加亮；然后放开鼠标，完成复制字符格式的工作。

若要复制格式到多个文本上，则双击按钮，开始复制；按上面的操作方法多次移动鼠标进行复制格式的工作；完成复制字符的格式后，再单击按钮，结束复制。

5. 段落格式设置

段落格式设置就是指以段落为单位对整个段落的外观进行设置，也叫段落格式化，包括段落的缩进、对齐、段间距、行间距、首行缩进等格式设置。

WPS文字文档中的段落以段落结束符（回车符）为标志，一个段落结束符表示到此为止结束一段。按一次回车键将产生一个结束符，并另起一行。如果只想换行而不希望结束一段，则按组合键Shift+Enter，这样将产生一个行结束符。

在以下对段落的排版操作中，一个共同的操作规律是：如果对一个段落操作，只需在操作前将插入点置于段落中即可；倘若是对几个段落操作，首先应当选定这几个段落，再进行各种段落的排版操作。

操作方法：依次选择“格式/段落”命令，将弹出“段落”对话框，如图4-19所示。选择“缩进和间距”选项卡，在这里对常用的段落格式进行设置。

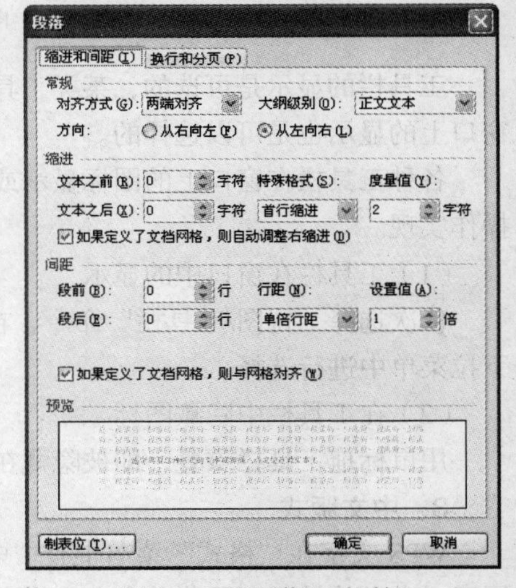

图4-19　“段落”对话框

（1）行距

用于控制段落中每行之间的间距，有单倍行距、最小值、固定值、多倍行距等选项。行距一般以行的倍数为单位，用得最多的是“单倍行距”选项。

（2）段落间距

用于控制段落之间的距离，有段前、段后的磅值设置，使得文档显示更清晰。

（3）对齐方式

“对齐方式”下拉列表中有左对齐、居中对齐、右对齐、两端对齐和分散对齐。段落的对齐方式在“格式”工具栏中用 4 个按钮进行设置更为方便。

（4）段落缩进

指文档段落正文与页边距的距离，有缩进和悬挂两种效果。对于段落缩进，使用标尺操作也非常简单。标尺与缩进示例如图 4-20 所示。

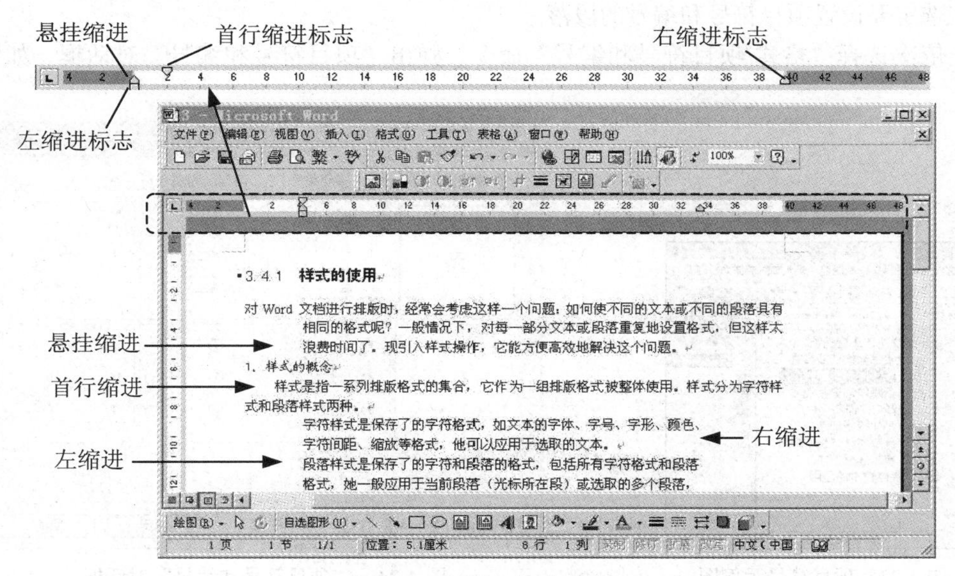

图 4-20 标尺与缩进示例

（5）首字下沉格式设置

首字下沉就是把段首的字母进行放大，以希望引起读者的注意。

设置“首字下沉”的操作方法如下。

① 选定要设置首字下沉的段落。

② 依次选择“格式/首字下沉”命令，弹出“首字下沉”对话框，如图 4-21 所示。

③ 选定下沉的方式，有“无”、“下沉”和“悬挂”3 种选择方式；还可以具体设置字体、下沉行数及与正文的距离。设置完成后，效果如图 4-22 所示。

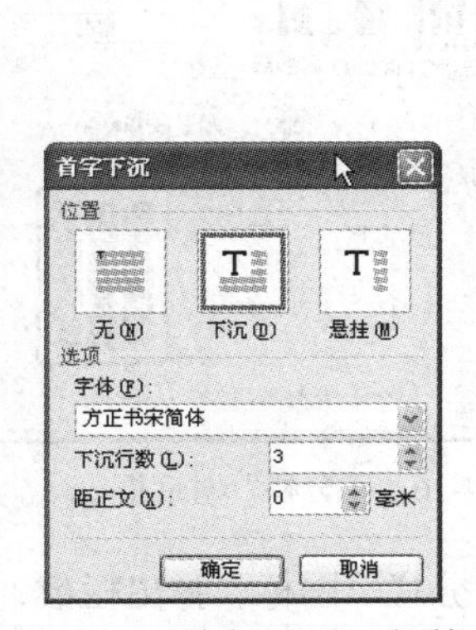

图 4-21 “首字下沉”对话框

图 4-22 “首字下沉”示例

（6）项目符号和编号设置

给文档添加项目符号和编号是文档编辑中常用的功能。特别在分章节列举文档时，该功能可以大大节省操作时间，同时使文档更具有层次感，有利于阅读和理解，如图 4-23 所示。

操作方法如下。

① 选定要设置项目符号和编号的段落。

② 依次选择“格式/项目符号和编号”命令，弹出“项目符号和编号”对话框，如图 4-24 所示。

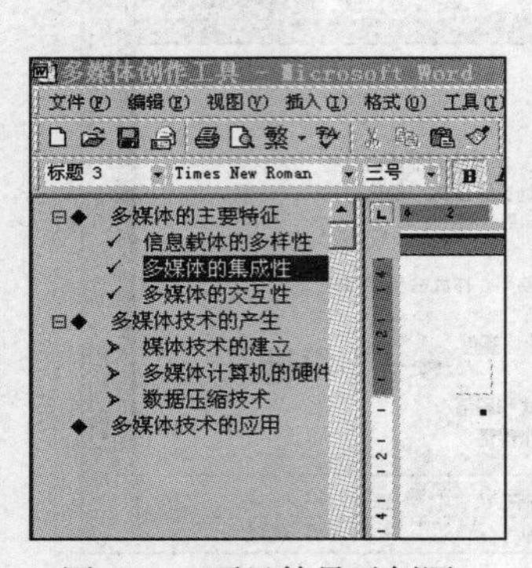

图 4-23　项目符号示例图

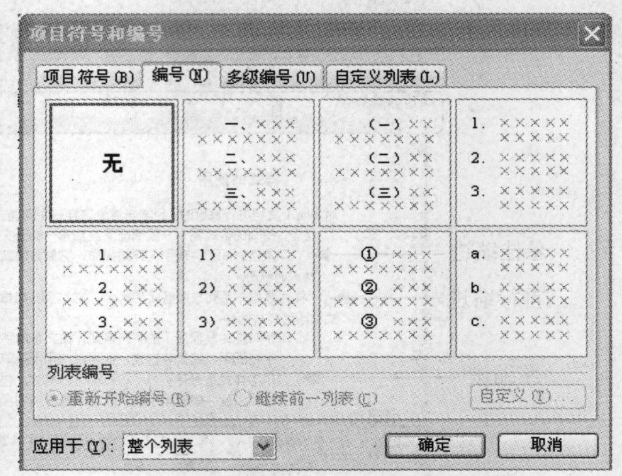

图 4-24　“项目符号和编号”对话框

③ 在选项卡“项目符号”、“编号”、“多级编号”和“自定义列表”中选择格式。

（7）分栏格式设置

在编辑报纸、杂志时，为了使排版的文档版面更美观、生动，更具有可读性，经常要对文章做各种复杂的分栏排版，即用到段落的“分栏”格式设置。图 4-25 所示为分为 3 栏格式设置的效果。

“分栏”格式设置的两种操作方法如下。

① 依次选择“格式/分栏”命令，弹出“分栏”对话框，如图 4-26 所示。

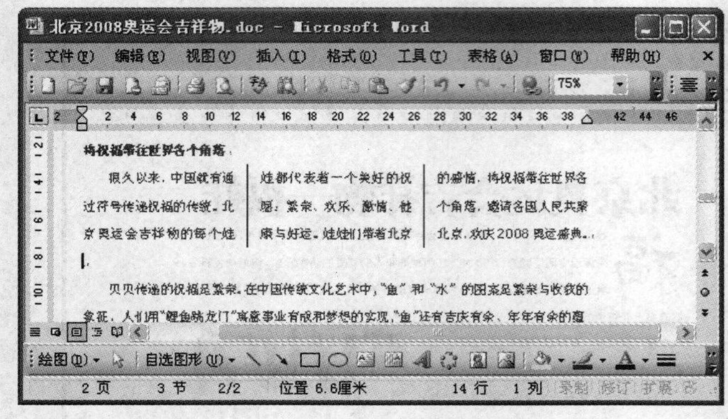

图 4-25　分栏示例

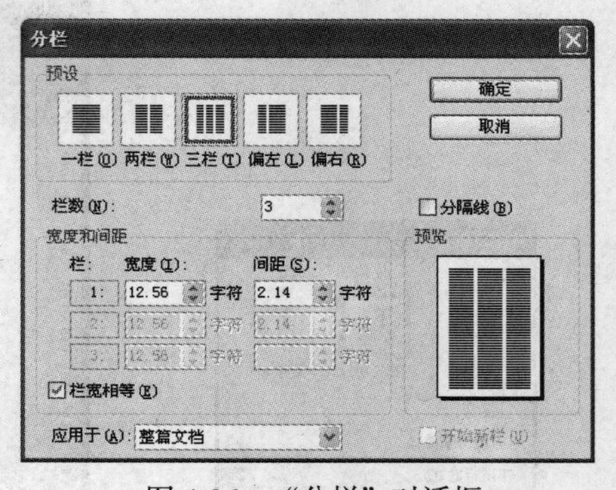

图 4-26　“分栏”对话框

② 工具栏操作：选定要分栏的段落；单击“常用”工具栏中的“分栏”图标，弹出栏数，按住鼠标左键拖曳到所需的分栏栏数即可。

（8）添加边框和底纹

WPS 文字提供了为文档中的段落或表格添加边框和底纹的功能，添加边框和底纹的目的是为了使内容更加醒目突出。

① 添加边框。选定要添加边框的内容，选择“格式/边框和底纹”命令，屏幕显示出“边框和底纹”对话框；单击“边框”选项卡，选择欲设置的边框形式、线型、颜色、宽度等外观效果。

② 添加底纹。选定要添加底纹的内容，选择“格式/边框和底纹”命令，屏幕显示出“边框和底纹”对话框；单击“底纹”选项卡，选择底纹的填充颜色（背景色）、底纹的百分比、图案样式等外观效果。

6. 页眉和页脚

页眉和页脚是指在每一页顶部和底部加入的信息。在页眉（或页脚）中可以插入图形、页码、日期、标志、文档标题及文件名等。

创建页眉和页脚的设置方法如下。

（1）依次选择“视图/页眉和页脚”命令，进入 “页眉和页脚”编辑界面；单击页眉区域，在虚线框内输入页眉内容，如图 4-27 所示。

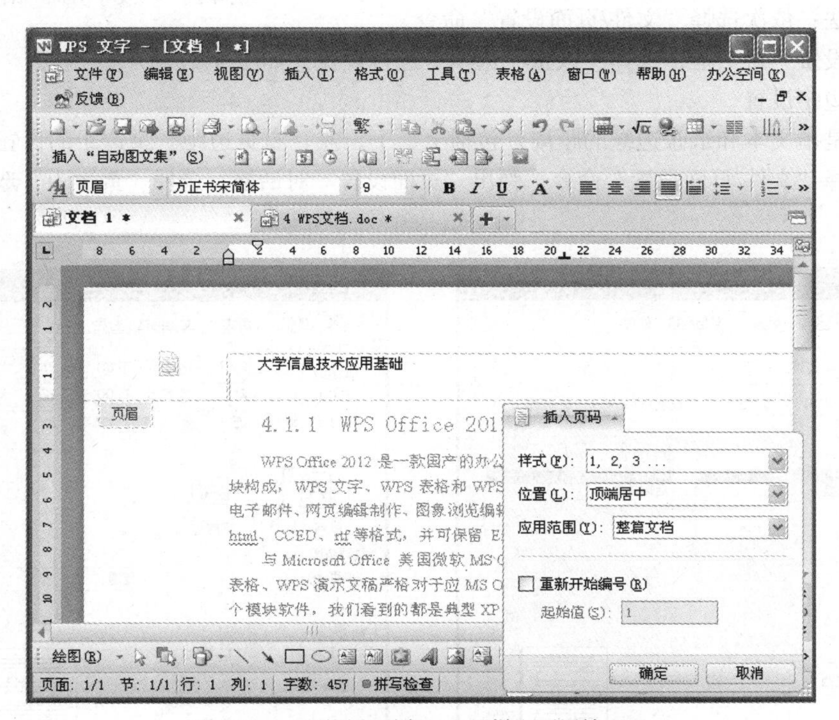

图 4-27　“页眉和页脚”工具栏和页眉输入区

（2）用鼠标移动到页脚区域，单击页脚区域，在虚线框内输入页脚内容。

（3）双击页面任意处，可以退出页眉和页脚编辑状态。

7. 插入页码和分页

（1）插入页码

依次选择“插入/页码”命令，显示“插入页码”按钮；单击“插入页码”展开面板，可以进行设置，如图 4-27 所示；选择页码的位置和对齐方式。

还可以在“页码”对话框中单击“格式”按钮，在“数字格式”下拉列表框中设置数字页码显示方式，页码可以是数字，也可以是文字。“重新开始编号”选项可输入页码的起始值，便于分布在几个文件内的长文档页码的设置。

（2）分页

依次选择“插入/分隔符”命令或按 Ctrl+Enter 组合键，可以分页。

8. **文字方向的设置**

依次选择“格式/文字方向”命令，弹出“文字方向”对话框，如图 4-28 所示。

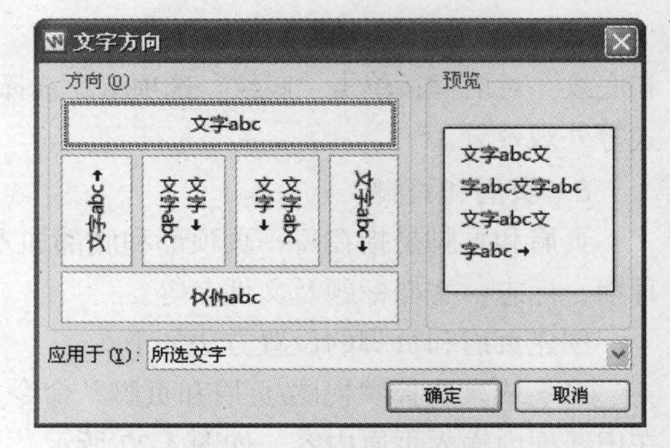

图 4-28 “文字方向”对话框

9. **页面设置**

利用 WPS 文字的页面设置，可以给文档的所有页面提供一个统一规范的外观。它以页为单位对文档进行格式设置，通常包括页边距、页码、页眉、页脚以及分页设置。此外，还可以设置页面大小，改变页面的方向和纸张来源等。

（1）设置纸张大小、来源

操作方法：依次选择“文件/页面设置”命令，弹出“页面设置”对话框；选择“纸张”选项卡进行设置，如图 4-29 所示。

（2）页边距设置

页边距是指文本和纸张边缘的距离，包括上、下、左、右页边距。页边距的设置方法如下。

依次选择“文件/页面设置”命令，弹出“页面设置”对话框，选择“页边距”选项卡，如图 4-30 所示。

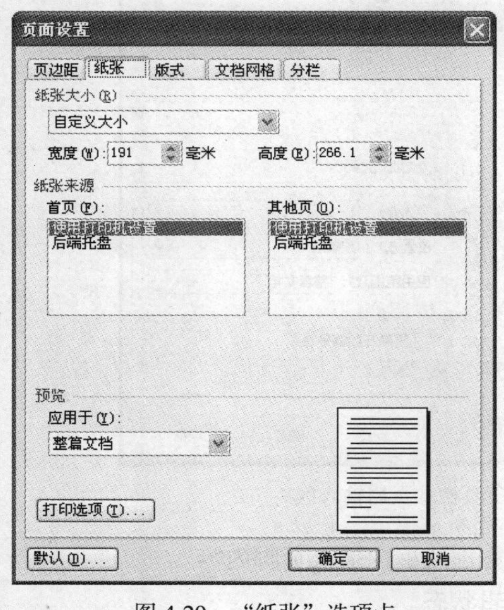

图 4-29 “纸张”选项卡

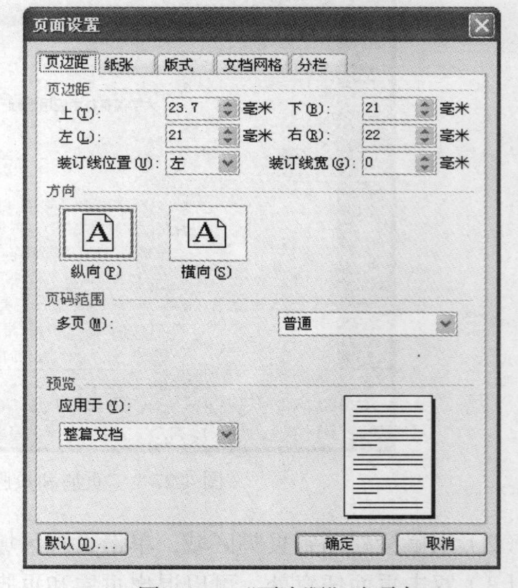

图 4-30 “页边距”选项卡

4.2.5 高级排版

1. **样式的使用**

样式是指一组已命名的字符和段落格式的组合，它可以作为一组排版格式被整体使用。例如，一篇学术论文有各级标题、正文、页眉和页脚等，它们都有各自不同的字体大小和段落间距等格式设置，各以其样式名存储以便使用。

样式有两种：字符样式和段落样式。字符样式是保存了的字符格式，如文本的字体、字号、字形、颜色、字符间距和缩放等格式，它可以应用于选定的文本；段落样式是保存了的字符和段落的格式，包括所有字符格式和段落格式，它一般应用于当前段落或选定的多个段落，也可应用于选定的文本。

（1）查看样式

WPS 文字提供了很多样式，这些样式对于大多数类型的文档来说是能够满足使用要求的，如正文、各级标题、页眉、页脚、行号、批注、索引等。当选择某种文档的模板后，WPS 文字就会自动地选中某些标准样式供用户使用。若要查看正在编辑的文档使用的样式列表，可依次选择“格式/样式和格式”命令，打开“样式和格式”任务窗格查看。

（2）应用样式

WPS 文字中存储了大量的标准样式和用户自己定义的样式。使用这些 WPS 文字提供的样式的方法如下。

① 选定要应用样式的文本。

② 依次选择“格式/样式和格式”，打开“样式和格式”任务窗格。

③ 在样式列表框中选择所需的样式。

（3）新建样式

① 依次选择“格式/样式和格式”命令，弹出“样式和格式”任务窗格；选择“新样式...”按钮，弹出“新建样式”对话框，如图 4-31 所示。

② 给出“名称”和“样式类型”等。

③ 单击“格式”按钮，具体设置排版格式。

④ 单击“确定”按钮，在“样式和格式”任务窗格中便出现该名称的样式。

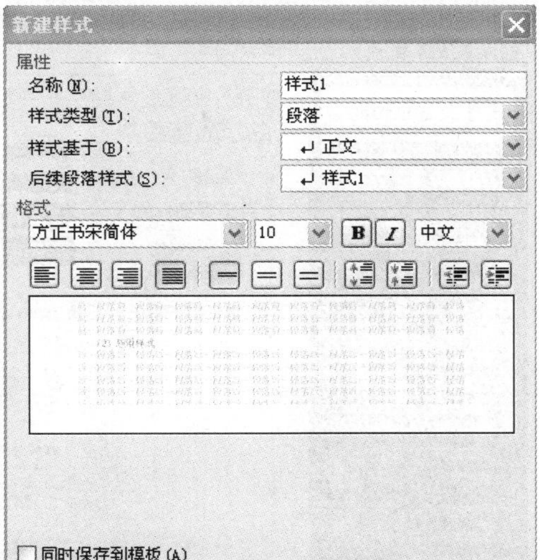

（4）样式的修改和删除

若要改变文本的外观，只有修改应用于该文本的样式，方可使应用该样式的全部文本都随着样式的更新而更新。修改或删除样式非常简单，操作方法如下。

图 4-31　“新建样式”对话框

- 修改样式操作：在“样式和格式”任务窗格中，将鼠标指针移到该样式名称上，单击下拉按钮，选择“修改”命令，如图 4-32 所示。
- 删除样式操作：在“样式和格式”任务窗格中，将鼠标指针移到该样式名称上，单击下拉按钮，选择“删除”命令。

2．模板的使用

模板是应用于整个文档的一组排版格式和文本形式。样式为文档中的不同文本设置相同的格式提供了方便，而模板为某些形式相同而具体内容不同的文档的建立提供了方便。

单击常用工具栏中“Docer-在线模板”按钮，在 WPS 文字版面中出现“Docer-在线模板”页面，如图 4-33 所示；单击自己需要的模板，选中后，下载即可。

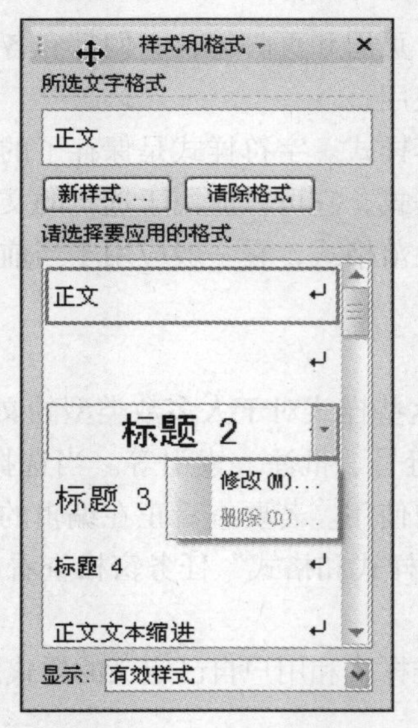

图 4-32　修改、删除样式

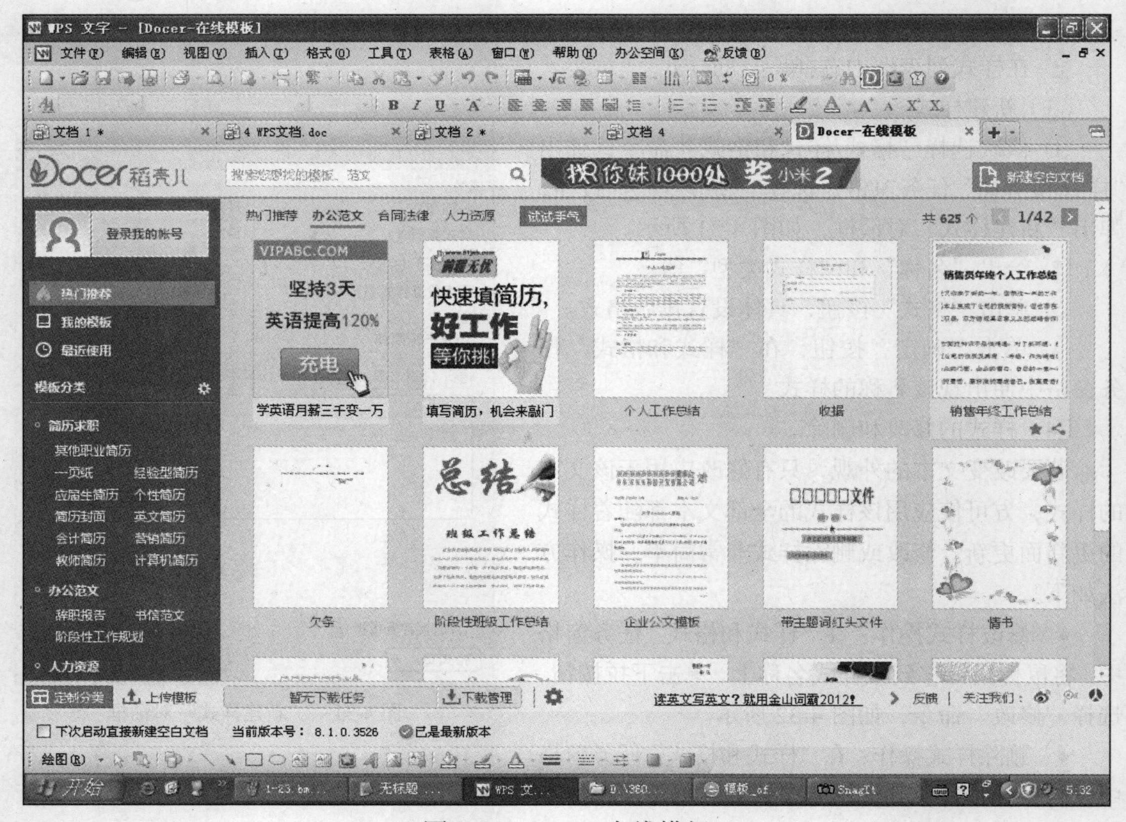

图 4-33　Docer-在线模板

3. 显示文档结构图

单击常用工具栏中“显示文档结构图”按钮，WPS 文字窗口左侧显示文档结构图，如图 4-34 所示。

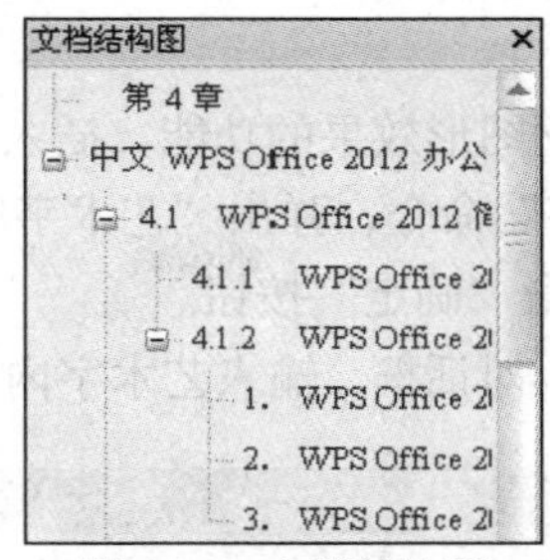

图 4-34　文档结构图

4.2.6　WPS 图文编排

WPS 文字不但具有强大的文字处理功能，而且可在文档中插入图形，并能实现图文混排。在 WPS 文字中可使用的图形有插入剪辑库中包含的剪贴画文件、Windows 提供的图形文件、通过“绘图”工具栏绘制的自选图形、“艺术字”工具栏建立的特殊视觉效果的艺术字以及使用数学公式编辑器建立的数学公式等。图文混排使得文档更加生动、美观大方和吸引读者。

1. 插入图形

（1）插入“素材库”中的图片

WPS 文字提供了一个剪辑库，它包括了大量的图形文件。插入时首先定位插入点；然后选择“插入/图片/素材库”命令，窗口右边出现“素材库”任务窗格，选中需要的图形，复制粘贴即可。

（2）插入图形文件

在 WPS 文字中，可以直接插入的常用图形文件有.bmp、.wmf、.gif、.tif、.jpg 等。插入图形文件的操作方法如下。

① 插入点定位。

② 依次选择“插入/图片/来自文件”命令，弹出“插入图片”对话框，如图 4-35 所示。

图 4-35　“插入图片”对话框

③ 在列表中选择所要插入的图形文件。

④ 单击“插入”按钮。

（3）插入艺术字

WPS 文字提供了一个为文字建立图形效果的功能。插入艺术字的操作方法如下。

① 依次选择“插入/图片/艺术字”命令，弹出“艺术字库”对话框，如图 4-36 所示。

② 选择艺术字的格式，然后单击“确定”按钮。

③ 弹出“编辑‘艺术字’文字”对话框，输入艺术字内容并进行格式设置，如图 4-37 所示。

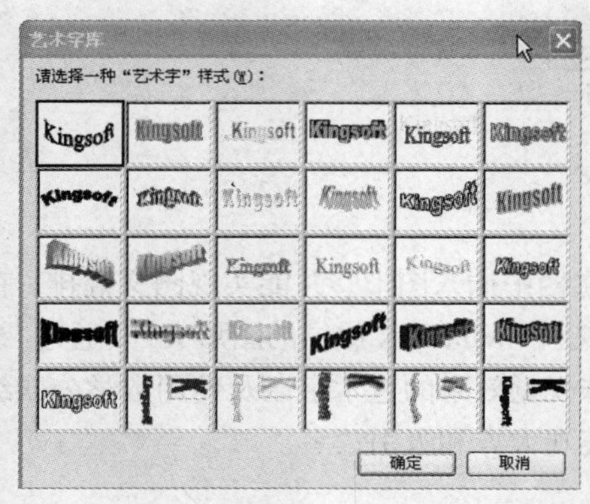

图 4-36 “艺术字库”对话框

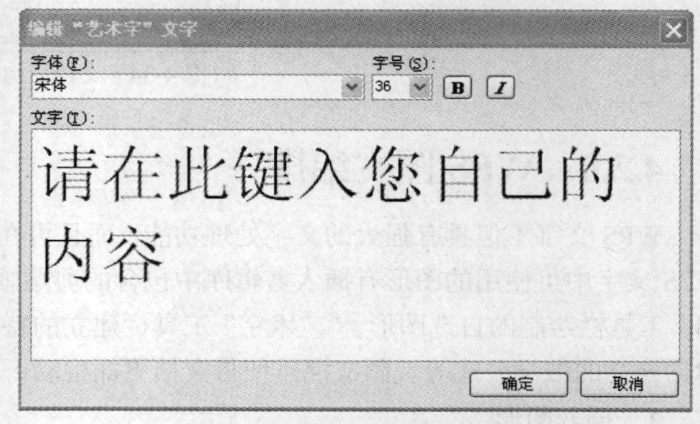

图 4-37 “编辑‘艺术字’文字”对话框

（4）插入文本框

文本框的作用是将文字、表格和图形精确定位，如图 4-38 所示。操作方法如下：首先选定要装入图文框的图片或文本内容，然后依次选择“插入/文本框”命令。

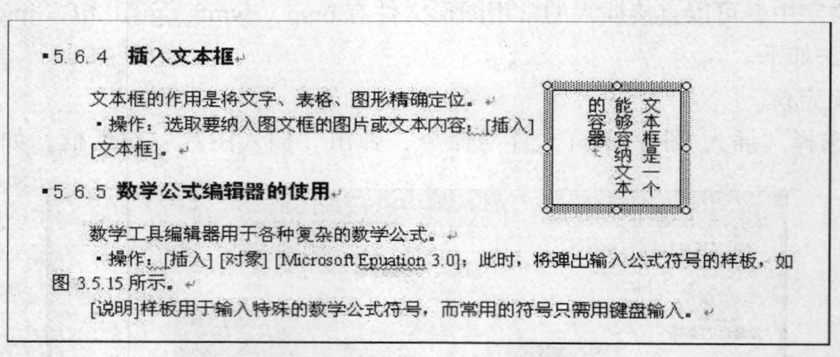

5.6.4 插入文本框

文本框的作用是将文字、表格、图形精确定位。

· 操作：选取要纳入图文框的图片或文本内容，[插入][文本框]。

文本框是一个能够容纳文本的容器

5.6.5 数学公式编辑器的使用

数学工具编辑器用于各种复杂的数学公式。

· 操作：[插入] [对象] [Microsoft Epuation 3.0]；此时，将弹出输入公式符号的样板，如图 3.5.15 所示。

[说明]样板用于输入特殊的数学公式符号，而常用的符号只需用键盘输入。

图 4-38 在文档中插入文本框

2. 编辑与设置图片格式

（1）常规编辑处理图片

● 图片的选定：单击图形的任意位置，图形将显示 8 个句柄（也叫控点），表示已经选定了该图片，如图 4-39 所示。当选定图形时，一般同时显示“图片”工具栏，可通过它对图形进行各种操作。

● 图片的移动和复制：操作方法和文本的移动和复制一样。

● 改变图片大小：选定图形，鼠标指针指向图形的句柄，当鼠标指针变为双向箭头时拖曳鼠标。这样，图形的大小将随着鼠标的拖曳而变化。如果拖曳的是图形 4

图 4-39 图片选定

个角上的一个句柄，则图形的大小改变，但比例不变。

- 删除图片：操作方法与文本的删除一样，选定图形后按 Del 键或者单击“剪切”按钮。

（2）通过“设置对象格式”对话框设置图片

操作方法：选定图片；鼠标指针指向图片并单击右键，选择快捷菜单中的“设置对象格式”命令，弹出“设置对象格式”对话框。其中各选项卡的说明如下。

- “颜色与线条”选项卡：对图形的颜色填充、线条、箭头等进行设置，如图 4-40 所示。
- “大小”选项卡：精确设置图形的大小，在“高度”、“宽度”中给出图形大小尺寸。

这里需要注意，在确定之前，还必须取消“锁定纵横比”的选择。因为选择此项，图形的高度和宽度将被锁定，此时，可以改变图形的大小，但不能改变图形比例。

- “版式”选项卡：改变图形的环绕方式和水平对齐方式，如图 4-41 所示。在 WPS 文字中，图形在文档中的位置有浮动式和嵌入式两种情况。浮动式图片可以插入在图形层，可在页面上精确定位，并可将其放在文本或其他对象的前面或后面。嵌入式图片直接放置在文本的插入点处，占据一个文本的位置。

WPS 文字有 6 种环绕方式：嵌入型、四周型、紧密型、上下型、衬于文字下方以及浮于文字上方，如图 4-41 所示。

- “图片”选项卡：设置图形裁剪、图像控制等。

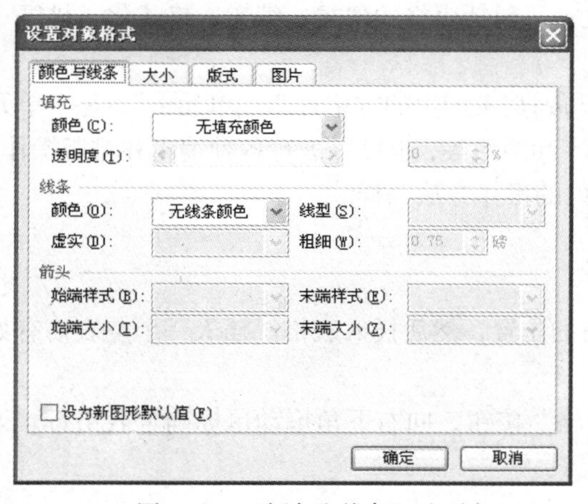

图 4-40　“颜色和线条”选项卡

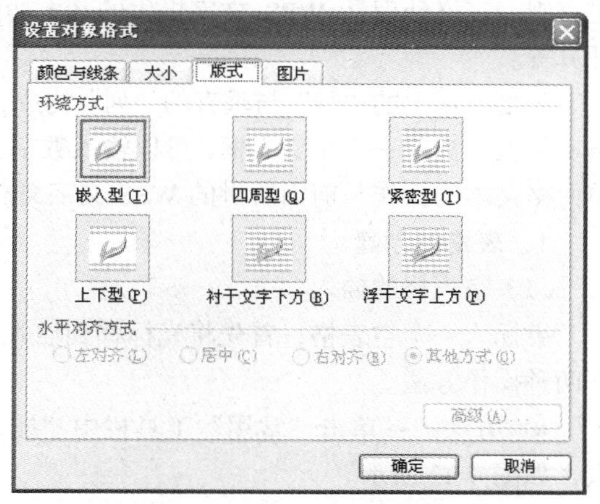

图 4-41　“版式”选项卡

3. 绘制图形

WPS 文字中，可以利用“绘图”工具栏进行自选图形对象的插入，自选图形格式的设置，图形的组合、叠放、旋转等处理。可绘制的图形有自选图形（集）、直线、箭头、矩形、椭圆、文本框、艺术字、阴影、三维效果等。

通过依次选择“视图/工具栏/绘图”命令，将“绘图”工具栏显示出来，一般显示在文档窗口的下方，如图 4-42 所示。

图 4-42　“绘图”工具栏

（1）绘制自选图形

WPS 文字提供了一整套现成的基本图形，可以在文档中方便地使用这些图形，并可对这些图形进行组合、编辑等。

绘制自选图形的操作方法：单击“自选图形”按钮，在各类自选图形中，选中某一个图形，此时鼠标指针变成十字形；将鼠标指针移至插入图形的位置，拖曳鼠标直到所需的图形大小为止。

（2）自选图形格式的设置

自选图形格式的设置包括：图形颜色的填充、线条颜色、图形中字体颜色、线条类型、箭头样式、阴影及三维效果等。

（3）图形对象设置

- 叠放层次设置：在文档中绘制多个重叠的图形时，每个图形可以设置其叠放的次序。操作方法：选定图形，单击鼠标右键，选择“叠放次序”命令，然后选择叠放层次。
- 图形组合：利用自选图形功能将绘制的一个个小图形组合成一个大图形，以便于对图形的整体进行操作。操作方法：单击“绘图”工具栏中“选择对象”按钮，按住 Shift 键，选定多个欲组合的小图形；在选定的图形上单击鼠标右键，选择“组合”方式。此时可选项有“组合”、“取消组合”和“重新组合”。

4.2.7 WPS 文字表格操作与处理

在对文字进行处理的过程中，经常要在 WPS 文字文档中插入表格，使得文本的表达更简明、更直观。表格处理是 WPS 文字提供的基本功能之一，包括表格的建立、编辑、格式化、排序、计算等。

表格由水平的“行”与垂直的“列”构成，行与列交叉产生的方格称为“单元格”。每个单元格实际上相当于一个小文本框，可以输入数字、文字和图形等，也可以进行各种编辑和排版操作。单元格文本的操作与前面所讲的 WPS 文字文档文件的操作方法一样。

1. 表格的创建

（1）空表格的插入

欲插入一个空表格，首先将光标移到插入表格的位置，然后插入表格。插入一个空表格有如下两种操作方法。

- 方法一：单击“常用”工具栏中“插入表格”按钮，向右下角拖动鼠标确定表格行、列数，如图 4-43 所示。

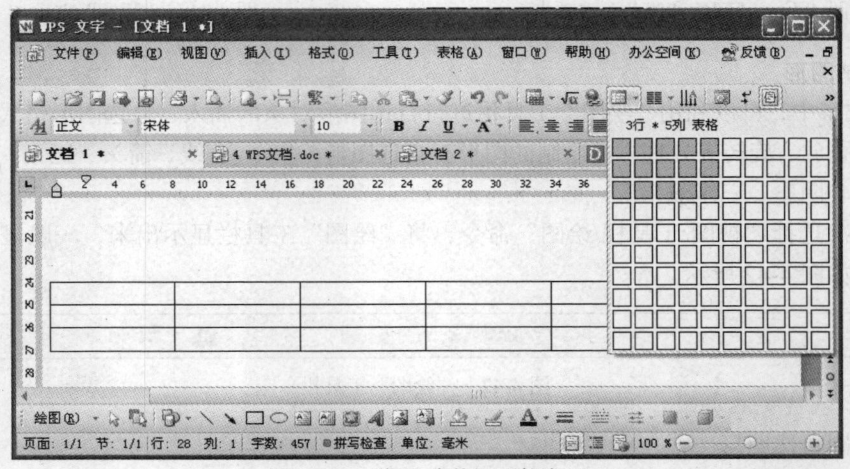

图 4-43 “插入表格”下拉窗口

● 方法二：依次选择“表格/插入/表格”命令，弹出“插入表格”对话框，如图 4-44 所示；输入所需的行数、列数来确定表格的结构。

（2）绘制自由表格（手动制表）

用上述方式插入的都是有规则的封闭的表格；对于一些不规则的表格，如图 4-45 所示，采用绘制自由表格的方法比较方便。使用如图 4-46 所示的“表格和边框”工具栏中的“绘制表格”按钮和“擦除”按钮，用户可以随意地绘制自己所需要的表格。

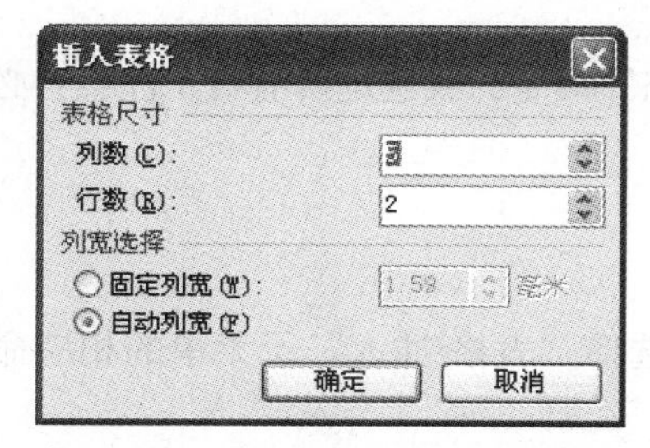

图 4-44　“插入表格”对话框

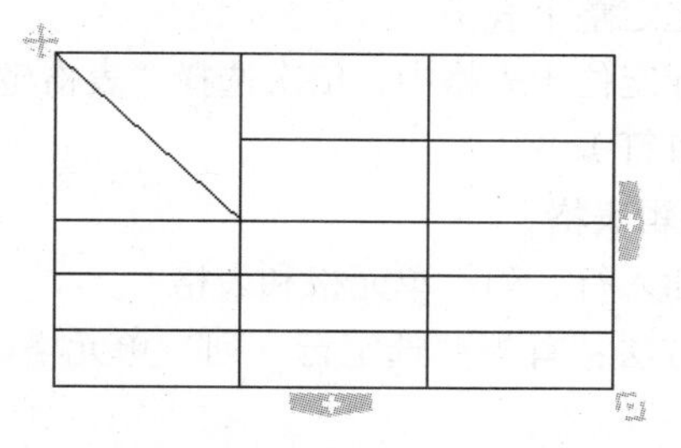

图 4-45　不规则的表格

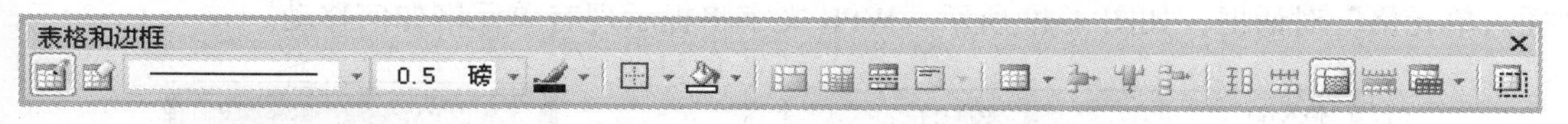

图 4-46　“表格和边框”工具栏

（3）文本转换成表格

选定文本，依次选择“表格/转换/文字转换成表格”命令，弹出“将文字转换成表格”对话框，如图 4-47 所示；进行设置后单击“确定”按钮即可。

（4）输入表格内容

表格结构创建出来后，接下来是向表格中输入内容。表格单元格中可以插入数字、文字、图形等，用鼠标操作时，与一般文本操作一样。用键盘时，具体操作如表 4-2 所示。

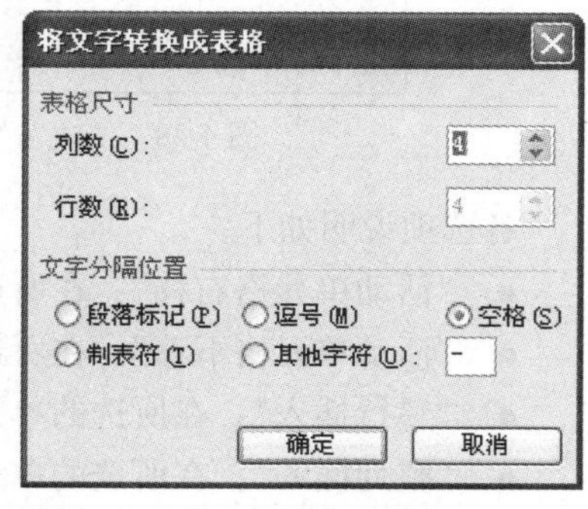

图 4-47　“将文字转换成表格”对话框

表 4-2　用键盘在表格中定位

按　键	作　用	按　键	作　用
↑	向上移一个单元格	Shift + Tab	移至行中前一个单元格
↓	向下移一个单元格	Alt + Home	移动到行首单元格
←	向左移一个单元格	Alt + End	移动到行尾单元格
→	向右移一个单元格	Alt + PgUp	移动到列首单元格
Tab	移至行中下一个单元格	Alt + PgDn	移动到列尾单元格

2. 表格对象的选定

表格对象指表格的单元格、行、列及整个表格等。表格操作同样具有“先选定，后操作”的特点，必须先选择要操作的表格对象，然后对表格对象进行操作。

（1）选定单元格

- 选定一个单元格的方法：用鼠标三击该单元格或单击单元格左端。
- 选定多个单元格的方法：选定第一个单元格，同时拖曳鼠标。

（2）选定行、列

- 选定一行（或一列）的方法：单击表格某行左边界（或某列的上边界）。
- 选定多行（或多列）的方法：单击表格某行左边界（或某列上边界）并拖曳。

（3）选定整个表格

将光标定位于表格中，依次选择“表格/选定表格”命令，或选定所有行（注意：必须包括表格的行结束符）。

3. 编辑表格

（1）插入行、列、单元格和表格

操作方法：首先要选定行、列、单元格，然后选择“表格/插入”子菜单的相应命令，如图 4-48 所示。

插入行、列或表格的操作可以直接完成。但插入单元格的操作在完成上述步骤后，还将弹出“插入单元格”对话框，如图 4-49 所示，WPS 文字将提示现有单元格如何移动。

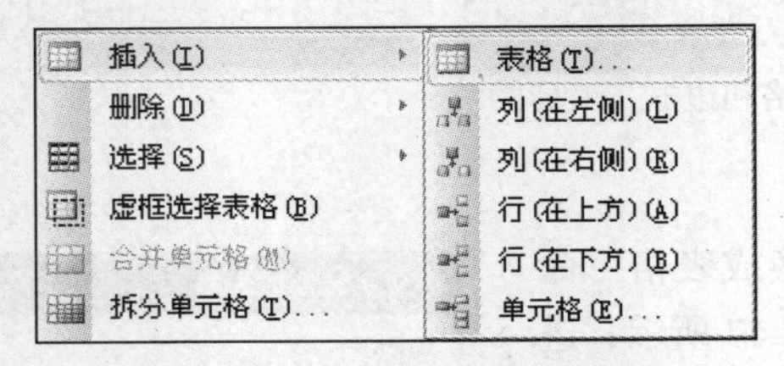

图 4-48 “插入”子菜单

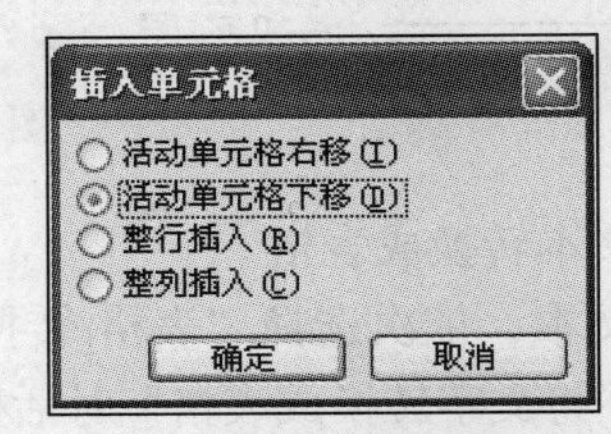

图 4-49 “插入单元格”对话框

各选项说明如下。

- “活动单元格右移”：在所选的单元格的左边插入新的单元格。
- “活动单元格下移”：在所选的单元格的上方插入新的单元格。
- “整行插入”：在所选的单元格的上方插入新行。
- “整列插入”：在所选的单元格的左侧插入新列。

（2）删除行、列、单元格和表格

操作方法：首先选定要删除的行、列、单元格和表格，然后进行删除操作。当删除单元格时，WPS 文字将像插入操作一样提示现有单元格如何移动。

（3）调整行高和列宽

选定要调整的行或列，然后按表 4-3 所示的方法进行操作。使用菜单操作的子菜单如图 4-50 所示。

表 4-3 选定调整的行或列

方　法	操　作	说　明
菜单操作	依次选择“表格/自动调整”	
标尺操作	拖动左（上）标尺中的制表位	
表线操作	拖动横（竖）表线	每次调整一行（列）

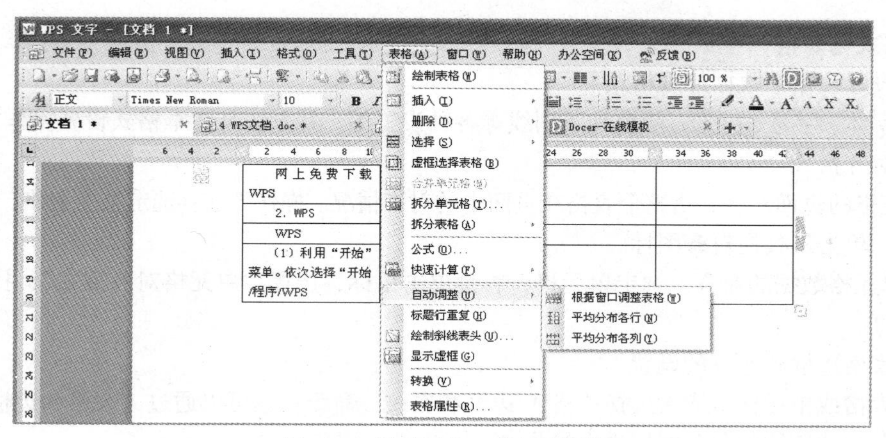

图 4-50　调整行高、列宽子菜单

"自动调整"子菜单包括：根据内容调整表格、根据窗口调整表格、固定列宽（行高）、平均分布各行以及平均分布各列。

（4）合并和拆分单元格

合并单元格指将多个单元格合并成一个单元格。操作之前，先选定所要合并的单元格，选择"表格/合并单元格"命令，即可完成合并操作，如图 4-51 所示。

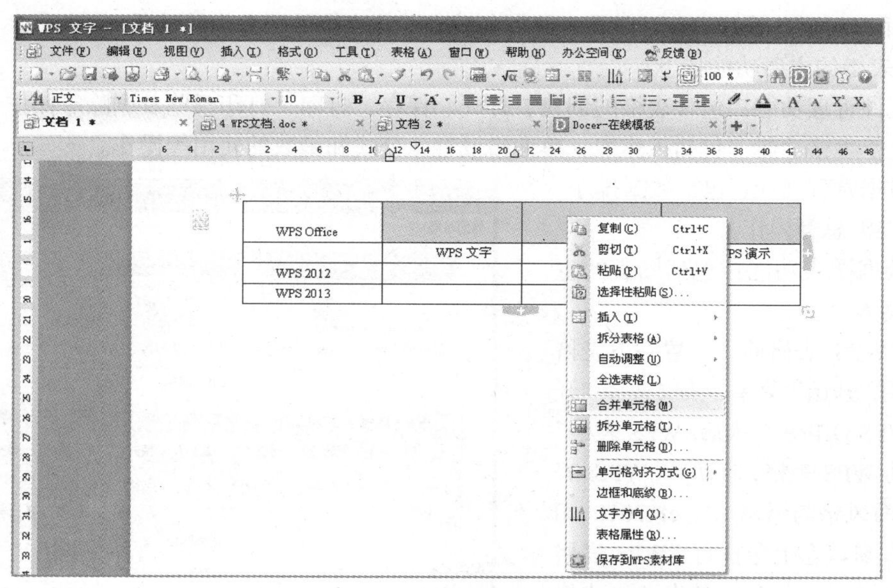

图 4-51　合并单元格示例

拆分单元格指将一个单元格拆分成多个单元格。操作之前，将光标移到要拆分的单元格中，选择"表格/拆分单元格"命令，弹出"拆分单元格"对话框，如图 4-52 所示。在该对话框中输入要拆分的单元数即可。

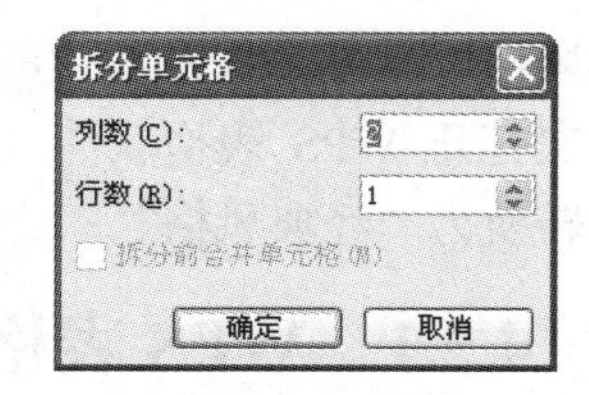

图 4-52　"拆分单元格"对话框

（5）拆分表格

拆分表格指将一个表格拆分成两个独立的表格。操作方法：将光标置于拆分行末位置，依次选择"表格/拆分表格"命令。

4. 格式化表格

（1）设置表格中数据外观格式

包括字体、字号、字形、颜色和下划线等各种设置等，其方法与文本格式设置操作方法相同。

（2）对齐格式

- 表格的页面对齐：指整个表格在页面中的对齐情况。操作方法：选定整个表格，在“格式”工具栏中，单击工具栏对齐图标。
- 单元格数据的对齐：选定单元格；右键单击鼠标，选择“单元格对齐方式”，找到所需要的对齐即可。

（3）表格边框和底纹的设置

选定表格或单元格，依次选择“格式/边框和底纹”命令；也可以通过“表格和边框”工具栏的“边框”和“底纹颜色”图标进行操作。

4.3 WPS 表格处理软件

WPS 表格是北京金山软件有限公司开发的一种电子表格处理软件，是 WPS Office 2012 软件包的重要成员之一。利用它可以方便地制作出各种电子表格，完成科学计算、统计分析和绘制图表，成为用户对财务管理、统计数据、绘制各种专业化表格的强有力的助手。

WPS 表格的主要功能如下。

- 文件管理功能：包含表格的创建、打开、保存、打印、打印预览及删除等操作。
- 电子表格功能：包括工作表、单元格设置，公式和函数的使用等操作。
- 数据管理功能：包括数据排序、筛选和分类汇总等操作。
- 数据图表功能：包括图表的生成、编辑等操作。

使用 WPS 表格前，设置一下表格风格。利用“开始”菜单，依次选择“开始/程序/WPS Office 个人版/ WPS 表格”命令，启动 WPS 表格；启动后，WPS 表格默认界面风格与微软 Excel 2010 相似，此时在窗口左上角执行“WPS 表格/工具/更改界面”命令，弹出“更改界面”对话框，如图 4-53 所示；选择“经典风格”，确定后，关闭 WPS 表格软件。再次打开 WPS 表格软件，此时界面风格转换为“经典风格”。

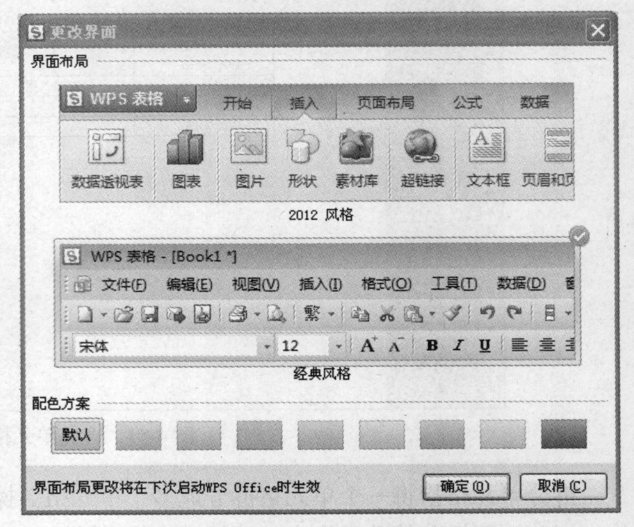

图 4-53 WPS 表格软件风格设置

4.3.1 WPS 表格工作界面

WPS 表格软件启动后，窗口组成如图 4-54 所示。

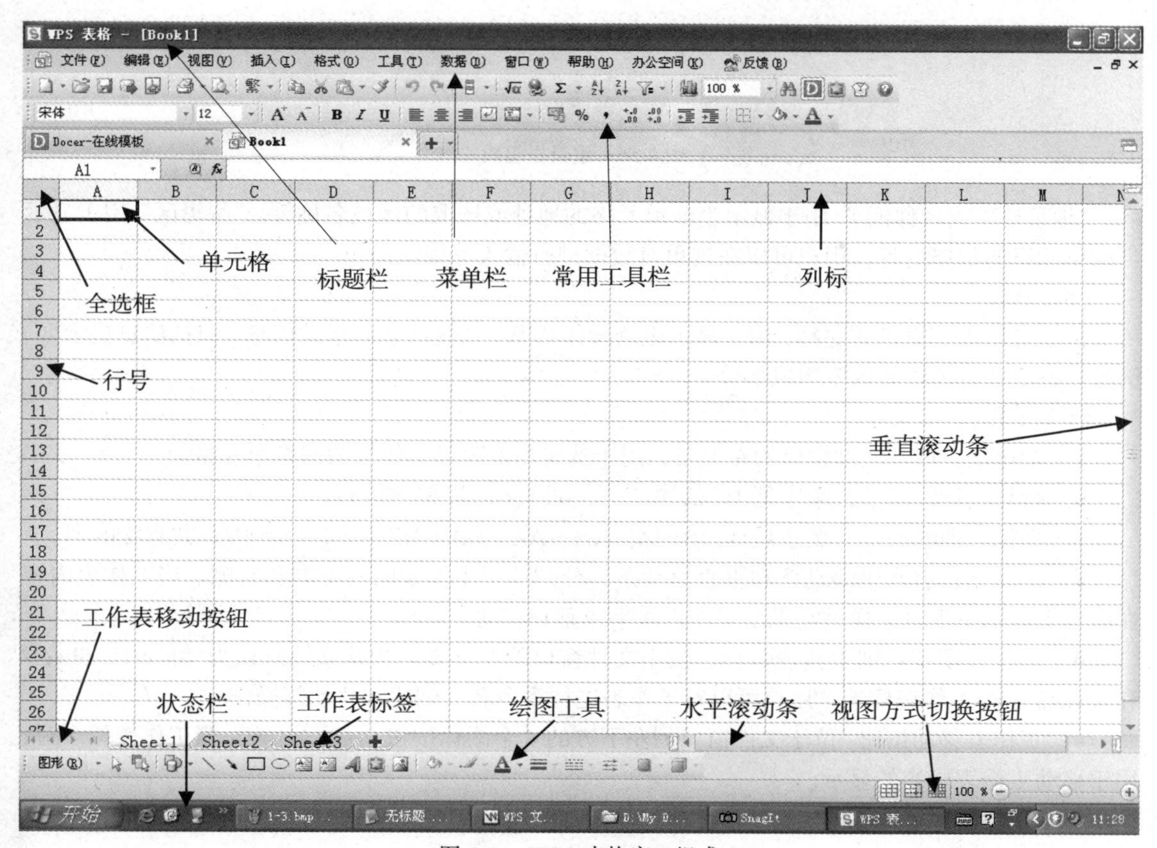

图 4-54　WPS 表格窗口组成

1. WPS 表格应用程序窗口的组成

（1）标题栏

指 WPS 表格应用程序窗口的第一行，包括控制按钮、应用程序图标名称、最小化按钮、最大化或还原按钮、关闭按钮等。

（2）菜单栏

标题栏的下一行是菜单栏。菜单栏包括“文件”、“编辑”、“视图”、“插入”、“格式”、“工具”、“数据”、“窗口”、“帮助”、“办公空间”和“反馈”菜单。

（3）工具栏

工具栏一般在菜单栏的下方，“工具栏”在窗口上显示是可选的。显示或隐藏工具栏的一般操作：依次选择“视图/工具栏”，选择所需的选项。

也可以使用快捷操作的方法：鼠标指针指向工具栏的位置，单击右键，弹出 12 类工具栏的菜单，即可有选择地设置工具栏的显示。“常用”工具栏如图 4-55 所示。

图 4-55　“常用”工具栏

（4）编辑栏

又称编辑行，它位于工作簿窗口的上部。如图 4-56 所示，编辑栏包括地址框（或名称框）、公式栏和编辑区。

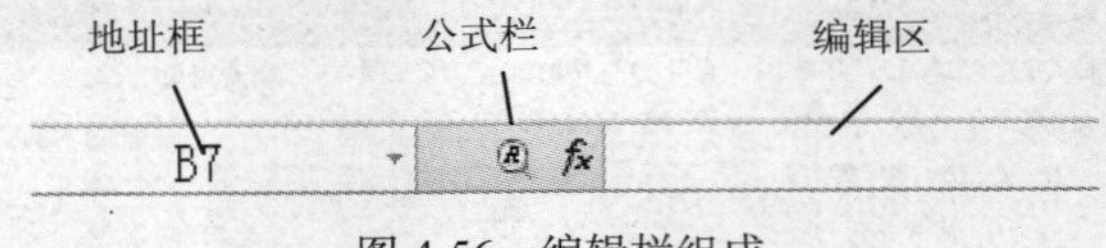

图 4-56 编辑栏组成

“地址框（或名称框）”用于显示当前单元格的地址或选取的区域名称等。“编辑区”用于显示当前单元格的数据内容，用户可以在这里对数据进行输入等编辑操作。

（5）状态栏

位于应用程序窗口的底部，用于显示键盘操作状态、系统状态和帮助信息，包括信息提示区、键盘状态区和自动计算区等组成部分。

（6）工作区

- 全选框：位于文件窗口的左上角，用于选定当前窗口工作簿的所有单元格。
- 行号：行的编号，顺序是 1，2，3，…，65 536，共 65 536 行。
- 列标：列的编号，顺序是 A，B～Z，AA～AZ，BA～BZ，…，IA～IV，共有 256 列。
- 滚动条：有水平滚动条和垂直滚动条，分别位于工作表的右下方和右侧。当工作表内容在屏幕上显示不下时，通过它来使工作表水平或垂直移动。
- 工作表标签：即工作表名称，位于文件窗口的左下方，初始系统默认为 Sheet1、Sheet2 和 Sheet3 三个工作表标签。用户可以对工作表进行重命名、创建和移动等操作。
- 工作表移动按钮：位于文件窗口的左下方的 4 个图标按钮：⏮◀▶⏭；当工作表较多时，用于移动工作表标签的显示。
- 标签拆分线▯：位于标签栏和水平滚动条之间的小竖块，用于调整标签和水平滚动条的长度。

2. 工作簿、工作表和单元格的概念

WPS 表格文件一般称为工作簿，或活页夹，其扩展名为.xls。一个工作簿由多张工作表组成，新建的工作簿默认有 3 张工作表：Sheet1、Sheet2 和 Sheet3，在实际使用时可以根据需要进行增加、改名和删除等操作。一个工作簿最少含有一张工作表，最多有 255 张工作表。当前工作表（活动工作表）在工作表标签处显示白色。

WPS 工作表是一张由行和列组成的二维表，由行和列交叉形成的矩形单元叫“单元格”。单元格是工作表的最小单位。系统中一张工作表共有 65 536 行 256 列，则一张工作表共有 65 536×256 个单元格。单元地址命名由列号和行号组成，用来指出某单元在工作表中的位置。如单元地址 C8，表示当前工作表 C 列第 8 行交叉处的单元。当前单元一般在地址栏中显示出来。当前单元格又叫活动单元，指当前正在操作的单元格，由黑色线框住。在地址框中将显示当前单元格的地址，如 C1、D11 等。

4.3.2 工作表操作

1. 工作表的编辑

一个 WPS 工作簿含有多张工作表，如图 4-57 所示。有关 WPS 工作表的操作如下。

- 工作表的插入：在当前 WPS 表格工作簿插入工作表、图表和对话框等。
- 工作表的删除：将工作表从当前工作簿中删除。
- 工作表重命名：以新的名称代替工作表的标签。
- 工作表的移动和复制：调整工作表在工作簿中的顺序和工作表复制。

- 工作表标签颜色：改变工作表标签的颜色。
- 工作表全部选定：全部选定工作簿中的所有工作表。

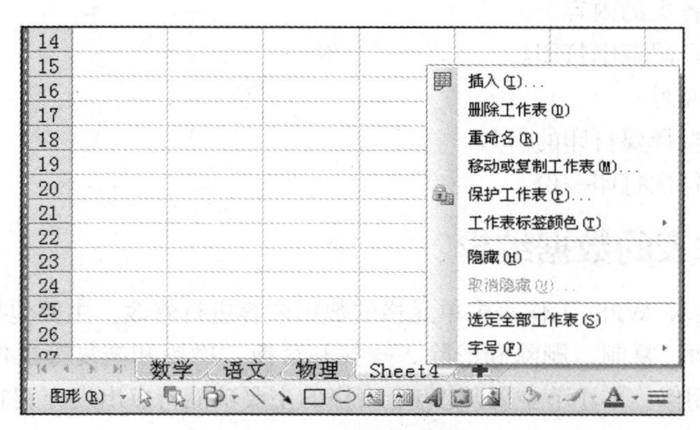

图 4-57　工作表操作菜单

工作表操作的一般步骤如下。

- 鼠标指针指向工作表标签，选择工作表。
- 单击鼠标右键，弹出快捷菜单，选择相应的命令。

2. 工作表的打印

操作方法：选择要打印的表格区域，如没有选择则默认为当前工作表所有单元；依次选择“文件/打印”命令，将弹出“打印”对话框，如图 4-58 所示。

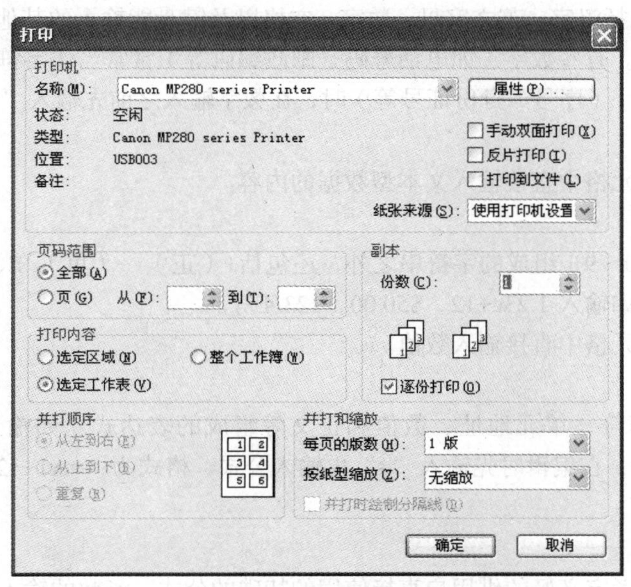

图 4-58　“打印”对话框

“打印”对话框中主要选项说明如下。

（1）“打印内容”栏说明

- 选定区域：只打印选定的区域。
- 选定工作表：只打印当前工作表。

● 整个工作簿：打印当前工作簿的所有工作表。

（2）“页码范围”栏说明

● 全部：打印各页的内容。

● 页：按指定页码范围打印。

（3）“副本”栏说明

● 打印份数：选择要打印的份数。

● 逐份打印：每次打印一份。

4.3.3 工作表的数据编辑

编辑工作表是指对 WPS 工作表中单元格的数据内容进行修改，主要包括数据的输入，数据的填充、修改、移动、复制、删除和清除、查找和替换、撤销和恢复等操作，基本操作方法与 WPS 文字操作方法相似。本小节主要从 WPS 表格的主要功能特点出发介绍它的编辑操作。

1. 单元格区域的表示

区域是连续的成为矩形的多个单元格，由区域的两个对角线单元地址表示，如“B2:C5”、“C2:E5”。可以在地址框中给选定的区域命名，命名后的区域可以根据区域名称来引用和操作。

2. 数据的输入

WPS 表格工作表中的数据包括数字、数值、公式、函数、日期和时间、文本等十多种显示形式，不仅可以从键盘直接输入，还可以自动输入。输入的数据有多种，基本的操作方法是首先单击要输入数据的单元格，然后输入数据，回车确定输入。

（1）文本的输入

WPS 表格文本包括汉字、英文字母、数字、空格以及键盘能输入的其他各种符号。文本输入时一律默认向左对齐。有些数字（如电话号码、邮政编码等）常常当作字符来处理。

在输入文本型数字（序号、身份证号等）时，在数字输入之前先输入“'”单引号，数字便自动靠左对齐。

操作方法：在单元格中直接输入文本型数据的内容。

（2）数值的输入

数值除了数字（0~9）组成的字符串之外，还包括+（正）、-（负）、E、e，￥、/、%以及小数点和千分位符号，如输入 1.23e+12、$50.00、123/4 等。

操作方法：在单元格中直接输入数值。

（3）公式的输入

公式是指由运算符、单元地址、数值和正文等组成的表达式。如输入公式 A1+12+D7、SUM(B1:C4，34)+D6，在编辑时先输入“=”再输入公式，格式为：=A1+12+D7、=SUM(B1:C4，34)+D6。

（4）函数的输入

函数是系统研制者定义好的供用户直接使用的特殊的公式。函数的输入方法见本小节后面的“使用函数”部分详细内容。

（5）日期数据的输入

● 方法一：使用 DATE(年,月,日)函数输入，如输入“=DATE(13,5,18)”，然后按回车键，则单元格中显示“2013-5-18”日期数据。

● 方法二：输入日期数，然后转换成日期的显示格式。2013 年 1 月 1 日的日期数为“1”，1

月 2 日为“2”，依此类推得到日期数。日期数是一个正的整数。

- 方法三：按“年/月/日”的格式直接输入，如输入“2013/5/18”，则单元格中显示“2013-5-18”。

（6）时间数据的输入

- 方法一：使用 TIME(时,分,秒)函数输入，如输入“=TIME(8,10,30)”，则单元格中显示“8:10AM”。
- 方法二：输入时间数（一个小于 1 的小数），然后转换成时间的显示格式。

（7）填充数据

如果输入有规律的数据，可以使用 WPS 表格的数据自动输入功能。它可以方便快捷地输入等差、等比或其他有序序列。表 4-4 所示为自动填充的一些操作实例。

表 4-4　“自动填充”操作实例

选定区域的数据	建立的序列
1，2	3，4，5，…
1，3	5，7，9，11，…
星期一	星期二，星期三，星期四，…
甲	乙，丙，丁，…
一月	二月，三月，四月，…
第一名	第二名，第三名，第四名，…
Text1,texta	Text1，texta，Text2，texta，Text3，texta，…

自动填充是根据初始值决定以后的填充项。

操作方法：输入初始单元数据，选定包含初始值的单元格，鼠标指针指向该单元格的右下角“填充柄”（指针变成实心“+”字形）并拖曳至填充的最后一个单元格，即可完成自动填充。

填充可实现以下几项功能。

- 某个单元格的内容为纯字符、纯数字或是公式，填充相当于数据复制。
- 某个单元格的内容为文字数字混合体，填充时文字不变，最右边的数字递增，如初始值为 A1，填充为 A2，A3，…。
- 某个单元格的内容为 WPS 表格预设的自动填充序列中的一员，按预设的序列填充，如星期一，星期二，星期三，…以及一月，二月，三月，…，如图 4-59 所示。

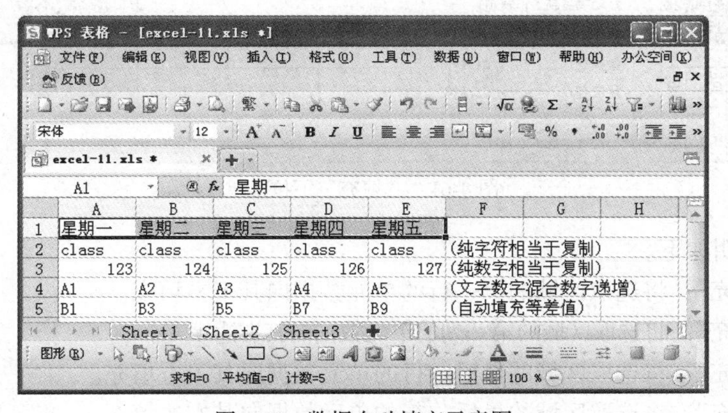

图 4-59　数据自动填充示意图

建立自定义序列填充的操作方法：依次选择“工具/选项/自定义序列”命令，如图 4-60 所示。

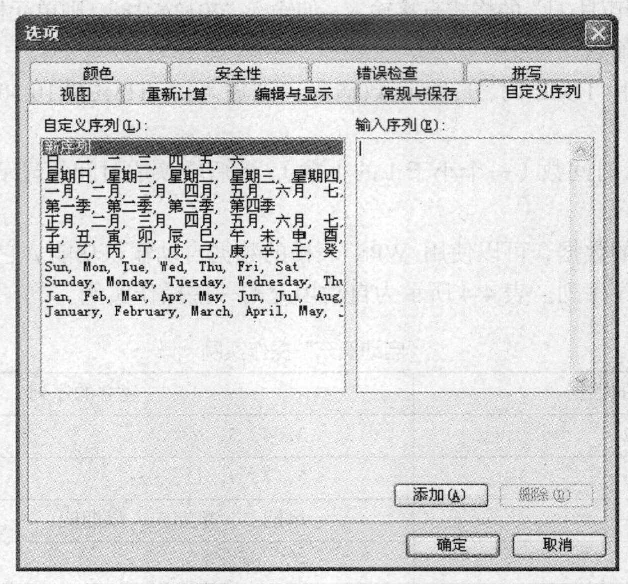

图 4-60　“自定义序列”选项卡

编辑填充的操作方法：依次选择“编辑/填充”命令，弹出的菜单如图 4-61 所示。

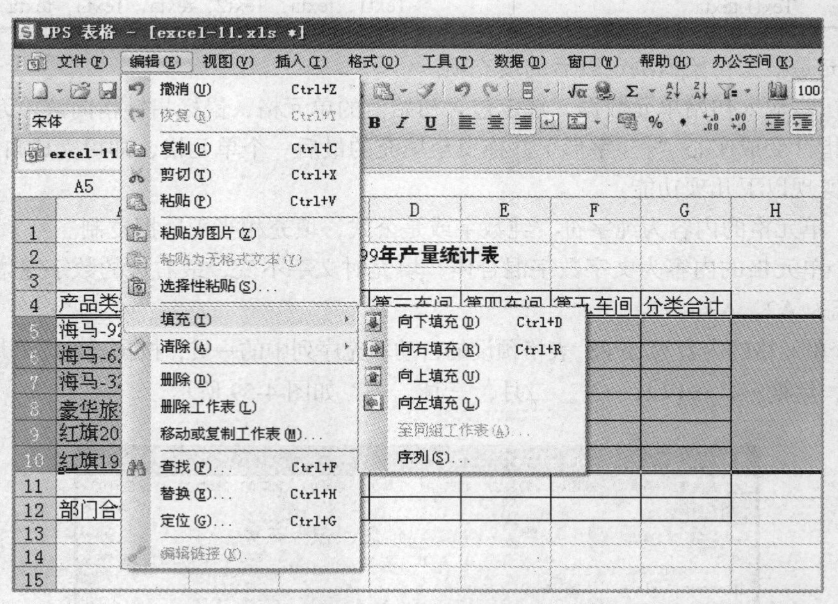

图 4-61　“填充”下拉菜单

菜单选项说明如下。

- “向下填充”：将选取区域的第一行的单元数据向其下方填充。
- “向右填充”：将选取区域的第一列的单元数据向其右边填充。
- “向上填充”：将选取区域的最后一行的单元数据向其上方填充。
- “向左填充”：将选取区域的最后一行的单元数据向其左边填充。

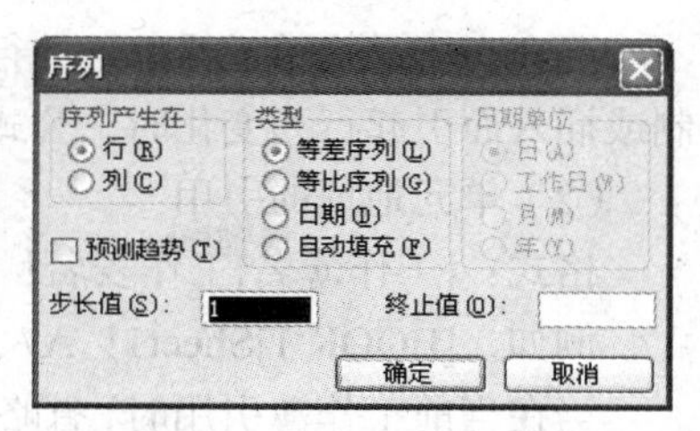

图 4-62　“序列”对话框

- “序列”：在工作表中输入一个初始值，然后选择初始值，依次选择“编辑/填充/序列”命令，弹出“序列”对话框，如图 4-62 所示。给出“步长值”和“终止值”，单击“确定”按钮，产生一个序列。产生序列的参数说明如表 4-5 所示。

表 4-5　产生序列的参数说明

参　数	说　明
日期单位	确定日期序列是否以日、工作日、月或年递增
步长值	一个序列递增或递减的量。正数使序列递增，负数使序列递减
终止值	序列的终止值。如果选定区域在序列达到终止值前已填满，则该序列就终止在那点上
预测趋势	使用选定区域顶端或左侧已有的数值来计算步长值，以便根据这些数值产生一条最佳拟合直线（对于等差级数序列），或一条最佳拟合指数曲线（对于等比级数序列）

3. 数据的删除和清除

（1）数据的删除

指删除表格结构和数据。

操作方法：依次选择“编辑/删除”命令。

（2）数据的清除

单元格的“清除”不同于“删除”。清除并不改变表格的行列结构，只是对选取的单元格的内容或格式进行删除。

操作方法如下。

- 依次选择“编辑/清除/全部”命令，删除格式、数据内容和批注。
- 依次选择“编辑/清除/格式”命令，删除格式。
- 依次选择“编辑/清除/内容”命令，删除数据内容。
- 依次选择“编辑/清除/批注”命令，删除批注。

关于 WPS 工作表的其他编辑操作，如移动、复制、插入、撤销、恢复等，与 WPS 文字中的表格操作一样，此处不再赘述。

4. 数据计算

WPS 表格提供了强大的公式运算功能。利用公式可以进行简单的加、减、乘、除运算，也可以完成复杂的财务运算，还可以进行比较和操作文本等。

公式是 WPS 表格的核心，是 WPS 表格的成功之处，使之得以广泛应用和流行。函数是 WPS 表格系统预先定义的公式，可以直接引用。函数的使用，为数据的运算和分析带来了方便。与直接使用公式相比，使用函数更为方便快捷，并且不易出错。WPS 表格提供了大量的函数。下面以常用的几个函数为例，介绍几种常用函数的使用方法。

（1）地址的分类

相对地址：相对于当前单元的相对位置，表示如 A7：C10、B5、E7。

绝对地址：单元格在表格中的绝对位置，表示为在相对地址前加“$”，如$A$7：$C$10、$B$5：$B$8。

混合地址：相对地址和绝对地址的混合，表示如 A7：C10、A$7、$B5。

混合引用是指单元格地址的行号或列号前加上“$”符号，如$A1或A$1。当公式单元因为复制或插入而引起行列变化时，公式的相对地址部分会随位置变化，而绝对地址部分仍保持不变。

（2）单元地址的引用

格式：[工作簿名]工作表名！单元格地址

例如，[BOOK 1]Sheet1！A7、[BOOK 1] Sheet 1！C10。

当在当前工作簿引用时，省略工作簿名，默认为当前工作簿，例如Sheet 1！B3、Sheet 1！B5。

例如，C10、B9表示默认为当前工作簿的当前工作表。

（3）使用公式

WPS表格中的公式最常用的是数学运算公式，此外它也可以进行一些比较运算、文字连接运算。它的特征是以“=”开头，由常量、单元格引用、函数和运算符组成。

公式中可使用的运算符包括：数学运算符、比较运算符和文字运算符。

- 数学运算符：加（+）、减（–）、乘（*）、除（/）、百分号（%）和乘方（^）等。
- 比较运算符：=、>、<、>=（大于等于）、<=（小于等于）和<>（不等于）。比较运算符公式返回的计算结果为TRUE或FALSE。
- 文字运算符&（连接）：可以将两个文本连接起来。其操作数可以是带引号的文字，也可以是单元格地址。

当多个运算符同时出现在公式中时，WPS表格对运算符的优先级做了严格规定。数学运算符中从高到低分3个级别：百分号和乘方、乘除、加减。比较运算符优先级相同。3类运算符又以数学运算符最高，文字运算符次之，最后是比较运算符。优先级相同时，按从左到右的顺序计算。

公式一般可以直接输入，例如要在B4中存放B2和B3之和，步骤为：先选取要输入公式的单元格B4，输入“=”号（表示输入的是公式），然后输入“B2+B3”这个公式，最后按回车键或用鼠标单击编辑栏中的“√”按钮。

在对单元格位置的引用中，有3个引用运算符：冒号、逗号和空格，其含义如表4-6所示。

表4-6　引用运算符

引用运算符	含义（示例）
：（冒号）	区域运算符，产生对包括在两个引用之间的所有单元格的引用（A3:B12）
，（逗号）	联合运算符，将多个引用合并为一个引用（SUM(A3:B12,D5:D12)）
（空格）	交叉运算符，产生对两个引用共有的单元格的引用（B7:D7，C6:C8）

（4）使用函数

对于一些复杂的运算，如果由用户自己设计的公式来进行计算将会很麻烦，有些甚至无法做到（如开平方根）。WPS表格提供了许多内置函数，这些函数涵盖范围包括财务、日期与时间、数学与三角函数、统计、查找与引用、数据库、文本、逻辑、信息等。

函数的语法形式为：

函数名称(参数1，参数2，…)

其中参数可以是常量、单元格、区域、区域名、公式或其他函数。

例如，要求计算出A1、A2、A3、A4这4个单元格内数值之和，可写为SUM(A1:A4)，其中SUM为求和函数名，A1:A4为参数。

函数的输入方法有如下3种。

- 方法一：由等号开始，按照函数的格式直接输入函数表达式，如=SUM(A1:B6)，=DATE

(99,10,1)。

- 方法二：依次选择“插入/函数”命令，弹出“插入函数”对话框，如图 4-63 所示；接着选择函数，确定后进入“函数参数”提示框，如图 4-64 所示；然后输入或选择函数的参数，最后单击“确定”按钮。
- 方法三：单击“插入函数”按钮 *fx*，弹出“插入函数”对话框，以下操作同方法二的步骤。

常用函数说明如表 4-7 所示。关于其他函数的使用说明，可查看“插入函数”对话框中的对应说明信息。

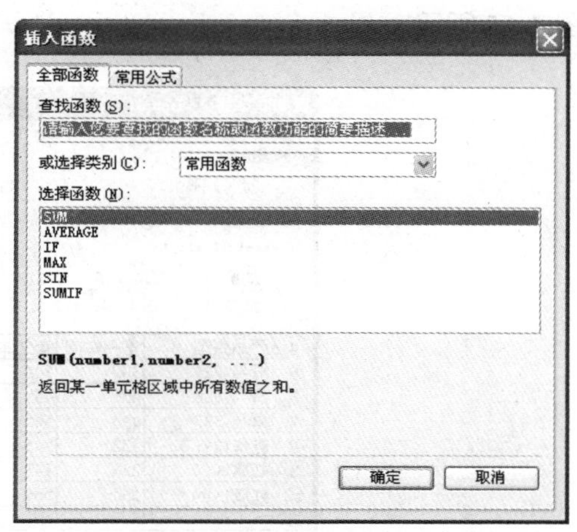

图 4-63　“插入函数”对话框

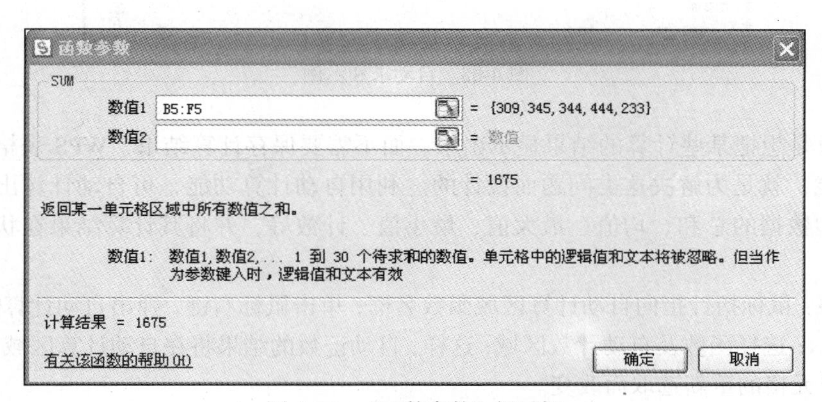

图 4-64　“函数参数”提示框

表 4-7　WPS 表格常用函数说明

分　类	语 法 格 式	功能（示例）
求和函数	SUM（数列）	计算（数列）中数值的和（SUM(A1:C5)）
计数函数	COUNT（数列）	计算（数列）中数值的个数（COUNT(A2, “SD”, 5)）
平均函数	AVERAGE（数列）	计算（数列）中数值的平均值（AVERAGE(A3:E5)）
最小值函数	MIN（数列）	求（数列）的最小值（MIN(A1,A4,D5)）
最大值函数	MAX（数列）	求（数列）的最大值（MAX(C2,D6,F8)）
日期函数	DATE（年,月,日）	返回指定日期的日期数（DATE(99,10,23)）
时间函数	TIME（时,分,秒）	返回指定时间的时间数（TIME(6,35,50)）
条件函数	IF（判断,值 1,值 2）	执行真假判断（IF(G2>80, “优良”, “合格”)）

（5）自动求和与计数功能

自动求和是 WPS 表格提供的一种快捷地输入 SUM()函数的功能。

操作步骤：定位结果存放的单元格，单击自动求和按钮 Σ，选择求和的数据单元区域，如

图 4-65 所示。

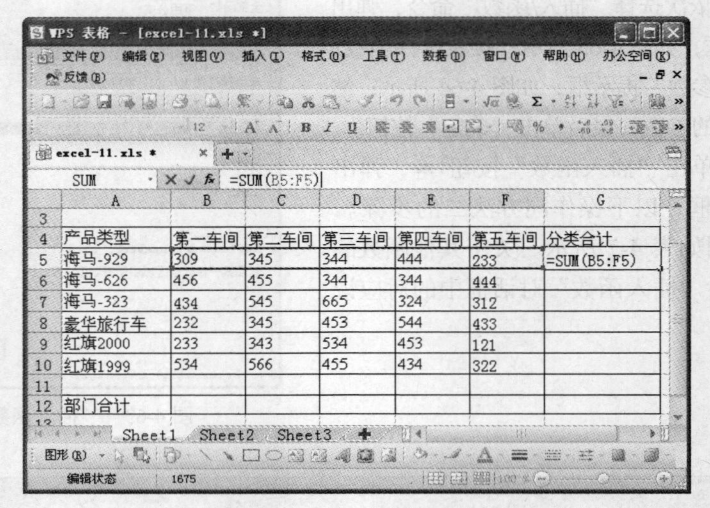

图 4-65　自动求和示例

有时，只是想把某些计算的结果显示出来，而不需要保存计算结果。WPS 表格系统提供的自动计算功能，就是为解决这类问题而设计的。利用自动计算功能，可自动计算出选定单元格区域的数值型数据的总和、均值、最大值、最小值、计数等，并将其计算结果在状态栏右边显示出来。

操作步骤：鼠标指针指向自动计算区域函数名框；单击鼠标右键，弹出自动计算的函数菜单，如图 4-66 所示；选择函数及自动计数区域，这样，自动记数的结果将在自动计算区域中显示出来，其值也会随单元格的重新选取而改变。

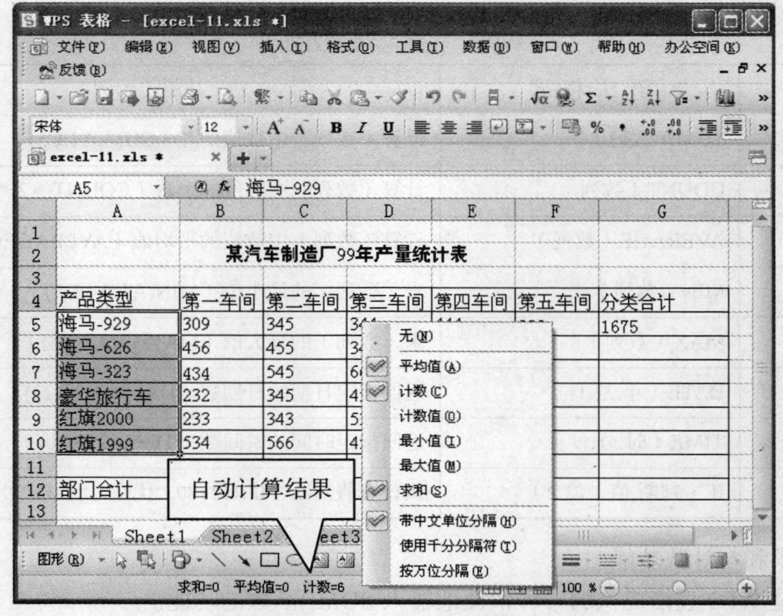

图 4-66　自动计算函数菜单

（6）单元格引用与公式的复制

公式的复制可以避免大量重复输入公式的工作。复制公式时，若在公式中使用单元格和区域，应根据不同的情况使用不同的单元格引用。单元格引用分为相对引用、绝对引用和混合引用。

WPS 表格中默认的单元格引用为相对引用，如 A1、A2 等。相对引用是当公式在复制时会根据移动的位置自动调节公式中引用单元格的地址。

例如，在某汽车产量统计表中，要计算 6 种汽车 5 个车间的总量，5 个车间的产量依次放在工作表的 B、C、D、E、F 列，其操作过程如下。

- 在 G5 单元格输入了“海马 929”汽车产量的计算公式，即“=B5+C5+D5+E5+F5”后，则在 G5 单元格得到“海马 929”汽车产量 1 675。
- 复制 G5 单元格，然后粘贴到 G6 至 G10 的单元格中，会发现各单元格均得到了这个公式，并且公式中的单元格 B5 分别换成了 B6 至 B10、F5 分别换成了 F6 至 F10，反映的是相对引用。

4.3.4　格式化工作表

格式化工作表，即设置 WPS 工作表。它针对 WPS 工作表格式进行设置，不改变工作簿的数据内容。主要格式设置如下。

- 单元格格式：包括数值型数据的显示格式、对齐方式、字符外观、边框、图案、保护等。
- 行和列格式：包括行高和列宽设置、隐藏行或列、取消隐藏行或列等。
- 工作表格式：包括工作表命名、隐藏工作表以及工作表背景设置等。
- 窗口格式：包括拆分窗口、冻结拆分窗口（冻结标题）等。

1. 设置单元格格式

操作方法：选择要设置格式的单元格，依次选择“格式/单元格”命令（或单击鼠标右键，选择“设置单元格格式”命令），弹出“单元格格式”对话框，如图 4-67 所示。

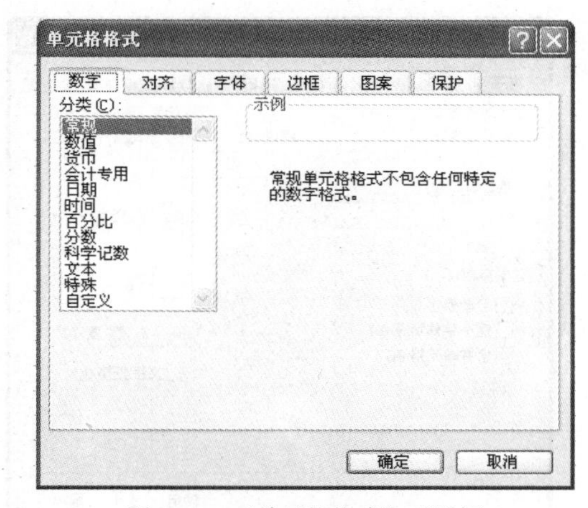

图 4-67　“单元格格式”对话框

“单元格格式”对话框中有 6 个选项卡：数字、对齐、字体、边框、图案和保护，分别用于对 6 种格式进行设置。现对各种格式设置说明如下。

（1）数字格式

如图 4-67 所示，WPS 表格数值型数据共有 12 种显示格式，即“常规”、“数值”、“货币”、“会计专用”、“日期”、“时间”、“百分比”、“分数”、“科学记数”、“文本”、“特殊”和“自定义”。每一种显示格式都有多种显示类型，使得数据的显示非常丰富。WPS 表格数字格式分类如表 4-8 所示。

表 4-8　WPS 表格数字格式分类

分　类	说　明
常规	不包含特定的数字格式
数值	可用于一般数字的表示，包括千位分隔符、小数位数，还可以指定负数的显示方式
货币	可用于一般货币值的表示，包括使用货币符号 ¥ 和小数位数，还可以指定负数的显示方式

续表

分　类	说　明
会计专用	与货币一样，但小数或货币符号是对齐的
日期	把日期和时间序列数值显示为日期值
时间	把日期和时间序列数值显示为时间值
百分比	将单元格值乘 100 并添加百分号，还可以设置小数点位置
分数	以分数显示数值中的小数，还可以设置分母的位数
科学记数	以科学记数法显示数字，还可以设置小数点位置
文本	在文本单元格格式中，数字作为文本处理
特殊	用来在列表或数据中显示邮政编码、电话号码、中文大写数字以及中文小写数字
自定义	用于创建自定义的数字格式

（2）对齐格式

系统提供水平对齐、垂直对齐、自动换行、缩小字体填充、合并单元格及增加缩进等格式，如图 4-68 所示。

约定对齐格式是：数值型为右对齐，正文型为左对齐。

（3）字体的格式

包括字体、字形、字号、颜色、下画线及特殊效果等。

（4）边框的格式

系统提供线形、颜色以及线的位置等，如图 4-69 所示。

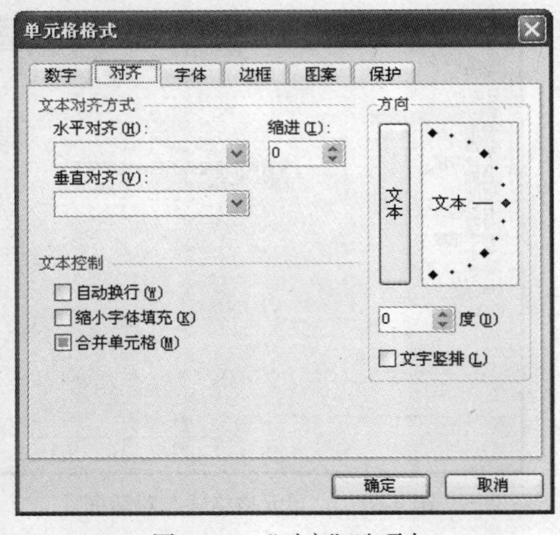

图 4-68　“对齐”选项卡

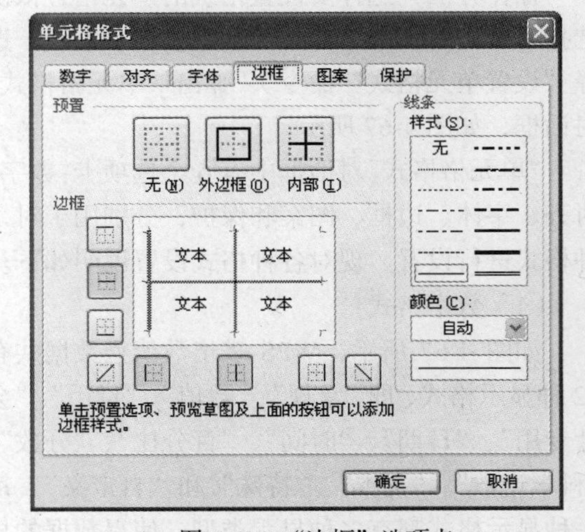

图 4-69　“边框”选项卡

（5）底纹图案

给选取的单元格设置背景颜色和图案效果。

（6）单元格的保护

提供锁定、隐藏功能的设置，只有在保护工作表的情况下生效。

保护工作表操作：依次选择“工具/保护/保护工作表”命令。

2. 行和列格式的设置

（1）设置行格式

① 行高的设置

- 方法一：鼠标指针指向选择的行，单击鼠标右键（或依次选择“格式/行/行高”命令），选择“行高”命令，弹出“行高”对话框，如图 4-70 所示；输入设置值后单击“确定”按钮。
- 方法二：鼠标指针指向要加高的行标签，当指针形状变成上下双向箭头时，拖动行的标签。

② 隐藏行

- 隐藏行：选择行，依次选择“格式/行/隐藏”命令（或单击鼠标右键，选择“隐藏”命令）。
- 取消隐藏：选择被隐藏部分相邻的两行，依次选择“格式/行/取消隐藏”命令（或单击鼠标右键，选择“取消隐藏”命令）。

（2）设置列格式

① 列宽的设置

- 方法一：鼠标指针指向选择的列，单击鼠标右键（或依次选择“格式/列/列宽”命令），选择“列宽”命令，弹出“列宽”对话框，如图 4-71 所示；输入设置值后单击“确定”按钮。

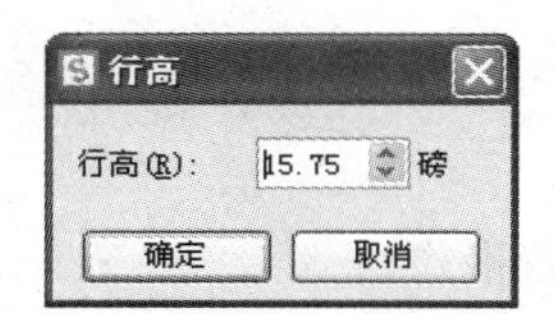

图 4-70 “行高”对话框

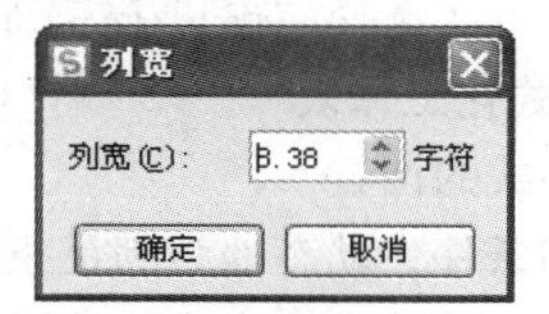

图 4-71 “列宽”对话框

- 方法二：鼠标指针指向要加宽的列标签，当指针形状变成左右双向箭头时，拖动列的标签。

② 隐藏列

- 隐藏操作：选择列，依次选择“格式/列/隐藏”命令（或单击鼠标右键，选择“隐藏”命令）。
- 取消隐藏：选择被隐藏部分相邻的两列，依次选择“格式/列/取消隐藏”命令（或单击鼠标右键，选择“取消隐藏”命令）。

3. 工作表的设置

WPS 工作表设置包括工作表命名、隐藏、取消隐藏、背景、工作表标签颜色设置等，如图 4-72 所示。

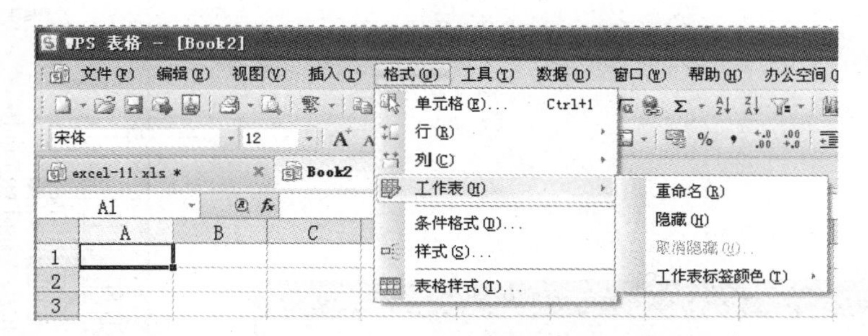

图 4-72 WPS 表格工作表设置

4. 窗口操作

（1）窗口的拆分

窗口的拆分是指将工作表拆分成几个窗口，每个窗口都显示同一张工作表，有水平拆分、垂直拆分、水平和垂直拆分 3 种情况。

操作方法如下。

- 水平拆分：选择拆分线的下一行，依次选择“窗口/拆分”命令。
- 垂直拆分：选择拆分线的右一列，依次选择“窗口/拆分”命令。
- 水平和垂直拆分：选择行和列拆分线的交叉单元格，依次选择“窗口/拆分”命令。
- 撤销拆分窗口：依次选择“窗口/撤销拆分”命令。

（2）冻结标题

在移动工作表的显示时，有时不希望某些数据（如标题栏或列标题）随着工作表的移动而移动，因此，将它固定在窗口的上部和左边，以便识别数据。这就是 WPS 表格的冻结标题，有冻结行、冻结列、冻结行和列 3 种情况。

冻结标题操作方法如下。

- 冻结行：选择冻结线的下一行（或光标置于冻结的下一行），依次选择“窗口/冻结窗格”命令。
- 冻结列：选择冻结线的右一列（或光标置于冻结的右一列），依次选择“窗口/冻结窗格”命令。
- 冻结行和列：选择行和列冻结线的交叉单元格，依次选择“窗口/冻结窗格”命令。

撤销冻结：依次选择“窗口/撤销冻结窗格”命令。

5. 自动格式化工作表

（1）条件格式的设置

根据格式的条件，动态地为满足条件的单元格自动设置格式。

操作方法：选取要设置格式的单元格区域，依次选择“格式/条件格式”命令，弹出“条件格式”对话框，如图 4-73 所示；设置条件表达式和单元格格式。

（2）格式的复制

指把设置好的单元格格式应用到其他格式的单元格上。

（3）工作表自动套用格式

将系统预先定义好的格式应用到当前工作表的区域中，称为工作表自动套用格式。WPS 表格预定义了十多种格式供用户快速、方便地使用。

操作方法：选取需要格式化的区域，选择“格式/表格样式”命令，弹出“表格样式”对话框，如图 4-74 所示，选择一种格式。此时，选择的格式将应用到选取的单元区域上。

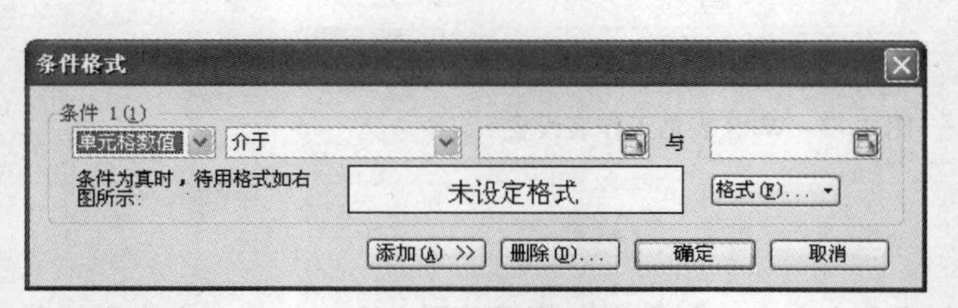

图 4-73 “条件格式”对话框

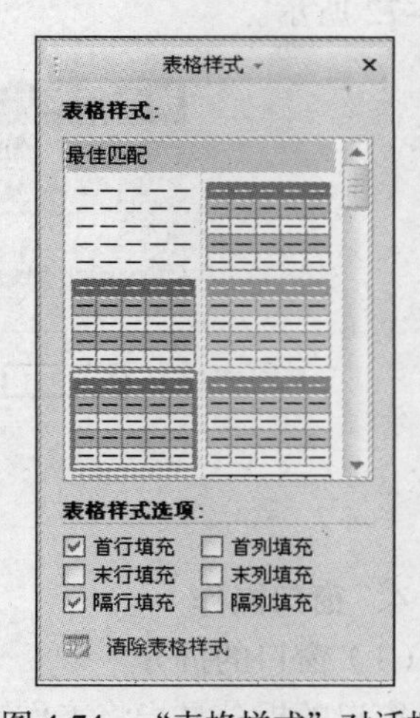

图 4-74 “表格样式”对话框

4.3.5　图表的创建

为直观地反映出事物的变化及趋势，可在工作表中创建图表。创建图表有两种类型：在工作表上建立内嵌图表和建立独立图表。

1. 利用图表向导创建图表

（1）输入数据，选择数据区域（系统将根据输入的数据生成图表）。

（2）依次选择菜单栏“插入/图表”命令，弹出“图表向导-3 步骤之 1-图表类型”对话框，如图 4-75 所示，选择图表类型。

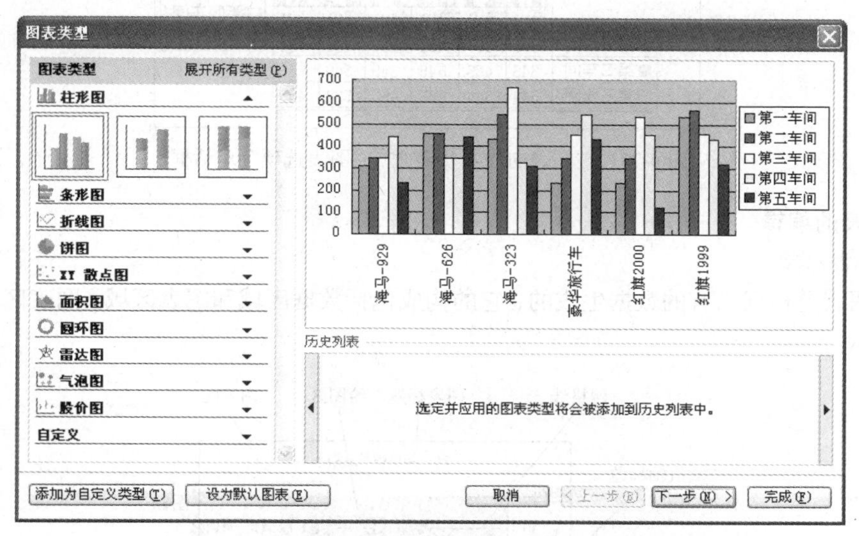

图 4-75　“图表向导-3 步骤之 1-图表类型”对话框

（3）单击“下一步”按钮，进入“图表向导-3 步骤之 2-源数据”对话框，如图 4-76 所示，选取生成图表的数据（包括数据区域、各系列名称和 X 轴名称）。

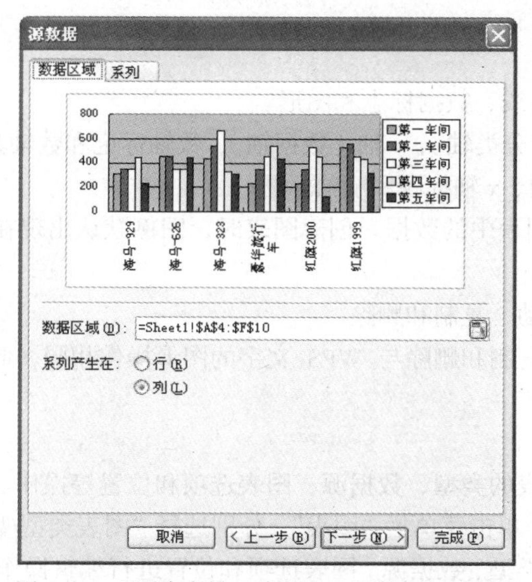

图 4-76　“图表向导-3 步骤之 2-源数据”对话框

（4）单击“下一步”按钮，进入“图表向导-3 步骤之 3-图表选项”对话框，如图 4-77 所示，分别对标题、坐标轴、网格线、图例、数据标志和数据表等各选项进行操作，单击“完成”按钮后，可以用“图表”工具美化图表。

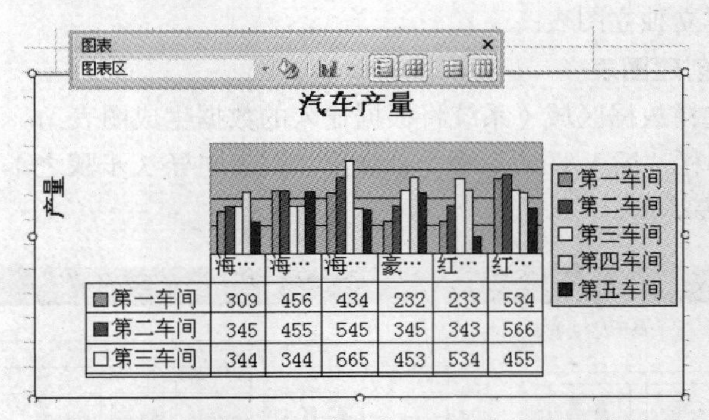

图 4-77 “图表向导-3 步骤之 3 – 图表选项”对话框

2. 图表的编辑

（1）图表对象

WPS 图表是根据已有的数据生成的，它的构成包括数据区域和图表区域。图表区域的组成如图 4-78 所示。

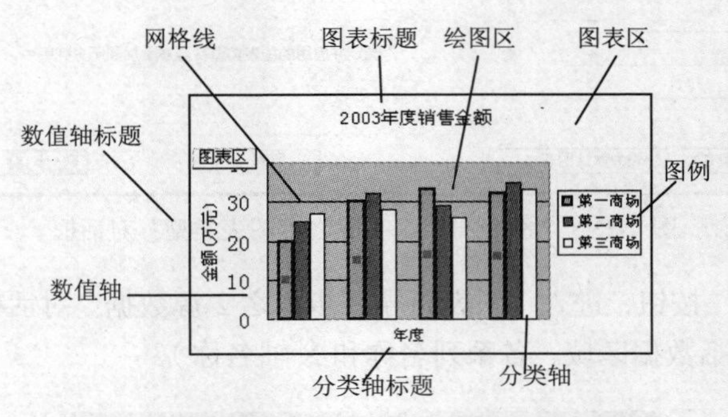

图 4-78 图表区域的组成

- 绘图区：包括网格线、数据标志和图形。
- 数轴：包括 x 轴（分类轴）、y 轴（数据轴）、数轴标记和数轴刻度。
- 标题：包括主标题、x 轴标题和 y 轴标题。
- 图例：用于解释图表中的数据。创建图表时，图例默认出现在图表的右边，用户可根据需要对其进行修改。

（2）图表的缩放、移动、复制和删除

图表的缩放、移动、复制和删除与 WPS 文字的图形操作相同，此处不再赘述，原则是先选择图表，后进行操作。

（3）编辑图表

编辑图表包括改变图表的类型、数据源、图表选项和位置等操作。

操作方法：选择图表，单击菜单栏“图表”，分别选择“图表类型/数据/图表选项/位置”命令。

以上操作分别对图表类型、数据源、图表选项和位置进行编辑操作，每个操作都弹出对话框，分别如图 4-75、图 4-76 和图 4-77 所示，其设置与图表的生成操作相同。

编辑图表操作还可以通过快捷菜单选择操作。

（4）图表对象的格式修改

图表对象指图表的各个组成部分，包括图 4-78 中所列的各个部分。对其格式设置包括图案、字体、数字、属性、刻度、对齐等。

操作方法：鼠标指针指向图表需要修改的部分并单击右键，弹出快捷菜单，选择需要修改的格式。

4.3.6　数据的统计与分析

WPS 工作表数据库，又称数据列表或数据清单，它是一个最简单的数据库。它反映 WPS 表格不仅具有电子表的处理功能，还具有简单的数据库管理功能。它可对数据进行排序、筛选和分类汇总等操作。

1. 数据列表

数据列表与一张二维数据表非常相似，如图 4-79 所示。数据由若干列组成，每列有一个列标题，相当于数据库的字段名称。列也就相当于字段，行相当于数据库的记录。

数据列表与一般工作表相比，要求每个工作表最好只有一个数据列表，数据列表中必须有列名，且每一列必须是同类型的数据。可以说，数据列表是一种特殊的工作表。

数据列表既可像一般工作表一样进行编辑，又可通过“数据/记录单”命令来查看、更改、添加及删除工作表数据库（数据列表）中的记录。单击图 4-79 所示的列表中任一单元格，选择“数据/记录单”命令，弹出如图 4-80 所示的“记录编辑”对话框。对话框最左列显示记录的各字段名（列名），其后显示各字段内容，右上角显示的分母为总记录数，分子表示当前显示记录内容为第几条记录。

如果想在数据列表中增加一条记录，既可在工作表中增加空行输入数据来实现，也可单击图 4-80 所示的对话框中的“新建”按钮后输入数据来实现。显示的记录内容除为公式外，其余可直接在文本框中修改。对话框中部的滚动条亦可用于翻滚记录。当要删除记录时，可先找到该记录，再单击“删除”按钮实现。

如果需要查找符合一定条件的记录，如数学和语文成绩都高于 80 分的学生记录，可通过单击图 4-80 所示的对话框中的“条件”按钮，在弹出的对话框的“数学”和“语文”文本框中分别输入“>80”的条件，单击“下一条”、“上一条”按钮查看符合该组合条件的记录，该组合条件的限制是条件之间关系只能为“逻辑与”。

2. 数据排序

（1）简单数据排序

对于简单数据排序，可用“常用”工具栏排序按钮实现：先单击要排序的字段列（如“总分”列）任意单元格，再单击“常用”工具栏中的 按钮，即可将学生数据按总评从高到低排列。 按钮的作用正好相反。

（2）复杂数据排序

如果排序要求复杂一点，比如想先按“总分”降序排列，“总分”相同时再按“语文”得分降序排列，此时排序不再局限于单列，必须使用“数据/排序”命令。

操作步骤如下。

① 选择数据列表中任一单元格。

② 选择“数据/排序”命令，弹出如图 4-81 所示的“排序”对话框。

③ 单击主要关键字的下拉箭头，选择“总分”字段名，选中“降序”排序方式。

④ 单击次要关键字的下拉箭头，选择“语文”字段名，选中“降序”排序方式。

⑤ 为避免字段名也成为排列对象，可选中“有标题行”单选按钮，再单击“确定”按钮进行排序。

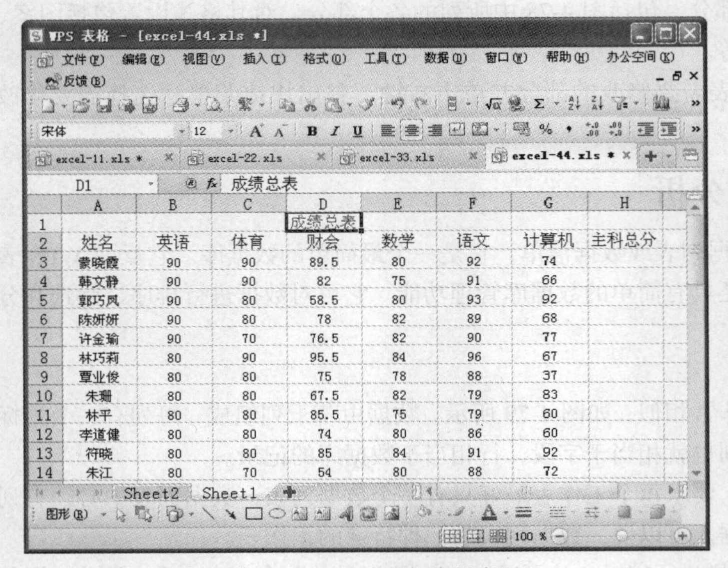

	A	B	C	D	E	F	G	H
1				成绩总表				
2	姓名	英语	体育	财会	数学	语文	计算机	主科总分
3	蒙晓霞	90	90	89.5	80	92	74	
4	韩文静	90	90	82	75	91	66	
5	郭巧凤	90	80	58.5	80	93	92	
6	陈妍妍	90	80	78	82	89	68	
7	许金瑜	90	70	76.5	82	90	77	
8	林巧莉	80	90	95.5	84	96	67	
9	覃业俊	80	80	75	78	88	37	
10	朱珊	80	80	67.5	82	79	83	
11	林平	80	80	85.5	75	79	60	
12	李道健	80	80	74	80	86	60	
13	符晓	80	80	85	84	91	92	
14	朱江	80	70	54	80	88	72	

图 4-79 工作表数据库示意图

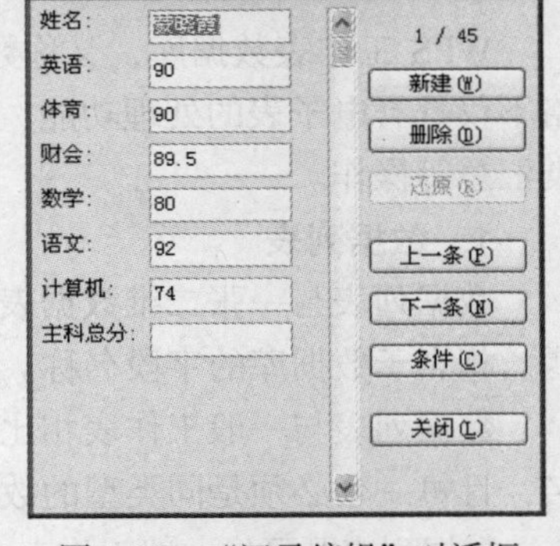

图 4-80 “记录编辑”对话框

如果想按自定义次序排序数据，或排列字母数据时想区分大小写，可在“排序”对话框中单击“选项”按钮，弹出如图 4-82 所示的“排序选项”对话框，在“自定义排序次序”下拉列表框中可选择自定义次序；如想区分大小写，可选中“区分大小写”复选框，大写字母将位于小写字母前面。

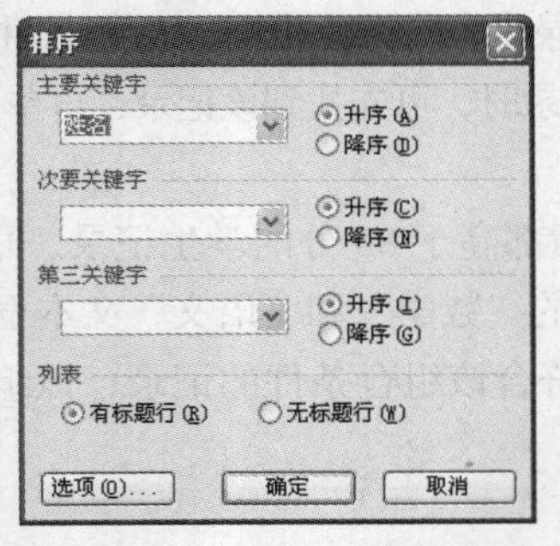

图 4-81 “排序”对话框

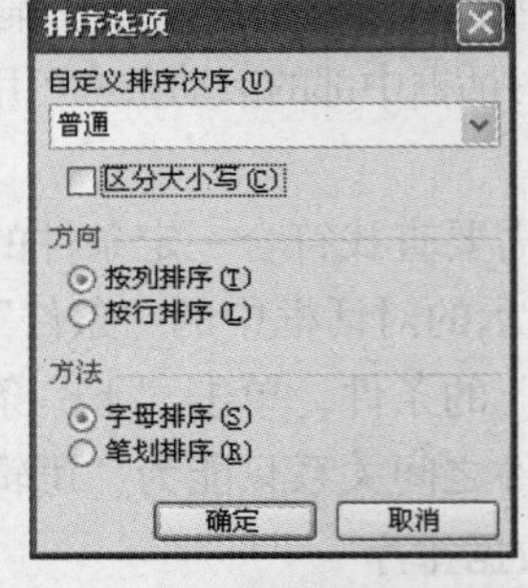

图 4-82 “排序选项”对话框

3. 数据筛选

当数据列表中记录非常多，用户需要有针对性地查找数据时，可以使用 WPS 表格的数据筛选功能，即将不感兴趣的记录暂时隐藏起来，只显示要查找的数据。数据筛选有自动筛选和高级筛选两种。

（1）自动筛选

光标位于数据列表上，其操作步骤如下。

① 用鼠标单击数据列表中任一单元格。

② 选择“数据/筛选/自动筛选”命令。

③ 单击“筛选”按钮，取值或选取自定义后给出筛选条件，如图 4-83 所示。

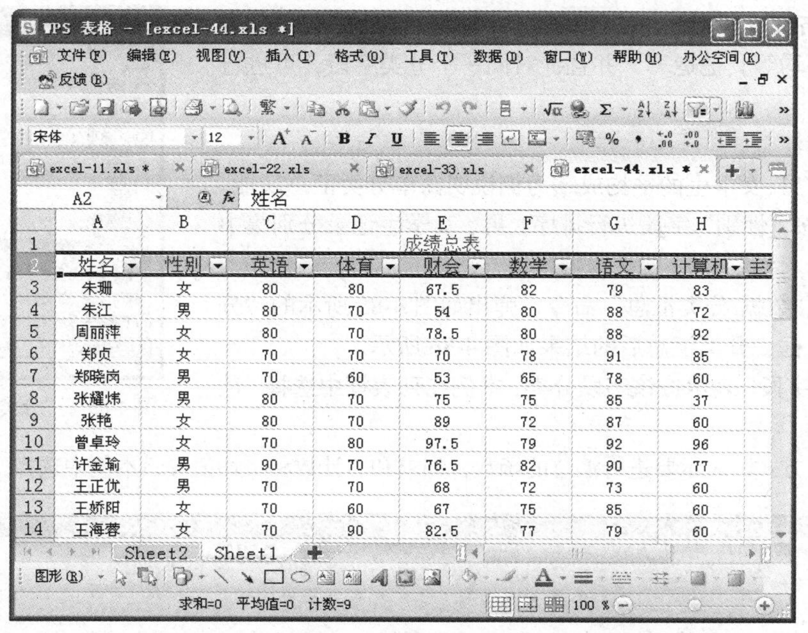

	A	B	C	D	E	F	G	H
2	姓名	性别	英语	体育	财会	数学	语文	计算机
3	朱珊	女	80	80	67.5	82	79	83
4	朱江	男	80	70	54	80	88	72
5	周丽萍	女	80	70	78.5	80	88	92
6	郑贞	女	70	70	70	78	91	85
7	郑晓岗	男	70	60	53	65	78	60
8	张耀炜	男	80	70	75	75	85	37
9	张艳	女	80	70	89	72	87	60
10	曾卓玲	女	70	80	97.5	79	92	96
11	许金瑜	男	90	70	76.5	82	90	77
12	王正优	男	70	70	68	72	73	60
13	王娇阳	女	70	60	67	75	85	60
14	王海蓉	女	70	90	82.5	77	79	60

图 4-83　自动筛选箭头与条件

④ 例如，想看到“语文”为 60～80 分的学生记录，单击“语文”列的筛选箭头，在下拉列表中选择“(自定义…)”选项，弹出如图 4-84 所示的“自定义自动筛选方式”对话框。在左边操作符弹出式下拉列表框中选择“大于或等于”选项，在右边值列表框中输入“60”。

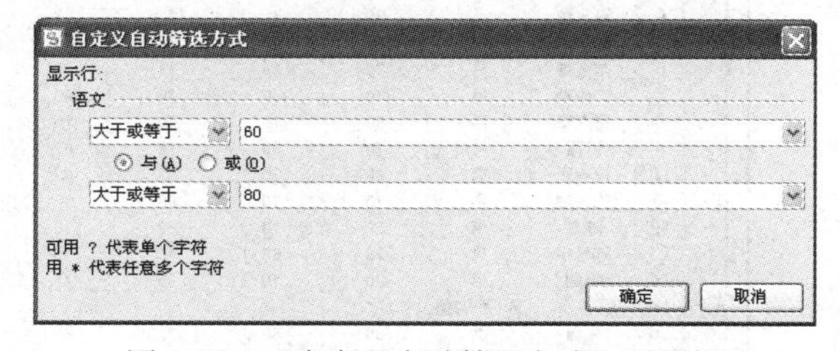

图 4-84　“自定义自动筛选方式”对话框

⑤ 选中“与”单选按钮，在下面的操作符列表框中选择“小于或等于”选项，在值列表框中输入“80”，单击“确定”按钮，即可筛选出符合条件的记录。

筛选条件如果再复杂一点，如想看到总评为 60～80 分的女生的记录，则在上述操作的基础上再加上“性别”列简单自动筛选为“女”即可。自定义排序如果针对文字字段，则在比较时还可以输入通配符“*”和“?”，如比较姓名时“陈*”代表姓陈的学生。

取消筛选的设置时，选择“数据/筛选/自动筛选”命令，则所有列标题旁的筛选箭头消失，所有数据恢复显示。

（2）高级筛选

筛选还可以更复杂，操作时，先在数据列表以外的任何位置输入条件区域，选择“数据/筛选/高级筛选”命令，单击条件区域框右侧的“折叠对话框”按钮，选择相应条件区域，最后选择“确定”按钮得到筛选结果。

条件区域选择至少两行，且首行为与数据列表相应列标题精确匹配的列标题。同一行上的条件关系为“逻辑与”，不同行之间为“逻辑或”。

4．分类汇总

实际应用中分类汇总经常要用到，像商品的库存管理，经常要求统计各类产品的库存总量等。它的特点是首先要进行分类，将同类别数据放在一起，按某关键字段进行排序（分类）。

WPS 表格具有分类汇总功能，但并不局限于求和，也可以进行计数、求平均等其他运算，并且针对同一个分类字段，可进行多种汇总。

（1）简单汇总

以下以求男、女学生的平均成绩为例说明简单分类汇总功能。

① 首先按“性别”字段进行排序，男、女学生记录分别集中放在一起。

② 选择“数据/分类汇总”命令，弹出如图 4-85 所示的“分类汇总”对话框，分类汇总后的结果如图 4-86 所示。

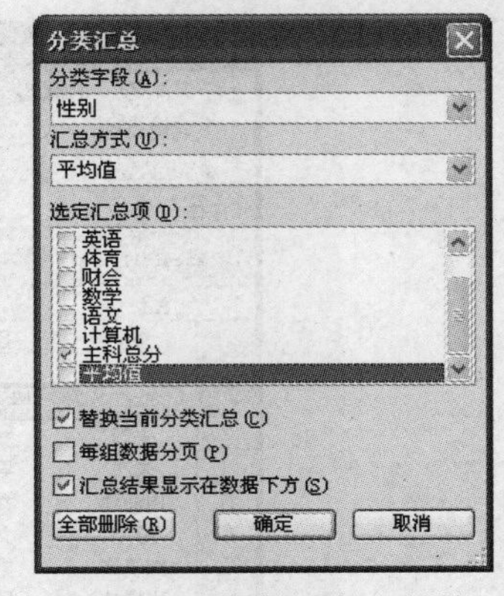

图 4-85 “分类汇总”对话框

③“分类字段”表示按该字段分类，本例在列表框中选择“性别”选项。

④“汇总方式”表示要进行汇总的函数，如求和、计数和平均值等，本例中选择“平均值”。

WPS 表格 - [excel-44.xls *]

J30 =AVERAGE(C30:H30)

	A	B	C	D	E	F	G	H	I	J	K
1					成绩总表						
2	姓名	性别	英语	体育	财会	数学	语文	计算机	主科总分	平均值	评价
3	张耀炜	男	80	70	75	75	85	37	422	70	中
4	许金瑜	男	90	70	76.5	82	90	77	486	81	良
5	李召群	男	70	70	78	78	85	60	441	74	中
6	李道健	男	80	80	74	80	86	60	460	77	中
7	李成功	男	70	60	60	66	78	60	394	66	中
8	何淮安	男	60	70	70	75	91	70	436	73	中
9	符翔	男	70	60	78	67	79	60	414	69	及格
10	符瑞聪	男	80	70	63	82	92	61	448	75	中
11	陈兴瑞	男	70	70	68	82	91	70	451	75	中
12	陈文	男	60	70	68	78	89	95	460	77	中
13	陈思宇	男	70	80	70	73	71	35	399	67	及格
14	陈剑	男	80	70	85	75	92	35	437	73	中
15		男 平均值							437	73	
16	朱珊	女	80	80	67.5	82	79	83	472	79	中
17	周丽萍	女	80	70	78.5	80	88	92	489	81	良
18	郑贞	女	70	70	70	78	91	85	464	77	中
19	张艳	女	80	70	89	72	87	60	458	76	中
20	曾卓玲	女	70	80	97.5	79	92	96	515	86	良
21	王娇阳	女	70	60	67	75	85	60	417	70	中
22	王海蓉	女	70	90	82.5	77	79	60	459	76	中
23	王春媚	女	70	70	74	80	79	76	449	75	中
24	蒙晓霞	女	90	90	89.5	80	92	74	516	86	良
25	蒙美能	女	70	60	60	69	79	24	362	60	及格
26	林巧莉	女	80	90	95.5	84	96	67	513	85	良

Sheet2 Sheet3 Sheet4 Sheet5 Sheet6 Sheet1

69.8333333333333

图 4-86 求男、女学生的平均成绩分类汇总结果

⑤“选定汇总项”表示用选定汇总函数进行汇总的对象，本例中选定“主科总分”复选框，并清除其余默认汇总项。

（2）分类汇总数据分级显示

在进行分类汇总时，WPS 表格会自动对列表中数据进行分级显示。在工作表窗口左边会出现分级显示区，列出一些分级显示符号，允许对数据的显示进行控制。

在默认的情况下，数据会分 3 级显示，可以通过单击分级显示区上方的“1”、“2”、“3”3 个按钮进行控制。单击“1”按钮，只显示列表中的列标题和总计结果；单击“2”按钮，显示列标题、各个分类汇总结果和总计结果；单击“3”按钮，显示所有的详细数据。

5．数据透视表

对多个字段进行汇总，用分类汇总就有困难了，因为分类汇总适合于按一个字段进行分类。

WPS 表格为此提供了一个有力的工具——数据透视表来解决问题。

（1）建立数据透视表

比如以上一工作表（见图 4-86）为例，统计出男、女生评价时的人数，此时既要评价等级分类，又要按性别分类，然后选择学生姓名为数据。下面对该数据透视表进行操作。

① 用鼠标选取数据列表区域。

② 选择“数据/数据透视表”命令，弹出如图 4-87 所示的“创建数据透视表”对话框，创建一个新工作表。

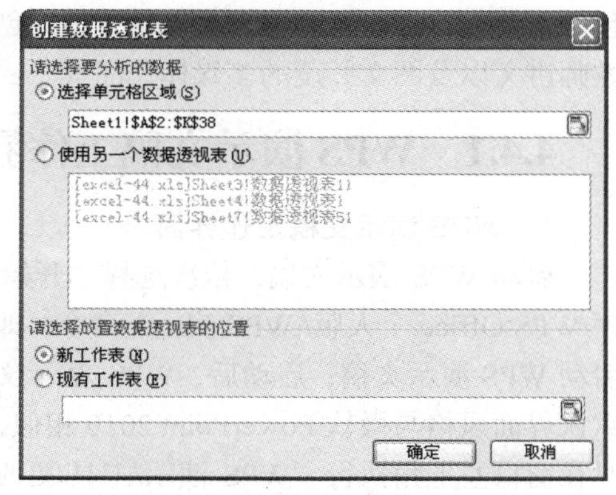

图 4-87　“创建数据透视表”对话框

③ 在出现的数据空列表中，选取“性别”左侧下拉箭头，选择“添加到行区域”；选取“评价”左侧下拉箭头，选择“添加到列区域”；选取“姓名”左侧下拉箭头，选择“添加数据区域”。此时弹出如图 4-88 所示的列表，统计出该班男、女生所占的成绩。

（2）修改数据透视表

数据透视表建好以后并非就一成不变了，用户可以根据自己的需要进行修改。图 4-89 所示的是创建好的数据透视表；当需要修改字段时，在数据透视表选项卡中，展开“数据透视表区域”对话框，选取不要的字段名（如“性别”），按删除键删除，然后回到“字段列表”添加新字段。

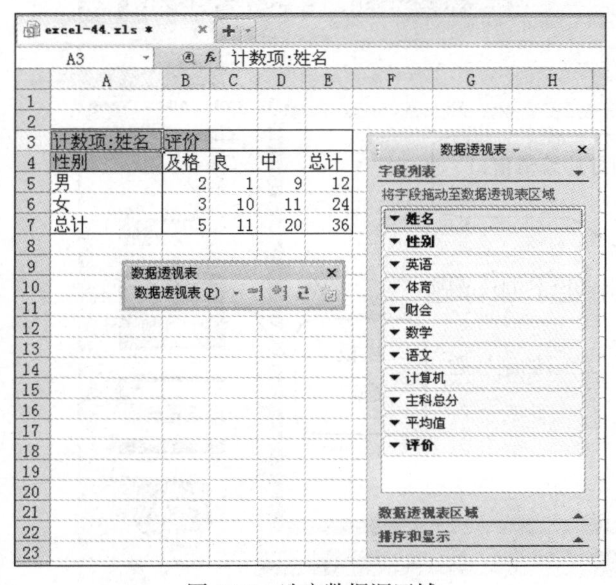

图 4-88　选定数据源区域

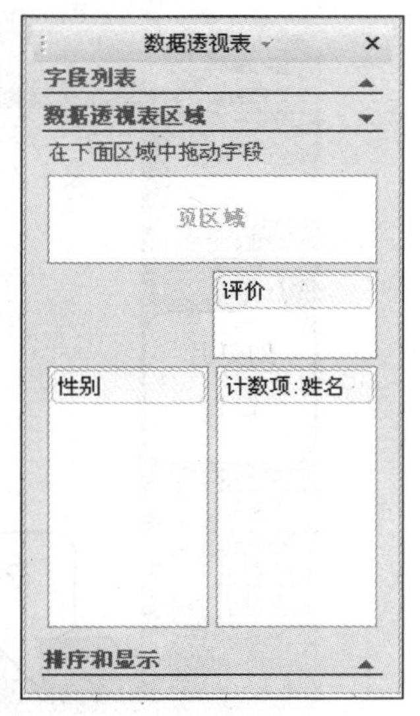

图 4-89　“数据透视表区域”对话框

4.4 WPS 演示文稿软件

WPS 演示文稿是北京金山软件有限公司开发的一种演示文稿软件，是 WPS Office 2012 软件包的重要成员之一。利用它可以很方便地创建出各种简单的演示文稿，如演讲文稿、产品展示、教师讲义以及图文并茂的多媒体作品等。

4.4.1 WPS 演示文稿工作界面

1. WPS 演示文稿工作界面

启动 WPS 演示文稿，依次选择“开始/程序/WPS Office 个人版/ WPS 演示”命令，即可启动 WPS 演示文稿；启动后，WPS 演示文稿默认界面风格与微软 PowerPoint 2010 相似，此时在窗口左上角执行“WPS 演示/工具/更改界面”命令，弹出“更改界面”对话框，如图 4-90 所示；选择“经典风格”，确定后，关闭 WPS 演示文稿软件。再次打开 WPS 演示文稿软件，此时界面风格就为“经典风格”。窗口界面如图 4-91 所示。

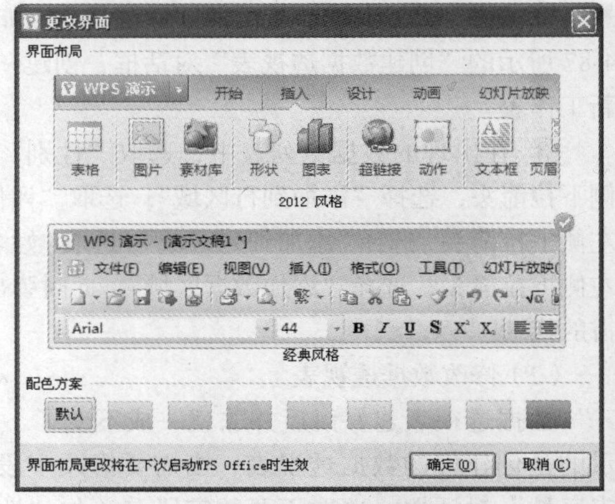

图 4-90 更改界面

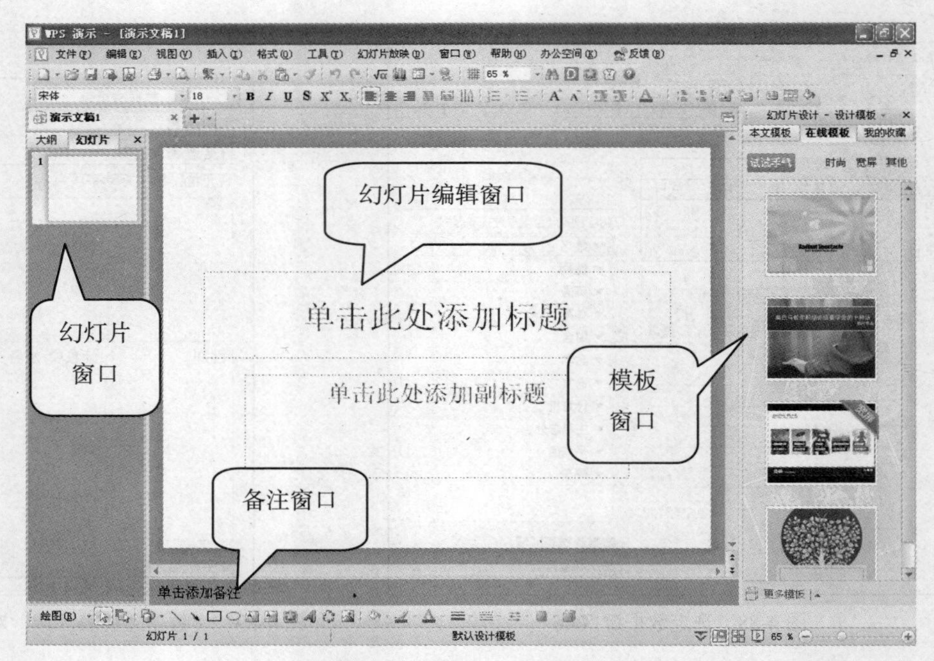

图 4-91 WPS 演示文稿的窗口组成

2. 几个基本概念

（1）演示文稿

一个 WPS 演示文件就称为一份演示文稿，其扩展名为“.ppt”。我们可以创建一个新的演示文稿，也可以对已存在的演示文稿的内容进行添加、修改和删除。在不同的视图状态下，演示文稿可以有不同的表现形式，如可以以大纲形式出现，也可以以幻灯片形式出现。

（2）幻灯片

“幻灯片”是演示文稿的一种表现形式。在幻灯片视图状态下，演示文稿以一张张幻灯片的形式显现。幻灯片中包含的内容多种多样，可以是文字、表格、图片，也可以是声音和图像。由于内容的不同，存放、演示这些幻灯片的介质也各有不同。文字、图片可以打印在纸上或者复印成黑白、彩色的透明胶片，也可以转制成 35 mm 的专业幻灯片；而声音和图像则先要保存为演示文稿文件，然后通过计算机播放。

（3）版式

“版式”是指插入到幻灯片中的对象的布局，它包括对象的种类和对象与对象之间的相对位置。WPS 演示文稿提供了 30 种版式。制作新幻灯片时可以选择所需的版式。如果用户在系统提供的版式中没有找到合适的版式，也可以先选择“空白版式”，然后通过插入对象的方式设计自己需要的版式。

（4）模板

“模板”是指一个演示文稿整体上的外观风格，它包含预定义的文字格式、颜色和背景图案等。WPS 演示文稿系统提供的是在线模板，用户可以根据需要选择下载。除此之外，用户还可以自己设计、创建新的模板。但是，一个演示文稿中所有的幻灯片在同一时刻只能应用一个模板。

3. 幻灯片的视图

在 WPS 演示文稿的制作过程中，可以通过 3 种视图方式显示演示文稿。它们是普通视图、幻灯片浏览视图和幻灯片放映视图，每种视图方式各有所长。如果用户能灵活地使用它们，将会节省大量的时间，达到事半功倍的效果。

（1）普通视图

幻灯片在普通视图状态下，工作窗口以三框形式显示，备注窗口被缩小到屏幕的正下方。用户既可以在幻灯片编辑窗口编辑幻灯片，也可以在大纲窗口编辑幻灯片，并且右侧显示的幻灯片正是大纲窗口正在编辑的对象。随着编辑内容的改变，随时能够从显示的幻灯片中观察编辑的效果。大纲窗口中包括“大纲”和“幻灯片”两个选项卡，如图 4-92 所示。

（2）幻灯片浏览视图

采用幻灯片浏览视图可以将一个演示文稿文件中包含的所有幻灯片顺次排列在幻灯片编辑区中，如图 4-93 所示。这时，幻灯片的个体被缩小了，但整个演示文稿的结构变得一目了然。在该视图状态下，不能对幻灯片进行编辑，但有利于复制、删除或插入幻灯片，调整幻灯片的先后次序，为幻灯片设置放映方式、切换方式等。

（3）幻灯片放映视图

播放演示文稿是我们制作演示文稿的最终目的。在幻灯片放映视图下，WPS 演示文稿的编辑界面消失，系统以全屏方式演示文稿中的每张幻灯片。这时，每按一次鼠标左键或回车键，屏幕就会显示下一张幻灯片，并且在演示的同时按照预先的设置播放所有的动画、声音、影片等。

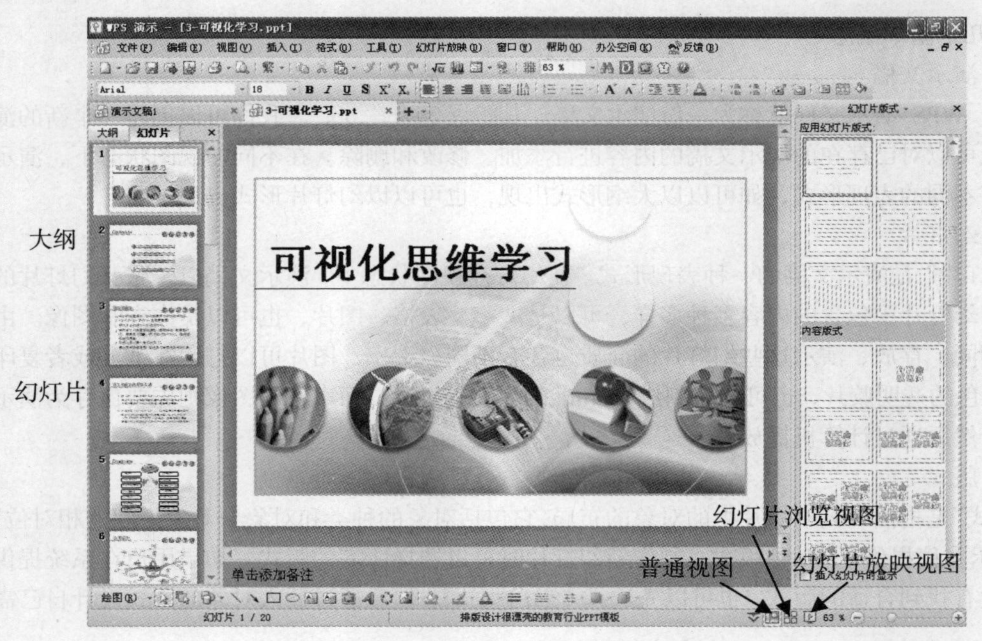

图 4-92　普通视图

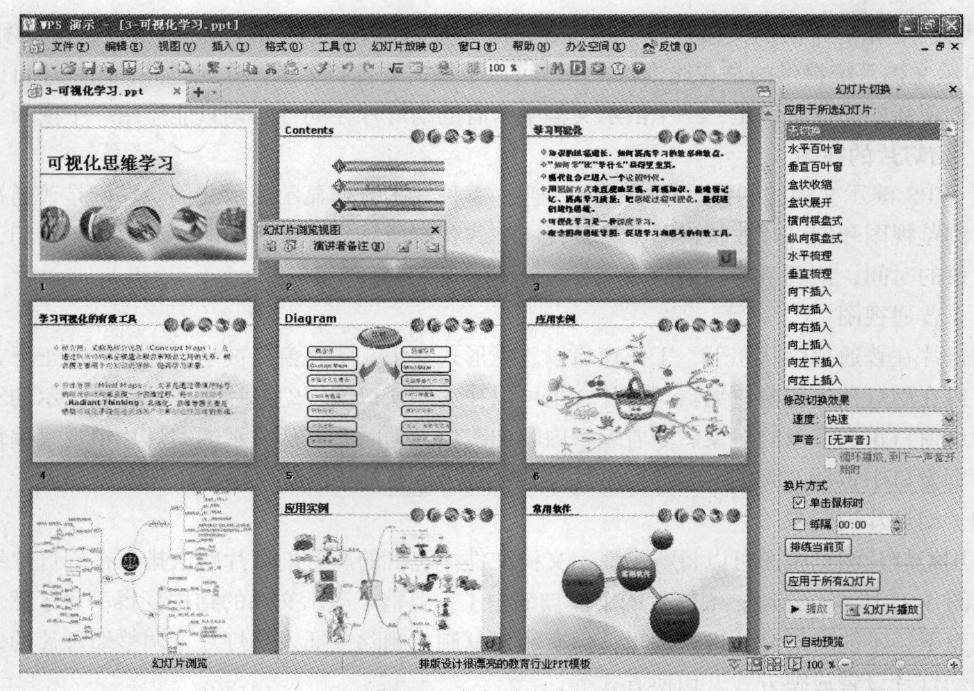

图 4-93　幻灯片浏览视图

4.4.2　演示文稿的基本操作

一个演示文稿的制作一般要经过 3 个步骤：先为演示文稿选择模板，再为每张幻灯片确定版式，然后给每张幻灯片输入内容。

1. 演示文稿的创建

依次选择“文件/新建空白演示文稿”命令，在启动系统时，WPS 演示文稿默认的文稿方式即为“空演示文稿”。要创建出具有风格和特色的幻灯片，可单击窗口右侧的“在线模板”，找到想要的模板风格，如图 4-94 所示。在“在线模板”列表中选择需要的设计模板，便可创建一组基于此设计模板的幻灯片。

图 4-94　模板使用

2. 打开演示文稿

演示文稿的打开与其他的 WPS Office 应用系统文件操作一样，依次选择“文件/打开”命令，或者从“文件”菜单的下方选择最近操作过的演示文稿文件即可。

3. 保存演示文稿

通过依次选择“文件/保存”命令或“文件/另存为”命令可保存演示文稿。如果是改名保存文件，则在“另存为”对话框中输入文件的保存位置和文件名，系统默认的文件扩展名为.ppt。

应用实例：创建和制作由多张幻灯片构成的演示文稿，其效果如图 4-95 所示。

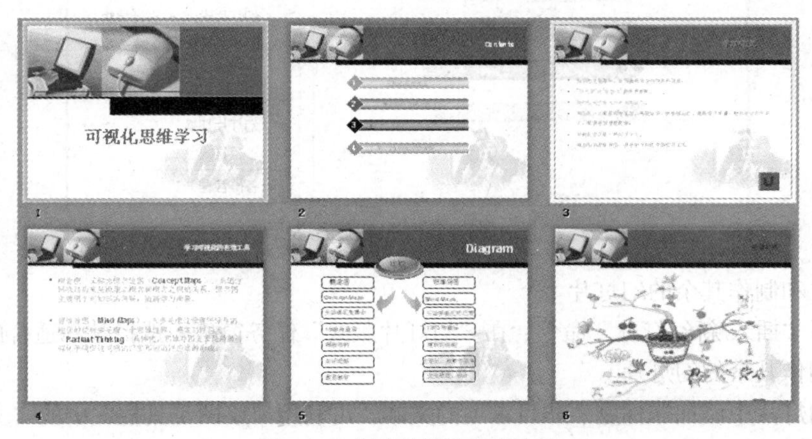

图 4-95　创建的演示文稿效果

具体操作步骤如下。

（1）制作第一张标题幻灯片

依次选择“文件/新建空白演示文稿”命令，选择模板风格，单击窗口右侧的“在线模板”，在“在线模板”列表中选择需要的设计模板，便可创建一组基于此设计模板的幻灯片，如图4-96所示。

单击“单击此处添加标题”处，输入标题“可视化思维学习”，并选定，然后依次选择“格式/字体”命令，在“字体”对话框中设置其字体、字形、字号等，并调整好其在当前幻灯片中的位置。

选定“单击此处添加副标题”框，在没有副标题的情况下，按键盘上的Del键，可把此框删除。如图4-97所示。

图4-96　文稿标题幻灯片

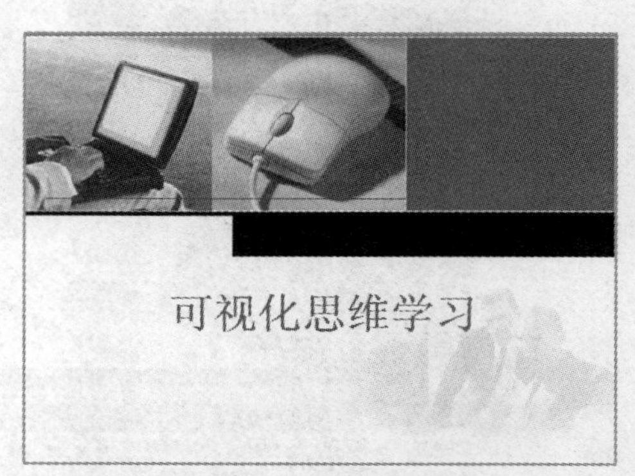

图4-97　第一张标题幻灯片效果

（2）制作第二张幻灯片

依次选择“插入/新幻灯片”命令或单击工具栏新幻灯片，在“幻灯片版式”任务窗格中选择“标题和文本”版式，分别在“单击此处添加标题”处输入标题“Contents”，在“单击此处添加文本”处输入各项目录内容，如图4-98所示。

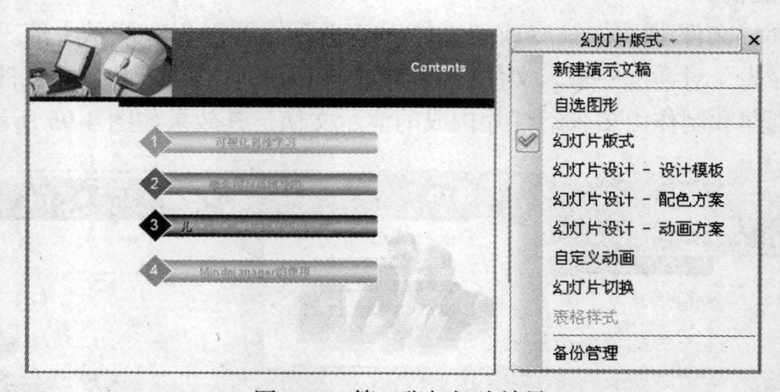

图4-98　第二张幻灯片效果

（3）建立和制作其余的幻灯片

依次选择“插入/新幻灯片”命令，在“幻灯片版式”任务窗格中选择某一适合的版式。用类似的方法来制作其余的幻灯片。

如要在幻灯片中添加非标题、非目录项的文本，可利用“绘图工具栏”中的“文本框”或“竖排文本框”来实现。单击“绘图工具栏”上的“文本框”，然后把鼠标移动到幻灯片上要输入文本的位置并单击，再输入文本。接着定义文本风格，即字体、字形、字号、颜色等。

（4）保存演示文稿

当演示文稿设计完毕后，必须进行存盘操作，把文件保存下来，以便以后使用。其操作方法为：依次选择“文件/保存”命令，或单击“常用”工具栏上的“保存”按钮，保存演示文稿文件。

4.4.3　演示文稿的编辑

1．幻灯片的编辑

一张幻灯片通常由几个信息对象组成，每个对象都以图形的形式存在于幻灯片上。幻灯片的编辑指以幻灯片内信息对象为单位，对信息对象进行移动、复制、删除、输入、调整大小等操作。幻灯片对象的编辑操作与 WPS 文字中图形对象的编辑操作完全一样。

2．演示文稿的编辑

一个演示文稿一般由多张幻灯片组成。演示文稿的编辑指以幻灯片为单位，对幻灯片进行移动、复制、删除等操作，一般在“幻灯片浏览视图”方式下进行。

在进行编辑操作之前，必须先选取操作的对象。演示文稿的编辑操作一般有以下几种。

- 选取幻灯片：在“幻灯片浏览视图”方式下，用鼠标单击选取一张幻灯片。按住 Ctrl 键，再单击要选取的最后一张幻灯片，可选择多张幻灯片。若选择“编辑/全选”命令，则可选中当前文档中的所有幻灯片。
- 幻灯片的删除：选择幻灯片，按 Del 键删除。
- 幻灯片的移动：利用“剪切”和“粘贴”命令实现幻灯片的移动，达到调整幻灯片排列顺序的目的。
- 幻灯片的复制：利用“复制”和“粘贴”命令实现幻灯片的复制。

4.4.4　幻灯片的版面设计

制作出来的演示文稿一般都要有统一的外观。幻灯片的版面设计包括幻灯片的背景设置、应用设计模板、幻灯片配色方案、使用母版等操作。

1．背景设置

依次选择“格式/背景”命令，弹出“背景”对话框，如图 4-99 所示，在此可改变背景颜色。

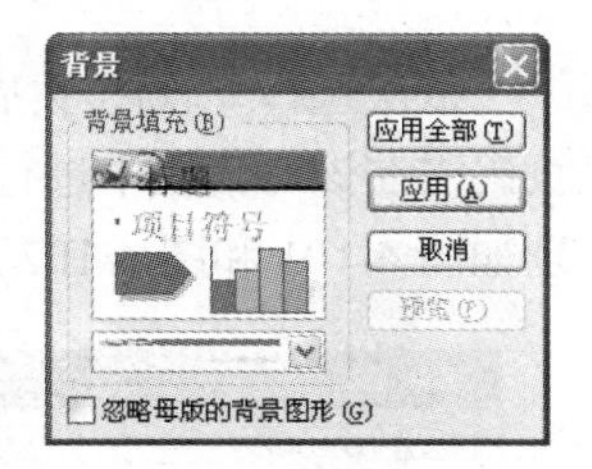

图 4-99　“背景”对话框

2．应用设计模板

依次选择“格式/幻灯片设计”命令，在窗格右侧显示“在线模板”。

3．使用母版

母版用于演示文稿中幻灯片的格式设置，一般为预设格式，包括幻灯片标题、正文、页眉和页脚、日期、数字以及备注等区域的位置，大小、颜色、背景和项目符号等格式的设置。

幻灯片母版适用于所有幻灯片。

依次选择“视图/母版/幻灯片母版”命令，操作窗口进入幻灯片母版编辑状态，如图 4-100 所示。它有 5 个占位符，即 5 个区域（标题区、对象区、日期区、页脚区和数字区），对其进行各部分的格式设置。单击“幻灯片母版视图”工具栏中的“关闭母版视图”按钮，即可取消母版编辑状态回到正常视图。

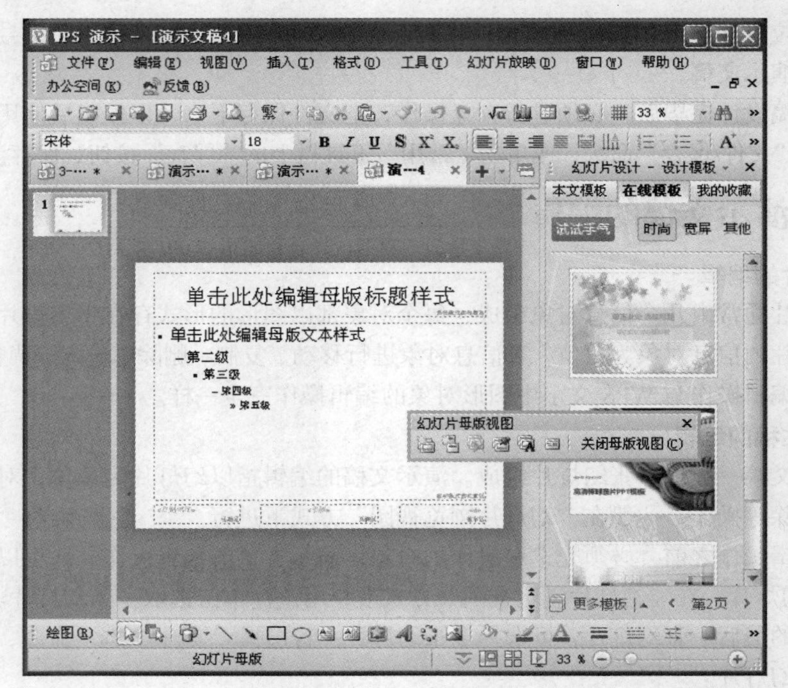

图 4-100 幻灯片母版编辑状态

设置文本格式，包括字体、字形、字号和颜色等。操作方法为：选取文本对象，设置文本格式。设置方法与 WPS 文字中文本格式的设置一样。

要使每张幻灯片都出现某个对象，可以向母版中插入该对象。

向母版插入的对象只能在幻灯片母版编辑状态下进行编辑，不能在其他视图下编辑。

4.4.5 设置页眉和页脚

依次选择“视图/页眉和页脚”命令，弹出“页眉和页脚”对话框。设置页眉和页脚、编码、页码需在该对话框中进行。“页眉和页脚”对话框有“幻灯片”和“备注和讲义”两个选项卡，分别如图 4-101 和图 4-102 所示。

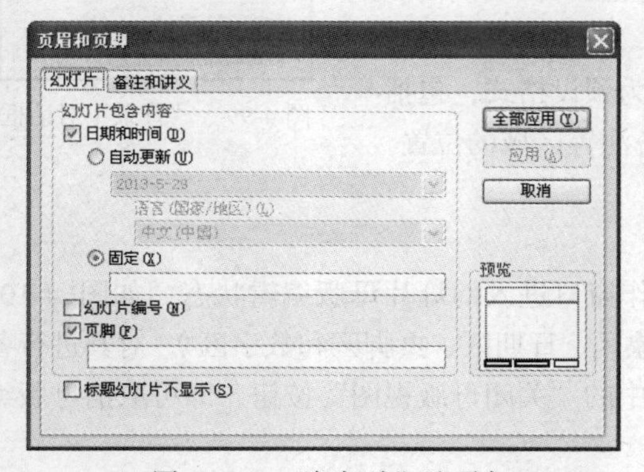

图 4-101 “幻灯片”选项卡

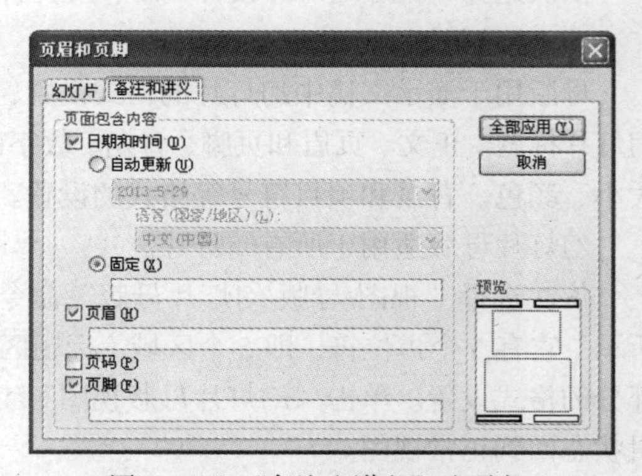

图 4-102 “备注和讲义”选项卡

1. “幻灯片”选项卡

在“幻灯片”选项卡中可对每张幻灯片的页脚、编号、日期、时间等信息进行设置。这些信息一般在每张幻灯片的下方显示，在幻灯片母版中也可以进行适当调整位置、大小等操作。

- “全部应用”按钮：单击该按钮，设置的信息应用于当前演示文稿的所有幻灯片。
- “应用”按钮：单击该按钮，设置的信息仅应用于当前选取的幻灯片。

2. “备注和讲义”选项卡

“备注和讲义”选项卡主要用于设置供演讲者备注使用的空间以及设置备注幻灯片的格式。“备注和讲义”选项卡的设置，包括页眉、页脚、页码、日期、时间等信息，只有在幻灯片以备注或讲义的形式进行打印时才有效，而在一般视图下看不到设置的效果。

4.4.6 幻灯片中的动作设置

WPS 演示文稿的成功之处在于它应用了多媒体技术和超级链接技术，为演示文稿的设计和演示锦上添花。它使演示文稿增加了动态、声音演示效果，具备了简单的交互控制作用。

设计演示文稿的动画效果有两种：一种是幻灯片内的动画，另外一种是幻灯片间的动画。

1. 幻灯片内的动画设置

幻灯片内的动画设置指在演示放映幻灯片时，一张幻灯片内不同层次、对象的内容，随着演示的进展，逐个、动态地显示出来。

选取设置对象，依次选择“幻灯片放映/自定义动画”命令，弹出如图 4-103 所示的“自定义动画”任务窗格；分别设置效果、开始、方向、速度、顺序等。单击该任务窗格中的“播放”按钮可以预览动画效果。

2. 幻灯片间切换动画设置

幻灯片间切换动画设置指在多张幻灯片之间，以各种方式变换幻灯片。动画效果包括百叶窗、盒状展开等几十种方式，一般在“幻灯片预览视图”方式下进行设置。

选择要设置切换动画效果的一张幻灯片，依次选择“幻灯片放映/幻灯片切换”命令，弹出“幻灯片切换”任务窗格，如图 4-104 所示，分别设置效果、速度、声音、换片方式等。

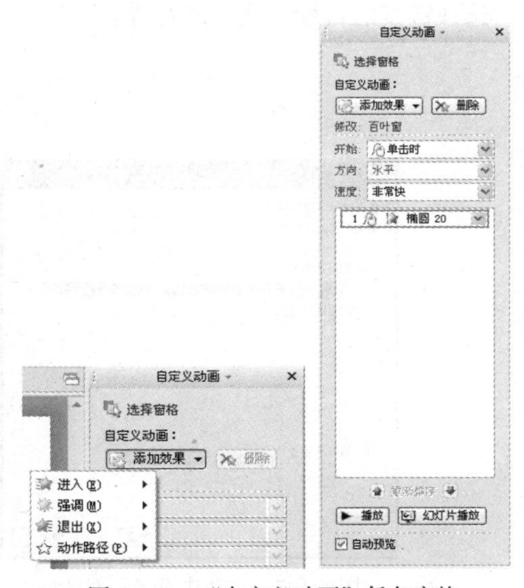

图 4-103　“自定义动画”任务窗格

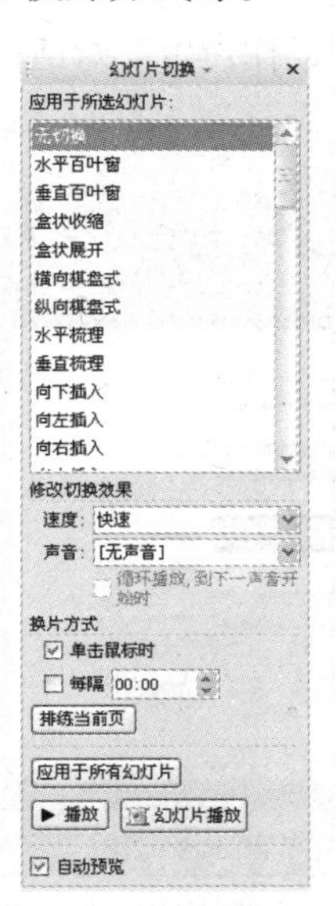

图 4-104　“幻灯片切换”任务窗格

4.4.7 超链接

演示文稿在放映时，一般按顺序放映。为了改变幻灯片的放映顺序，让用户来控制幻灯片的放映，可应用 WPS 演示文稿的超链接来实现。

1．创建超链接

创建超链接有两种方法：使用“超链接”命令或“动作按钮”命令。

（1）“超链接”命令

使用“超链接”命令控制幻灯片的放映顺序时，应该先选择起点文本或对象，然后依次选择“插入/超链接”命令，弹出“插入超链接”对话框，如图 4-105 所示，选择链接的目标。

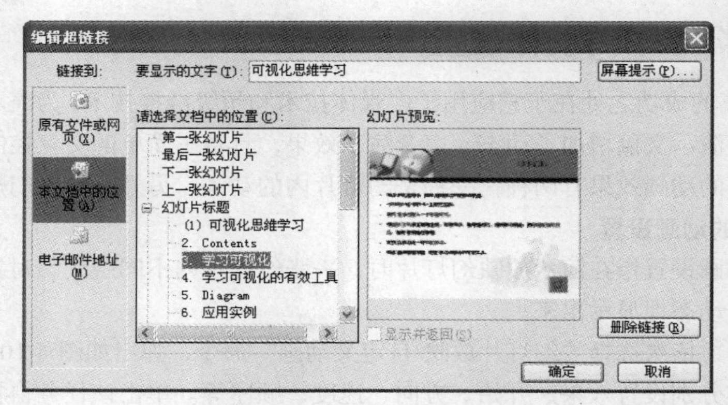

图 4-105　“插入超链接”对话框

超链接的目标可以是演示文稿中的某一张有主题的幻灯片，也可以是其他类型的文件或网络地址等。

（2）“动作按钮”命令

选择“放映幻灯片/动作按钮”命令，在窗格右侧显示动作按钮，选择一个图形，在需要放置按钮的位置中绘制，如图 4-106 所示。右键单击绘制的图形，在弹出的菜单中选择“动作设置”，并弹出“动作设置”对话框，如图 4-107 所示。选择链接的目标、播放声音等。

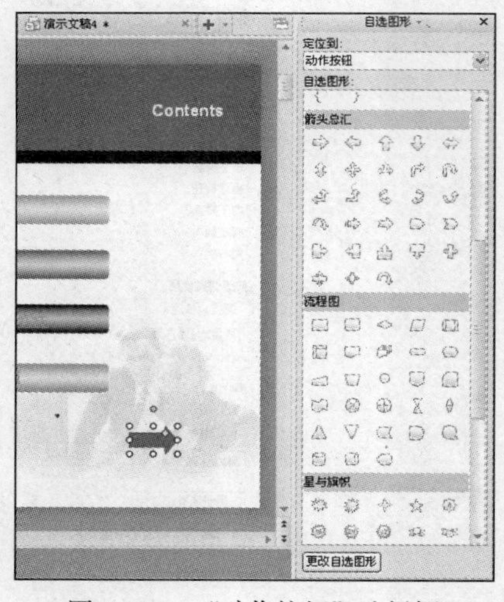

图 4-106　“动作按钮”选择框

图 4-107　“动作设置”对话框

2. 编辑和删除超链接

编辑超链接操作：选择已经创建好的“超链接”，单击鼠标右键，在弹出的快捷菜单中选择“编辑超链接”命令，弹出“编辑超链接”对话框，进行编辑。

删除超链接操作：指向已经链接好的“超链接”，单击鼠标右键，弹出快捷菜单，选择“删除超链接”命令，此时取消已经链接好的“超链接”。

4.4.8　插入声音、影片和 Flash 动画

1. 插入声音和影片

WPS 演示文稿支持多种格式的声音文件，如 WAV、MID、WMA 等。WPS 演示文稿可以播放多种格式的视频文件，如 AVI、MPEG、DAT 等。在演示文稿中插入影片和声音是在普通视图下，通过“插入/影片和声音/文件中的影片（声音）”来实现的，如图 4-108 所示。

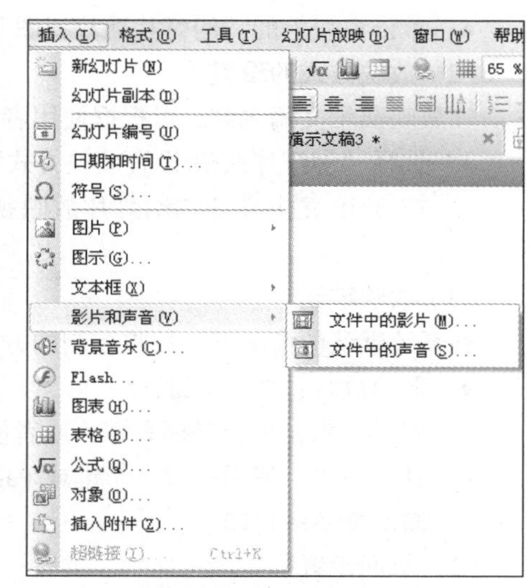

图 4-108　插入影片和声音

2. 插入 Flash 动画

WPS 演示文稿中嵌入 Flash 动画可以为其作品加入矢量动画和互动效果。嵌入的 Flash 动画能保持其功能不变，按钮仍然有效。具体操作方法如下。

选择“插入/Flash”命令，在文件中选择 Flash（*.swf）文件格式。对插入的 Flash 文件进行编辑，如图 4-109 所示。

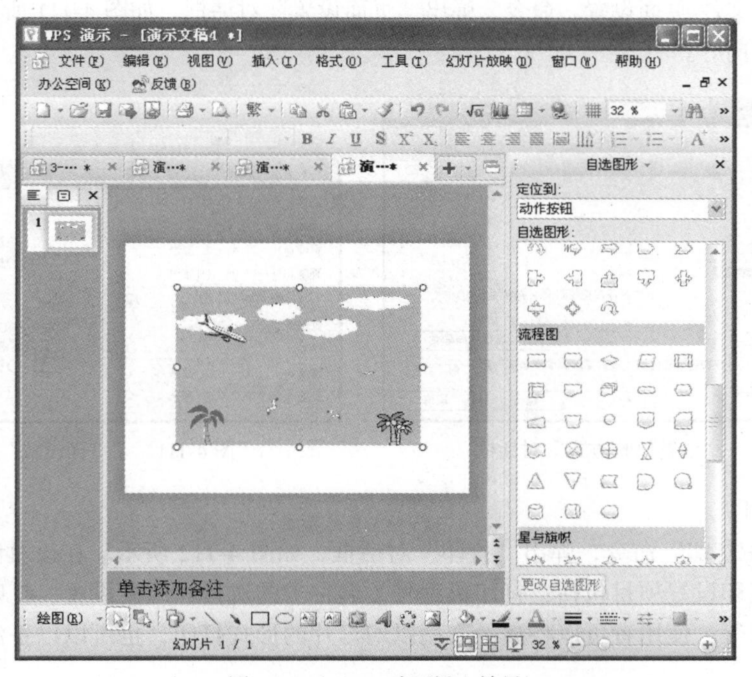

图 4-109　Flash 动画插入效果

4.4.9 演示文稿的放映和打印

制作演示文稿的目的是为了放映或打印出来。放映和打印演示文稿的方式可以根据用户的具体要求进行设置。

1. 演示文稿的放映

（1）放映方法

演示文稿的放映有以下两种方法。

- 选择“幻灯片放映/观看放映”命令。
- 单击窗口上的“幻灯片播放视图”按钮。

（2）放映方式的设置

在放映演示文稿之前，可根据使用者的具体要求设置演示文稿的放映方式。

- 选择“幻灯片放映/设置放映方式”命令。
- 按 Shift 键并单击“幻灯片放映视图”按钮，弹出“设置放映方式”对话框，如图 4-110 所示。

（3）放映控制

在系统默认的情况下，放映控制的方法如下。

- 取消放映：按 Esc 键。
- 到下一张：单击鼠标右键；或者使用→键、↓键或 PageDown 键。
- 到上一张：使用←键、↑键或 PageUp 键。

2. 演示文稿的打印

（1）页面设置

在打印演示文稿之前，有必要对打印页面的大小、格式、方向和编号等进行设置。

依次选择“文件/页面设置”命令，弹出“页面设置”对话框，如图 4-111 所示。在其中设置幻灯片大小、方向等。

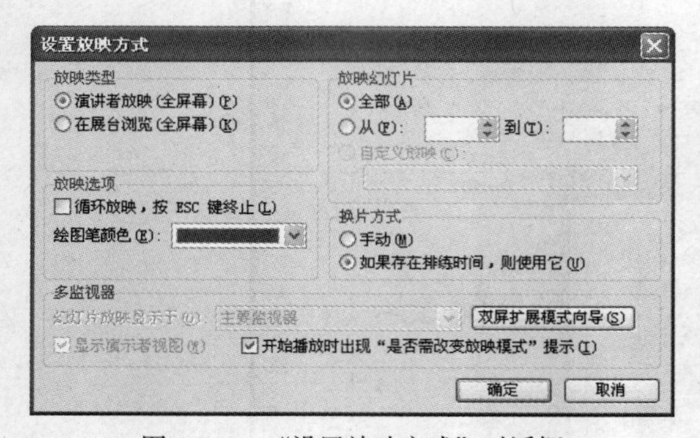

图 4-110 “设置放映方式”对话框

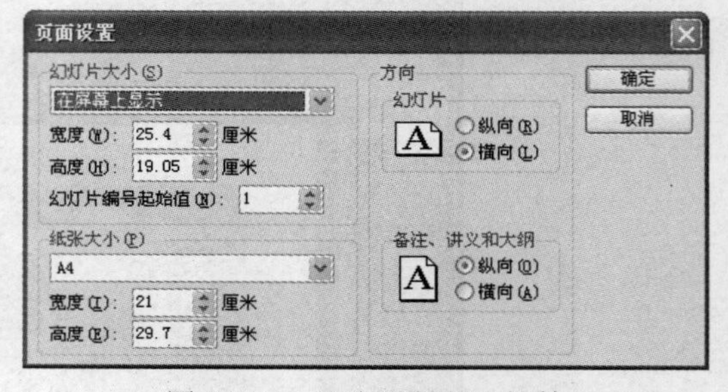

图 4-111 “页面设置”对话框

（2）设置打印

选择“文件/打印”命令，弹出“打印”对话框，如图 4-112 所示。在该对话框中对打印选项进行设置。打印设置项目包括：打印机型号（名称）的选择和属性设置、打印范围、打印内容以及打印份数等。使用者可以将演示文稿以幻灯片的形式打印，也可以以备注、讲义或大纲的形式打印。

“打印内容”下拉列表框包括幻灯片、讲义、备注页和大纲视图等选项，分别说明如下。

- 幻灯片：一页只打印一张幻灯片，与幻灯片视图中的效果一致。
- 讲义：一页可打印多张幻灯片，效果与讲义的母版设置一致。
- 备注页：每页除了打印一张幻灯片以外，还包括该幻灯片的备注信息。
- 大纲视图：只打印出幻灯片中的文本内容，一页可打印多张幻灯片的内容。

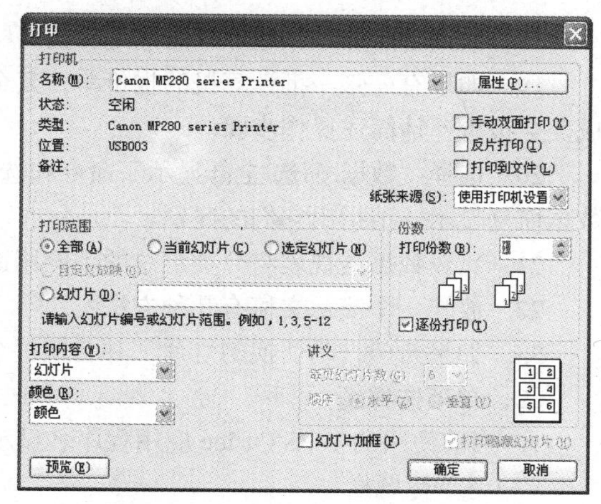

图 4-112　“打印”对话框

习　　题

一、思考题

1. “文件”菜单中“保存”和“另存为”有何区别？如何把已打开的文件保存到用户指定的位置（磁盘及文件夹）？

2. 怎样选定文本，然后进行文本的移动、剪切、复制和粘贴操作？

3. 怎样进行查找与替换操作？

4. 字符格式和段落格式设置的内容是什么？如何设置？

5. 怎样进行页面及页码设置（如插入页眉、页脚、页码以及对指定文档进行分栏等）？

6. 如何插入表格？怎样消除表格中的网格线而保留边框线？如何给表格添加底纹？

7. 如何在文档中插入图形（如“剪贴画”或者以文件形式保存的图片）和其他对象（如公式、艺术字等）？

8. 如何在文档中插入文本框、图文框？怎样激活“图文框”、“文本框”以及调整框的大小、环绕式样等？

9. 使用样式与模板有何好处？

10. 简述工作簿、工作表和单元格之间的关系。

11. 简述在单元格内输入数据的几种方法。

12. 怎样设置单元格中数据格式？

13. 现要求将 B2 单元格中的公式同时复制到 B3：B10 区域中，应怎样进行操作？

14. WPS 表格在对单元格进行引用时默认采用的是相对引用还是绝对引用？两者有何差别？在行列坐标的表示方法上，两者有何差别？

15. 什么叫数据填充、数据复制和公式填充？它们之间有什么区别？

16. 在单元格 A1 到 A9 输入数字 1～9，A1 到 I1 输入数字 1～9，试用最简单的方法在 B2：I9 区域设计出九九乘法表，简述操作步骤。（提示：使用混合引用和公式复制）

17. 请说出至少 3 种对一行或一列求和的不同方法。

18. 数据清除和数据删除的区别是什么？

19. 如果有一张一批计算机的报价单，其金额单位是人民币，如何用最简单的办法将其改变成美金报价？请简述操作步骤。

20. 选择“数据/筛选/全部显示”命令和选择“数据/筛选/自动筛选”命令都可以使被筛选的数据恢复显示，请指出它们的区别。

21. 比较数据透视表与分类汇总的不同用途。

22. 放映一个演示文稿有几种方法？

23. 如果希望自动切换幻灯片，并希望每个动作播放后下一个动画自动开始，应该怎么办？

二、单项选择题

1. 当前使用的WPS Office应用程序名显示在（　　）中。

（A）标题栏　　（B）菜单栏
（C）“常用”工具栏　　（D）Web工具栏

2. WPS文字操作中，快速选择一段的方法有（　　）。

（A）单击该文档左边界　　（B）双击该文档左边界
（C）三击该文档左边界　　（D）单击该文档的内容

3. 下面字号中，（　　）磅相当于五号字。

（A）8　　（B）10.5　　（C）11　　（D）16

4. 你可以在（　　）视图下查看到WPS文字文档的页眉/页脚格式。

（A）页面　　（B）Web版式　　（C）大纲　　（D）普通

5. WPS文字文档中，文本被剪切后暂时保存在（　　）。

（A）临时文档　　（B）自己新建的文档　　（C）剪贴板　　（D）内存

6. WPS文字文档中，删除一个段落标记符号后，前后两段文字将合并成一段，原段落格式的编排（　　）。

（A）没有变化　　（B）前一段将采用后一段的格式
（C）前一段将变为无格式　　（D）后一段将采用前一段的格式

7. 使用WPS文字时，若在“工具/选项/保存”选项卡中选择了“自动保存时间间隔”，则意味着每隔一段时间保存（　　）。

（A）应用程序　　（B）活动文档　　（C）所有文档　　（D）修改过的文档

8. 在WPS文字的编辑状态，执行两次“剪切”操作，则剪贴板中（　　）。

（A）仅有第一次剪切的内容　　（B）仅有第二次剪切的内容
（C）有两次剪切的内容　　（D）内容被清除

9. WPS文字文档中，设置字符格式时，不能设置的是（　　）。

（A）行间距　　（B）字体　　（C）字号　　（D）字符颜色

10. WPS文字文档中，利用（　　）可以快速建立具有相同结构的文件。

（A）模板　　（B）样式　　（C）格式　　（D）视图

11. 一个工作表中的第7行第4列，该单元格地址为（　　）。

（A）74　　（B）D7　　（C）E7　　（D）G4

12. WPS表格中，（　　）就是一个WPS表格文件，它是计算和存储数据的文件。

（A）工作簿　　（B）单元格　　（C）工作表　　（D）表格

13. 下面的WPS表格单元地址中表示相对地址的是（　　）。

（A）A5　　（B）$A5　　（C）$A$5　　（D）B$5

14. 已知 B5：B9 区域中输入的数据为 5、7、2、4、6，函数 MAX（B5：B9）=（　　）。

（A）5　　（B）6　　（C）2　　（D）7

15. 在 B6 单元格中输入公式=A3+B4，把公式复制到 C6 单元格后，C6 中的公式为（　　）。

（A）A3+B4　　（B）A3+B5　　（C）A3+C4　　（D）B3+C4

16. A1 单元格公式是=B$3+D5，把公式移到 B4 时，公式变为（　　）。

（A）=C$3+E8　　（B）=C$5+E8　　（C）=B$3+D5　　（D）=C$3+D5

17. 在 WPS 表格工作表中，正确表示 If 函数的表达式是（　　）。

（A）if（“平均成绩”>60，“及格”，“不及格”）

（B）if（e2>60，“及格”，“不及格”）

（C）if（f2>60、及格、不及格）

（D）if（e2>60，及格，不及格）

18. 在 A1 中输入=DATE(2003，1，27)，在 A2 中输入=A1+7 且 A2 为日期显示格式，则 A2 的显示结果为（　　）。

（A）2003-2-2　　（B）2003-2-4　　（C）2003-2-3　　（D）错误

19. 在（　　）视图中可以对幻灯片进行移动、复制和排序等操作。

（A）幻灯片　　（B）幻灯片浏览　　（C）幻灯片放映　　（D）备注页

20. 在（　　）视图中不能对幻灯片中的内容进行编辑。

（A）幻灯片　　（B）大纲　　（C）幻灯片放映　　（D）备注页

21. 在演示文稿操作中，不能实现新增一个幻灯片的操作是（　　）。

（A）选择“插入/新幻灯片”命令

（B）单击工具栏中的“新幻灯片”按钮

（C）使用快捷菜单

（D）插入图片

22. 要停止正在放映的幻灯片，只要使用快捷键（　　）即可。

（A）Ctrl+X　　（B）Ctrl+Q　　（C）Esc　　（D）Alt

23. 如下选项中，（　　）操作可以结束幻灯片的放映。

（A）选择“结束/放映”命令

（B）按回车键

（C）选择“文件/结束”命令

（D）单击鼠标右键，选择快捷菜单中“结束放映”命令

24. 要实现从一个幻灯片自动进入下一个幻灯片，应使用幻灯片的（　　）设置。

（A）动作　　（B）预设动画　　（C）幻灯片切换　　（D）自定义动画

25. 如果要从第三张幻灯片跳转到第八张幻灯片，应通过幻灯片的（　　）设置来实现。

（A）超级链接　　（B）预设动画　　（C）幻灯片切换　　（D）自定义动画

第5章 多媒体技术

【本章概述】

多媒体技术应用十分广泛，它具有直观、信息量大、易于接受、传播迅速等显著的特点。本章通过介绍多媒体技术的基本概念和特征、素材的采集、多媒体素材制作工具与多媒体创作工具，使读者了解计算机对文本、图形、图像、音频和视频处理的原理与特点。在操作技能方面本章将重点介绍 Windows 7 自带的多媒体工具和 Flash 动画制作工具软件。

5.1 概　述

5.1.1 多媒体的基本概念

多媒体（Multimedia）一词由 Multiple 和 media 复合而成，是指两个或两个以上媒体的有机组合。通常，人们所指的多媒体就是文字、图形、图像、动画、音频、视频等媒体信息的综合。

多媒体技术（Multimedia Technology）是利用计算机对文字、声音、图形、图像、动画、视频等多媒体信息，进行数字化采集、获取、压缩/解压缩、编辑、存储、加工等处理，再以单独或合成的形式表现出来的一体化技术。利用计算机技术对媒体进行处理和重现，并对媒体进行交互式控制，就构成了多媒体技术的核心。

多媒体技术有以下 3 个主要特性。

（1）信息载体的多样性

多样性指的是信息媒体的多样化或多维化。利用计算机技术可以综合处理文字、声音、图形、图像、动画、视频等多种媒体信息，从而创造出集多种表现形式于一体的新型信息处理系统。处理信息的多样化可使信息的表现方式不再单调，而是有声有色，生动逼真。

（2）集成性

集成性是指多媒体系统设备和信息媒体的集成。多媒体系统设备的集成是指具有能处理多媒体信息的高速及并行的 CPU 系统、大容量存储器、多通道输入/输出设备及宽带通信网络接口等。信息媒体的集成是指将多种不同媒体信息（文字、声音、图形、图像等）有机地组合，使之成为一个完整的多媒体信息系统。

（3）交互性

交互性是指人、机器以及相互之间的对话或通信，相互获得对方的信息。它是多媒体的特色之一。采用交互可以增加对信息的注意力和理解力，延长信息的保留时间。

5.1.2　计算机中的多媒体信息

计算机中的多媒体信息主要包括文本、图形、静态图像、视频、音频、动画等。

1. 文本

文本指各种文字，包括符号和语言文字两种类型。它是媒体的主要类型，由各种字体、尺寸、格式及色彩组成。文本是计算机文字处理程序的基础。通过对文本显示方式的组织，多媒体应用系统可以使显示的信息更容易理解。

文本数据可以先用文本编辑软件，如 Microsoft Word、WPS 等制作，然后输入到多媒体应用程序中；也可以直接在制作图形的软件或多媒体编辑软件中一起制作。

建立文本文件的软件有很多，随之有许多文本格式，有时需要进行文本格式转换。

2. 图形

图形又称矢量图，一般指用计算机绘制的画面。它是对图像进行抽象化的结果，以指令集合的形式来描述反映图像最重要的特征。这些指令描述一幅图中所包含的直线、圆、弧线以及矩形的大小和形状。例如，一个矩形可以定义为 Rect 0，0，100，100；一个圆可以定义为 Circle x，y，r。也可以用更为复杂的形式来表示图像中曲面、光照和材质等效果。

矢量图主要用于表示线框形的图画、工程制图和美术字等，如图 5-1 所示。

图 5-1　矢量图

3. 静态图像

静态图像又称位图，它是由输入设备捕捉的实际场景画面，或以数字化形式存储的任意画面构成的。一幅图像就如一个矩阵，矩阵中的每一个元素（称为一个像素）对应于图像中的一个点，而相应的值对应于该点的灰度（或颜色）等级。当灰度（颜色）等级越多时，图像就越逼真，如图 5-2（a）所示。

（a）

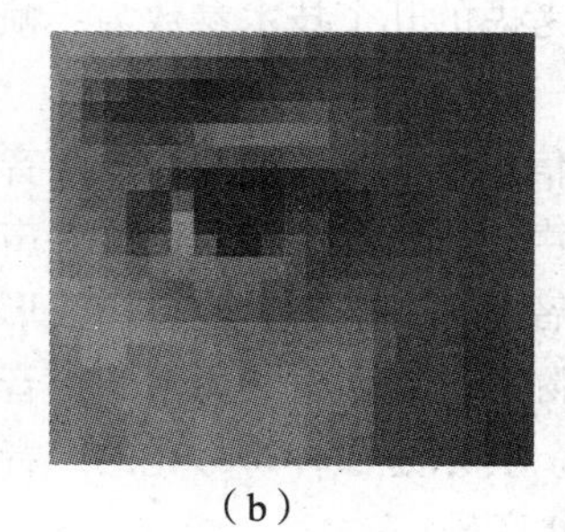

（b）

图 5-2　位图的特征

位图中的位用来定义图中每个像素点的颜色和亮度。对于黑白线条图，常用 1 位值表示；对于灰度图，常用 4 位（16 种灰度等级）或 8 位（256 种灰度等级）表示该点的亮度；而彩色图像则有多种描述方法。彩色图像需由硬件（显示卡）合成显示。

位图适合于表现层次和色彩比较丰富、包含大量细节的图像，具有灵活和富于创造力等特点。

图像的关键技术是图像的扫描、编辑、压缩、快速解压、色彩一致性等。进行图像处理时，一般要考虑以下 3 个因素。

（1）分辨率

影响位图质量的重要因素是分辨率。分辨率有两种形式：屏幕分辨率和图像分辨率。

- 屏幕分辨率：是计算机的显示器在显示图像时的重要特征指标之一。它表明计算机显示器在横向和纵向上能够显示的点数。
- 图像分辨率：是用水平和垂直方向的像素多少来表示组成一幅图像所拥有的像素数目。它既反映了图像的精细程度，又反映了图像在屏幕中显示的大小。如果图像分辨率很低，当图像放大到一定程度时会出现“马赛克”现象，如图 5-2（b）所示。

（2）颜色深度

颜色深度（或称图像灰度）是数字图像的另外一个重要指标，它表示图像中每个像素上用于表示颜色的二进制位数。对于彩色图像来说，颜色深度决定该图像可以使用的最多颜色数目。颜色深度越高，显示的图像色彩越丰富，画面越逼真。

（3）图像数据的容量

一幅数字图像保存在计算机中要占用一定的存储空间，这个空间的大小就是数字图像文件的数据量大小。一幅色彩丰富、画面自然、逼真的图像，像素越多，图像深度越大，则图像的数据量就越大。

图像文件的大小影响图像从硬盘或光盘读入内存的传送时间。为了减少该时间，可以采用缩小图像尺寸或采用图像压缩技术来减少图像文件的大小。

4. 视频

视频影像实质上是快速播放的一系列静态图像。当这些图像是实时获取的人文和自然景物图时，称为视频影像。计算机视频是数字的，视频图像可来自录像带、摄像机等视频信号源的影像。这些视频图像使多媒体应用系统功能更强、更精彩。

视频有模拟视频（如电影）和数字视频。它们都是由一序列静止画面组成的，这些静止的画面称为帧。一般来说，帧率低于 15 帧/秒时，连续运动视频就会有停顿的感觉。我国采用的电视标准是 PAL 制，它规定视频每秒 25 帧（隔行扫描方式），每帧 625 个扫描行。当计算机对视频进行数字化时，就必须在规定的时间内（如 1/25 秒内）完成量化、压缩、存储等多项工作。

在视频中要考虑的几个技术参数为：帧速、数据量和图像质量。

5. 音频

声音是携带信息极其重要的媒体。声音的种类繁多，如人的语音、乐器声、机器产生的声音以及自然界的雷声、风声、雨声等。这些声音有许多共同的特性，也有它们各自的特性。在用计算机处理这些声音时，一般将它们分为波形声音、语音和音乐 3 类。

波形声音实际上已经包含了所有的声音形式，它可以把任何声音都进行采样量化后保存，并恰当地恢复出来。音乐是一种符号化的声音，这种符号就是乐谱，乐谱可转化为符号媒体形式，表现形式为 MIDI 音乐。

影响数字声音波形质量的主要因素有 3 个：采样频率、采样位数和通道数。

6. 动画

动画的实质是一系列静态图像快速而连续的播放。当这些图像是人工或通过计算机绘制时，我们称之为动画。“连续播放”既指时间上的连续，也指图像内容上的连续，即播放的相邻两幅图像之间内容相差不大。计算机动画是借助计算机生成一系列连续图像的技术。在计算机中，动画的压缩和快速播放是需要着重解决的问题。

通过计算机设计动画的方法有两种：一种是矢量动画，另一种是帧动画。

矢量动画是经过电脑计算而生成的动画，主要表现为变换的图形、线条和文字。其画面由关键帧决定，采用编程方式或某些工具软件制作。

帧动画则是由一幅幅图像组成的连续画面，就像电影胶片或视频画面一样，要分别设计每屏显示的画面。

通过计算机制作动画时，只需要做好关键帧画面，其余的中间画面可由计算机内插来完成。不运动的部分直接拷贝过去，与关键帧画面保持一致。当这些画面仅是二维的透视效果时，就是二维动画。如果通过三维形式创造出空间形象的画面，就是三维动画。如果使其具有真实的光照效果和质感，就成为三维真实感动画。

在各种媒体的创作系统中，创作动画的软硬件环境要求都是较高的。它不仅需要高速的 CPU、较大的内存，并且制作动画的软件工具也较复杂和庞大。复杂的动画软件除具有一般绘画软件的基本功能外，还提供了丰富的画笔处理功能和多种实用的绘画方式，如平滑、滤边、打高光及调色板支持丰富的色彩等。

5.1.3　数据压缩技术

在媒体的采集与存储中，存在着数字化后的视频和音频信息具有数据海量性问题，它给信息的存储和传输造成较大的困难，成为阻碍人类有效地获取和使用信息的瓶颈问题之一。例如，我们每天观看的电视节目，我国采用的是 PAL 制式，由于 PAL 制规定每一秒钟要播放 25 帧静态图像，因此一秒钟的视频数据量为 640×480×8×3×25，大约 23 MB/s。如果不压缩，现在的 650 MB 的 CD-ROM 就只能播放 28 秒视频信息，不到半分钟时间。因此，研究和开发新型有效的多媒体数据压缩编码方法，以压缩的形式存储和传输这些数据将是最好的选择。

所谓数据压缩，就是对数据重新进行编码，以减少所需存储空间的通用术语。数据压缩是可逆的，它可以恢复数据的原状。数据压缩的逆过程称为解压或展开。当数据压缩之后，文件长度大大减少，如图 5-3 所示。

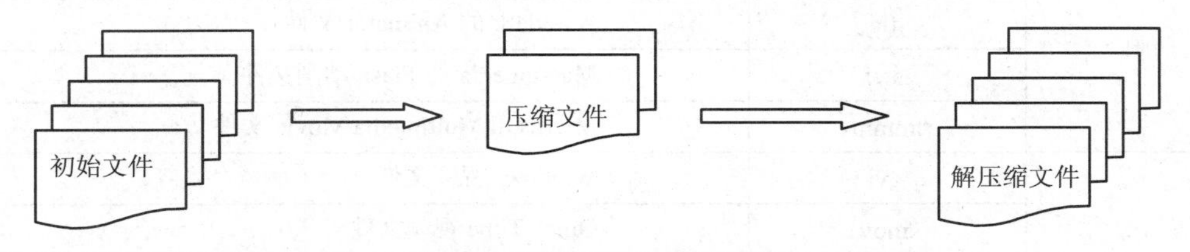

图 5-3　压缩和解压过程示意图

多媒体数据压缩技术就是研究如何利用多媒体数据的冗余性来减少多媒体数据量的方法。目前常用的压缩编码方法可以分为两大类：无损压缩和有损压缩。

（1）无损压缩法

也称冗余压缩法。其方法是在压缩时去掉或减少数据中的冗余，而这些冗余值是可以重新插入到数据中的，这是一个可逆的过程。因此采用冗余压缩法不会产生数据失真，一般用于文本、数据的压缩，以保证完全地恢复原始数据。但这种方法的压缩比比较小，一般为 2∶1～5∶1。典型的冗余压缩法有 Huffman 编码、Fano-Shannon 编码、算术编码、行程编码、Lempel-Zev 编码等。

（2）有损压缩法

也称熵压缩法。这种压缩方法会减少信息量，且减少的信息不能再恢复，是一种不可逆的过程，会使原始数据产生一定程度的失真。这种压缩方法可用于图像、声音、动态视频等数据的压缩，压缩比可达到几十至上百。

5.1.4 多媒体文件格式

在多媒体技术中，对媒体元素都有严谨而规范的数据描述，其数据描述的逻辑表现形式是文件格式，所以就被称为“文件格式”。多媒体文件格式非常多，表 5-1 列出了部分媒体文件格式。

表 5-1 部分媒体文件扩展名

媒体类型	扩展名	说明
文字	.txt	纯文本文件
	.doc	Word 文件
	.wps	WPS 文件
	.wri	写字板文件
声音	.wav	标准 Windows 声音文件
	.mid	乐器数字接口的音乐文件
	.mp3	MPEG Layer III 声音文件
图形图像	.bmp	Windows 位图文件
	.pcd	通用 PCD 文件格式
	.pct	通用 PCT 文件格式
	.pcx	Zsoft 的位图文件
	.psd	图像处理软件独特的 PSD 文件格式
	.jpg	JPEG 压缩的位图文件
	.tif	标记图像格式文件
动画	.gif	图形交换格式文件
	.flc	Autodesk 的 Animator 文件
	.swf	Macromedia 的 Flash 动画文件
	.mmm	Microsoft Multimedia Movie 文件
视频影像	.avi	Windows 视频文件
	.mov	Quick Time 视频文件
	.mpg	MPEG 视频文件
	.dat	VCD 中的视频文件
	.ram（ra、rm）	RealAudio 和 RealVideo 的流媒体文件
	.asf	Microsoft Media Server 的流媒体文件

1. 图像文件

常见的图像数据格式包括 BMP 格式、GIF 格式以及 JPEG 格式等。

（1）BMP 格式的图像文件

BMP 是 Bitmap 的缩写，意为“位图”。BMP 格式的图像文件是美国 Microsoft 公司特为 Windows 环境应用图像而设计的。BMP 格式的图像是非压缩格式，文件扩展名为“.bmp”。目前，随着

Windows 系统的普及和进一步发展，BMP 格式已经成为应用非常广泛的图像数据格式。

（2）GIF 格式的图像文件

GIF 是 Graphics Interchange Format 的缩写。该格式的图像文件由 CompuServe 公司于 1987 年推出，主要是为了网络传输和 BBS 用户使用图像文件而设计的。GIF 格式的图像文件的扩展名是“.gif”。目前，GIF 格式的图像文件已经是网络传输和 BBS 用户使用最频繁的文件格式，特别适合于动画制作、网页制作以及演示文稿制作等方面。

（3）JPEG 格式的图像文件

JPEG 是 Joint Photographic Experts Group 的缩写。JPEG 格式的图像文件具有迄今为止最为复杂的文件结构和编码方式。该格式文件采用有损编码方式，原始图像经过 JPEG 编码，使 JPEG 格式的图像文件与原始图像产生很大的差别。JPEG 格式的图像文件的扩展名是“.jpg”。

采用有损编码方式的 JPEG 格式文件使用范围相当广泛。由于一个数据量很大的原始图像文件经过编码，可以很小的数据量存储，因此，在国际互联网上经常用作图像传输，在广告设计中常作为图像素材使用，在存储容量有限的条件下便于携带和传输。

2. 视频文件

（1）AVI 格式的视频文件

AVI 是 Audio Video Interlaced 的缩写，意为“音频视频交互”。该格式的文件是一种不需要专门的硬件支持就能实现音频与视频压缩处理、播放和存储的文件。AVI 视频文件的扩展名是“.avi”。AVI 格式文件可以把视频信号和音频信号同时保存在文件当中，在播放时，音频和视频同步播放。所以人们把该文件命名为“视频文件”。AVI 视频文件应用非常广泛，并且以其经济、实用的特性而著称。该文件采用 320×240 的窗口尺寸显示视频画面，画面质量优良，帧速度平稳，可配有同步声音，数据量小。因此，目前大多数多媒体产品均采用 AVI 视频文件来表现影视作品、动态模拟效果、特技效果和纪实性新闻。

（2）MPEG 格式的视频文件

MPEG 是 Motion Picture Experts Group 的缩写。采用 MPEG 方式压缩的数字视频文件包括 MPEG1、MPEG2、MPEG4 在内的多种格式。我们常见的 MPEG1 格式被广泛用于 VCD 的制作和一些视频片段下载的网络应用中。使用 MPEG1 的压缩算法，可以把一部 120 min 长的电影压缩到 1.2 GB 左右大小。MPEG2 则应用在 DVD 的制作方面，同时在一些 HDTV（高清晰电视广播）和一些高要求视频编辑、处理上面也有相当广的应用面。使用 MPEG2 的压缩算法压缩一部 120 min 长的电影，可以到压缩到 4 GB～8 GB 的大小。MPEG 视频文件的扩展名为“.mpg”。

3. 声音文件格式

声音文件又叫“音频文件”。它分为两大类：一类是波形音频文件，采用 WAV 格式；另一类是乐器数字化接口文件，采用 MIDI 格式。声音文件是全数字化的。对于 WAV 格式的声音文件，通过数字采样获得声音素材；而对于 MIDI 格式的文件，则通过 MIDI 乐器的演奏获得声音素材。

（1）WAV 格式的声音文件

WAV 是 wave 一词的缩写，意为“波形”。WAV 格式的波形音频文件表示的是一种数字化声音。WAV 格式文件的扩展名为“.wav”。常见的 WAV 声音文件主要有两种，分别对应于单声道（11.025 kHz 采样率、8 bit 的采样值）和双声道（44.1 kHz 采样率、16 bit 的采样值）。WAV 格式文件的特点是采样频率和采样精度越高，数字化声音与声源的声音效果越接近，数据的表达越精确，音质也越好，但音频信号数据量也会越大，每分钟的音频一般要占用 10 MB 的存储空间。

（2）MP3格式文件

MP3是采用国际标准MPEG中的第三层音频压缩模式，对声音信号进行压缩的一种格式，中文也称“电脑网络音乐”。它的扩展名为“.mp3”。MP3的突出优点是压缩比高、音质较好、制作简单，可与CD音质相媲美。高压缩比是MP3的一个主要特性，其压缩比为10∶1～96∶1。这样，一张只能容纳十几首歌曲的光盘，可记录150首以上的MP3格式歌曲。

（3）MIDI格式文件

MIDI是Musical Instrument Digital Interface的缩写，意为“乐器数字化接口”，是乐器与计算机结合的产物。MIDI提供了处于计算机外部的电子乐器与计算机内部之间的连接界面和信息交流方式。MIDI格式的文件采用“.mid”作为扩展名。通常把MIDI格式的文件简称为MIDI文件。MID文件主要用于原始乐器作品、流行歌曲的业余表演、游戏音轨以及电子贺卡等。

5.1.5　多媒体技术的应用

多媒体技术的应用领域非常广泛，几乎遍布各行各业以及人们生活的各个角落。由于多媒体技术具有直观、信息量大、易于接受、传播迅速等显著的特点，因此多媒体应用领域的拓展十分迅速。近年来，随着国际互联网的兴起，多媒体技术也渗透到国际互联网上，并随着网络的发展和延伸，不断地成熟和进步。

1. 电子出版物

1975年，计算机排版系统开始被采用。到20世纪80年代，计算机字处理技术走向成熟，实现了计算机系统版式设计、文字编辑、整版相纸和相片输出，以及数字数据的再利用，并出现了电子出版物。20世纪90年代初，多媒体技术的发展和应用引起了电子出版浪潮，电子出版物每年都在急剧增长。电子出版物的媒体形态有：软磁盘（FD）、只读光盘（CD-ROM）、交互式光盘（CD-I）、图文光盘（CD-G）、照片光盘（Photo-CD）、集成电路卡（IC Card）等。

2. 教育

教育领域是应用多媒体技术最早的领域，也是进展最快的领域。多媒体技术的各种特点最适合教育。以最自然、最容易接受的多媒体形式使人们接受教育，不但扩展了信息量，提高了知识的趣味性，还增加了学习的主动性和科学准确性。

计算机辅助教学（Computer Assisted Instruction，CAI）是多媒体技术在教育领域中应用的典型范例。CAI的主要表现形式是：利用数字化的声音、文字、图片以及动态画面，形象地展现学科中的可视化内容，强化形象思维模式，使性质和概念更易于接受。CAI软件本身也具备互动性，为学生提供了自我学习的机会。

3. 过程模拟

采用多媒体技术模拟诸如化学反应、火山喷发、海洋洋流、天气预报、天体演化、生物进化等自然现象发生的过程，可以使人们能够轻松、形象地了解事物变化的原理和关键环节，并且能够建立必要的感性认识，使复杂、难以用语言准确描述的变化过程变得形象而具体。

事实证明，人们更乐于接受感觉得到的事物。多媒体技术的应用，为揭开特定事物的变化规律，了解变化的本质起到十分重要的作用。

4. 商业广告

多媒体技术用于商业广告，人们已经不陌生了。从影视广告、招贴广告，到市场广告、企业广告，其绚丽的色彩、变化多端的形态、特殊的创意效果，使人们不但了解了广告的意图，而且得到了艺术享受。

5. 影视娱乐

影视娱乐业采用计算机技术，以适应人们日益增长的娱乐需求。多媒体技术在作品的制作和处理上，越来越多地被人们采用。例如动画片的制作，动画片经历了从手工绘画到时尚的电脑绘画的过程，动画模式也从经典的平面动画发展到体现高科技的三维动画，使动画的表现内容更加丰富多彩，更加离奇和更具有刺激性。随着多媒体技术的发展逐步趋于成熟，在影视娱乐业中，使用先进的电脑技术已经成为一种趋势，大量的电脑效果已被注入到影视作品中，从而更加增加了作品的艺术效果和商业价值。

5.2　多媒体素材的采集

5.2.1　文本的采集

1. 直接输入

如果文本的内容不是很多，可以在制作多媒体作品时，利用创作工具中提供的文字工具，直接输入文字。传统的文字输入方法是通过键盘输入。

2. 利用光学字符识别技术

如果要输入印刷品上的文字资料，可以使用 OCR（光学字符识别）技术。OCR 技术是在电脑上利用光学字符识别软件控制扫描仪，对所扫描到的位图内容进行分析，将位图中的文字影像识别出来，并自动转换为 ASCII 字符。识别效果的好坏既取决于软件的技术水平，也取决于文本的质量和扫描仪的解析度。

3. 其他方式

利用其他方法，如语音识别、手写识别等，也可以将文本文件输入到计算机中。有的语音识别系统中还带有语音校稿功能等，使用很方便。

5.2.2　图形图像的采集

图形图像属于静态视觉媒体。它的获取方法很多，常用的获取方法如下。

1. 屏幕硬拷贝

在 Windows 中，通过屏幕编辑键，即按 PrintScreen 键或 Alt+PrintScreen 组合键，可以直接抓取屏幕上的整屏或对话框，然后粘贴到需要的位置。

这里，按下 PrintScreen 键，复制当前屏幕上的图像到剪贴板上，其格式为位图格式。位图格式的文件都很大，但它包含的图像信息很丰富。

例如，当前桌面上显示的活动窗口是 Windows“音量控制”对话框（见图 5-5）。抓取它时按 Alt+PrintScreen 键，然后依次选择“开始/程序/附件/画图”命令，打开“画图”程序。选择“粘贴”命令，在“画图”的文档中已经粘贴上了“音量控制”对话框图像，然后选择“文件/另存为”命令，可将该播放器的图像保存起来。

2. 画图板创作

Windows 操作系统附件中自带了画图工具，利用它可以创作出自己需要的图像；也可以通过专业图像处理软件 Photoshop 来实现。

3. 扫描仪扫描

扫描仪是一种光电一体化的高科技产品。它利用光学、电学原理将照片、图片和文稿等转换成计算机能够识别和处理的图像文件。其强大的获取信息能力使它成为继键盘和鼠标之后的第三代计算机输入设备。

扫描仪主要由扫描头、控制电路和机械部件等组成。扫描头由光源、光敏元件和光学镜头等组成。扫描仪的性能指标可以直接反映扫描仪的性能和精度。其性能指标主要有表示扫描仪精度的分辨率，表示扫描图像彩色范围的色彩深度，表示扫描图像灰度层次范围的灰度级数以及扫描幅面和扫描速度等。

扫描仪的使用方法非常简单。一般在购买扫描仪时都随机提供了一些用于扫描的配套软件工具。实际上也可以不用专门安装，因为在一般的图形、图像处理软件中都包含了扫描的功能。

下面我们就以 Photoshop 为例，说明用扫描仪扫描图像的过程。

① 首先打开扫描仪和计算机，然后运行“Photoshop”图像处理软件工具。

② 在菜单中选择“文件/输入/扫描仪”命令。

③ 此时出现扫描窗口，设置扫描属性。扫描仪窗口主要用来对扫描的图像进行分辨率、大小、色彩等方面的设置，如图 5-4 所示。

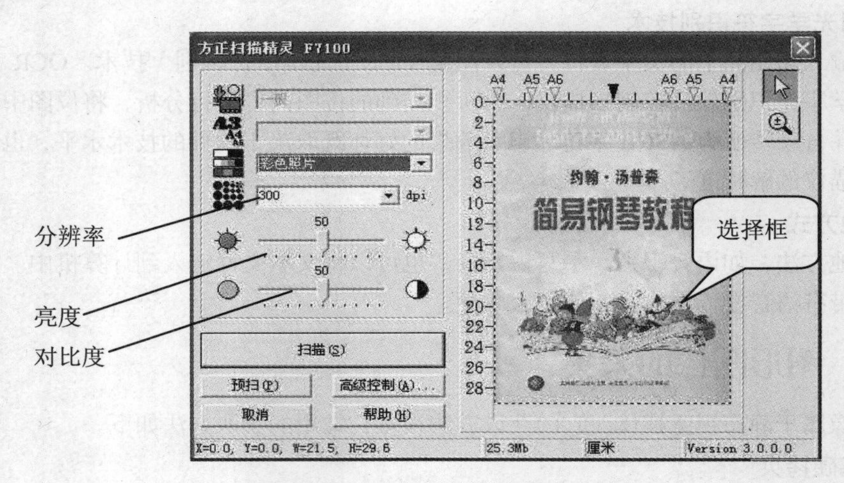

图 5-4　扫描属性设置窗口

在“扫描类型”中选择要扫描的颜色数，这里有百万色、256 级灰度和黑白等选项。通常我们都选择百万色来扫描，这样扫描的图像颜色比较丰富。但当扫描的对象是文字，需要利用 OCR 软件进行识别时，就必须选择黑白方式了。

“分辨率”是表示扫描的精细程度，一般我们都选择 300 dpi 左右，也就是每英寸 300 像素左右。

在扫描属性设置窗口的下半部分是一些对扫描的图像进行细微调整的选项。这里可以调整图像的亮度和对比度等参数。

设置好参数后，就可以开始扫描了。

④ 先把要扫描的图片或杂志面朝下扣放在扫描仪的玻璃板上，然后盖上盖。为了保证被扫描的面能够紧密地贴在玻璃板上，最好能在扫描仪上面再放几本较厚的书压着。

⑤ 单击扫描窗口中的“预扫”按钮，扫描仪开始进行预扫描。不过现在扫描的不是我们所要的最终结果，只是粗略地生成一幅很粗糙的预览图。

通常我们要扫描的都是一幅图像的一部分，而不需要扫描整幅图像。在这种情况下，可以单击“选择框”虚线处，鼠标变成一个可移动的箭头，拖出一个需要扫描的矩形区域，如图 5-4 所示。这样，在扫描时就只扫描选择的区域。

⑥ 定好选择区域后，单击“扫描”按钮，扫描仪就开始扫描被选择的区域了。在扫描过程中，我们可以随时按“取消”按钮，取消扫描。

⑦ 扫描完毕后，关闭扫描窗口。选择“文件/存储为”命令把扫描好的图像保存起来。

4．数码相机

数码相机是一种数字成像设备。它的特点是以数字形式记录图像，原理与扫描仪相同，关键部件都是 CCD（电荷耦合器件）。与扫描仪不同的是，数码相机的 CCD 阵列不是排成一条线，而是排成一个矩形网格分布在芯片上，形成一个对光线极其敏感的单元阵列，使照相机可以一次拍摄一整幅图像，而不像扫描仪那样逐行地慢慢扫描图像。

衡量数码相机的技术指标主要是 CCD 像素数量。像素总数越多，图像的清晰度越高，色彩越丰富。目前，一般数码照相机的 CCD 为 1 200 万像素左右，高级数码照相机和专业数码照相机的 CCD 达到 4 000 万像素。其他的技术指标有光学镜头、快门速度等。具体使用操作可以在不同厂家的使用说明书中看到，此处不再赘述。

5.2.3　声音的采集

多媒体中的声音来源有两种，即购买商品语音库和录音制作合成。声音的录制和播放都通过声卡完成。使用工具软件可以对声音进行各种编辑或处理，以获得较好的音响效果。最简单方便的音频捕获编辑软件是 Windows 中的录音机。录制声音时，需要一个麦克风，并把它插入声卡中的麦克风（MIC）插孔；也可连接另外的声源电缆，如 CD 唱机或其他立体声设备。

具体操作步骤如下。

1．调整音量

单击任务栏中的音量图标，弹出“音量控制”对话框，如图 5-5 所示。

在图 5-5（a）中，上下拖动滑块，可以改变音量的大小。在进行详细调整音量时，右键单击任务栏中的音量图标，弹出菜单，选择“打开音量合成器”选项，如图 5-5（b）所示。

音量控制：分别调扬声器、系统声音和播放器音量的大小。

静音的选择：如果要完全关闭声音，则单击音量控制均衡中下面的“小喇叭”。

2．录音

依次选择“开始/所有程序/附件/录音机”命令，打开“录音机”窗口，窗口界面如图 5-6 所示。当对着麦克风说话时，单击“开始录音”按钮，录音开始，控制滑块开始向右边移动，此时显示录制时间。单击“停止”按钮就可以停止录音，此时弹出“保存路径”窗口，保存文件。播放时，打开该文件，在播放器中播放，如图 5-7 所示。

如果不想录自己的声音，还可以用一条输入信号线录下其他设备（如音响）发出的声音。只要把这条线的一端插入声卡后面的 Line In 孔，另一端插入音响的 Line Out 孔即可。

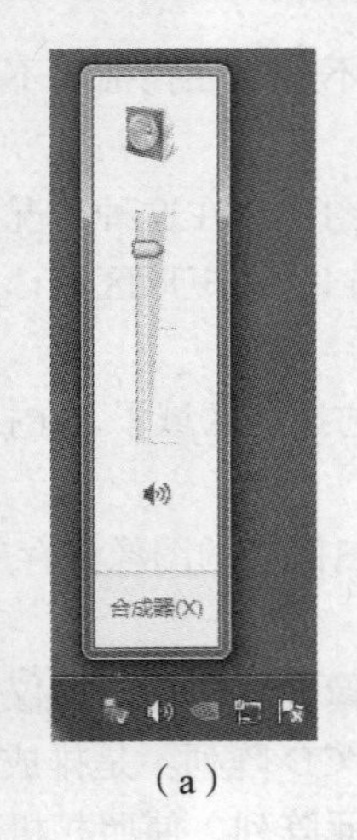

（a）

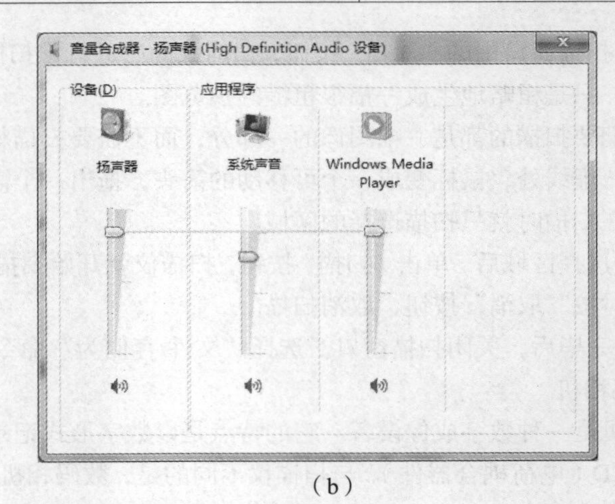

（b）

图 5-5 “音量控制”对话框

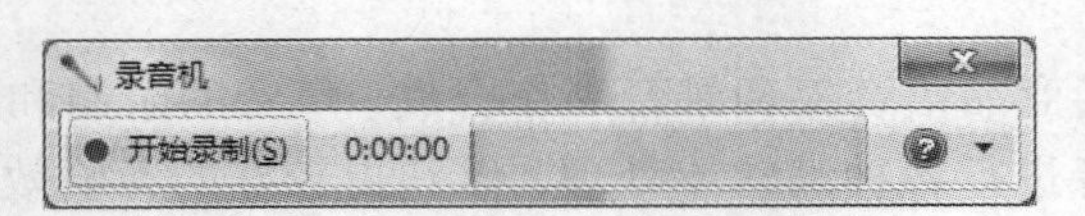

图 5-6 “录音机”窗口

图 5-7 播放器

5.2.4 视频影像的采集

获取数字视频信息主要有两种方式。一种是将模拟视频信号数字化，即在一段时间内以一定的速度对连续的视频信号进行采集。所谓采集，就是将模拟的视频信号经硬件设备数字化，然后将其数据加以存储。在编辑或播放视频信息时，将数字化数据从存储介质中读出，经过硬件设备还原成模拟信号后输出。使用这种方法，需要拥有录像机、摄像机及一块视频捕捉卡。录像机和摄像机负责采集实际景物，视频捕捉卡负责将模拟的视频信息数字化。另一种是利用数字摄像机拍摄实际景物，从而直接获得无失真的数字视频。就目前来讲，由于数字摄像机的普及，第二种方法使用的场合多一些。

5.3 多媒体素材制作工具

5.3.1 图像处理软件介绍

1. Adobe Photoshop 软件介绍

在众多图像处理软件中，比较公认的是 Adobe 公司推出的专业图形、图像处理软件 Photoshop，它以其强大的功能成为桌面出版、影视编辑、网页设计、多媒体设计等行业的主流设计软件。它不仅提供强大的绘图工具，可以直接绘制艺术文字、图形，还能直接从扫描仪、数码相机等设备采集图像，并对它们自发进行修改、修复，调整图像的色彩、亮度，改变图像的大小，而且还可以对多幅图像进行处理，并增加特殊效果，使现实生活中很难遇见的景像十分逼真地展现出来，这些功能都为我们实现设计创意带来了方便，具体使用见下一章介绍。

Photoshop 到今天共发展为 13 个版本。自 2003 年，Adobe 将 Adobe Photoshop 8 更名为 Adobe Photoshop CS 后，现在最新版本为 Adobe Photoshop CS 6。

2. Adobe Illustrator 软件介绍

Adobe Illustrator 是一种应用于出版、多媒体和在线图像的工业标准矢量插画的软件。作为一款非常好的图片处理工具，Adobe Illustrator 广泛应用于印刷出版、专业插画、多媒体图像处理和互联网页面的制作等，也可以为线稿提供较高的精度和控制，适合生产任何小型设计到大型的复杂项目。

Adobe Illustrator 到今天发展为 19 个版本之多。自 2002 年，Adobe 发布 Adobe IllustratorCS（实质版本号为 11.0）后，现在最新版本为 2012 年发行的 Adobe Illustrator CS 6。该系统具有 Mac OS 和 Windows 的本地 64 位支持，可执行打开、保存和导出大文件以及预览复杂设计等任务。支持 64 位的好处是，软件可以有更大的内存支持，运算能力更强。它还新增了不少功能和对原有的功能进行增强。全新的图像描摹，利用全新的描摹引擎将栅格图像转换为可编辑矢量。无须使用复杂控件即可获得清晰的线条、精确的拟合及可靠的结果。

3. CorelDRAW 软件介绍

CorelDRAW 软件广泛地应用于商标设计、标志制作、模型绘制、插图描画、排版及分色输出等诸多领域。与同行软件比较，其功能强大，兼容性极好，可生成各种与其他软件相兼容的格式。它操作起来较 Illustrator 简单，界面设计友好，操作精微细致，在国内中小型广告设计公司中的应用率极高。

该图像软件是一套屡获殊荣的图形、图像编辑软件。它包含两个绘图应用程序：一个用于矢量图及页面设计，另一个用于图像编辑。自 1989 年 CorelDRAW 横空出世，引入了全色矢量插图和版面设计程序，填补了该领域的空白后，常见历史版本有 8、9、10、11、12、X3、X4、X5，现在最新版本为 CorelDRAW x6，MAC 机上为 11 版本。

5.3.2　动画制作软件 Flash

Flash 是一种可交互的矢量动画软件，它是以时间轴为基准的编辑工具。由于 Flash 能够在低文件数据率下实现高质量的动画效果，它在网络中得到了广泛的使用。Flash 被公认为是当前世界上最优秀的网络动画软件。它集矢量绘图、动画制作和 Action 编程于一体，因而被广泛应用在网页制作、多媒体教学和游戏开发等领域。

1. Flash 的操作界面

Flash 的操作界面分为菜单栏、工具栏、图层及时间轴、舞台、浮动面板及属性检测器面板，如图 5-8 所示。其中 Flash 中的舞台就像导演指挥演员演戏一样，要给演员一个排练演出的场所。在舞台工作区即可以绘制和编辑图形、文字以及创建动画，也可以展示图形图像、文字、动画等对象。

工具箱提供了用于图形绘制和图形编辑的各种工具。工具箱内从上到下分为“工具”栏、“查看”栏、“颜色”栏和“选项”栏，如图 5-9 所示。单击某个工具按钮，即可激活相应的操作功能。

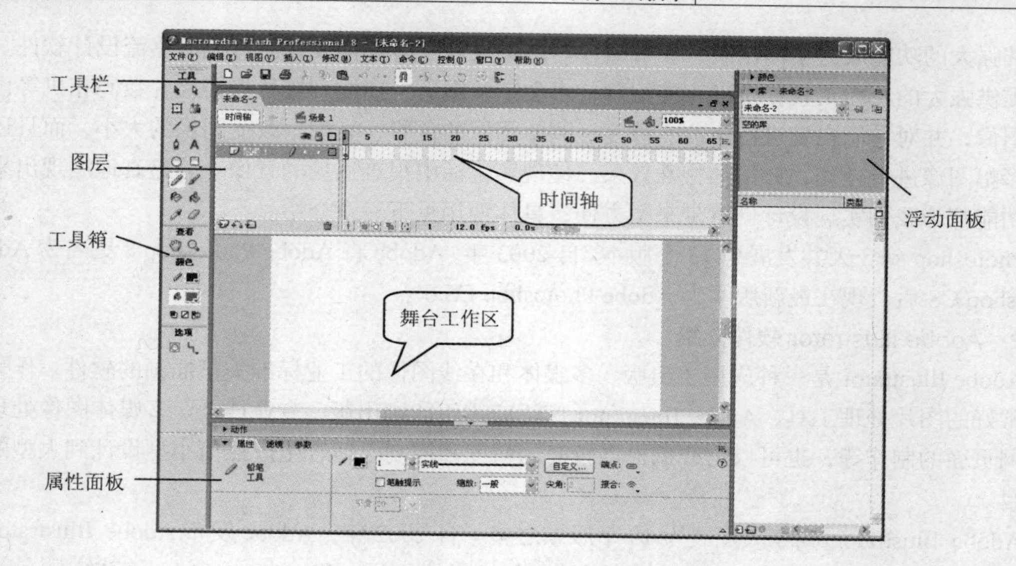

图 5-8　Flash 的操作界面

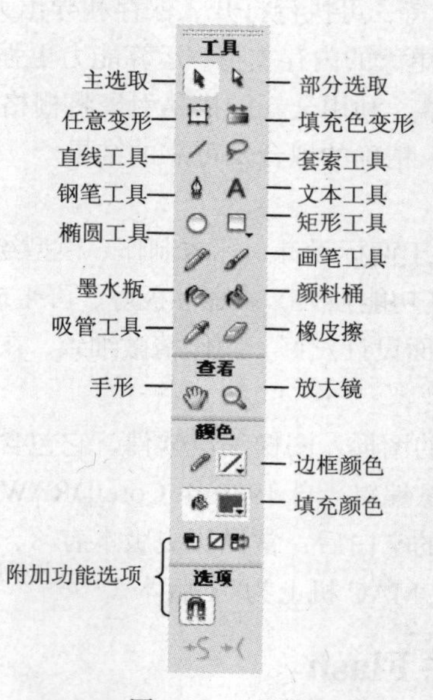

图 5-9　工具箱

Flash 为用户提供了多组控制面板，如浮动面板、属性面板、动作脚本面板等。

- 浮动面板包括对齐、混色器、颜色样本、信息、变形和库面板，它极大地方便了对舞台对象的编辑操作。
- 属性面板是一个非常有用的特殊面板。单击选中不同的对象或工具箱中的工具时，会自动调出不同的属性面板。属性面板集中了相应的参数设置选项。例如，单击工具箱中的“文本工具”按钮，再单击舞台工作区，此时的属性面板如图 5-10 所示，其中提供了用于设置文字字体、大小、颜色等的工具选项。
- 动作脚本面板是 Flash 的脚本撰写语言（ActionScript），如图 5-11 所示。使用它可以向影片添加交互性。动作脚本提供了一些元素，例如动作、运算符以及对象，可将这些元素组织到脚本中，指示影片要执行什么操作；用户可以对影片进行设置，从而使单击按钮和按下键盘键之类的事件可触发这些脚本。例如，可用动作脚本为影片创建停止按钮。

图 5-10　文本属性面板

图 5-11　动作脚本面板

在标准编辑模式下使用该面板，可以通过从菜单和列表中选择选项来创建脚本。在专家编辑模式下使用该面板，可直接向脚本窗格中输入文本。

2. 绘制与编辑图形

使用铅笔工具绘制线条图形时，可以绘制任意形状的曲线矢量图形。绘制完一条线后，Flash 可以自动对其进行加工，例如变直、平滑等。

编辑线条时，使用工具箱中的选择工具，将鼠标指针移到线、轮廓线或填充的边缘处，会发现鼠标指针右下角出现一个小弧线，用鼠标拖曳线，即可看到被拖曳的线形状发生了变化，如图 5-12 所示；指向直角线直角，用鼠标拖曳直角，即可看到被拖曳的直角形状发生了变化，如图 5-13 所示。

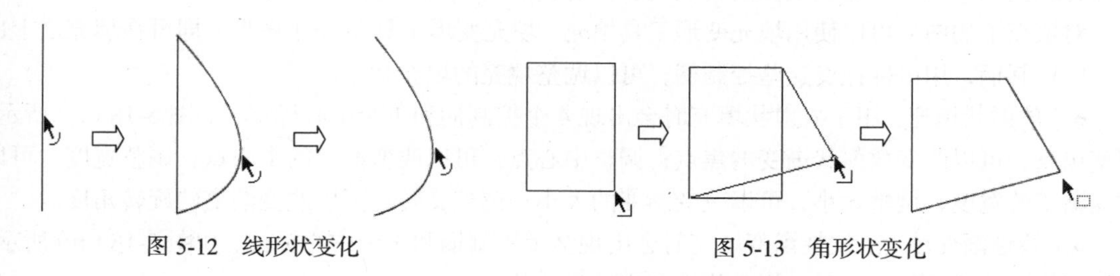

图 5-12　线形状变化　　　　图 5-13　角形状变化

使用墨水瓶工具可以改变已经绘制的线的颜色和线型等属性。在修改了线的颜色和线型后，单击工具箱内的墨水瓶工具，将鼠标移到舞台工作区中的某条线上，单击鼠标，即可修改线条颜色和线型。如果用鼠标单击一个无轮廓线的填充，则会自动为该填充增加一条轮廓线。

使用滴管工具可以吸取舞台工作区中已经绘制的线条和填充的对象。单击工具箱中的滴管工具，然后将鼠标移到在舞台工作区内的对象之上，此时鼠标指针变成（对象是线条）、（对象是填充）或（对象是文字）的形状。单击鼠标，即可将单击对象的属性赋给相应的面板，相应的工具也会被选中。

绘制图形时可以用椭圆、矩形和多角星形工具绘图，使用前应先设置笔触属性。用椭圆、矩形和多角星形工具绘制出的有填充的图形由两个对象组成：一个是轮廓线，另一个是填充。这两个对象是独立的，可以分离，分别操作。例如，绘制一个椭圆形图形后，单击工具箱中的选择工具，再将鼠标指针移到椭圆形图形内，拖曳鼠标，即可把填充移开，如图 5-14 所示。

如果选择星形绘制可以是单击工具箱内的多角星形工具，单击属性面板内的“选项”按钮，调出“工具设置”对话框，如图 5-15 所示。

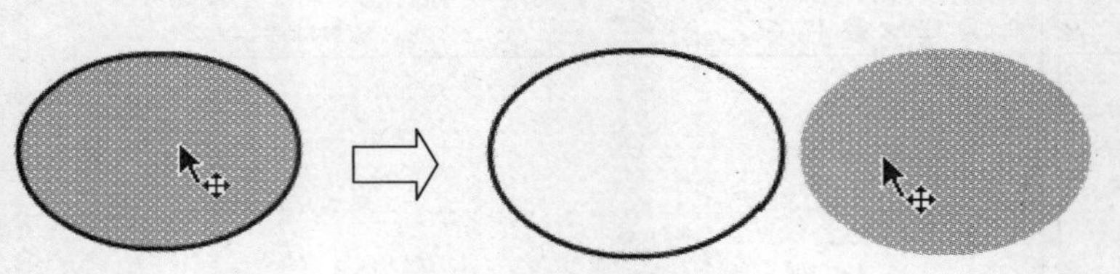

图 5-14　填充对象的移动

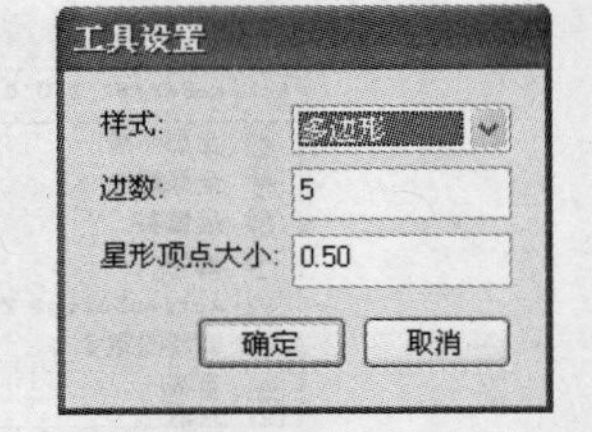

图 5-15　“工具设置”对话框

在舞台工作区内拖曳鼠标，即可绘制出一个多角星形或多边形图形。如果在拖曳鼠标时，按住 Shift 健，即可画出正多角星形或正多边形，如图 5-16 所示。

绘制的图形可以切割，切割的对象有矢量图形、分离的位图和文字，不包括组合对象。切割对象时，可以用选择工具在舞台工作区内拖曳鼠标，如图 5-17 左图所示，选中图形的一部分。

图 5-16　多边形图形设置效果

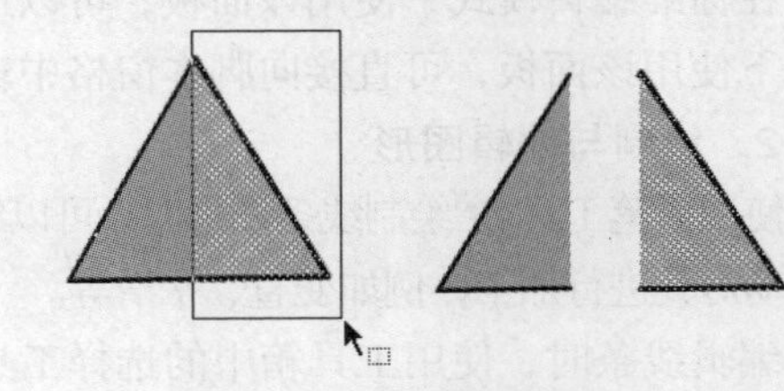

图 5-17　切割图形方法一

绘制的图形可以使用颜料桶工具填充。颜料桶工具的作用是对填充属性进行修改。填充的属性有纯色（单色）填充、线性渐变填充、放射状渐变填充、位图填充等。

对填充了的图形可以使用填充变形工具填充。填充变形工具用于图形，即可在填充之上出现一些控制柄，用鼠标拖曳这些控制柄，可以调整填充的填充状态。

- 放射状填充：用于放射状填充时会出现 4 个控制柄和 1 个中心标记，如图 5-18（a）所示。调整焦点，可以改变放射状渐变的焦点；调整中心点，可以改变渐变的中心点；调整宽度，可以改变渐变的宽度；调整大小，可以改变渐变的大小；调整旋转，可以改变渐变的旋转角度。
- 线性渐变填充：线性渐变填充时会出现 2 个控制柄和 1 个中心标记，如图 5-18（b）所示。用鼠标拖曳这些控制柄，可以调整线性渐变填充的状态。
- 位图填充：位图填充时会出现 6 个控制柄和 1 个中心标记，如图 5-18（c）所示。用鼠标拖曳控制柄，可以调整填充的状态。

3. 图层、时间轴与帧

在 Flash 中，图层相当于舞台中的演员所处的前后位置，如图 5-19 所示。

时间轴是 Flash 进行动画创作和编辑的主要工具。时间轴就好像导演的剧本，它决定了各个场景的切换以及演员出场、表演的时间顺序。Flash 把动画按时间顺序分解成帧。在舞台中直接绘制的图形或从外部导入的图像，均可形成单独的帧，再把各个单独的帧画面连在一起，合成动画。每一个动画都有它的时间轴。图 5-20 给出了一个 Flash 动画的时间轴。

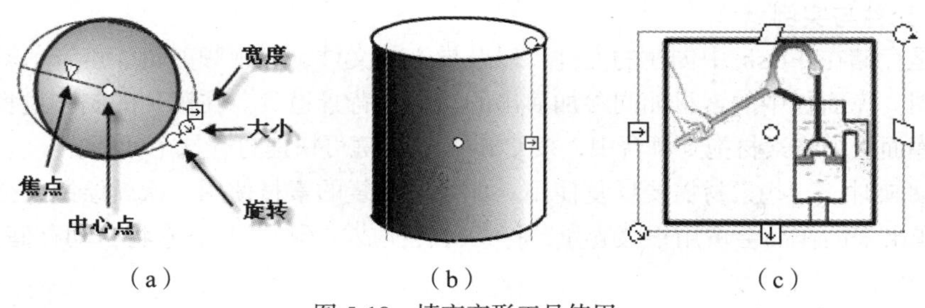

图 5-18　填充变形工具使用

图 5-19　Flash 中的图层

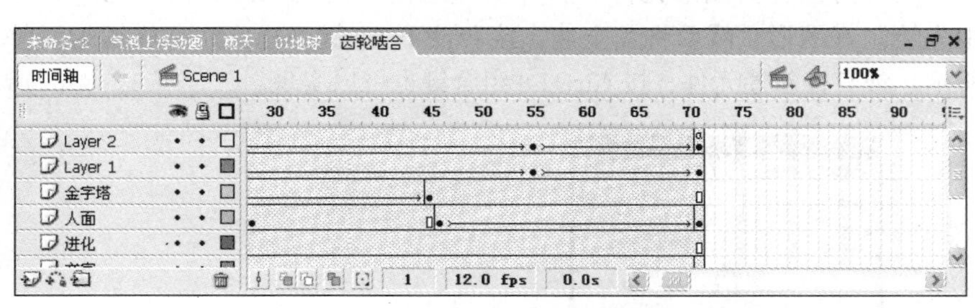

图 5-20　Flash 动画的时间轴

在时间轴上主要有以下几种帧，如图 5-21 所示。

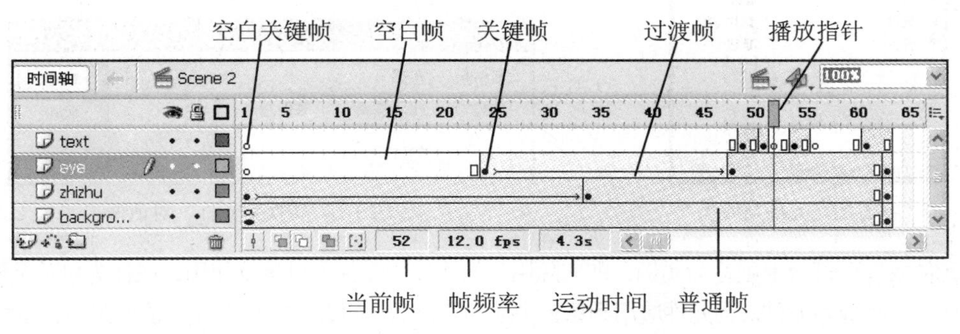

图 5-21　时间轴上的帧

- 空白帧：该帧内是空的，没有任何对象，也不可以在其内创建对象。
- 空白关键帧：帧单元格内有一个空心的圆圈，表示它是一个没内容的关键帧，可以创建各种对象。如果新建一个 Flash 文件，则在第 1 帧会自动创建一个空白关键帧。单击选中某一个空白帧，再按 F7 键，即可将它转换为空白关键帧。
- 关键帧：帧单元格内有一个实心的圆圈，表示该帧内有对象，可以进行编辑。单击选中一个空白帧，再按 F6 键，即可创建一个关键帧。
- 普通帧：在关键帧的右边的浅灰色背景帧单元格是普通帧，表示它的内容与左边的关键帧内容一样。单击选中关键帧右边的一个空白帧，再按 F5 键，则从关键帧到选中的帧之间的所有帧均变成普通帧。
- 过渡帧：它是两个关键帧之间，创建补间动画后由 Flash 计算生成的帧，它的底色为浅蓝色（动作动画）或浅绿色（形状动画）。不可以对过渡帧进行编辑。

● 动作帧：该帧本身也是一个关键帧，其中有一个字母“a”，表示这一帧中分配有动作脚本。当动画播放到该帧时会执行相应的脚本程序。

4. 库、元件与实例

库面板是存储在 Flash 中创建的元件，以及导入的文件，如视频剪辑、声音剪辑、位图和导入的矢量插图。库面板中的素材如同参加演出的演员和背景道具。在影片的制作过程中，我们需要不时地从库面板中将素材拖到舞台中，按 Ctrl+L 组合键可快速打开这个面板。

在制作动画时，一些素材需要反复使用。如果对重复的素材使用一次就绘制，会占用很多时间，而且制作出来的作品会占用很大容量。将素材转换成“元件”后，它将自动存储在库面板中，如图 5-22 所示。

元件可以分为图形元件、影片剪辑元件和按钮元件。创建元件的方法是在主场景的舞台中先绘制好图形，然后将其全选，接着按下 F8 键弹出一个“转换为元件”对话框，如图 5-23 所示。或直接新建元件，按 Ctrl+F8 组合键也可以实现。

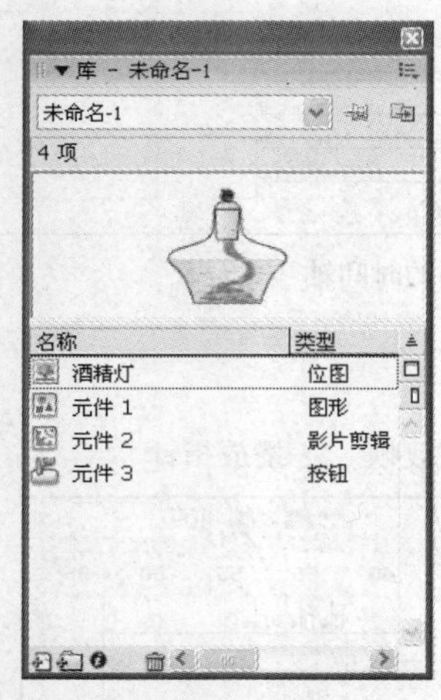

图 5-22 元件与库

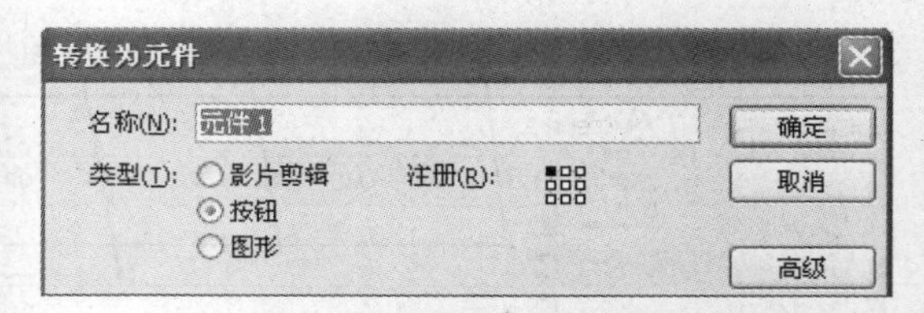

图 5-23 “转换为元件”对话框

将元件放置到舞台上则称为实例，即实际用到的物体。元件可以重复使用，或作为单独个体存在，或与其他元件组成新元件。当元件应用到舞台中成为实例后，两者之间仍然保持镜像关系，即修改元件内容的同时也修改实例内容。元件的好处很多，除减少素材体积大小外，还可以制作出整体变色、变透明等特效。重要的是只有它可以执行 Flash 中的运动变形动画。

5. 运动补间动画

在 Flash 中运动补间动画可以创建出丰富多彩的动画效果，可以使一个对象在画面中沿直线移动，沿曲线移动，变换大小、形状和颜色，以中心为圆点自转，以中心为圆点旋转，产生淡入淡出效果等。

下面用一个简单的例子——走直线的小球，说明创设运动补间动画的基本形式。

具体操作步骤如下。

① 用工具栏中的椭圆工具，在舞台中绘制一个小球。

② 框选或单击图层该帧，全选小球，按下 F8 功能键，弹出“转化为元件”对话框，命名后得到“小球”元件。

③ 单击时间轴 25 帧，按下 F6 功能键，得到一个关键帧。

④ 拖动舞台中的小球到右边位置，单击时间轴 1～25 帧中的任意帧，设置属性面板中的“补

间”为“动画”，此时时间轴 1～25 帧显示一条带箭头的线，背景呈淡蓝色，如图 5-24 所示。

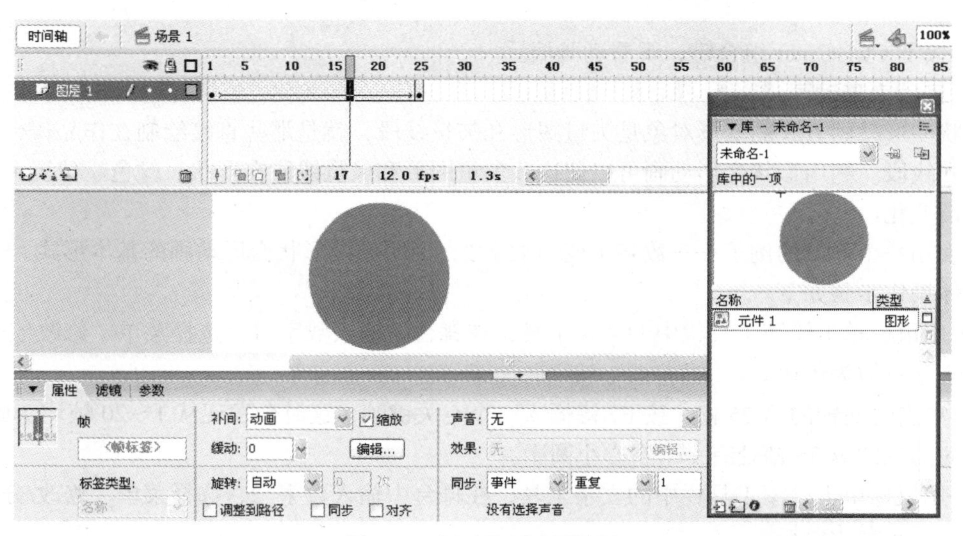

图 5-24　运动补间动画特征

⑤ 按下 Ctrl+Enter 组合键，观看动画演示。

当我们需要调整小球快慢或以中心为圆点旋转时，可以分别调整属性面板中的“缓动”和“旋转”。当需要变换大小时，单击关键帧，选中对象改变大小。当需要改变颜色或产生淡入淡出效果时，单击关键帧，选中对象，在属性面板中选择“颜色”下拉列表中的“色调”或“亮度”，如图 5-25 所示。

当需要小球沿特定路径移动时，需要使用引导层，如图 5-26 所示。

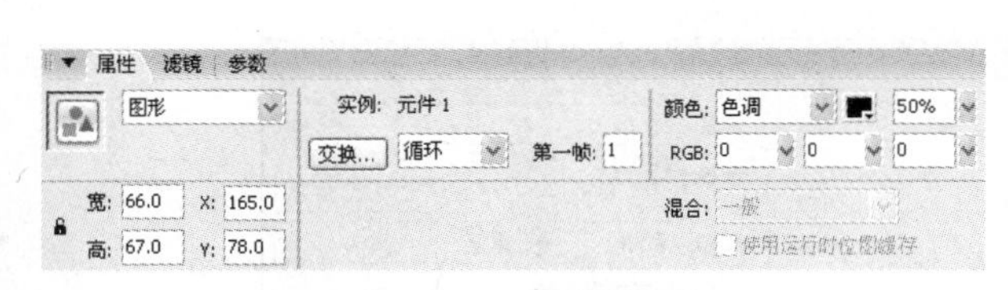

图 5-25　“颜色”调整

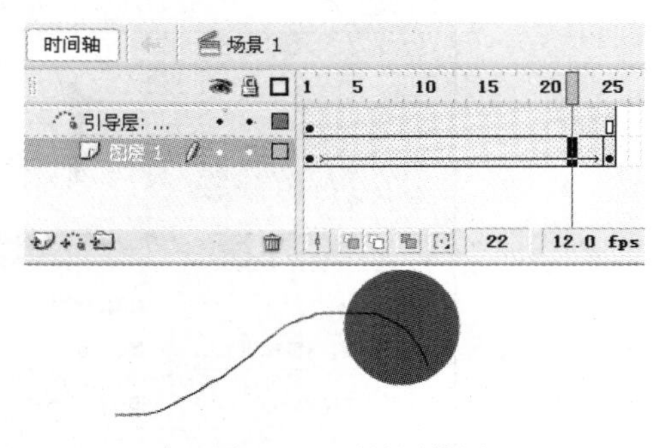

图 5-26　引导层使用

引导层是一种特殊的层，在引导层中可以设计一条曲线路径，然后将此路径与引导层下方的编辑层中的元素串联在一起，这样就可以做出物体沿特定路径移动的动画效果。

具体制作步骤如下。

① 在制作小球直线运动的基础上，单击时间轴左边引导层按钮，建立引导层。

② 单击引导层时间轴的第 1 帧，再单击绘图工具栏中的铅笔工具，然后在舞台上画一条曲线。

③ 单击图层 1 时间轴的第 1 帧，然后单击工具栏中的箭头工具，按住舞台中小球进行拖曳，这时会发现原先的“+”标记处出现了一个小圆圈。将此小圆圈拖曳至刚才所绘曲线的一端，并使其与端点重合。

④ 单击图层1时间轴的第25帧，此时将小球拖曳至曲线的另一端，使小圆圈与另一端的端点重合。

⑤ 按下Ctrl+Enter组合键，观看动画演示。

6．形状变形动画

形状变形动画方式的变形对象是矢量图形和矢量线段，就是那些直接绘制在作品舞台上的各种图形和线段。利用形状变形动画可以使这些矢量图形和矢量线段在形状、颜色、位置上发生任意的平滑变化。

下面用一个简单的例子——数字1变为数字2，说明创设形状变形动画的基本形式。

具体操作步骤如下。

① 用鼠标单击绘图工具栏中的文字工具，在舞台中输入数字1，选择菜单“修改/分离”命令，将文字打散为色块。

② 单击时间轴的第25帧，按F7键插入一个空关键帧，这时会发现从1～20帧均变成灰色，而且在时间轴的第25帧处有一个空心小圆圈。

③ 用鼠标单击绘图工具栏中的文字工具，在舞台中输入数字2，选择菜单“修改/分离”命令，将文字打散为色块。

④ 单击时间轴1～25帧中的任意帧，设置属性面板中的“补间”为“变形”，此时时间轴1～25帧显示一条带箭头的线，背景呈浅绿色，如图5-27所示。

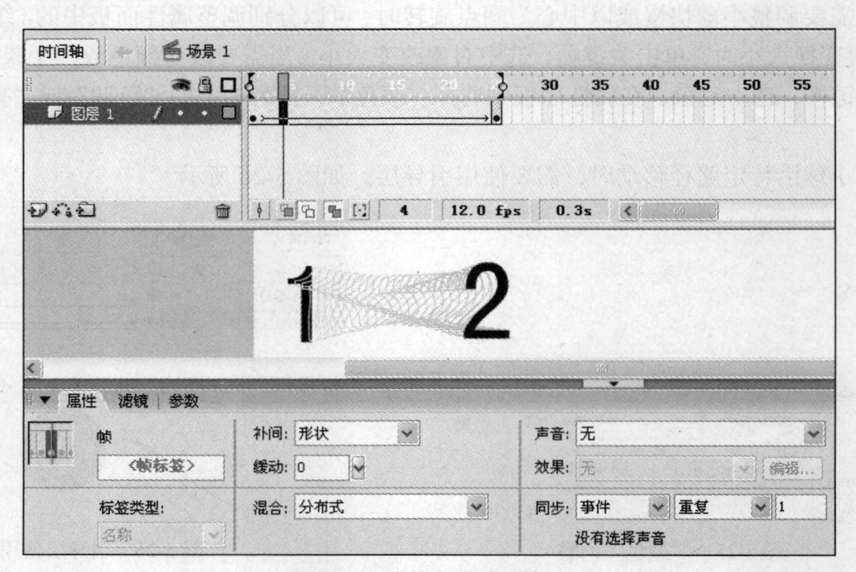

图5-27 形状变形动画特征

⑤ 按下Ctrl+Enter组合键，观看动画演示。

在图形渐变时，如果需要个性化变形，可以在第一帧数字1处，多次选择菜单“修改/形状/添加形状提示”命令，添加形状提示符号a、b等，重新放置a、b位置。用鼠标指向25帧处时，数字2已经添加了形状提示符号a、b。经多次调整a、b位置后，按下Ctrl+Enter组合键，观看动画演示会有令人满意的效果。

7．遮罩层动画

所谓遮罩层，顾名思义，就是将位于它下面的那一层遮住，只显示挖空区域（“挖空区域”可以是矢量图、字符、符号及外部导入的各种素材）。通过挖空区域，下面图层的内容就可以被显示出来，而没有对象的地方成了遮挡物，把下面的被遮罩图层的其余内容遮挡起来。因此可以透过遮罩层内的对象（挖空区域）看到其下面的被遮罩图层的内容，而不可以透过遮罩层内没有对象的非挖空区域看到其下面的被遮罩图层的内容。通过对遮罩层和被遮罩层上的对象编辑，使它们做出各种动作，产生炫目的动画效果。

下面用一个简单的例子说明创建遮罩层动画的基本形式。

具体操作步骤如下。

① 创建一个普通图层，并在其上创建一个对象，此处导入一幅图像。

② 在选中的普通图层的上边创建一个新的普通图层，在新建的图层上绘制图形与输入文字，以便作为遮罩层的挖空区域，如图 5-28（a）所示。

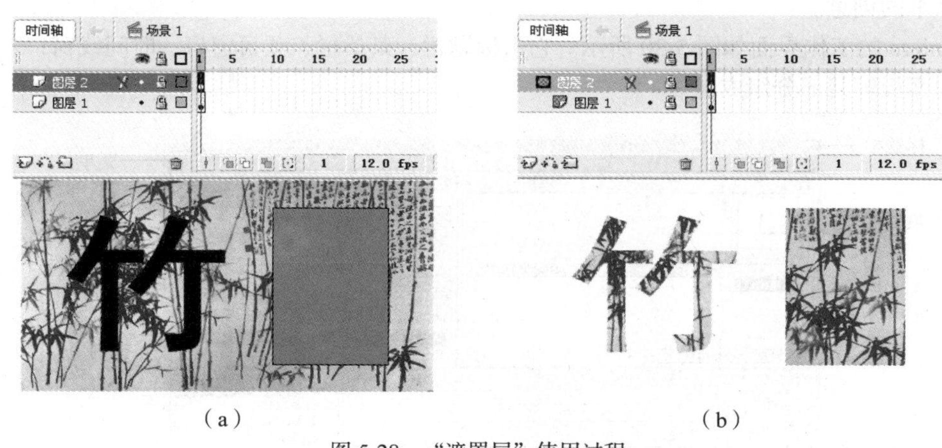

（a）　　（b）

图 5-28　“遮罩层”使用过程

③ 将鼠标指针移到遮罩层的名字处，单击鼠标右键，调出图层快捷菜单，单击该快捷菜单中的“遮罩层”命令。此时，选中的普通图层的名字会向右缩进，表示已经被它上面的遮罩层所关联，成为被遮罩图层，如图 5-28（b）所示。

在建立遮罩层后，Flash 会自动锁定遮罩层和被它遮盖的图层。如果需要编辑遮罩层，应先解锁，解锁后就不会显示遮罩效果了。如果需要显示遮罩效果，需要再锁定图层。

如果取消被遮罩图层与遮罩层的关联，可以选中被遮罩的图层，然后选中“图层属性”对话框中的“一般”单选项。

8. 逐帧动画

逐帧动画在 Flash 中的应用也比较常见。逐帧动画的每一帧都由制作者确定，而不是由 Flash 通过计算得到。连续依次播放这些画面，即可生成动画效果，比如小鸟的飞翔、人的走动等。逐帧动画适用于制作非常复杂的动画。与过渡动画相比，通常逐帧动画的文件字节数较大。为了使一帧的画面显示的时间长一些或者要减缓动画速度，可以在关键帧后边添加几个与关键帧内容一样的普通帧来实现，如图 5-29 所示。

图 5-29　逐帧动画

5.3.3 视频处理软件 Premiere

视频编辑就是对捕获来的视频影像进行编辑处理，来完成部分片断的制作。传统的影视编辑大多采用模拟方式，通过对拷贝的剪贴等方式制作出各种特技效果。而计算机处理视频影像则是利用数字方式对数字化的视频信息进行编辑处理，制作出具有多种视觉效果的视频文件。具有数字视频编辑功能的软件很多，其中比较常用的有 Windows Movie Makers、Adobe Premiere、Media Studio 和 Asymetrix DVP（Digital Video Producer）。

Premiere 是公认的一种理想专业化数字视频处理软件。它可以配合多种硬件进行视频捕获和输出，提供各种精确的视频编辑工具，并能产生广播级质量的视频文件。用 Premiere 不仅可以制作各种特技效果，而且可让每位掌握它的用户都成为一名出色的导演。它可以为多媒体应用系统增添高水平的创意。

Premiere 的工作界面如图 5-30 所示。它由标题栏、菜单栏、项目窗口、时间线窗口、监视窗口、控制面板等几部分组成。

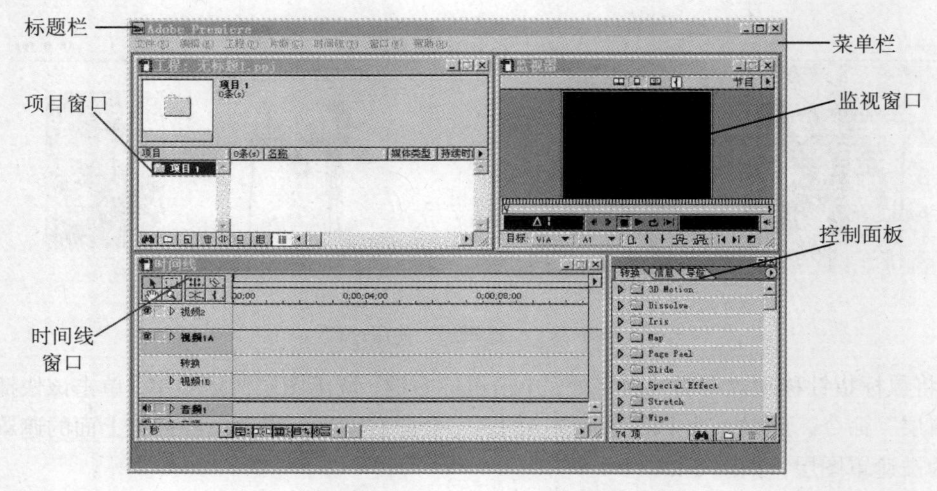

图 5-30 Premiere 的工作界面

5.3.4 Adobe Audition 声音编辑软件

Adobe Audition 是 Cool Edit Pro 的升级版，是一款功能强大、效果出色的多轨录音和音频处理软件。它是一个非常出色的数字音乐编辑器和 MP3 制作软件。它不仅可以对音调、歌曲的一部分、声音、弦乐、颤音、噪声或是调整静音进行处理，还提供了放大、降低噪声、压缩、扩展、回声、失真、延迟等多种特效。此外，它还可以同时处理多个文件，轻松地在几个文件中进行剪切、粘贴、合并、重叠声音操作。使用它可以生成的声音有：噪声、低音、静音、电话信号等。该软件还包含了 CD 播放器。其他功能包括：支持可选的插件、崩溃恢复、支持多文件、自动静音检测和删除、自动节拍查找、录制等。另外，它还可以在 AIF、AU、MP3、Raw PCM、SAM、VOC、VOX、WAV 等文件格式之间进行转换，并且能够保存为 RealAudio 格式。

Adobe Audition 的工作界面分为单轨波形编辑界面和多轨界面，分别如图 5-31 和图 5-32 所示，从上到下共分为菜单栏、工具栏、选项卡、文件波形显示区、操作区和状态栏 6 个部分。

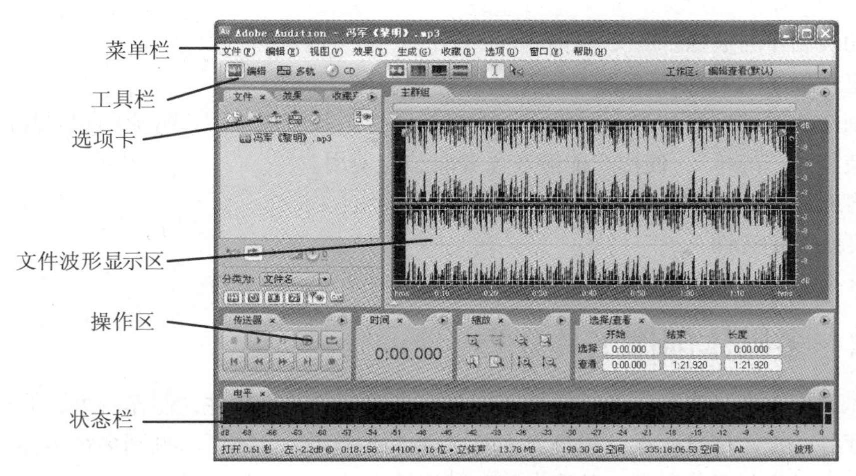

图 5-31　Audition 单轨波形编辑界面

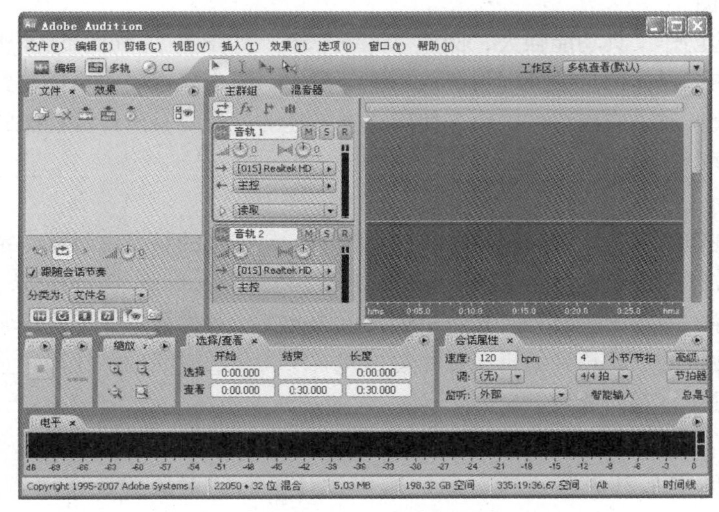

图 5-32　Audition 多轨界面

5.4　多媒体创作工具

5.4.1　多媒体创作工具的特点

所谓多媒体创作工具，是指能够集成处理和统一管理多媒体信息，使之能够根据用户的需要生成多媒体应用创作系统的工具软件。一般来说，多媒体创作工具应该具有下列 8 个方面的功能和特性。

（1）编程环境。多媒体创作工具应提供编排各种媒体数据的环境，即能对单媒体进行基本的操作控制，如循环、条件分支、变量等价、布尔运算及计算管理等。

（2）超媒体功能和流程控制功能。一般创作工具都提供超媒体链接功能，即从一个静态对象跳转到一个相关的数据对象进行处理的能力。

（3）支持多种媒体数据的输入和输出，具有描述各种媒体之间时空关系的交互手段。

（4）动画制作与演播。

（5）应用程序间的动态链接。

（6）制作片段的模块和面向对象化。多媒体创作工具应能让用户编成的独立片段模块化，使其能“封装”和“继承”，使用户能够在需要时独立使用。

（7）界面友好、易学易用。

（8）良好的扩充性。

以上 8 个方面一般作为评测同类创作工具是否优劣的一种标准。

5.4.2 多媒体创作工具分类

多媒体创作工具又叫写作工具或编著工具。借助这些工具软件，制作者可以简单直观地编制程序，调度各种媒体信息，设计用户界面及实现人机交互。目前可以见到多种多样的创作工具，但归纳起来可分为基于流程图、基于卡片和基于语言的 3 类创作工具。

1. 基于流程图

基于流程图的创作工具功能强大，例如 Authorware，如图 5-33 和图 5-34 所示。这些软件将程序的基本结构和多媒体信息的处理封装成一个个模块，用户将这些模块拖动到工作区建立流程图，经过编译后就形成了应用程序。由于使用这类工具的过程就是设计流程图的过程，因而要求用户有相当的程序设计经验。

2. 基于卡片

基于卡片的创作工具是按照超链接的结构设计的。超链接的结点由具有一定时空关系的多媒体数据构成，通常被看作卡片、页或场景，例如 PowerPoint、Action、ToolBook、Director、Flash、方正奥斯、洪图等。图 5-35 和图 5-36 所示模式就为此类。其界面就是卡片编辑器，系统提供给用户添加多媒体数据的工具箱和编辑多媒体数据间时序关系的时间轴，让用户直观地编辑卡片内的多媒体内容，操作直观而简便。

3. 基于语言

基于语言的创作工具为多媒体对象的操作设计了面向对象的操作语言，例如创作工具 ToolBook 中的 OpenScript 语言，如图 5-37 所示。其特点是语法容易理解，用户不必操心程序的细节，但要掌握这类语言，也需要较长时间的学习培训。

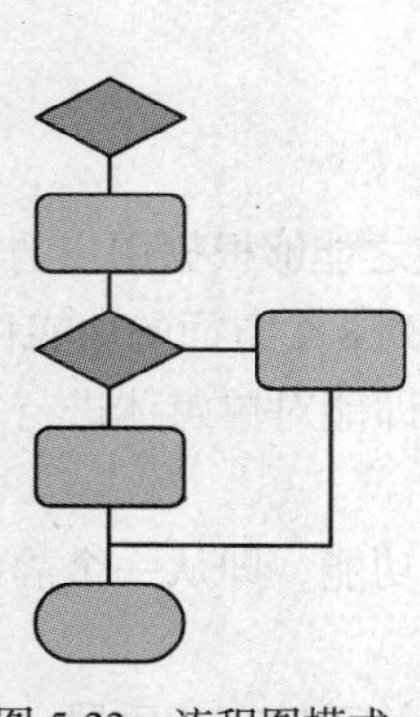

图 5-33　流程图模式

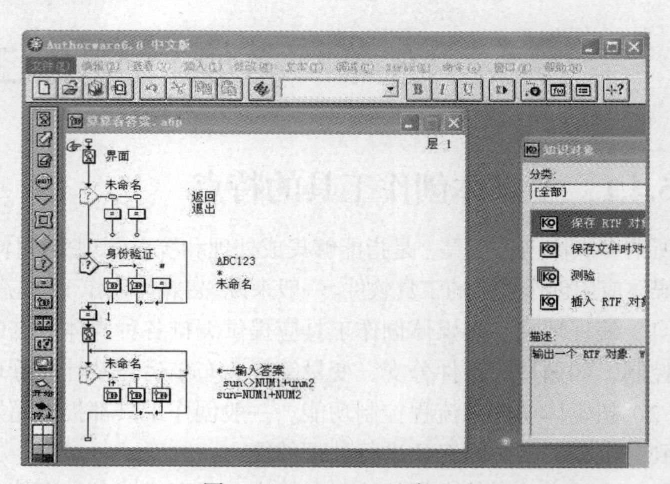

图 5-34　Authorware 窗口界面

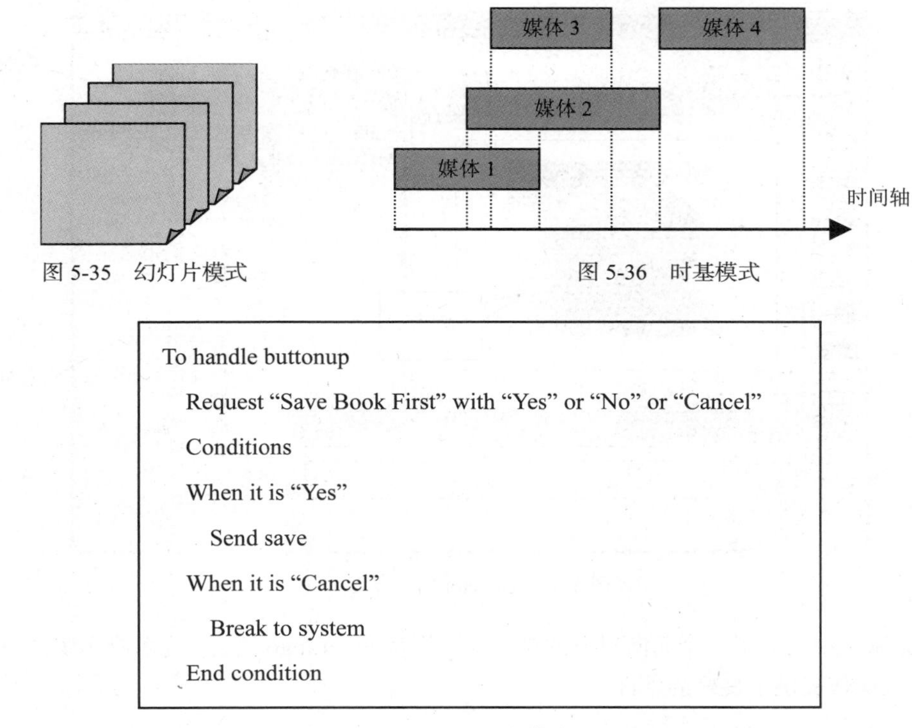

图 5-35　幻灯片模式

图 5-36　时基模式

```
To handle buttonup
  Request "Save Book First" with "Yes" or "No" or "Cancel"
  Conditions
  When it is "Yes"
    Send save
  When it is "Cancel"
    Break to system
  End condition
```

图 5-37　语言模式

5.4.3　典型的创作工具介绍

1. Authorware

Authorware 是目前国际流行的一种多媒体创作工具，是一种以图标为基础的、基于流程图方式的编辑工具。Authorware 中的数据是以对象或事件的形式出现的。在利用 Authorware 创作多媒体作品时，首要的任务是依据数据的特性规划出作品的框架，设计出流程图。

Authorware 应用于交互式多媒体作品的创作。Authorware 创作环境中提供了 13 种用以表现不同数据对象的设计编辑图标以及 10 种在人们日常生活、工作中经常被采用的交互形式。它的最大特点就是拥有灵活、丰富多彩的人机交互方式。

Authorware 以其易学易用为特征，为广大非计算机专业人员提供了一种良好的多媒体创作工具，深受多媒体创作人员的喜爱。

2. Director

Director 是以时间轴为基准的编辑工具，即时基方式，类似于电影的编导过程，并采用基于角色和帧的动画制作方式。

Director 借鉴了影视制作的形式，按照对象的出场时间设计规划整个作品的表现方式，如图 5-38 所示。Director 系统中设置了编排表(Score)窗口，利用该窗口中设置的时间轴将角色(Cast)窗口中所包含的角色按脚本设计需要，以舞台（ Stage ）的形式分配到对应的通道（ Channel ）中的每一帧（ Frame ）中。

Director 系统中设置了两个独立的声音控制轨道，为声音的混合提供了方便。同时 Director 还提供了图形及动画的制作功能和环境，是一个良好的动画编辑工具。

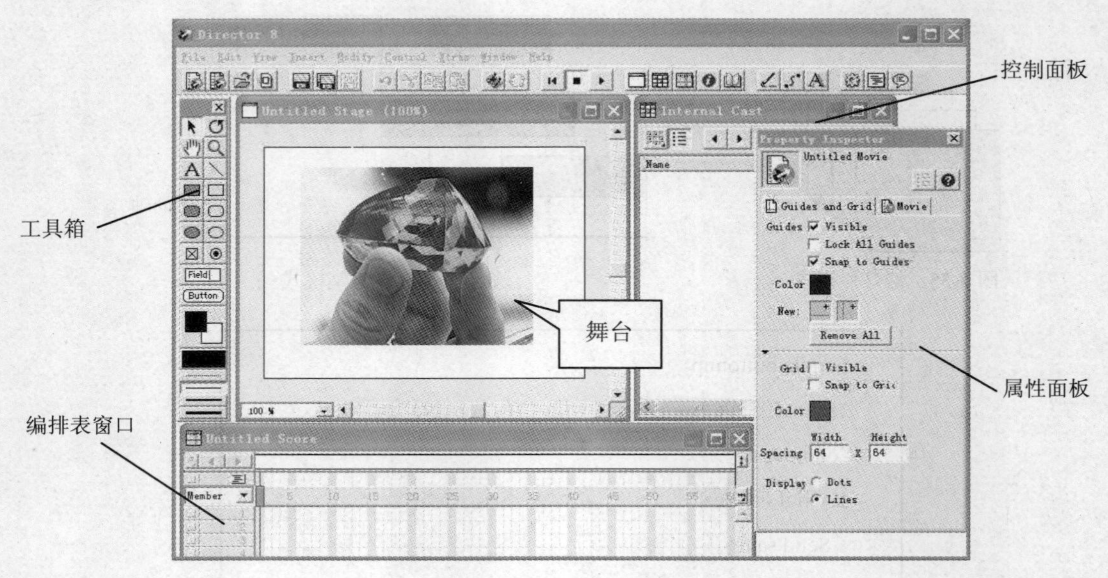

图 5-38　Director 窗口界面

Director 系统中内嵌了一个面向对象的脚本描述语言——Lingo 语言，为解决多媒体电子出版物中的交互式操作提供了良好的条件。

习　题

一、单项选择题

1. 多媒体技术的主要特征有（　　）。
   （1）多样性　（2）集成性　（3）交互性　（4）实时性
   （A）仅（1）　（B）（1）、（2）
   （C）（1）、（2）、（3）　（D）全部
2. 声音是一种波，它的两个基本参数为（　　）。
   （A）振幅、频率　（B）音色、音高
   （C）噪声、音质　（D）采样率、采样位数
3. 下列要素中不属于声音三要素的是（　　）。
   （A）音调　（B）音色　（C）音律　（D）音强
4. 下列采集的波形声音质量最好的是（　　）。
   （A）单声道、8 位量化、22.05 kHz 采样率
   （B）双声道、8 位量化、44.1 kHz 采样率
   （C）单声道、16 位量化、22.05 kHz 采样率
   （D）双声道、16 位量化、44.1 kHz 采样率
5. 我国使用的视频制式是（　　）。
   （A）PAL 制　（B）NTSC 制　（C）SECAM 制　（D）以上都不是
6. 帧率为 25 帧/秒的制式为（　　）。

（1）PAL （2）SECAM （3）NTSC （4）YUV

（A）仅（1） （B）（1）、（2）

（C）（1）、（2）、（3） （D）全部

7. 下面关于数字视频质量、数据量和压缩比的关系的论述，正确的是（ ）。

（1）数字视频质量越高，数据量越大

（2）随着压缩比的增大，解压缩后的数字视频质量开始下降

（3）压缩比越大，数据量越小

（4）数据量与压缩比是一对矛盾

（A）仅（1） （B）（1）、（2）

（C）（1）、（2）、（3） （D）全部

8. 下列文件格式中，（ ）是声音文件格式的扩展名。

（1）.wav （2）.jpg （3）.bmp （4）.mid

（A）仅（1） （B）（1）、（4）

（C）（1）、（2） （D）（2）、（3）

9. 下列文件格式中，（ ）是图像文件格式的扩展名。

（1）.txt （2）.mp3 （3）.bmp （4）.pcd

（A）仅（3） （B）（1）、（3）

（C）（1）、（3） （D）（3）、（4）

10. 下列文件格式中，（ ）是视频文件格式的扩展名。

（1）.jpg （2）.mpg （3）.avi （4）.mov

（A）（1）、（2）、（3） （B）（2）、（3）、（4）

（C）（1）、（3）、（4） （D）全部

11. 位图的特点包括（ ）。

（1）由许多像素组成

（2）用计算机指令表达

（3）从扫描仪、数码相机获取

（4）随意缩放且不改变图像清晰度

（5）随意缩放且图像变得粗糙

（A）（1）、（3）、（5） （B）（1）、（3）

（C）（2）、（4） （D）（1）、（2）、（4）

12. 矢量图的特点包括（ ）。

（1）由许多像素组成

（2）用计算机指令表达

（3）从扫描仪、数码相机获取

（4）随意缩放且不改变图像清晰度

（5）随意缩放且图像变得粗糙

（A）（2）、（3）、（4） （B）（1）、（3）

（C）（2）、（5） （D）（2）、（4）

二、思考题

1. 多媒体技术的基本特征有哪些？

2. 处理图像时需考虑哪些因素？
3. 声音处理时如何获得高保真声音？
4. 常用的图像、声音和视频文件格式有哪些？各自具有什么特点？
5. 图像的获取有哪些方法？
6. 录制好的一段声音，播放时发现录制的音量很低，应该如何调整？
7. 利用 AVI 文件，试制作一部“电影”，要求充分使用电影、文字、图片和解说效果。

三、上机操作题

1. 用 Flash 制作风扇旋转的动画，如图 5-39 所示。
2. 用 Flash 制作月亮绕地球转动的动画，如图 5-40 所示。

图 5-39　风扇旋转动画

图 5-40　月亮绕地球转动动画

第 6 章 Photoshop CS5 图像处理软件

【本章概述】

本章介绍 Photoshop CS5 图像处理软件。主要内容包括: Photoshop CS5 图像处理的基本操作，选取工具的使用，图层的各种操作与应用，绘画工具及其使用，色彩调整与图像修饰，图形绘制、文字编辑、滤镜应用和简单动画制作等内容。

6.1 Photoshop CS5 概述

Photoshop CS5 是 Adobe 公司近期推出的专业图形图像处理软件，它可以帮助用户提高图像制作的工作效率。用户通过它可以进行美化相片、平面设计、创意美术等图像创作。该软件集图像设计、图像处理、扫描、图像合成以及输出功能于一体，具有易学易用的优点，深受广大电脑美术设计人员的青睐。Photoshop 是目前市面上最优秀的平面图形图像编辑软件之一，其应用领域已深入教育、艺术摄影、影视广告以及网站建设等各个领域。

6.1.1 几个专业基本术语

1. 像素

图像（Images）是由很多像素组成的。像素（Pixel）是一个矩形的颜色块，是构成图像的基本单位，这些像素排列成纵列和横行。每一个像素都有不同的颜色值。单位面积上的像素越多，图像清晰效果就越好。

2. 分辨率

分辨率是指单位长度内包含的像素点的数量，它的单位通常为像素/英寸（Pixel per inch, ppi）或者点/英寸（Dot per inch，dpi）。分辨率是和图像相关的一个重要概念，它是衡量图像细节表现力的技术参数。通常情况下，图像的分辨率越高，所包含的像素就越多，图像就越清晰，印刷的质量也就越好。同时，它也会增加文件占用的存储空间。

分辨率通常是以像素数来计量的，如一张 640×480（640 为水平像素数，480 为垂直像素数）的图片，其像素数为 307 200，那么它的分辨率就达到了 307 200 像素，也就是我们常说的 30 万像素。而一张分辨率为 1 600 × 1 200 的图片，它的像素就是 200 万。这样，我们就知道，分辨率的两个数字表示的是图片在长和宽上占的点数的单位。一张数码图片的长宽比通常是 4∶3。

不同的输出图像作品有不同的分辨率标准。根据输出质量要求的高低设置不同的分辨率，一般分为以下几种。

- 在 Photoshop 中，默认分辨率为 72 像素/英寸，这是满足普通显示器的分辨率。
- 大型灯箱图像一般不低于 30 像素/英寸。
- 发布于网页上的图像分辨率通常可设置为 72 像素/英寸或 96 像素/英寸。
- 报纸图像通常设置为 120 像素/英寸或 150 像素/英寸。
- 彩版图形图像印刷品通常设置为 300 像素/英寸。
- 大型的墙体广告可设定在 30 像素/英寸以下。

3. 颜色深度

颜色深度，简单说就是最多支持多少种颜色，一般是用“位”（bit）来描述的，所以颜色深度有时也称为位深度。它用来度量图像中有多少颜色信息可用于显示或打印。

Photoshop 常用的颜色深度为 8 位、16 位和 32 位。举个例子，如果一个图片支持 256 种颜色（如 GIF 格式），那么就需要 256 个不同的值来表示不同的颜色，也就是从 0 到 255。用二进制表示就是从 00000000 到 11111111，总共需要 8 位二进制数，所以颜色深度是 8。如果是 BMP 格式图片，则最多可以支持红、绿、蓝各 256 种，不同的红绿蓝组合可以构成 256^3 种颜色，就需要 3 个 8 位的二进制数，总共 24 位，所以颜色深度是 24。

4. 图像的色彩模式

图像的色彩模式较多，其中比较常见的有 RGB、CMYK、HSB、Lab、灰度模式、索引颜色模式、位图模式和多通道模式等。

（1）HSB 模型

HSB 模型是基于人眼对色彩的观察来定义的。在此模型中，所有的颜色都用色相或色调（Hue）、饱和度（Saturation）和亮度（Brightness）3 个特性来描述。

（2）RGB 模型和模式

它由红、绿、蓝三原色组成，又叫作加色模式。每叠加一次具有一定红、绿、蓝亮度的颜色，其总亮度都有所增加。红、绿、蓝三色相加为白色，如图 6-1 所示。所有扫描仪、显示器、投影设备都依赖于这种色彩模式，它是屏幕显示的最佳模式。

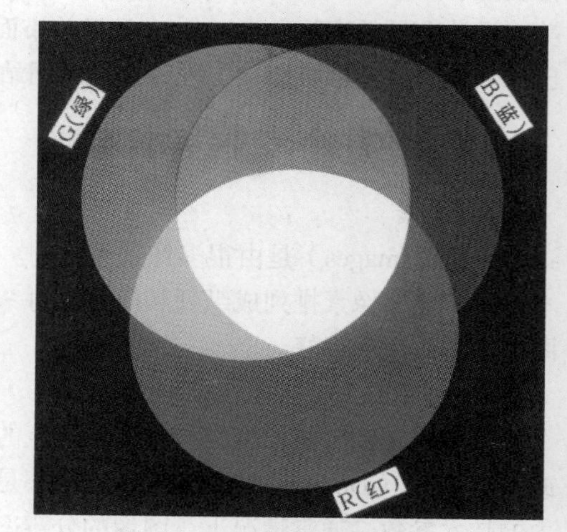

图 6-1　RGB 色彩模型

（3）CMYK 模型和模式

CMYK 模型以打印在纸上的油墨的光线吸收特性为基础。当白光照射到半透明油墨上时，某些可见光波长被吸收，而其他波长的光线则被反射回眼睛。

（4）CIE L*a*b*模型和 Lab 模式

CIE L*a*b* 颜色模型（Lab）基于人对颜色的感觉。Lab 中的数值描述正常视力的人能够看到的所有颜色。因为 Lab 描述的是颜色的显示方式，而不是设备（如显示器、桌面打印机或数码相机）生成颜色所需的特定色料的数量，所以 Lab 被视为与设备无关的颜色模型。无论使用何种设备（如显示器、打印机、计算机或扫描仪）创建或输出图像，这种模型都能生成一致的颜色。表 6-1 列出了常见的色彩深度、颜色数量和色彩模式的关系。

表 6-1　　常见的色彩深度、颜色数量和色彩模式的关系

色 彩 深 度	颜 色 数 量	色 彩 模 式
1 位	2（黑和白）	位图
8 位	256	索引颜色/灰度
16 位	65536	灰度，16 位/通道
24 位	1670 万	RGB
32 位		CMYK，RGB
48 位		RGB，16 位/通道

5. 色彩三要素

人类视觉所感知的一切色彩现象，都具有其基本的构成要素。有彩色系的任何一种颜色都包含 3 个基本要素：色相、亮度和饱和度；无彩色系则只有亮度要素。色相、亮度和饱和度就构成了色彩的 3 个基本要素。

（1）色相

色相指的是色彩的相貌和特征，具体表现为各种色彩，也称为“色度”。自然界中色彩的种类很多，色相是指色彩的种类和名称。在可见光谱中，人的视觉能够感受到红、橙、黄、绿、青、蓝、紫这些不同特征的色彩，这些可以相互区别的色彩就形成了色相的概念。正是由于色彩具有这种具体相貌的特征，人们才得以感受到五彩缤纷的客观世界。

在研究色彩时，通常用色相环而不是用呈直线排列的光谱来表现色相的系列。图 6-2 所示为 6 色相环和 24 色相环。

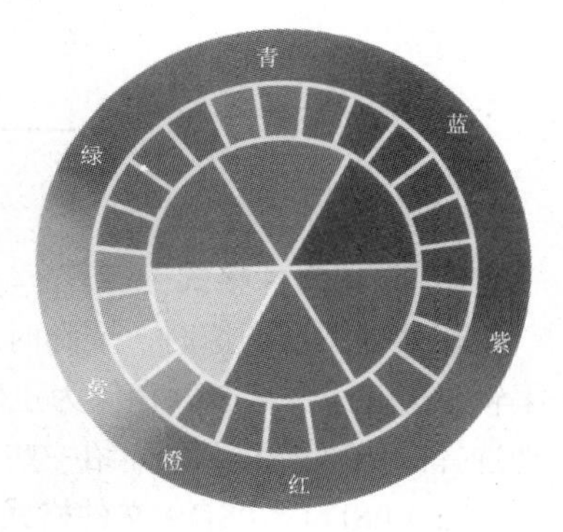

图 6-2　色相环

（2）亮度

亮度指的是颜色的明暗或深浅程度。颜色有深浅、明暗的变化。比如，深黄、中黄、淡黄、柠檬黄等黄颜色在亮度上就不一样，紫红、深红、玫瑰红、大红、朱红、橘红等红颜色在亮度上也不尽相同。这些颜色在明暗、深浅上的不同变化，也就是色彩的亮度变化。

色彩的亮度变化有许多种情况：一是不同色相之间的亮度变化，如白比黄亮、黄比橙亮、橙比红亮、红比紫亮、紫比黑亮；二是在某种颜色中加白色时亮度就会逐渐提高，加黑色时亮度就会变暗，但同时它们的饱和度就会降低；三是相同的颜色，因光线照射的强弱不同也会产生不同的明暗变化。

无彩色系中，最高明度为白，最低明度为黑，二者之间的系列为灰色。在色彩设计理论中，明度应用标准被定为 11 级，其中黑为 0 级，白为 10 级，1 ~ 9 级为灰度，如图 6-3 所示。

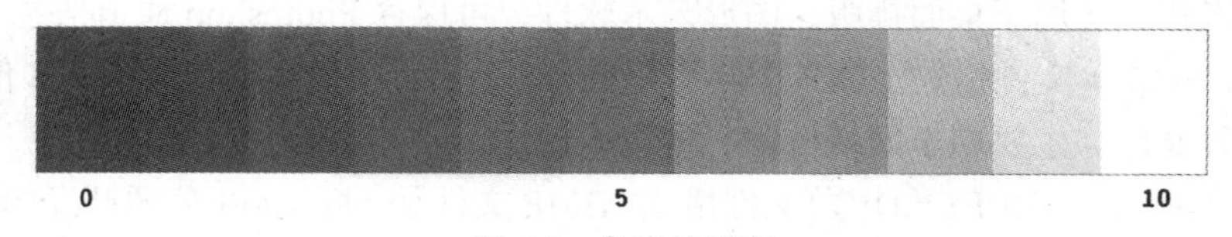

图 6-3　色彩的明度

在有彩色系中，黄色为最明亮的色，明度最高，在光谱中心位置；紫色为明度最低的色，处于光谱边缘位置。各种色彩都可以通过加白或加黑做明度色阶变化。

（3）饱和度

饱和度是指色彩的纯度，指色彩中其他杂色所占成分的多少。饱和度高指色彩鲜明，反之则灰。不同原色相的颜色亮度不等，饱和度也不等。一种颜色，当加入白色时，它的亮度提高，饱和度降低；加入黑色时，亮度降低，饱和度也降低。自然色中，红色纯度最高，其次是黄色，而绿色只有红色的一半。自然色中大部分是非高纯度色；（含灰量）有了纯度变化，色彩才显得极其丰富。改变色彩纯度有3种方法：加中性灰，加互补色，加其他色。无彩色没有色相，即纯度为零。

色彩的纯度变化系列是通过一个水平的直线纯度色阶来表示的。它表示一种色彩从它的最高纯度色到最低纯度色之间的中性灰之间鲜艳与混浊的等级变化，如图6-4所示。

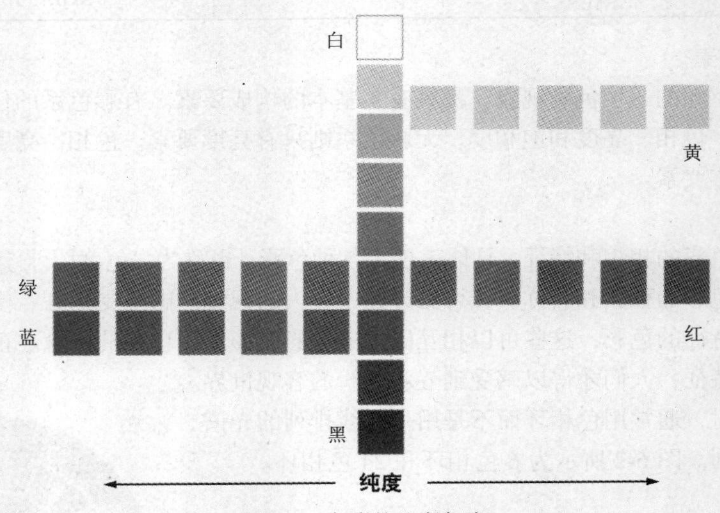

图6-4 色彩的纯度色阶

6. 常用文件格式

在处理图形图像时，要随时对文件进行存储，以便再打开修改或调到其他的图像软件中进行编辑，这就需要将图像存储为正确的图像格式。Photoshop支持多种图像格式，在存储图像时要合理选择图像格式。下面介绍一些常见的图像格式。

（1）PSD（*.PSD）文件格式。PSD文件是Adobe公司开发的专门用于支持Photoshop的默认文件格式，其专业性较强，支持所有的图像类型。此格式的图像文件能够精确保存图层与通道的信息，但占据的磁盘空间较大。

（2）JPEG（*.JPG；*.JPEG；*.JPE）文件格式。JPEG文件是应用最广泛的一种可跨平台操作的压缩格式文件，其最大的特点是压缩性很强。

（3）TIFF（*.TIF；*.TIFF）文件格式。TIFF文件是Aldus公司为Mac机设计的图像文件格式，可跨平台操作，多用于桌面排版、图形艺术软件，可保存Photoshop通道信息。

（4）GIF（*.GIF）文件格式。GIF文件是CompuServe公司开发的一个压缩8位图像的工具，只能支持256种颜色，主要用于网络传输、主页设计等。

（5）BMP（*.BMP；*.RLE；*.DIB）文件格式。BMP文件是Microsoft公司开发的一种Windows下的标准图像文件格式，可跨平台操作，无损压缩，清晰度很高。

（6）EPS（*.EPS）文件格式。EPS是跨平台的标准格式，扩展名在PC平台上是*.eps，在Macintosh平台上是*.epsf，主要用于矢量图像和光栅图像的存储。EPS格式可以保存其他一些类型信息，例如多色调曲线、Alpha 通道、分色、剪辑路径、挂网信息和色调曲线等，因此常用于印刷或打印输出。

（7）PNG（*.PNG）文件格式。它能够提供长度比 GIF 小 30%的无损压缩图像文件。它同时提供 24 位和 48 位真彩色图像支持。由于 PNG 非常新，所以目前并不是所有的程序都可以用它来存储图像文件。但 Photoshop 可以处理 PNG 图像文件，也可以用 PNG 图像文件格式存储。PNG 的特点是支持高级别无损耗压缩，支持 Alpha 通道透明度，支持伽马校正和交错。

6.1.2　Photoshop CS5 工作界面

在界面风格上，Photoshop CS5 基本保持 Adobe 公司的传统风格。相比以前的版本，CS5 增加了很多非常先进的功能和特性。特别值得一提的就是全新的“内容感知型填充”和“HDR 高亮效果”。进入 Photoshop CS5 应用程序后，显示 Photoshop CS5 界面，如图 6-5 所示。单击菜单栏中的“文件/打开”命令，在图像窗口就打开一幅图像。由图 6-5 可以看出，Photoshop CS5 的工作界面主要由标题栏、菜单栏、工具选项栏、工具箱、控制面板、状态栏、图像窗口等部分组成。

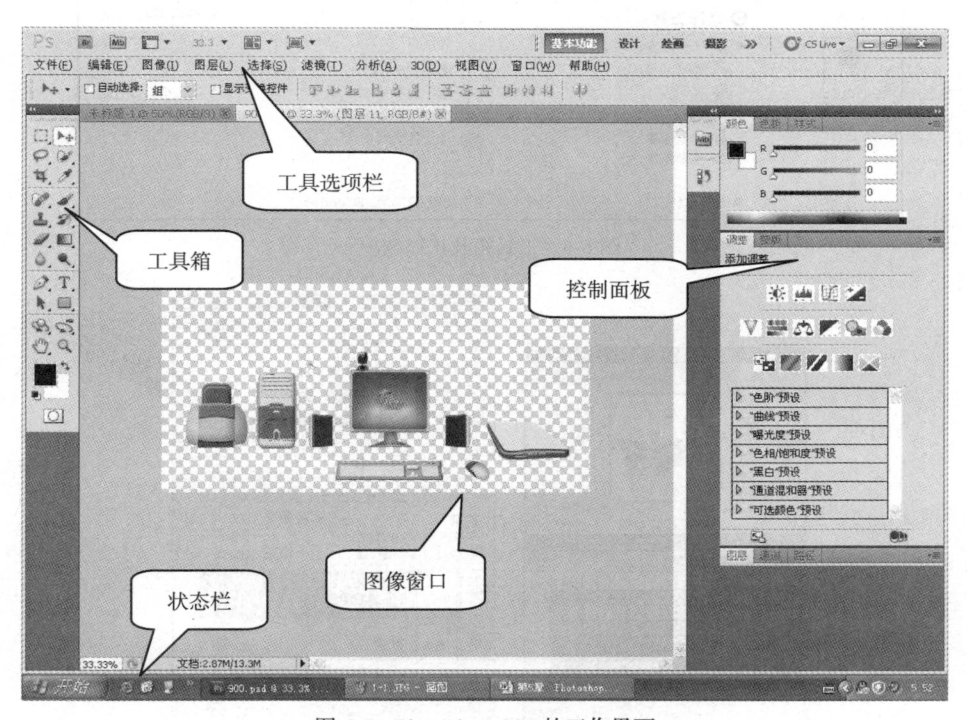

图 6-5　Photoshop CS5 的工作界面

1. 工具箱

Photoshop CS5 工具箱中共有 22 个工具组，71 个具体工具。它们主要用于区域的选择、图像的编辑、颜色的选取、屏幕视图控制等操作。使用时单击选择使用，其中大部分的工具有扩展选项。这类图标的右下角有一个三角标志，用鼠标单击片刻即可以弹出扩展选项，如图 6-6 所示。

2. 控制面板

使用面板可以方便地编辑、修改图像。Photoshop CS5 为用户提供了多组控制面板，如图 6-7 所示，分别为“导航器”面板、“色板”面板、“动作”面板和“图层”面板等。

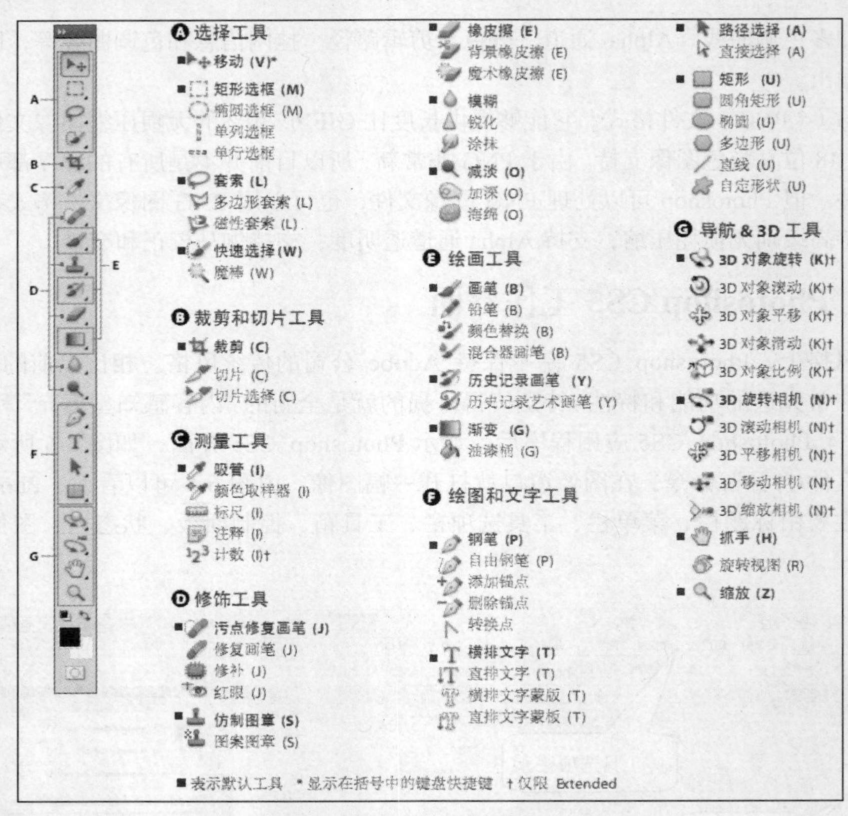

图 6-6 工具箱及扩展选项

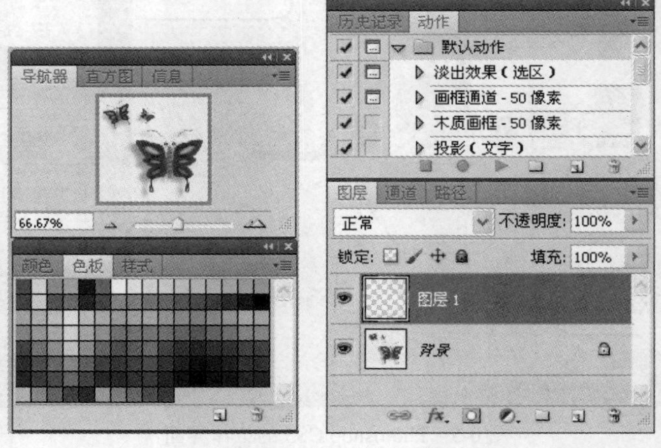

图 6-7 多组控制面板

控制面板在使用时可以利用窗口菜单显示或隐藏。控制面板组可以自由移动、拆分或组合，具体操作方法为：将鼠标指针指向面板组的标题栏后按住鼠标左键拖曳，可以移动面板组的位置；将鼠标指针指向控制面板的名称处按住鼠标左键拖曳，可以拆分面板组；如果将面板拖曳到另一个面板组中，则可以重新组合面板组。

重复按下 Shift+Tab 组合键，可以显示或隐藏控制面板组；重复按下 Tab 键，可以显示或隐藏控制面板组、工具箱以及工具选项栏；按下 F5 键、F6 键、F7 键、F8 键、F9 键，分别可以显示或隐藏画笔面板、颜色面板、图层面板、信息面板和动作面板。

每个面板组的右上角都有一个三角按钮 ，单击该按钮可以打开相应的面板菜单。

3. 标尺与参考线

Photoshop CS5 提供了标尺、网格线、参考线、度量工具等辅助工具，可以极大地方便用户编辑图像，提高操作速度和精度。

使用标尺可以在图像中精确定位，从而为设计的精确性提供依据。单击菜单栏中的“视图/标尺”命令，或者按下 Ctrl+R 组合键，可以显示或隐藏标尺。

使用参考线同样可以帮助光标精确定位图像的位置。参考线是浮动在图像上的线条，只是提供给用户的一个位置参考，不会被打印出来。用户可以将其进行移动、隐藏、删除或锁定等操作。使用参考线的方法是：在图像窗口中已显示标尺的基础上，将鼠标指针指向水平标尺或垂直标尺，按住 Alt 键的同时从水平标尺向下拖曳鼠标可以创建垂直参考线，从垂直标尺向右拖曳鼠标可以创建水平参考线。

可以移动、清除和锁定参考线，也可以修改参考线的颜色。要修改参考线的颜色，可以单击菜单栏中的“编辑/首选项/参考线、网格和切片”命令，则弹出“首选项”对话框，在“参考线”选项组中设置参考线的颜色和样式，如图 6-8 所示。

使用度量工具可以快速测量两点之间的距离和物体的角度，方便调整图像变换位置与方向。

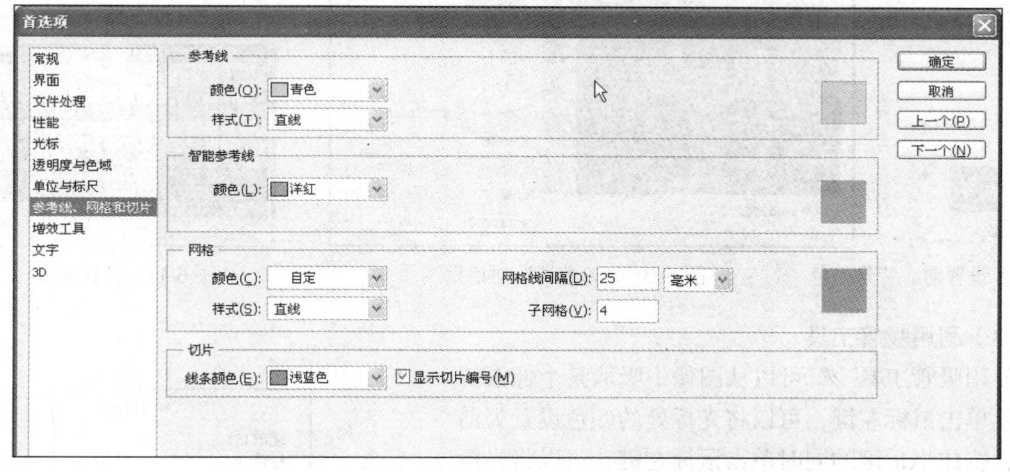

图 6-8 “首选项”对话框

6.1.3 Photoshop CS5 基本操作

1. Photoshop CS5 的启动、退出

启动 Photoshop CS5，主要有以下两种方法。

（1）利用快捷方式。双击桌面上的 Photoshop CS5 快捷方式图标。

（2）利用“开始”菜单。依次选择“所有程序/Adobe Photoshop CS5”菜单命令。

退出 Photoshop CS5 主要有以下三种方式。

（1）单击 Photoshop CS5 界面右上角的关闭按钮。

（2）选择“文件/退出”菜单命令。

（3）按 Alt+F4 组合键。

2. 颜色的选择

在 Photoshop CS5 中，可以利用工具箱选取颜色，也可以在“色板”面板中选择颜色，还可以使用吸管工具吸取颜色。

（1）利用工具箱选取

在工具箱的下半部分有一个专门用于设置颜色的前景色、背景色的色块，如图 6-9 所示。

- 单击 按钮，或者按下 D 键，可以将前景色、背景色设置恢复默认的前景色黑色、背景色白色。
- 单击 按钮，或者按下 X 键，可以交换前景色和背景色。
- 单击前景色或背景色色块，则弹出“拾色器”对话框，如图 6-10 所示。在该对话框中设置任何一种色彩模式的参数值，都可以选取相应的颜色。

（2）利用色板面板选取

利用色板面板选取颜色的方法是：打开“色板”面板，如图 6-11 所示，将鼠标指针指向“色板”面板中的颜色，单击所需颜色即可设置前景色。

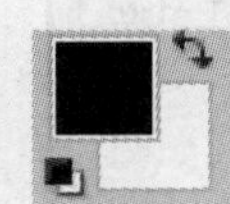

图 6-9　设置前、背景颜色

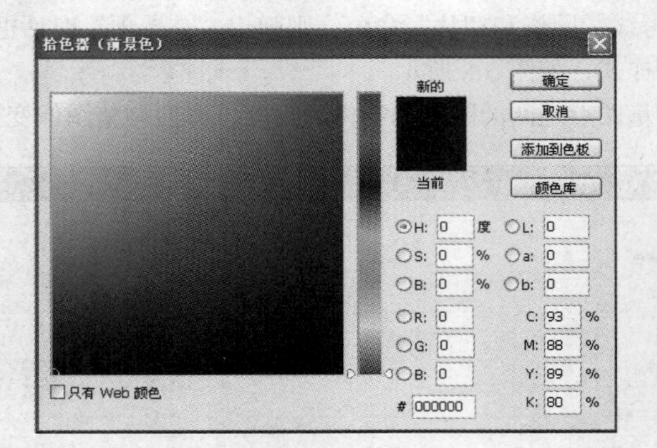

拾色器（前景色）
新的
当前
确定
取消
添加到色板
颜色库
H: 0 度
S: 0 %
B: 0 %
R: 0
G: 0
B: 0
L: 0
a: 0
b: 0
C: 93 %
M: 88 %
Y: 89 %
K: 80 %
000000
只有 Web 颜色

图 6-10　“拾色器”对话框

颜色
色板
样式

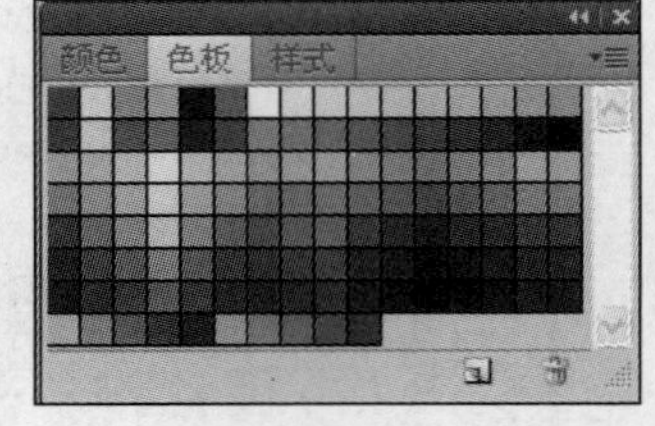

图 6-11　色板面板

（3）利用吸管工具

使用吸管工具 可以从图像中吸取某个像素的颜色。单击鼠标左键，可以将光标处的颜色设置为前景色；按住 Alt 键的同时单击鼠标左键，可以将光标处的颜色设置为背景色。

3. 图像的变换

变换操作包括变换和自由变换，主要是改变选区或者背景层之外的图层的大小和位置，可以使其拉长、变宽、旋转或翻转，如图 6-12 所示。

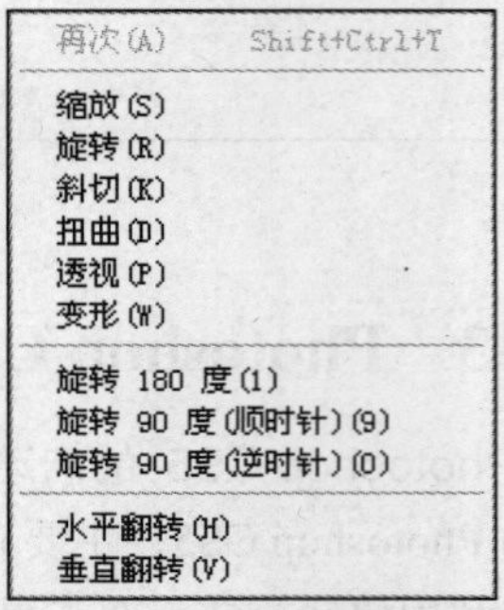

再次(A)　Shift+Ctrl+T
缩放(S)
旋转(R)
斜切(K)
扭曲(D)
透视(P)
变形(W)
旋转 180 度(1)
旋转 90 度(顺时针)(9)
旋转 90 度(逆时针)(0)
水平翻转(H)
垂直翻转(V)

图 6-12　“编辑”菜单下的“变换”子菜单

操作时先用选取工具框选出区域，单击“编辑”菜单中的“变换”或“自由变换”命令后，出现变形调整框；当鼠标位于变形调整框之外时，移动鼠标可以拉长、变宽、旋转选区。

6.2　选取工具的使用

6.2.1　选框工具

“选框工具”主要是选择要编辑的区域或者目标，如图 6-13 所示。

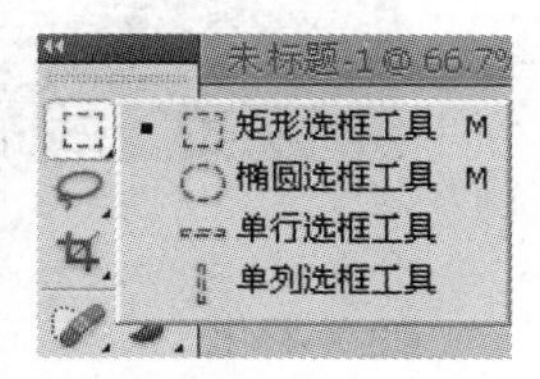

图 6-13　选框工具组

这组工具适用于在图像中创建规则的选择区域，如矩形、椭圆、单行、单列等选择方式。选择矩形或椭圆选框工具，在图像中拖曳鼠标，可以创建矩形或椭圆形选择区域；按住 Shift 键的同时在图像中拖曳鼠标，可以创建正方形或圆形选择区域。

选择单行或单列选框工具，可以创建 1 个像素高度或宽度的水平或垂直选择区域。它们常用于修补图像中丢失的像素线或创建参考线。

选择任意一个选框工具后，工具选项栏中将显示其相关的属性，如图 6-14 所示。

图 6-14　“选框工具”选项栏

（1）选择方式

修改选择方式有 4 种，分别为 （新选区）、（添加到选区）、（从选区中减去）和 （与选区交叉）。各种功能说明如下。

- 选中 （新选区）：在图片中用鼠标拉出矩形选框。
- 选中 （添加到选区）：在图片中连续拉出两个矩形选择区域。选择的是两个矩形相加的区域。
- 选中 （从选区中减去）：如图 6-15 所示，在画框选取中，可以在图片中用鼠标拉出一个矩形外框，然后选择“从选区中减去”，在画框内，再用鼠标拉出第二个矩形，选择所选择区域即为画框部分。

图 6-15　从选区中减去的效果

- 选中 （与选区交叉）：用鼠标先拉出一个圆形，再用鼠标拉出一个矩形选框，如图 6-16 所示。选中的是椭圆和矩形的相交部分。准确选取“光盘”的方法是按住鼠标拉出一个椭圆，在鼠标没有松开的情况下，按住空格键，调整椭圆位置。

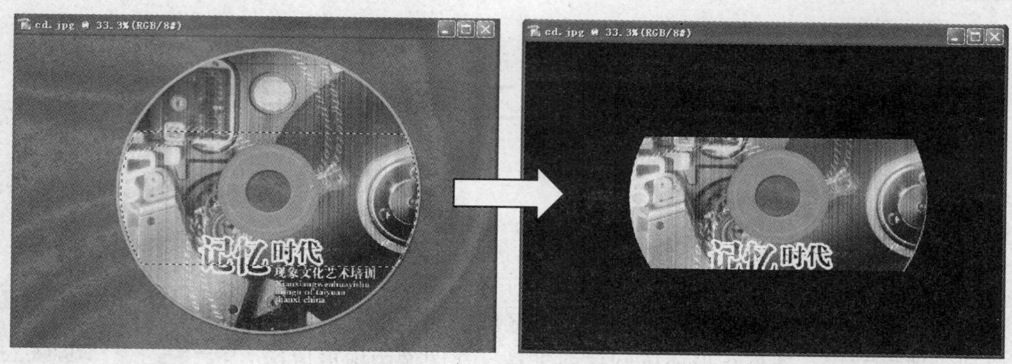

图 6-16　与选区交叉的效果

（2）羽化

用于设置选择区域边缘的柔化程度，使边缘像素产生模糊效果，如图 6-17 所示。

（3）消除锯齿

选择该复选框，可以使选择区域的锯齿状边缘最大限度地变得平滑。该复选框只有选择椭圆选框工具时才可用。

（4）样式

用于设置选择区域的创建风格。选择“正常”选项时可以拖曳鼠标进行自由选择；选择“固定长宽比”选项时可以按照一定的长、宽比例创建选择区域；选择“固定大小”选项时可以按照预设的宽度和高度创建选择区域。

原图片

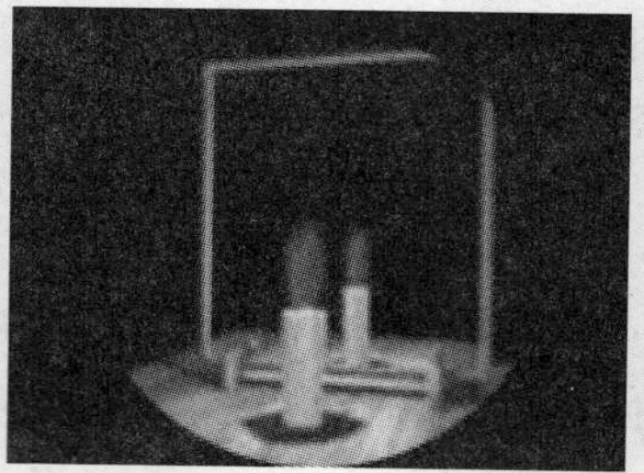

羽化为 0

羽化为 10

图 6-17　“羽化”的使用

6.2.2　套索工具

“套索工具”也是一种常用的范围选取工具，这组工具适用于在图像中创建任意形状的选择区域。套索工具组包含 3 种工具，分别是“套索工具”、“多边形套索工具”、“磁性套索工具”，如图 6-18 所示。

图 6-18　套索工具组

1. 套索工具

选择套索工具，在图像中按住鼠标左键拖曳，直到选择完所需的区域后释放鼠标，则轨迹所封闭的区域即为创建的选择区域。图 6-19（a）所示的“草帽”可以采用套索工具。

2. 多边形套索工具

选择多边形套索工具，在图像中单击要选择区域的每一个顶点，当光标移回起点时单击鼠标，即可创建多边形的选择区域。图 6-19（b）所示的“文件夹”可以采用多边形套索工具。

3. 磁性套索工具

选择磁性套索工具，可以沿着图像的边缘自动地创建选择区域。该工具适用于快速选择边缘与背景对比强烈且边缘复杂的图像。图 6-19（c）所示的“酒精灯”可以采用磁性套索工具。

（a）草帽　　（b）文件夹　　（c）酒精灯

图 6-19　“套索工具”的使用

套索工具和多边形套索工具选项栏中的选项设置比较简单，只有“羽化”和“消除锯齿”两个选项。图 6-20 所示为套索工具选项栏。

图 6-20　“套索工具”选项栏

磁性套索工具选项栏中的选项设置增加了“宽度”、“对比度”、“频率”和“光笔压力”选项，如图 6-21 所示。

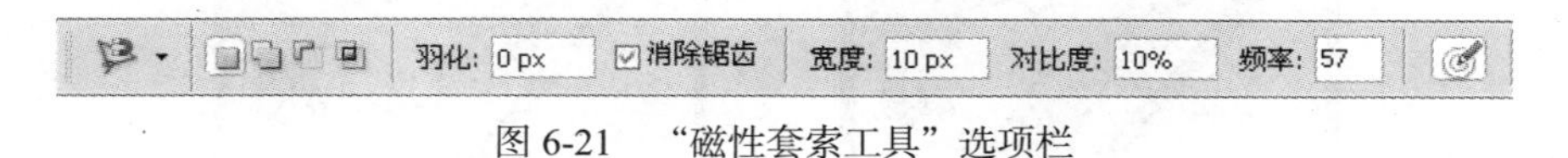

图 6-21　“磁性套索工具”选项栏

- 磁性套索宽度：要指定检测宽度，为“宽度”输入像素值。磁性套索工具只检测从指针开始指定距离以内的边缘。
- 对比度：要指定套索对图像边缘的灵敏度，在对比度中输入一个介于 1% 和 100% 之间的值。较高的数值将只检测与其周边对比鲜明的边缘，较低的数值将检测低对比度边缘。
- 频率：“频率”数值输入 0 到 100 之间的数，较高的数值会更快地固定选区边框。
- 光笔压力：在使用光笔绘图板时，选择或取消选择“光笔压力”选项。选中该选项时，增大光笔压力将导致边缘宽度减小。

6.2.3 快速选择工具

快速选择工具和魔棒工具都是快速“绘制”选区的智能工具，如图 6-22 所示。

1. 快速选择工具

快速选择工具利用可调整的圆形画笔笔尖快速“绘制”选区。拖动时，选区会向外扩展并自动查找和跟随图像中定义的边缘，如图 6-23 所示。

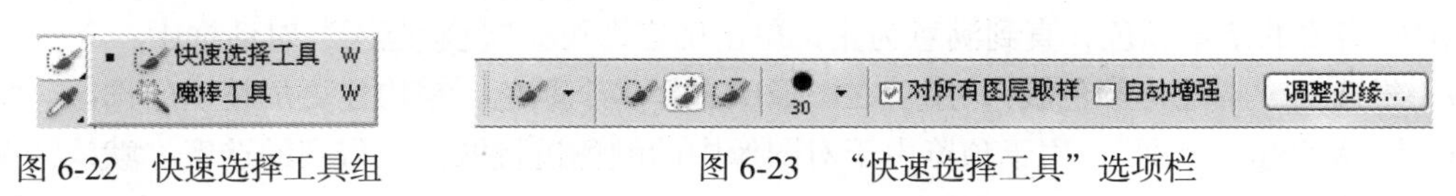

图 6-22　快速选择工具组　　图 6-23　“快速选择工具”选项栏

- 画笔："新建"、"添加到"或"相减"用于选取的增大与减小。"新建"是在未选择任何选区的情况下的默认选项。创建初始选区后，此选项将自动更改为"添加到"。
- 画笔大小：该选项用于调整笔尖大小。
- 对所有图层取样：该复选框是基于所有图层（而不是仅基于当前选定图层）创建一个选区。
- 自动增强：减少选区边界的粗糙度和块效应。"自动增强"自动将选区向图像边缘进一步流动并应用一些边缘调整，可以通过在"调整边缘 "对话框中使用"对比度"和"半径"选项手动应用这些边缘调整。

2. **魔棒工具**

魔棒工具 适用于选择颜色相近的连续区域。选择魔棒工具后，工具选项栏中将显示其相关的属性，如图 6-24 所示。

图 6-24 "魔棒工具"选项栏

- 容差：用于确定选择区域的大小，值为 1 ~ 100，取值越大，选择的区域也越大。
- 连续：选择该复选框，可以建立颜色值相近的连续选择区域；不选择时则建立颜色值相近的不连续选择区域。图 6-25 所示为两种选择区域的对比。

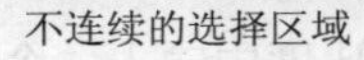

不连续的选择区域　　连续的选择区域

图 6-25 两种选择区域的对比

在单击魔棒工具后可以自动把颜色相近的色块作为选区，极大地方便了编辑工作，而且往往做出意想不到的效果。

在选区完成后，可以选择下拉菜单"选择/存储选区"命令，保存好选区。等到下次使用时，通过单击下拉菜单"选择/载入选区"命令，调用原来选好的选取。

6.2.4 复杂选取

打开一幅有草丛的图像，需要选取图像中的杂草时，可以用鼠标单击菜单栏 "选择/色彩范围"，弹出"色彩范围"对话框，进行选取，如图 6-26 所示。

选取时，用滴管工具 吸取所需要的杂草颜色。当选取不足时，可以用滴管追加工具 再次吸取所需要的杂草颜色，直到满意为止，单击确定即可。"色彩范围"对话框中：

- 复选框"本地化颜色簇"，用于在图像中选择多个颜色，来构建更加精确的选区。
- 默认"选择范围"：用于预览由于对图像中的颜色进行取样而得到的选区。默认情况下，白色区域是选定的像素，黑色区域是未选定的像素，而灰色区域则是部门选定的像素。

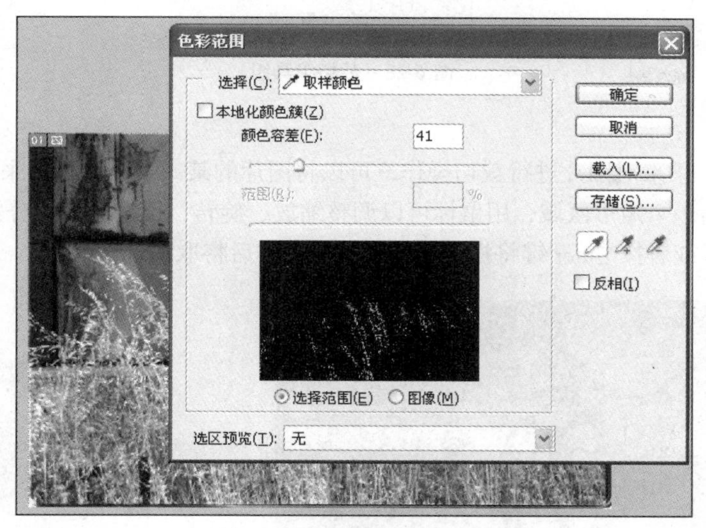

图 6-26　“色彩范围”对话框

● 颜色容差：滑块或输入一个数值来调整选定颜色的范围。“颜色容差”设置可以控制选择范围内色彩范围的广度，并增加或减少部分选定像素的数量。

● 选区预览：选择“选区预览”下拉菜单，“无”显示原始图像；“灰度”对全部选定的像素显示白色，对部分选定的像素显示灰色，对未选定的像素显示黑色；“黑色杂边”对选定的像素显示原始图像，对未选定的像素显示黑色（此选项适用于明亮的图像）；“白色杂边”对选定的像素显示原始图像，对未选定的像素显示白色（此选项适用于暗图像）；“快速蒙版”将未选定的区域显示为宝石红颜色叠加。

需要存储和载入色彩范围设置时，使用“色彩范围”对话框中的“存储”和“载入”按钮。

6.2.5　移动工具

移动工具 主要用于图像、图层或选择区域的移动，使用它可以完成排列、移动和复制等操作。

选择移动工具后，工具选项栏中将显示其相关选项，如图 6-27 所示。

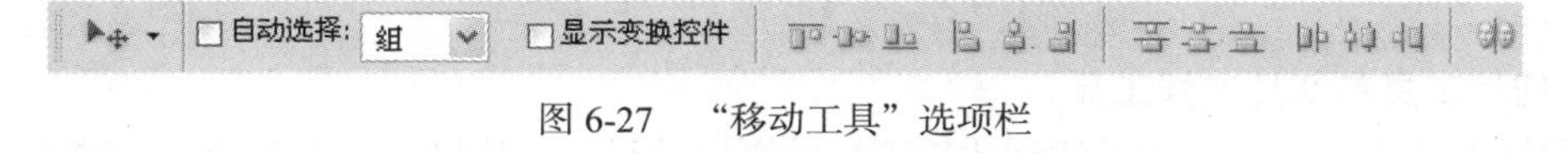

图 6-27　“移动工具”选项栏

● 选择“自动选择”复选框时，在图像窗口中单击图像的某一部分，可以选择并移动该图像所在的图层；否则只能移动当前图层中的图像。

● 选择“显示变换控件”复选框时，当前图层的图像四周出现定界边框，将鼠标指针指向边框的控制点，在移动图像的同时可以进行变形操作。单击工具选项栏右侧的“对齐”和“分布”按钮，可以对齐、分布图层中的图像。

6.2.6　裁切工具

裁切工具、切片工具和切片选择工具如图 6-28 所示。

图 6-28　裁切工具组

1. 裁切工具

裁切工具 用来对图片进行裁切操作，可以将图片的某一部分裁切出来。单击该按钮后，在图像中可以拖出一个矩形区域，用鼠标可以调整缩放、旋转、设定图像的分辨率等，如图 6-29 所示。双击鼠标，或者按 Enter 键将提交选区；按 Esc 键后将取消选区。

图 6-29　裁切工具的使用

选择裁切工具后，工具选项栏中将显示其相关选项，如图 6-30 所示。

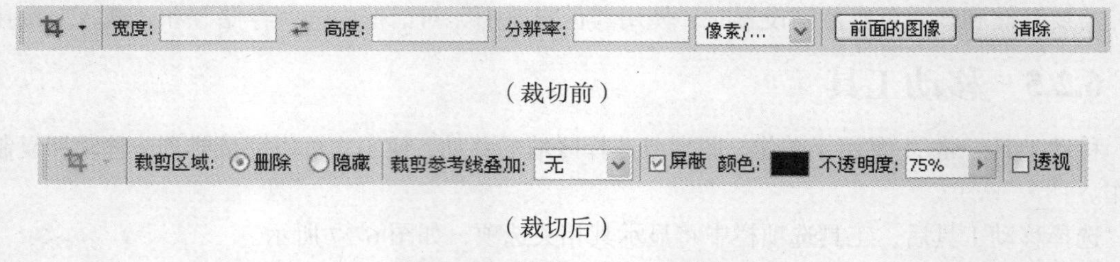

图 6-30　“裁切工具”选项栏

2. 切片工具和切片选择工具

在网络上浏览图片时，为了达到比较流畅的浏览效果，加快网络的下载速度，减小图片的大小是一个很好的办法。

“切片工具”就是用来把一幅图片分割成几部分保存的。具体在用切片工具对图片进行分割操作时，单击切片工具 按钮后，在图像中可以拖出一个矩形区域，根据需要可以把一幅图片分割成几部分，当有错误切片时，可以按 Del 键删除；需要修改裁切图片时，用“切片选择工具”对所裁切的图片进行修改，修改完毕后，在“文件”菜单中选择“存储为 Web 和设备所用格式”。图 6-31 所示为切片工具和切片选择工具的使用效果。

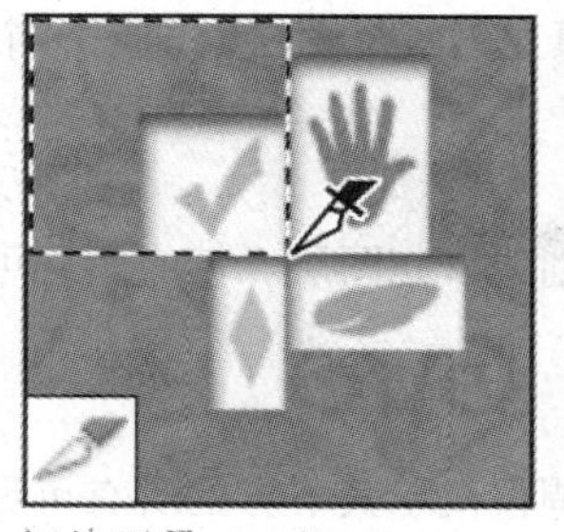

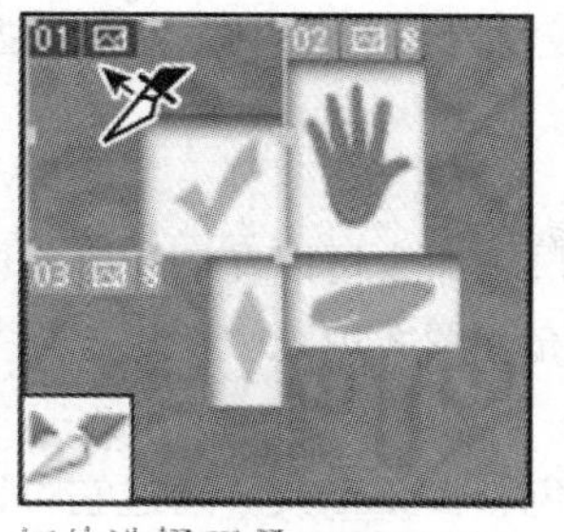

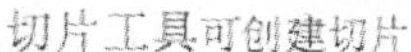

切片工具可创建切片　　切片选择工具可选择切片

图 6-31　切片工具和切片选择工具的使用效果

6.3　图层的应用

“图层”就好比是一张透明的纸。把图像的不同部分画在不同的图层中，叠放在一起便形成了一幅完整的图像。而对每一个图层中的图像内容进行修改时，其他图层中的图像不会受到影响。这为用户修改、编辑图像提供了极大的方便。使用图层，可以将多幅图像进行修剪、叠加，产生所需要的图像效果，还可以任意地设置图层的混合模式、图层蒙版、图层样式等，使图像产生神奇的艺术效果。

6.3.1　图层的类型

在 Photoshop CS5 中，可以将图层分为 7 种类型，分别是背景图层、普通图层、文字图层、形状图层、填充图层、调整图层和视频图层。

1. 背景图层

该图层始终位于图像的最下面。一个图像文件中只能有一个背景图层。一般在建立新文件时将自动产生背景图层。在背景图层中，许多操作都受到限制，如不能移动背景图层、不能改变其不透明度、不能使用图层样式、不能调整其排列次序等。

2. 普通图层

普通图层是指用于绘制、编辑图像的一般图层。在普通图层中可以随意地编辑图像，在没有锁定图层的情况下，任何操作都不受限制。

3. 文字图层

当向图像中输入文字时，将自动产生文字图层。由于它对文字内容具有保护作用，因此在该图层上许多操作受到限制，如不能使用绘图工具在文字图层中绘画、不能对文字图层填充颜色等。

4. 蒙版图层

蒙版类似一张覆盖在图层上的玻璃纸，可任意在玻璃纸上涂抹而不会破坏图像本身，被涂部分无法看度图像（被屏蔽）。Photoshop 中的蒙版有图层蒙版、矢量蒙版和剪切蒙版 3 类。

- 图层蒙版是位图形式的蒙版，可使用画笔等绘图工具绘制，描述隐藏或显示的部分；或使蒙版基于选区或透明区域，将在蒙版上绘制以精确地隐藏部分图层并显示下面的图层。
- 矢量蒙版是使用钢笔或形状工具创建矢量蒙版，以封闭的矢量图形描述显示部分与隐藏部分。

- 剪切蒙版比较特别，它是用一个图层去填充另一个图层，即用一个图层的形状来限制剪切蒙版中的显示部分。

5. 填充图层

使用“新填充图层”命令可以在图层面板中创建填充图层。填充图层可以有 3 种形式，分别是纯色填充、渐变填充和图案填充。

6. 调整图层

它是一种特殊的色彩校正工具。通过它可以调整位于其下方的所有可见层中的像素色彩，而不必对每一个图层都进行色彩调整，同时它又不影响原图像的色彩，就好像戴上墨镜看风景一样。所以它在图像的色彩校正中有较多的应用。

7. 视频图层

可以使用视频图层向图像中添加视频。将视频剪辑作为视频图层导入到图像中之后，可以遮盖该图层、变换该图层、应用图层效果、在各个帧上绘画或栅格化单个帧并将其转换为标准图层。可使用 “时间轴”面板播放图像中的视频或访问各个帧。

6.3.2 图层面板

在 Photoshop CS5 中，对图层的操作主要是在图层面板中进行的。在图像设计过程中，使用最频繁的就是图层面板，它在 Photoshop 中的重要地位显而易见。在图层面板中，用户可以创建、隐藏、显示、复制、合并、链接、锁定及删除图层。

单击菜单栏中的“窗口/图层”命令，或者按下 F7 键，将打开图层面板，如图 6-32 所示。

图 6-32 图层与图层面板

6.3.3 图层的操作

在 Photoshop CS5 中，图层的操作有：新建图层、复制图层、命名图层、改变图层的次序、链接图层、合并图层、删除图层、自动混合图层、智能对象和栅格化图层等。对图层的操作主要是在图层面板中完成的，当然也还有一些其他的方法。

1. 新建图层

新建图层有以下几种方法。

- 单击图层面板上的 按钮，可以在当前图层的上方创建一个新图层。
- 单击菜单栏中的“图层/新建/图层”命令，弹出“新图层”对话框，可以创建一个新图层。
- 单击图层面板右上角的 按钮，从打开的面板菜单中选择“新图层”命令，可以创建一个新图层。
- 当向图像中输入文字时，系统将自动产生一个新的文字图层。
- 当在图像中使用形状工具绘制图形时，系统将自动产生一个形状图层。
- 对选择区域内的图像进行复制操作时，系统也将自动产生一个新图层。

2. 复制图层

复制图层有以下几种方法。

- 在图层面板中，将鼠标指针指向要复制的图层，按住鼠标左键向下拖曳至 按钮上，可以复制一个图层。
- 单击菜单栏中的“图层/复制图层”命令，可以复制当前图层。
- 单击图层面板右上角的 按钮，从打开的面板菜单中选择“复制图层”命令，可以复制当前图层。
- 选择工具箱中的 工具，按住 Alt 键的同时在图像窗口中拖曳鼠标，可以复制当前图层。
- 选择工具箱中的 工具，按住鼠标左键将图层从源图像中拖曳到目标图像中，可以进行不同图像之间的图层复制。

3. 命名图层

要对图层重新命名，可以直接在图层面板中双击图层名称，然后输入新的图层名称；也可以按住 A1t 键的同时双击图层名称，则弹出“图层属性”对话框，在“名称”文本框中输入新的名称即可。

4. 改变图层的次序

在图像中同一个位置上存在多个图层内容时，不同的排列顺序将产生不同的视觉效果。在图层面板中，将鼠标指针指向要调整顺序的图层，按下鼠标左键拖曳至目标位置后释放鼠标左键，就可以调整图层的排列顺序。

5. 链接图层

为图层建立了链接关系以后，移动图像时可以保持各图层中图像的相对位置不变。当移动某一个图层时，与该图层存在链接关系的其他图层将同时发生移动。

链接图层时，在图层面板中选择要建立链接的图层作为当前图层，单击要与当前图层建立链接的图层链接图标，当图标变为状态时，表明该图层与当前图层建立了链接关系。如果要与多个图层建立链接，可以在这些图层的链接图标区域上拖动鼠标。

6. 合并图层

一个图像文件可以含有很多图层，但是过多的图层将占用大量内存，影响计算机处理图像的速度，所以在处理图像过程中，需要及时地将处理好的图层进行合并，以释放内存。

在图层面板中单击右上角的 按钮，弹出的菜单中有 3 种合并图层命令，即“向下合并”、“合并可见图层”和“拼合图层”。

7. 删除图层

在处理图像的过程中，当不再需要某个图层时就将其删除。删除图层的基本操作是：在图层面板中选择要删除的图层，单击面板下方的 按钮删除所选图层；也可以将要删除的图层向下拖曳至 按钮上，释放鼠标后删除所选图层。

8. 自动混合图层

使用“自动混合图层”命令可缝合或组合图像，从而在最终复合图像中获得平滑的过渡效果。“自动混合图层”将根据需要对每个图层应用图层蒙版，以遮盖过度曝光或曝光不足的区域或内容差异。“自动混合图层”仅适用于RGB或灰度图像；不适用于智能对象、视频图层、3D图层或背景图层。

自动混合图层的基本操作是：单击 “编辑/自动混合图层”命令，弹出“自动混合图层”对话框，选择“全景图”，将重叠的图层混合成全景图。选择“堆叠图像”，混合同一场景中具有不同焦点区域或不同照明条件的多幅图像，以获取所有图像的最佳效果。选择“无缝色调和颜色”调整颜色和色调以便进行混合。

9. 智能对象

智能对象是包含栅格或矢量图像中的图像数据的图层。智能对象将保留图像的源内容及其所有原始特性，从而能够对图层执行非破坏性编辑。

可以单击 “图层/打开为智能对象”命令，置入文件，将一个或多个Photoshop图层转换为智能对象。

10. 栅格化图层

在包含矢量数据（如文字图层、形状图层、矢量蒙版或智能对象）和生成的数据（如填充图层）的图层上，是不能使用绘画工具或滤镜的。单击“图层/栅格化”命令，可以栅格化这些图层，将图层转换成常规图层（进行栅格化）。

6.3.4 图层效果与样式

图层样式是应用于一个图层或图层组的一种或多种效果，也是一些滤镜效果的简化使用，如投影、内阴影、斜面与浮雕、发光、描边等，如图6-33所示。

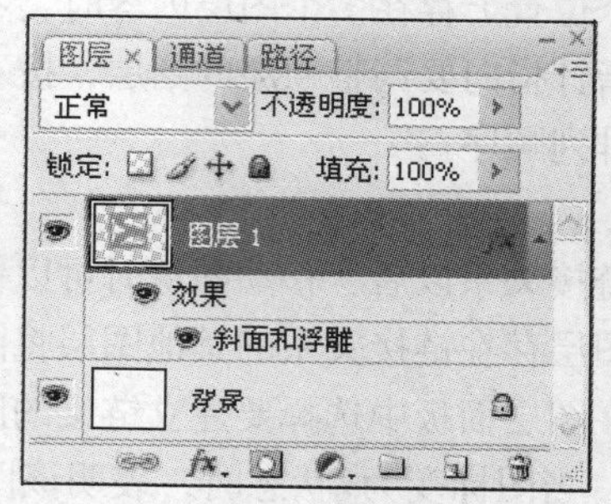

图6-33 图层样式的使用效果

使用图层样式可以轻松地完成以前需要由滤镜创作的效果，极大地简化工作流程。另外，在文字图层中，文字处于被保护的状态，种种操作受到限制，但是使用图层样式可以在不改变图层性质的情况下，轻而易举地创造引人注目的艺术文字。

使用图层样式的一种方法是单击下拉菜单“图层/图层样式/混合选项”，弹出“图层样式”对话框来创建自定样式，如图6-34所示。

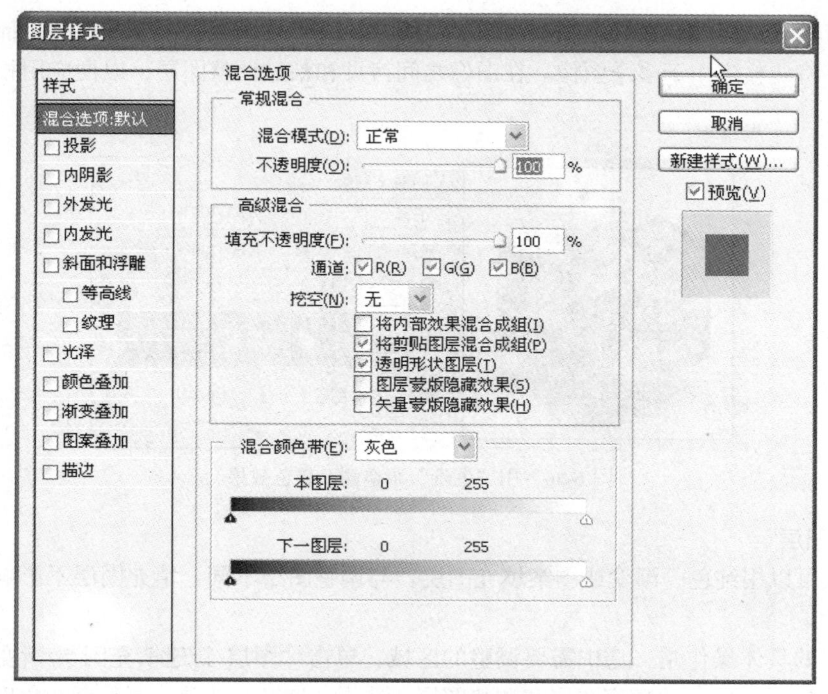

图 6-34　“图层样式”对话框

使用图层样式的另一种方法是应用 Photoshop 附带提供的某一种预设样式来实现。如图 6-35 所示，“样式”面板中存放了系统预设的一些常用图层样式。“样式”面板中的样式包括按钮样式、文字样式、纹理样式、图像样式等，这些样式也是为提高工作效率而设置的。在“样式”面板中，用户既可以查看、新建样式，又可以管理和应用样式。

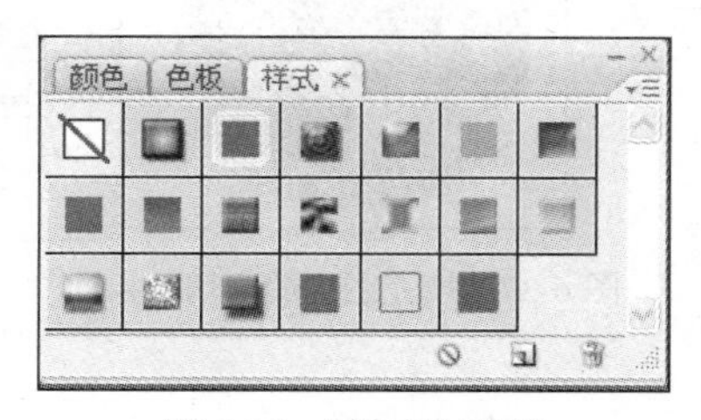

图 6-35　“样式”面板

6.3.5　调整图层与填充图层

1. 调整图层

调整图层可将颜色和色调调整应用于图像，而不会永久更改像素值。具体操作是：单击“图层/新建调整图层/色阶”命令，或在图层面板，单击 创建填充图层和调整图层，选择“色阶”选项，创建的“色阶”调整图层，不是直接在图像上调整“色阶”，而是颜色和色调调整存储在调整图层中，并应用于该图层下面所选择的图层区域，如图 6-36 所示。

调整图层具有以下优点。

（1）编辑不会造成破坏。可以尝试不同的设置并随时重新编辑调整图层；也可以通过降低该图层的不透明度来减轻调整的效果。

（2）编辑具有选择性。在调整图层的图像蒙版上绘画可将调整应用于图像的一部分。

（3）能够将调整应用于多个图像。在图像之间拷贝和粘贴调整图层，以便应用相同的颜色和色调调整。

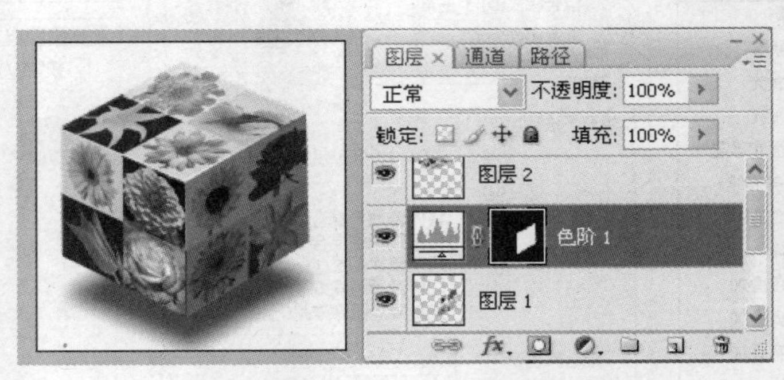

图 6-36　用“色阶”调整侧面颜色效果

2. 填充图层

填充图层可以用纯色、渐变或图案填充图层。与调整图层不同，填充图层不影响它们下面的图层。

填充图层的具体操作是，选中需要调整的区域，单击“图层/新建填充图层/渐变”命令，或在图层面板，单击 创建填充图层和调整图层，选择“渐变”选项，调整渐变角度，完成一个渐变填充效果，如图 6-37 所示。

图 6-37　填充图层的应用效果

6.3.6　通道使用

通道是 Photoshop 中比较重要的一部分，它具有保存信息的功能。通道可以分为原色通道、专色通道和 Alpha 通道。无论哪种通道，与蒙版类似，只能看到黑色、白色和灰色三种颜色。

1. 原色通道

原色通道存储 RGB 或 CMYK 个原色的亮度。改变原色通道可以改变图像颜色变化，可以用于调色。

2. 专色通道

专色通道是专门针对印刷业的颜色描述通道，它同样记录颜色的色值信息。它需要单独创建。

3. Alpha 通道

Alpha 通道是专门用于存储选区及针对选区进行处理信息的。无论是通过选区建立的还是直接新建的通道，均为 Alpha 通道。如图 6-38 所示，用选取工具选取草莓，单击下拉菜单“选择/

存储选区”，命名后，建立一个 Alpha 通道，保存了一个选区。当对选择区域调用时，单击“选择/载入选区”命令即可把选择区域调用出来。

图 6-38　Alpha 通道

6.4　绘画与画笔工具

Photoshop 可提供多个用于绘制和编辑图像颜色的工具。画笔工具和铅笔工具与传统绘图工具的相似之处在于，它们都使用画笔描边来应用颜色；渐变工具、填充命令和油漆桶工具都将颜色应用于大块区域；橡皮擦工具、模糊工具和涂抹工具等工具都可修改图像中的现有颜色。

在每种工具的选项栏中，可以设置对图像应用颜色的方式，并可从预设画笔笔尖中选取笔尖，如图 6-39 所示。

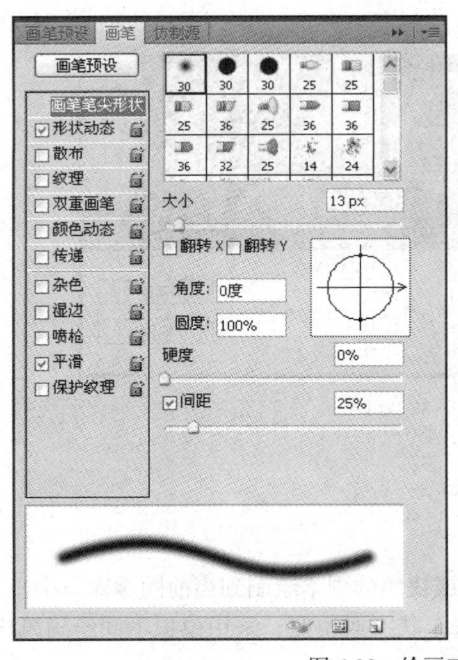

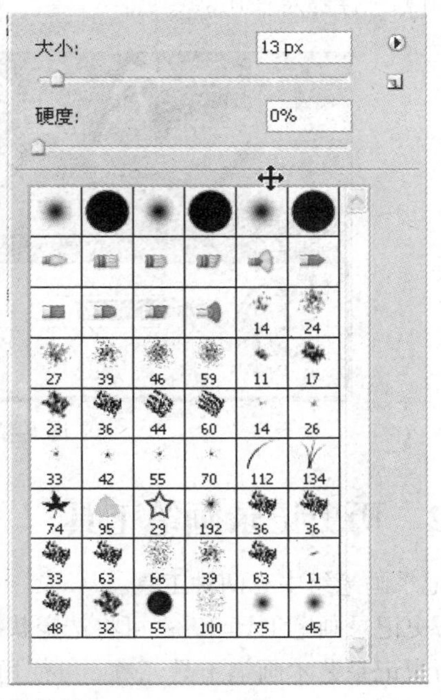

图 6-39　绘画工具属性设置

6.4.1 画笔工具

画笔工具组包括画笔工具和铅笔工具，如图6-40所示。

图6-40 画笔工具组

使用画笔工具 可以绘出彩色的柔边线条；使用铅笔工具 可以绘出硬边手画线条，给人以笔画生硬的感觉，使用颜色替换工具 可将选定颜色替换为新颜色；使用混合器画笔工具 可模拟真实的绘画技术（例如混合画布颜色和使用不同的绘画湿度）。

选择了工具箱中的绘图工具组后，工具选项栏中将分别显示出相关的选项，如图6-41所示。

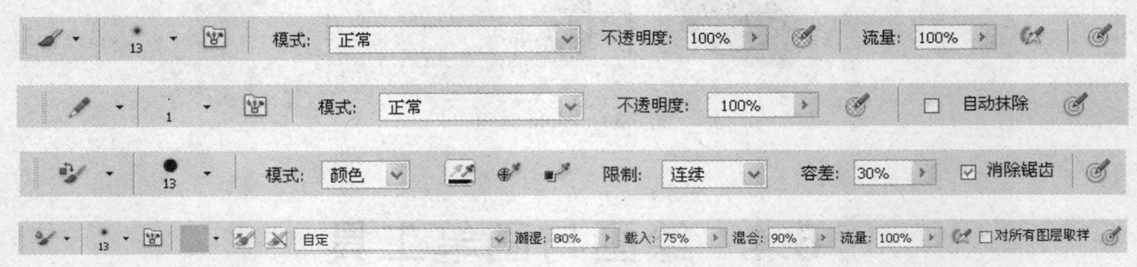

图6-41 “绘图工具组”选项栏

自定义画笔是丰富画笔的一种方式。在Photoshop CS5中，用户可以将现有的图像设置为画笔。该功能极大地增强了Photoshop的绘画能力，也拓展了用户的创作思维。

自定义画笔的基本操作步骤如下：打开一幅图像，使用选择工具选择所需要的图像，如图6-42所示，单击菜单栏中的“编辑/定义画笔预设”命令，则弹出“画笔名称”对话框，在“名称”文本框中为画笔命名，单击“确定”按钮，则自定义了一个画笔。定义了画笔后，用户就可以像系统预设的画笔一样随意使用。

图6-42 自定义画笔

6.4.2 历史记录画笔工具

历史记录画笔组中有两种工具。

- 历史记录画笔工具 ：可将选定状态或快照的副本绘制到当前图像窗口中。
- 历史记录艺术画笔工具 ：可使用选定状态或快照，采用模拟不同绘画风格的风格化描边进行绘画。

6.4.3　橡皮工具

橡皮工具组包括橡皮擦工具、背景橡皮擦工具和魔术橡皮擦工具，如图 6-43 所示。这组工具主要用于擦除图像，另外，还可以用于选择、填充等操作。

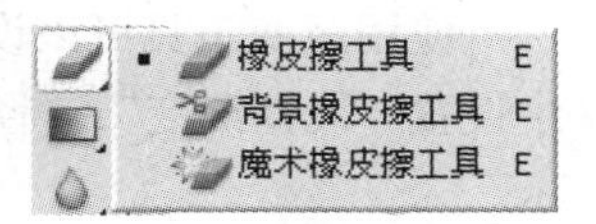

图 6-43　橡皮工具组

- 选择橡皮擦工具 ，在图像中擦除时，橡皮经过的区域为背景色或为透明。
- 选择背景橡皮擦工具 ，可以清除图像中指定范围的像素。
- 选择魔术橡皮擦工具 ，可以迅速清除指定误差范围内的像素。

选择了不同的橡皮工具后，工具选项栏中将显示其相关的选项，如图 6-44 所示。

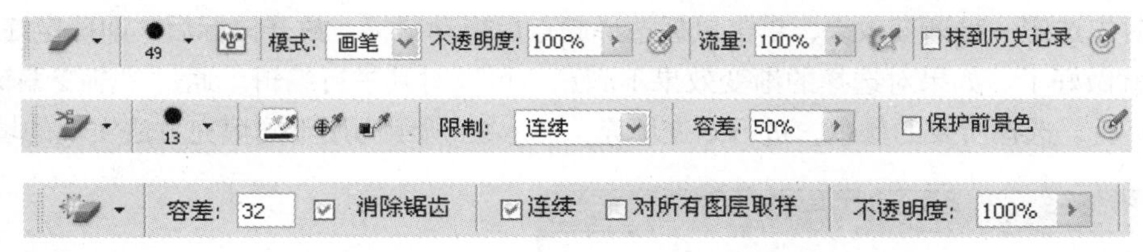

图 6-44　“橡皮工具”选项栏

图 6-45 所示为自行车的选取，可以选择用背景橡皮擦工具 ，把图中背景抠取出来。具体操作是选中背景橡皮擦工具 后，在工具选项卡中调整“画笔”，选择“取样：一次”，“容差”为“20%”，在背景上来回擦除背景，此时可以把抠出的自行车放到一个风景图中显示。

图 6-45 用背景橡皮擦去掉背景颜色

6.4.4　填充工具

填充工具组中包括油漆桶工具和渐变工具，如图 6-46 所示。

图 6-46　填充工具组

1．油漆桶工具

油漆桶工具 用于对和单击处颜色相同的且相连的区域进行填充。“油漆桶工具”选项栏如图 6-47 所示。

图 6-47　“油漆桶工具”选项栏

如果在“填充”项中选择“图案”选项，就可以在相应的位置填充图案。

2. 渐变工具

使用渐变工具可以设置填充颜色的渐变效果，单击渐变工具后，在“渐变工具”选项卡中设置“线性渐变”、“径向渐变”、“角度渐变”、“对称渐变”和“菱形渐变”效果，如图 6-48 所示。

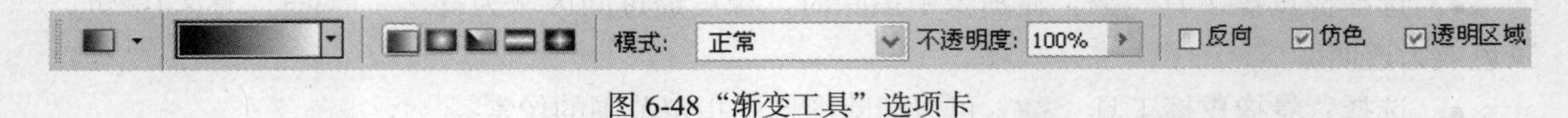

图 6-48“渐变工具”选项卡

单击“渐变工具”选项卡中的“可编辑渐变区域”，弹出“渐变编辑器”对话框，如图 6-49 所示。可以从中设置渐变颜色。

使用时先选定一种渐变效果，单击鼠标选择起点后拖动鼠标，放开鼠标后，即确定终点，一个渐变效果就做好了。如果对选择的渐变效果不满意，可以对其进行编辑。通过“渐变编辑器”，添加色标后，选择所要的颜色，进行渐变填充。图 6-50 所示为用不同填充方法实现的填充效果。

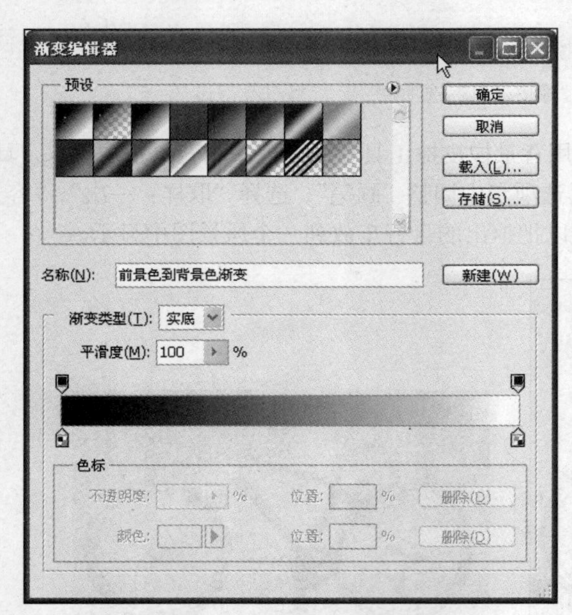

图 6-49 “渐变编辑器”对话框

图 6-50 填充效果

6.5 色调调整与图像修饰

6.5.1 直方图与校正图像

直方图用图形表示图像的每个亮度级别的像素数量，展示像素在图像中的分布情况。它提供了图像色调范围或图像基本色调类型的快速浏览图。低色调图像的细节集中在阴影处（在直方图的左侧部分显示），高色调图像的细节集中在高光处（在右侧部分显示），而平均色调图像的细节集中在中间调处（在中部显示）。全色调范围的图像在所有区域中都有大量的像素。识别色调范围有助于确定相应的色调校正。如图 6-51 所示，直方图中黑暗像素丰富，图片曝光不足，整体画面偏暗。

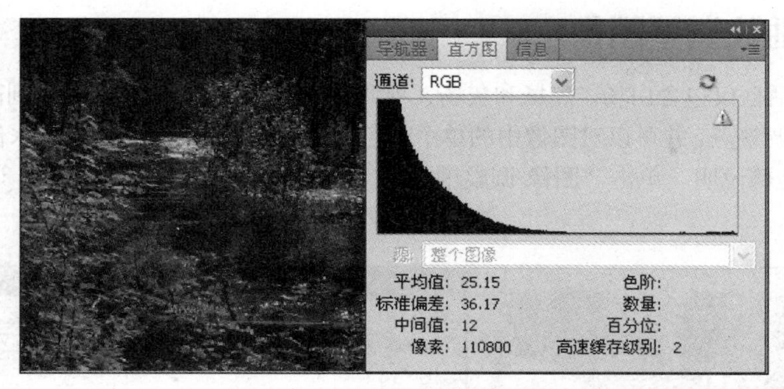

图 6-51　直方图像素数量的分布

一般在校正图像的色调和颜色时，通常需要遵循以下工作流程。

（1）使用直方图来检查图像的品质和色调范围。

（2）调整色彩平衡以移去不需要的色痕或者校正过度饱和或不饱和的颜色。

（3）使用“色阶”或“曲线”调整来调整色调范围。在开始校正色调时，首先调整图像中高光像素和阴影像素的极限值，从而为图像设置总体色调范围。此过程称作设置高光和阴影或设置白场和黑场。设置高光和阴影将适当地重新分布中间调像素，但是，需要手动调整中间调。

（4）如果只调整阴影和高光区域中的色调，则使用“阴影/高光”命令。

6.5.2　色阶调整图像

对图 6-51 中，图片曝光不足，整体画面偏暗的图像用色阶调整时，单击“图像/调整/色阶”命令，打开“色阶”对话框，如图 6-52 所示；拖动右侧“白场”滑块，此时注意观察图片变化效果，完成后单击“确定”按钮。

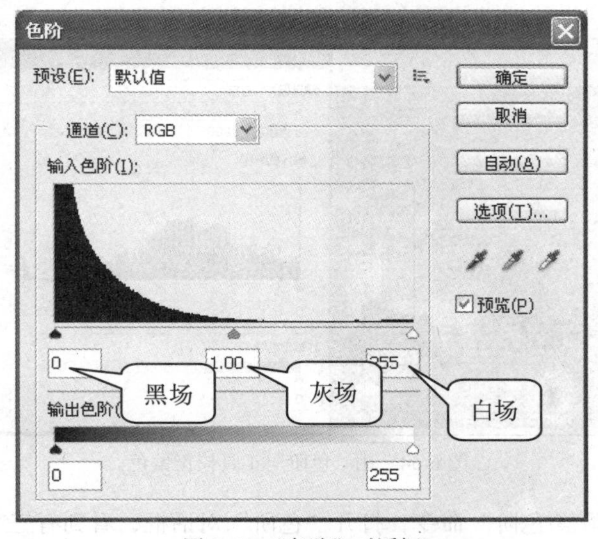

图 6-52　“色阶”对话框

“色阶”对话框还可以用来调整偏色。在“通道”下拉列表框中选择某个通道，如“红”，即可实现对图片“红色”部分的单独调整。

6.5.3 曲线调整图像

“色阶”对话框仅包含白场、黑场和灰场 3 项调整。而“曲线”调整从阴影到高光，可最多设置 14 个不同的调整点，并可以对图像中的单个颜色通道进行精确调整。下面以水仙花图片曝光过度，调整颜色为例说明。单击“图像/调整/曲线”命令，打开“曲线”对话框，调整曲线，如图 6-53 所示。

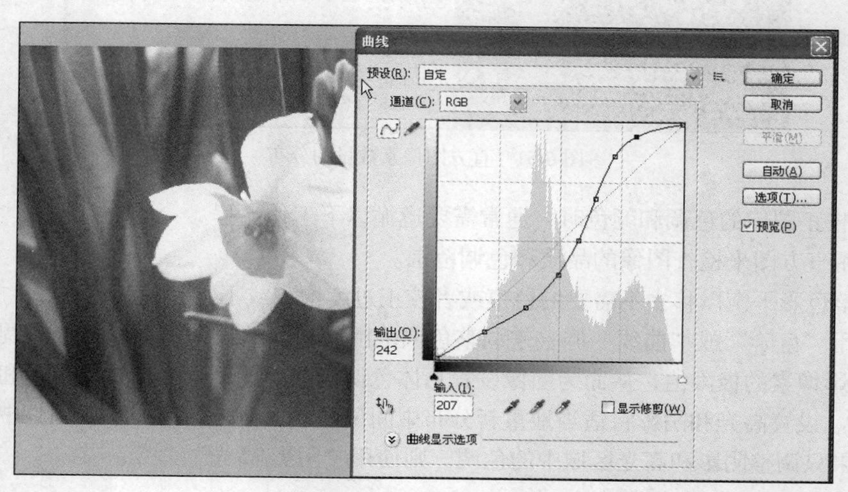

图 6-53 “曲线”对话框

6.5.4 校正偏色

利用“色阶”工具校正偏色，该图片调整前发红，调整后校正为原色，如图 6-54 所示。具体操作方法如下。

图 6-54 用“色阶”工具校正偏色

（1）单击“图像/调整/色阶”命令，打开“色阶”对话框，看到有三个吸管工具，从左到右分别是设置黑场、设置灰场和设置白场。

（2）选择“设置黑场”工具 ，在图像中找到并单击最暗的点。

（3）选择“设置白场”工具 ，在图像中找到并单击最亮的点。

（4）选择“设置灰场”工具 ，在图像中找到并单击中性灰色的部分，观察图片颜色变化，直至找到理想效果。

（5）完成后单击“确定”按钮。

6.5.5　调整色相和饱和度

色相/饱和度是基于视觉感受的色彩模式，共有色相（所属色系）、饱和度（鲜艳程度）和明度（亮度）3 个调整选项。可以调整图像中特定颜色范围的色相、饱和度和亮度，或者同时调整图像中的所有颜色。可以在“调整 ”面板中存储色相/饱和度设置，并载入以在其他图像中重复使用，如图 6-55 所示。

图 6-55“调整”面板

应用“色相/饱和度”调整有以下方法。

- 在“调整”面板中单击“色相/饱和度”图标，或“色相/饱和度”预设，如图 6-56 所示。
- 选择“图层/新建调整图层/色相/饱和度”，如图 6-56 所示。
- 选择“图像/调整/色相/饱和度”。该方法将对图像图层进行直接调整并扔掉图像信息，如图 6-57 所示。

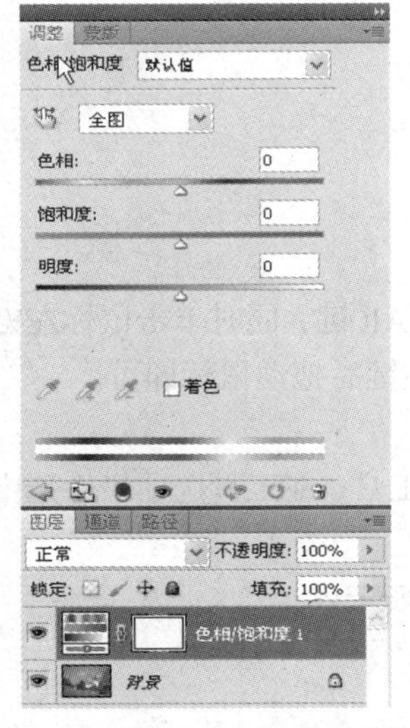

图 6-56　设置“色相/饱和度”

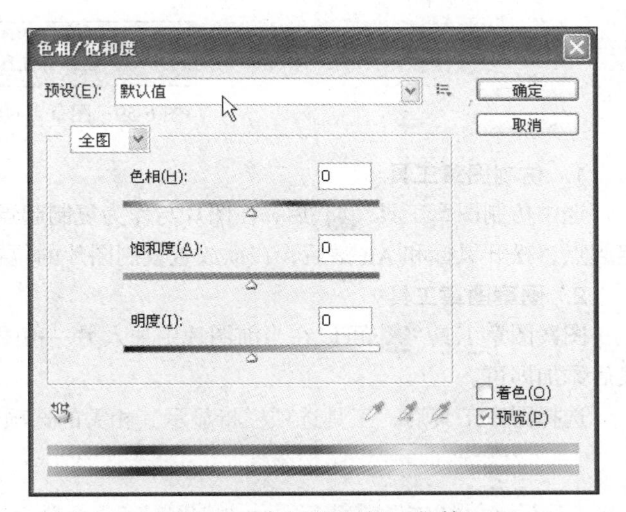

图 6-57　“色相/饱和度”对话框

6.5.6　替换颜色

如果要替换图片某一区域的颜色，用选取工具选取某一区域后，单击“图像/调整/替换颜色”命令。图 6-58 所示为替换小女孩衣服颜色的例子。选择需要替换的区域，在区域内用 工具选取改变的颜色，使之变亮；没有变亮的区域表示还没有被选上，此时，选择 工具追加颜色，直至被选区域都变亮为止，调整色相、饱和度或明度的值，达到需要的效果。

图 6-58　替换颜色

6.5.7　图章工具

图章工具组包括仿制图章工具和图案图章工具，主要用于修复图像、复制图像或进行图案填充，如图 6-59 所示。

图 6-59　图章工具组

1. 仿制图章工具

选中仿制图章工具 后，在图片与作为复制起点的位置按住 Alt 键，同时单击鼠标左键确定起点，松开鼠标和 Alt 键后，在欲放置复制图片的位置按住鼠标左键后拖动鼠标即可。

2. 图案图章工具

图案图章工具 可以在当前图片中加入另一种图像。选中该工具，在工具选项栏中选中图案后添加即可。

选择图章工具后，工具选项栏将显示其相关的选项，如图 6-60 所示。

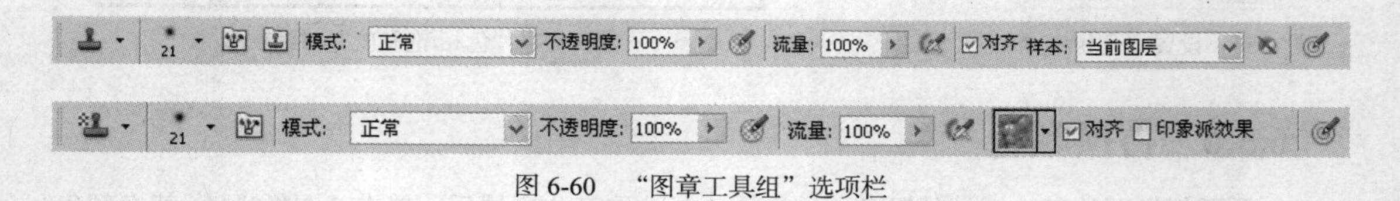

图 6-60　“图章工具组”选项栏

“图章工具”选项栏中，多数选项含义与其他编辑工具相同，这里不再重复。其中选择“对齐”

复选框，表示可以规则复制图像，即每次起笔时都将接着上次的操作继续复制图像；否则进行不规则复制，即每次起笔时都将重新从取样点开始复制图像。“图案”用于选择要填充的图案。选择“印象派效果”复选框时，填充的图案发生模糊，产生一种印象画效果。

6.5.8　修复工具

修复工具组包括污点修复画笔工具、修复画笔工具、修补工具和红眼工具，如图 6-61 所示。修复工具的主要功能是修复照片，与图章工具类似，但功能更神奇一些。

图 6-61　修复工具组

- 污点修复画笔工具 ：可移去污点和对象，它会自动进行像素取样，只需一个步骤即可校正污点。选中该工具后，在污点上用鼠标点一下即可。
- 修复画笔工具 ：需按住 Alt 键的同时在图像中单击鼠标，定义采样点，然后在图像上需要修改的位置上拖曳鼠标，就可以修复图像中的疤痕。
- 修补工具 ：可利用样本或图案修复所选图像区域中不理想的部分。用 选择需要修改的图像部分，画一个区域，将这个区域拖动到理想区即可，这时要确保工具选项栏中的“源”处于选择状态。
- 红眼工具 ：可移去由闪光灯导致的红色反光。选择该工具后，在有红眼的地方用鼠标点一下，它会自动进行像素取样，马上消除红眼。

选择修复工具后，工具选项栏中将显示其相关选项，如图 6-62 所示。

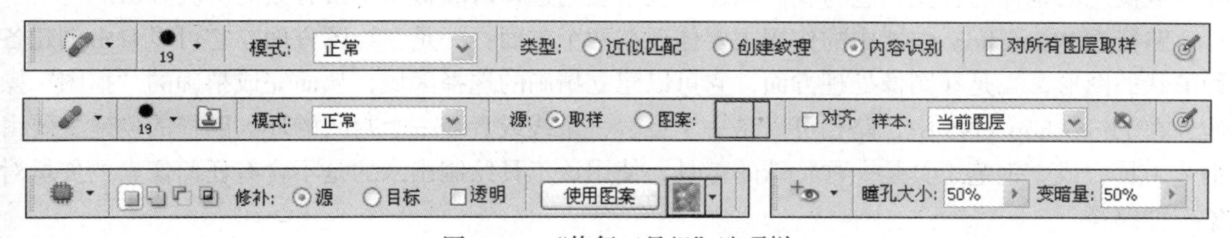

图 6-62　“修复工具组”选项栏

6.5.9　涂抹工具

涂抹工具组包括模糊工具、锐化工具和涂抹工具，如图 6-63 所示。

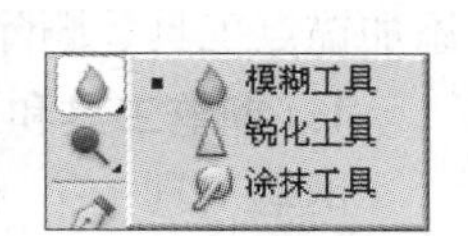

图 6-63　涂抹工具组

- 模糊工具：选中该工具后，在图像中拖动鼠标可以使图像相邻像素间的对比度减小，从而产生柔化效果。
- 锐化工具：选中该工具后，在图像中拖动鼠标，可以使图像产生锐化效果。
- 涂抹工具：选中该工具后，在图像中拖动鼠标，可以使图像产生涂抹效果，好像用手指在未干的颜料上涂抹一样。

选择了工具箱中的涂抹工具后，通过设置工具选项栏中的选项，可以控制图像的编辑效果。图 6-64 所示为涂抹工具选项栏。模糊工具和锐化工具选项与其相似。

图 6-64　“涂抹工具”选项栏

6.5.10 加深减淡工具

加深减淡工具组包括减淡工具、加深工具和海绵工具，如图 6-65 所示。

在图像中拖动减淡工具 ，可以使图像局部加亮；拖动加深工具 ，可以使图像局部变暗：拖动海绵工具 可以精细地调整图像区域中的色彩饱和度，在灰度图中，该工具还可用于增加或减小图像的对比度。

选择了工具箱中的减淡工具后，通过设置工具选项栏中的选项，可以对图像中不同的色调部分进行细微调节。图 6-66 所示为“减淡工具”选项栏。加深工具和海绵工具选项与其相似。

图 6-65 加深减淡工具组

图 6-66 “减淡工具”选项栏

6.6 图形绘制

路径的出现使 Photoshop CS5 兼有了矢量绘图的特点，即 Photoshop CS5 既可创建不包含任何像素的矢量路径，也可以创建具有一定外形的剪切路径，直接产生矢量图形。另外，路径也是选择区域概念的延伸与补充，它为我们创建一些精确的选择区域提供了最有效的解决方法。

路径在 Photoshop CS5 中的作用主要体现在两个方面：一是在绘图方面，它可以自由创建各种形状的图形；二是在图像处理方面，它可以建立精确的选择区域，从而完成精确的“抠图”操作。在 Photoshop CS5 中，路径可以是一个点、一条线或者是一个封闭的环。路径的创建主要由钢笔工具完成。钢笔工具是一种特殊的工具，使用该工具绘制出来的是不含有任何像素的矢量对象，即路径。

6.6.1 钢笔工具

钢笔工具组中包含了 5 种工具，分别是钢笔工具、自由钢笔工具、添加锚点工具、删除锚点工具和转换点工具，如图 6-67 所示。

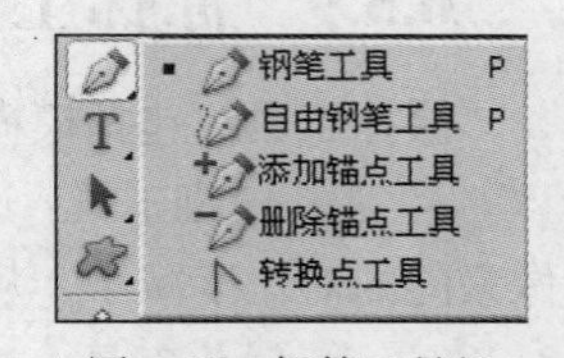

图 6-67 钢笔工具组

1. 钢笔工具和自由钢笔工具

钢笔工具 和自由钢笔工具 主要用于创建直线、曲线或自由形状的线条及形状。

选择了钢笔工具后，工具选项栏中将显示其相关的选项，如图 6-68 所示。

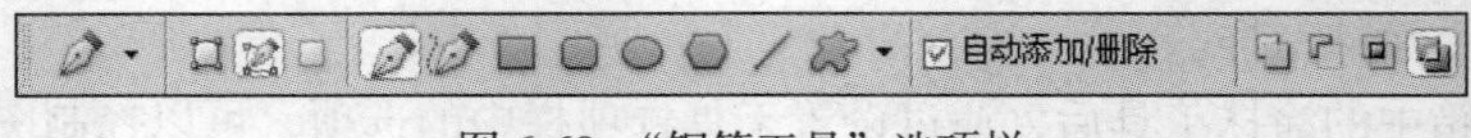

图 6-68 “钢笔工具”选项栏

- 单击 按钮，可以创建新的形状图层，路径包围的区域将填充前景色，同时在“图层”面板中产生形状图层。
- 单击 按钮，可以创建新的工作路径。

钢笔工具的使用比较简单，首先选中该工具，单击鼠标确定第一个节点，在另一点处单击鼠标，确定另一节点，如此继续，当回到起点时，鼠标下出现一个小圆圈，代表将封闭的路径，单击鼠标后路径封闭，如果在单击一下鼠标后没有松开鼠标而是继续拖动，则可以拖出方向线，如图 6-69 所示。

自由钢笔工具的优点是按住鼠标左键不松开时，拖动鼠标可以画出任意形状的轨迹，当松开鼠标左键时路径中才出现节点，而且在任意的节点处单击鼠标可以继续画出没有完成的图形。

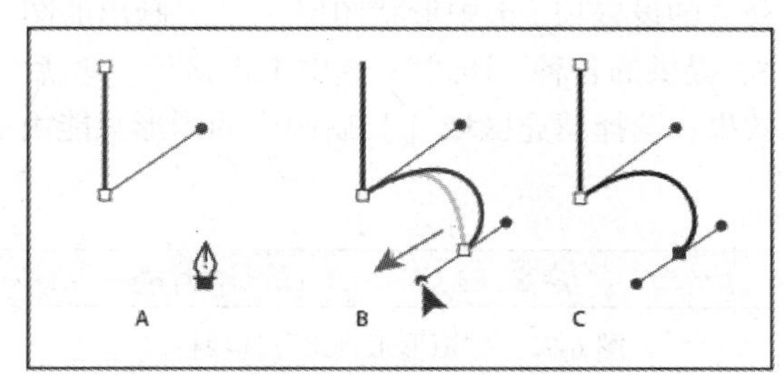

先绘制一条直线段，然后绘制一条曲线段（第 2 部分）
A. 定位"钢笔"工具 B. 拖动方向线 C. 完成的新曲线段

图 6-69　钢笔工具的使用

2. 添加锚点工具和删除锚点工具

添加锚点工具 主要用于向路径中添加锚点。

删除锚点工具 主要用于删除路径中的锚点。

选择添加锚点工具 后，在路径上单击后可以把一个节点添加到路径中去；选择删除锚点工具 后，在节点上单击后可以删除该节点。

3. 转换点工具

转换点工具 主要用于转换锚点的类型。

6.6.2 路径面板

利用路径面板可以进行各种路径操作，如删除路径、将路径与选择区域进行转换、填充路径等。单击菜单栏中的"窗口/路径"命令，则打开"路径"面板，如图 6-70 所示。

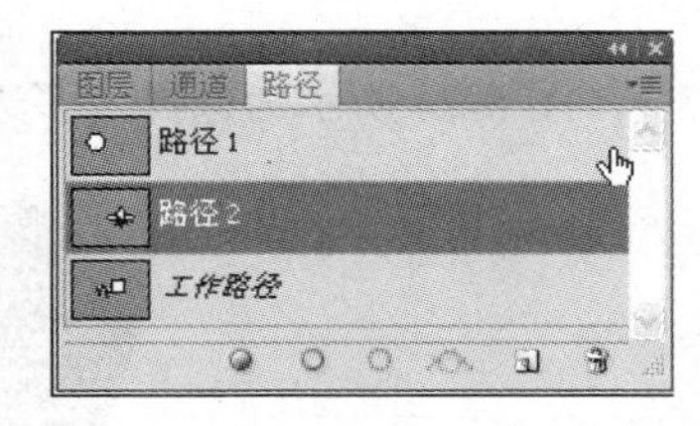

图 6-70　"路径"面板

- 单击 按钮，可以使用前景色填充路径。
- 单击 按钮，可以使用前景色描绘路径。
- 单击 按钮，可以将路径转换为选择区域。
- 单击 按钮，可以将选择区域转换为路径。
- 单击 按钮，可以建立一个新路径。
- 单击 按钮，可以删除所选路径。

当使用钢笔工具或形状工具创建工作路径时，新的路径作为"工作路径"出现在路径面板中。该工作路径是临时路径，因此必须保存它以免丢失。如果没有存储便取消了选择的工作路径，当再次使用钢笔工具绘制路径时，新路径将代替现有工作路径。

存储工作路径的基本操作方法如下：将工作路径拖曳至路径面板中的 按钮上，可以存储工作路径；或者选择路径面板菜单中的"存储路径"命令，将弹出"存储路径"对话框，为路径命名并确认后，可以用新名称存储工作路径。

6.6.3 矩形工具

矩形工具组包含矩形工具、圆角矩形工具、椭圆工具、多边形工具、直线工具和自定形状工具，如图 6-71 所示。

图 6-71 矩形工具组

选取 6 种工具，工具选项栏中将显示其相关的选项和部分设置，如图 6-72 和图 6-73 所示。

工具选项栏中有一个公共的设置项。选中形状图层后画出的图形，可以填充 Photoshop CS5 提供的各种“样式”；选中工作路径后画出的图形不能填充任何效果；选择填充区域后画出的图形只能由前景色来填充，而不能填充“样式”。

形状:

图 6-72 “矩形工具组”选项栏

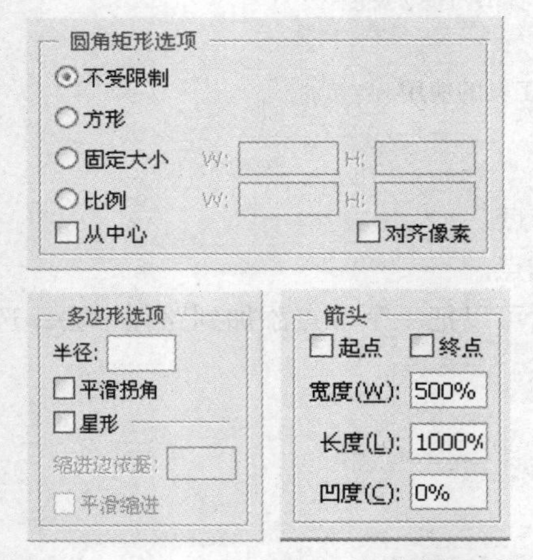

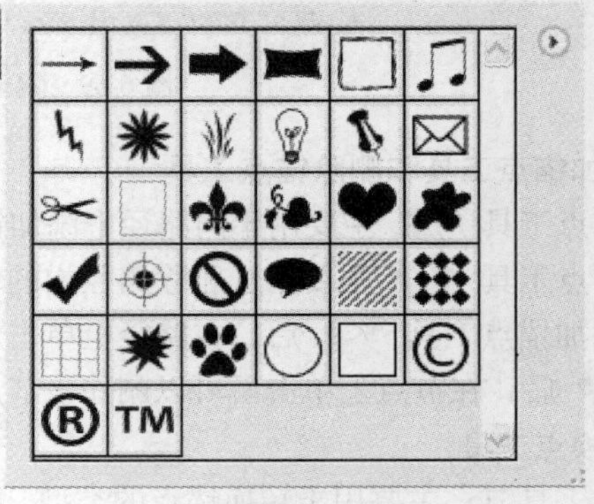

“自定形状”选项

图 6-73 “圆角矩形、多边形、自定形状”选项

图 6-74 所示为选择“多边形工具”设置选项后的不同效果。

图 6-74 多边形选项设置的不同效果

6.7 文字编辑

6.7.1 文字工具

文字工具用来为图片添加文字。在 Photoshop CS5 中，利用文字工具可以很方便地向图像中

输入水平、垂直的文字或创建文字蒙版。不但可以输入普通的文字，而且可以实现文字的绕排。在任何路径上或任何形状中都可以创建并操纵完全可编辑的文字，使课件制作中的文字能达到引人注目的效果。

文字工具组包括横排文字工具、直排文字工具、横排文字蒙版工具和直排文字蒙版工具，如图 6-75 所示。

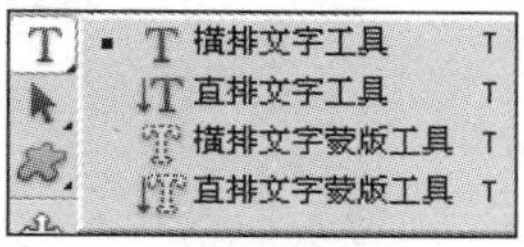

输入文字可以插入点文字和段落文字，也可以创建文字蒙版。

图 6-75　文字工具组

1. 插入点文字

单击工具箱中的文字工具T（或↓T），选择该工具，在文字工具选项栏中设置各项参数；在图像中要输入文字的位置处单击鼠标定位插入点，输入所需文字；最后单击工具箱中的移动工具结束文字的输入，并调整文字的位置。

2. 输入段落文字

在 Photoshop CS5 中输入段落文字的方法是：单击工具箱中的文字工具T（或↓T），在文字工具选项栏中设置各项参数；将鼠标指针移动到图像中，按下鼠标左键拖动鼠标，可以定义一个限定框，如图 6-76 所示；在光标闪烁处输入所需的文字，输入的文字将显示在限定框中，当输入的文字到达限定框边缘时将自动换行；单击工具箱中的移动工具结束文字的输入，并可以调整文字的位置。

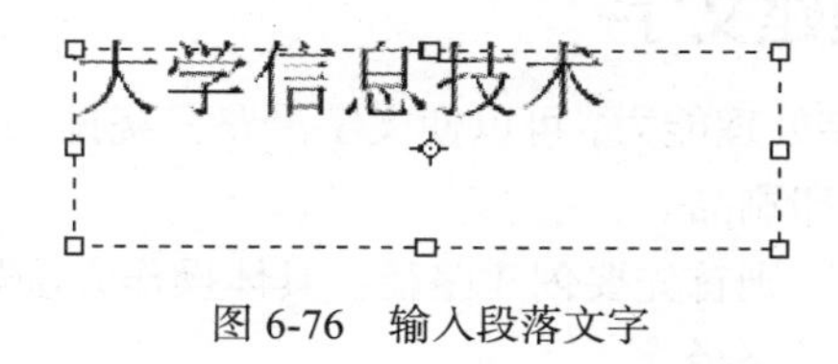

图 6-76　输入段落文字

3. 创建文字蒙版

利用工具箱中工具（或），可以在图像中创建文字蒙版，即按文字的形状创建选择区域。文字蒙版出现在当前图层中，可以像任何其他选择区域一样被移动、复制、填充或描边。

创建文字蒙版的基本操作步骤是：单击工具箱中工具（或），选择该工具，在工具选项栏中设置各项参数；用前面介绍的方法输入文字；单击工具箱中移动工具，结束文字的输入，则文字形状的选择区域将出现在当前图层上，如图 6-77 所示。

图 6-77　创建文字蒙版

输入文字后，在“图层”面板中将自动生成一个图层，即文字图层。同时，“文字工具”选项栏如图 6-78 所示。

图 6-78　“文字工具”选项栏

选项栏中的“字体”、“文字大小”、“对齐方式”、“文字颜色”等选项和 Word 中的使用方法相同。单击“创建变形文本”图标，弹出如图 6-79 所示的对话框，在其中可以设置创建文字的排列形式。

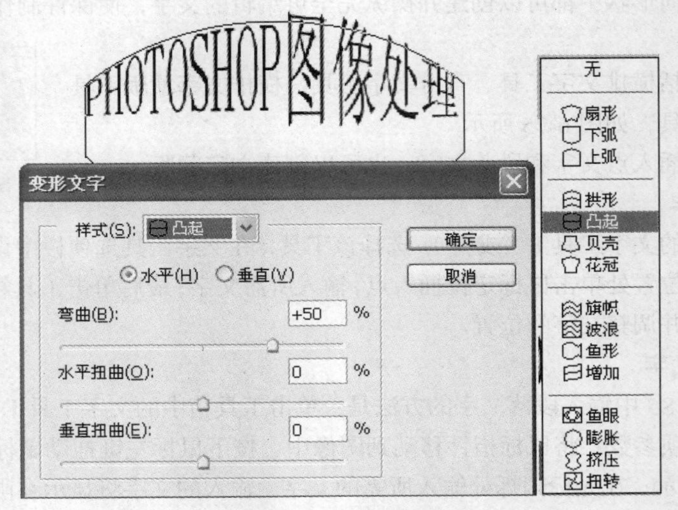

图 6-79 创建变形文本

6.7.2 在路径上创建文字

Photoshop CS5 增强了文字处理能力，可以使文字沿路径绕排，或是将文字排布在一个特定的形状之内，从而制作出精美的印刷品。

如果要沿着路径输入文字，则首先要创建路径。具体操作方法如下。

（1）使用钢笔工具创建一条路径。

（2）选择工具箱中的文本工具 T，将鼠标指针指向路径；当鼠标指针变成形状时单击鼠标左键，则路径上会出现一个插入点。

（3）输入所需要的文字，则文字将沿着路径显示，与基线垂直，如图 6-80 所示。

图 6-80 在路径上创建文字

6.7.3 在形状内输入文字

如果创建的路径构成一个闭合的形状，那么既可以沿路径输入文字，也可以在形状内输入文字，就像在 Illustrator 中输入文字一样方便。这使得 Photoshop CS5 具有了排版功能。

在形状内输入文字的操作步骤如下。

（1）使用钢笔工具创建一条路径。

（2）选择工具箱中的文本工具，将鼠标指针指向路径内部；当鼠标指针变成形状时拖曳鼠标，这时会依据路径创建一个段落文字限定框。

（3）输入所需要的文字，文字将自动排列在路径形状的内部，如图 6-81 所示。

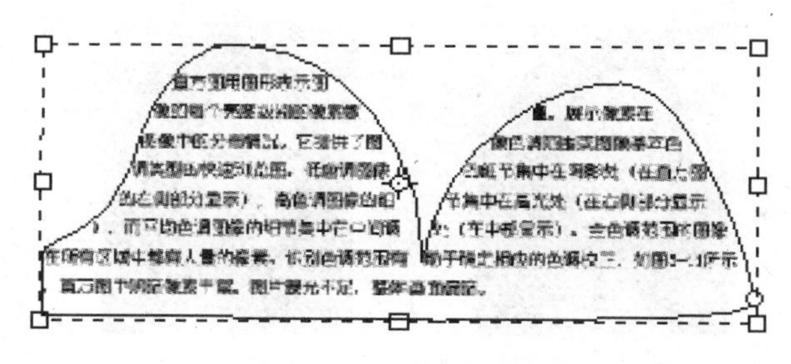

图 6-81　在形状内输入文字

6.8　滤镜应用

滤镜可以自动对一幅图片施加特效，不同滤镜组合的应用显得功能非常强大。滤镜使用时方法比较简单，一些属性的设置也比较明了，但这需要对功能的熟练应用。灵活应用滤镜可以做出梦幻般的视觉效果。图 6-82 所示为 Photoshop CS5“滤镜”菜单。

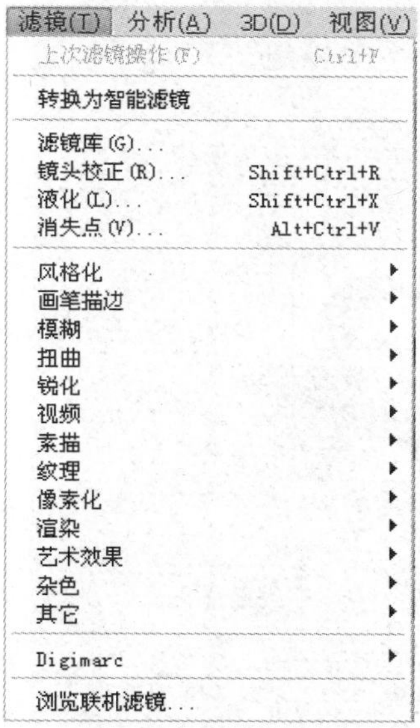

滤镜(T)　分析(A)　3D(D)　视图(V)
上次滤镜操作(F)　Ctrl+F
转换为智能滤镜
滤镜库(G)...
镜头校正(R)...　Shift+Ctrl+R
液化(L)...　Shift+Ctrl+X
消失点(V)...　Alt+Ctrl+V
风格化
画笔描边
模糊
扭曲
锐化
视频
素描
纹理
像素化
渲染
艺术效果
杂色
其它
Digimarc
浏览联机滤镜...

图 6-82　“滤镜”菜单

6.8.1　智能滤镜

通过应用于智能对象的智能滤镜，可以在使用滤镜时不会造成破坏。智能滤镜作为图层效果存储在“图层”面板中，并且可以利用智能对象中包含的原始图像数据随时重新调整这些滤镜。

6.8.2　液化

“液化”命令可以很容易地使图像变形。使用该命令提供的特殊工具可以对图像区域进行扭曲、旋转、膨胀、收缩、移位、反射等变形处理，如图 6-83 所示。

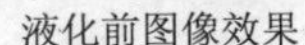

液化前图像效果　　液化后图像效果

图 6-83　液化效果对比

使用“液化”命令对图像变形的操作步骤如下：选择要变形的图像区域，如果要对某个图层中的图像进行变形，则选择相应的图层；单击菜单栏中的“滤镜/液化”命令，则弹出“液化”对话框，如图 6-84 所示；在对话框右侧的工具选项中设置所需的画笔大小和画笔压力，对图像进行变形操作即可。

图 6-84　“液化”对话框

6.8.3　滤镜库

滤镜库是 Photoshop CS5 新增的一项实用功能。它是将常用的滤镜命令组合在一个对话框中，通过这个对话框即可直观地预览滤镜效果。也可以对图像一次性完成多个滤镜的应用，使用起来十分方便。

单击菜单栏中的“滤镜/滤镜库”命令，可以打开“滤镜库”对话框，如图 6-85 所示。

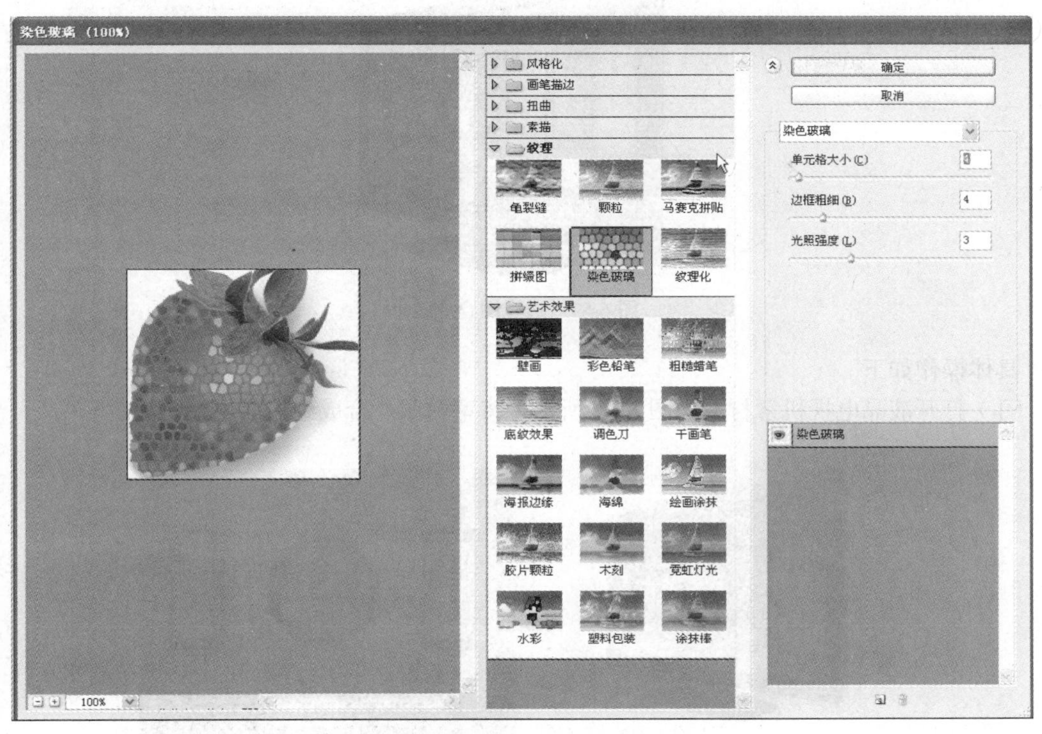

图 6-85　“滤镜库”对话框

具体在应用时，以下面的实例加以说明。如图 6-86 所示，为了体现游泳运动员的游泳速度，在菜单中单击“滤镜/模糊/径向模糊”命令，调整为“缩放”模糊，此时可以看到运动员游泳的冲击效果。

图 6-86　“滤镜”命令

6.8.4　消失点

消失点是 Photoshop CS5 的一项很有用的工具，常用于修补具有透视效果的图像，用于按照透视原理合成图像。图 6-87 所示是想把室内素材合成到液晶电视机里，采用消失点技术，用透视原理合成该图像。

图 6-87　透视图合成效果

具体操作如下。

（1）打开液晶电视机素材，如图 6-88 所示，将室内照片合成到液晶电视机里。

图 6-88 液晶电视机素材和室内

（2）单击菜单栏的“滤镜/消失点”命令，单击其中的 “创建平面工具”按钮 ，在电视屏幕的 4 个角处单击，完成后将出现描述透视的平面网格，如图 6-89 所示，单击“确定”按钮，关闭“消灭点”对话框。

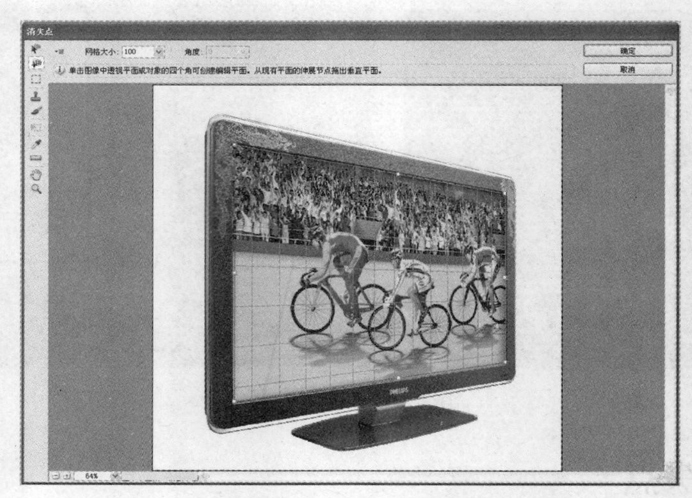

图 6-89　创建透视平面

（3）选择室内图像窗口，按 Ctrl+A 组合键选中全部图像，接着按 Ctrl+C 组合键复制图像，选择液晶电视机图像窗口，再次打开“消灭点”对话框，然后按 Ctrl+V 组合键粘贴室内图片，将室内图片移动到网格内，利用“变换工具” ，将室内图片调整好位置和大小，单击“确定”按钮，完成图像透视合成。

6.9　简单动画制作

用 Photoshop CS5 制作动画，其原理是将某些层的画面作为动画的帧，每一帧都与上一帧有轻微的差别。当以一定速度连续播放时，由于视觉暂留现象，连续的静止画面就有了动画效果。以果汁机左右摇头效果为例说明，在图层中创建两个反映果汁机处于不同位置的图层，如图 6-90 所示，“果汁机 1”和“果汁机 2”层摇头有轻微的差别。

在菜单栏中单击“窗口/动画”命令，调出动画面板，单击 “新建”按钮 ，复制一帧，如图 6-91 所示。此时选择第一帧时，“果汁机 2”图层前面的眼睛不被显示；选择第二帧时，“果汁机 2”图层前面的眼睛显示出来，如图 6-92 所示。完成后，在动画面板中单击 播放按钮。

图 6-90　图层面板

图 6-91　动画面板

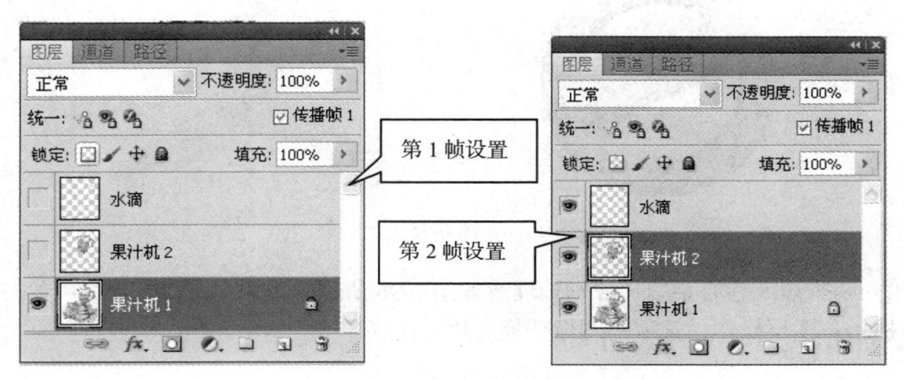

图 6-92　图层面板设置

习　题

1. 在 Photoshop CS5 中打开如图 6-93 所示的图像，用合适的选取工具分别选出来。

操作提示：（1）使用椭圆选框工具；（2）使用多边形套索工具；（3）使用磁性套索工具或魔

棒工具。

图 9-93

2. 用渐变工具绘制如图 6-94 所示的立体图形。

操作提示：（1）线性渐变填充；（2）选区的添加与相减应用；（3）渐变填充与选区擦除应用。

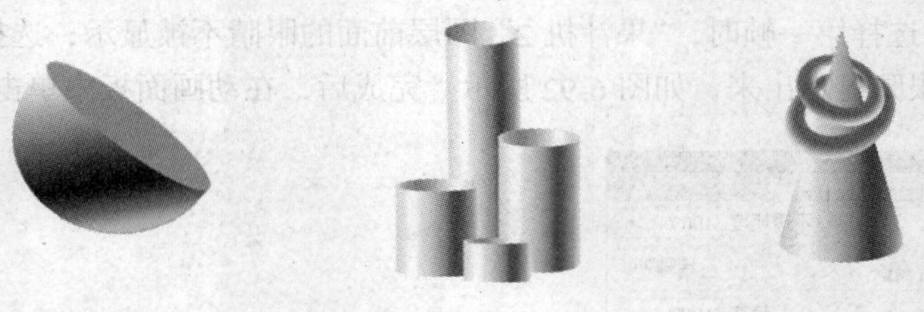

图 6-94

3. 用图层样式绘制如图 6-95 所示的立体图形。

操作提示：（1）选区相减与相交应用，文字 S 转变为中间的 S 曲线形，图层样式中的斜面与浮雕应用；（2）选区制作，图层样式中的斜面与浮雕应用（内斜面与枕状浮雕）。

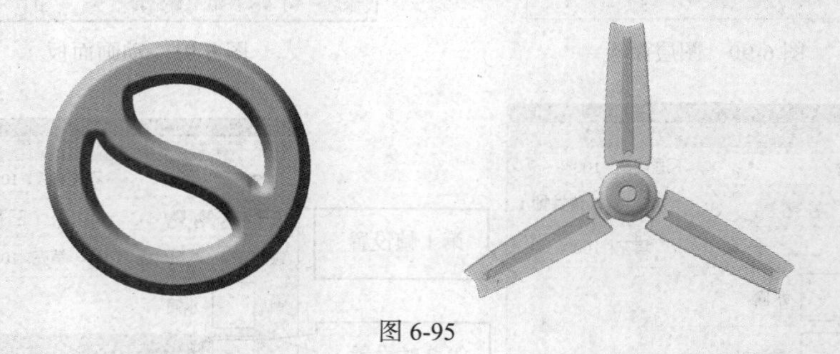

图 6-95

4. 用一幅香蕉或卷心菜图片分别处理成如图 6-96 所示的效果。

操作提示：图层操作，选取与图像变换应用。

图 6-96

5. 制作如图 6-97 所示的文字效果。

操作提示：控制面板中的“样式”面板，图层样式中的渐变叠加、描边应用。

6. 修复如图 6-98 所示的图像，要求修正图片、修复眼睛正常、替换衣服颜色和美化背景。

操作提示：裁切工具、修复画笔工具、修补工具、仿制图章工具使用，菜单“亮度/对比度”、“色相/饱和度”、替换颜色应用。

图 6-97

图 6-98

7. 用滤镜制作一个如图 6-99 所示的木纹棋盘、棋格和棋子。

操作提示：木纹在填充黄色的基础上，使用滤镜“纹理/颗粒”、“模糊/动感模糊”；棋格在显示网格的基础上，用 1 个像素画笔，按 Shift 键画水平或垂直线，图层样式采用斜面与浮雕。

8. 用滤镜制作一枚如图 6-100 所示的纪念章。

操作提示：背景凸凹纹理采用滤镜“渲染/云彩”和滤镜“模糊/高斯模糊”，再用图像“调整/色彩平衡”调整颜色。选取素材制作纪念章图案后，用图像调整“色相/饱和度”，将图像变为黑白效果，执行滤镜“风格化/浮雕效果”或“素描/基底凸现”制作立体雕琢效果。边框采用“编辑/描边”命令，图层样式采用枕状浮雕。

图 6-99

图 6-100

第7章 计算机网络及 Internet 应用

【本章概述】

本章是计算机网络应用的基础部分，主要介绍网络的定义、组成及网络体系结构与网络协议等方面的基本知识，还介绍了网络互连设备、局域网的构建方法。

Internet 是一个全球的计算机网络，通过它可以获取各种服务。本章还将介绍 Internet 的起源与发展、Internet 的主要功能及各种应用服务、如何接入 Internet 以及搜索引擎的使用。

7.1 计算机网络基础

计算机网络是计算机技术与通信技术高度发展、紧密结合的产物。网络技术的进步正在对当前信息产业及社会的发展起着重要的影响。

7.1.1 概述

1. 什么是计算机网络

网络对我们来说并不陌生。在日常生活中，我们已经接触到了各种各样的网络，如电话网络、公路网络、航空网络、电力网络等。计算机网络是一个信息高速公路。把它和公路网络做一个类比，我们可以把计算机网络中的结点（如计算机、通信设备）和传输介质看作公路网络中的城市和公路，把计算机网络中传输的数据比特和数据分组看作公路网络中运输的人员和汽车。计算机网络也是同样的道理，把数据经不同的传输介质按共同约定的规则进行传输交换，共享信息。

计算机网络就是通过各种通信设备和传输介质将处在不同地方和空间位置、操作相对独立的多台计算机连接起来，并在相应网络软件的管理下实现多台计算机之间信息传递和资源共享的系统。

从以上定义看出，计算机网络具有如下功能。

（1）通信

通信即利用信息网络传送数据，例如文件传送（FTP）、E-mail、网络传呼（ICQ 和 OICQ）、IP 电话、WWW、电子布告栏等。

（2）资源共享

网络资源共享包括以下几点。

- 硬件资源共享：通过网络共享硬件设备，可以减少预算、节约开支。
- 软件资源共享：网络上的一些计算机里可能有一些别的计算机上没有但却十分有用的程

序和数据，用户可通过网络来使用这些软件资源。

- 数据与信息资源共享：计算机上各种有用的数据和信息资源，通过网络可以快速准确地向其他计算机传送。例如图书馆将其书目信息放在校园网上，学校的师生可以通过校园网迅速找到自己感兴趣的有关信息，而不必跑到图书馆去查找。

（3）提高计算机系统的可靠性

在信息网络中由于很多计算机之间互相连接，当某台计算机出现问题时，其他计算机可以马上承担该机任务，即各台计算机之间可以互为后备，从而提高了计算机系统的可靠性。

（4）分布处理

当某台计算机负担过重，或该计算机正在处理某项工作时，网络可将新任务转交给空闲的计算机来完成，这样处理能均衡各计算机的负载，提高处理问题的实时性。对大型综合性问题，可将问题各部分交给不同的计算机分头处理。对解决复杂问题来讲，多台计算机联合使用并构成高性能的计算机体系，这种协同工作、并行处理要比单独购置高性能的大型计算机便宜得多。

2. 计算机网络的发展

计算机网络技术的发展速度与应用的广泛程度是惊人的。计算机网络从形成、发展到广泛应用大约经历了 50 多年时间。纵观计算机网络的形成与发展历史，大致可以将它划分为 4 个阶段。

第一阶段：可以追溯到 20 世纪 50 年代。人们开始将彼此独立发展的计算机技术与通信技术结合起来，完成了数据通信技术与计算机通信网络的研究，形成了初级的计算机网络模型为计算机网络的产生做好了技术准备，并奠定了理论基础。

第二阶段：从 20 世纪 60 年代，美国的 ARPANET 与分组交换技术开始。这一阶段研究的典型代表是美国国防部高级研究计划局（Advanced Research Projects Agency，ARPA）的 ARPANET。ARPANET 是计算机网络技术发展中的一个里程碑同时也是 Internet 的起源。它的研究成果对促进网络技术发展起到了重要作用，并为 Internet 的形成与发展奠定了基础。

第三阶段：从 20 世纪 70 年代中期开始。在这一阶段，国际上各种广域网、局域网与公用分组交换网发展十分迅速，各个计算机生产商纷纷发展各自的计算机网络系统，但随之而来的是，网络体系结构与网络协议的国际标准化问题。国际标准化组织（International Standards Organization，ISO）在推动“开放系统互连参考模型”与“网络协议”的研究方面做了大量的工作，对网络理论体系的形成与网络技术的发展起到了重要作用，但它同时也面临着 TCP/IP 的严峻挑战。

第四阶段：从 20 世纪 90 年代开始。这个阶段最富有挑战性的话题是 Internet 与异步传输模式（Asynchronous Transfer Mode，ATM）技术。Internet 作为世界性的信息网络，正在经济、文化、科学研究、教育与人类社会生活等方面发挥着越来越重要的作用。以 ATM 技术为代表的高速网络技术的发展，为全球信息高速公路的建设做了技术准备。

未来的计算机网络将覆盖所有的企业、学校、科研部门、政府及家庭，其覆盖范围可能要超过现有的电话通信网。网上电话、视频会议等应用对网络传输的实时性要求很高，所以为了支持各种信息的传输，未来的网络必须具有足够的带宽、很好的服务质量与完善的安全机制，以满足电子政务、电子商务、远程教育、远程医疗、分布式计算、数字图书馆与视频点播等不同应用的需求。

在 Internet 飞速发展与广泛应用的同时，高速网络技术的发展也引起了人们越来越多的注意。上网传输速率是 ISP 提供商给我们的传输速率，一般为 2 Mbps、10 Mbps、100 Mbps 或 1 000 Mbps 等等，多数用户的上网传输速率为 2 Mbps 或 10 Mbps。

以高速以太网为代表的高速局域网络技术发展迅速。目前，在传输速率为 10 Mbps 和 100 Mbps

的以太网广泛应用的基础上，速率为 1 Gbps 的快速以太网已开始进入实用阶段，传输速率为 10 Gbps 的以太网正在研究之中。同时，交换式局域网与虚拟局域网技术的发展也十分迅速。基于光纤与 IP 技术的宽带城域网与宽带接入网技术已经成为当前研究、应用与产业发展的热点问题。

7.1.2 计算机网络的构成

计算机网络是一个复杂的系统，包括一系列的软件和硬件。网络软件系统和网络硬件系统是网络系统赖以存在的基础。在网络系统中，硬件对网络的选择起着决定性作用，而网络软件则是挖掘网络潜力的工具。

1. 网络硬件系统

计算机网络硬件系统主要由多个计算机及通信设备构成。它主要包括各种类型的计算机、网络传输介质、共享的外部设备、互连设备、通信设备等。

（1）各种类型的计算机

采用网络技术，可将各种类型的计算机连接在同一个网络上。这些机器可以是巨型机，也可以是微型机。不同的机器在网络中承担着不同的任务。

在计算机网络中，通常把提供网络服务并管理共享资源的计算机称为服务器（Server）。服务器是网络的核心，如图 7-1 所示。服务器上运行的一般是多用户多任务网络操作系统，如 UNIX、Linux、Windows Server 2008 等。服务器的主要任务是为网络上的其他机器提供服务，如打印服务器主要接收网络用户的打印请求，并管理这些打印队列及控制打印输出。此外还有文件服务器、通信服务器等。与服务器相对应，其他的向服务器发出资源请求的网络计算机被称作网络工作站，简称工作站（Station），在一些场合下也被称为客户机（Client）。现在许多网络采用的都是这种 C/S（客户机访问服务器）的计算模式工作。

（2）网络适配器

网络适配器又称为网卡或网络接口卡（NIC）。它是构成网络的基本部件，但并不独立存在，而是集成在服务器和客户机内部，如图 7-2 所示简单地说，就是我们可以把网卡插在计算机的主板扩展槽中，通过网线去高速访问其他的计算机和互联网，以达到共享资源、交换数据的目的。

网卡是通信网络与计算机相连的接口，起着向网络发送数据、控制数据、接收并转换数据的作用，它有两个主要功能：一是读入由网络设备传输过来的数据包，经过拆包，将它变为计算机可以识别的数据，并将数据传输到所需设备中；二是将计算机发送的数据打包后，输送至其他网络设备。

图 7-1 服务器

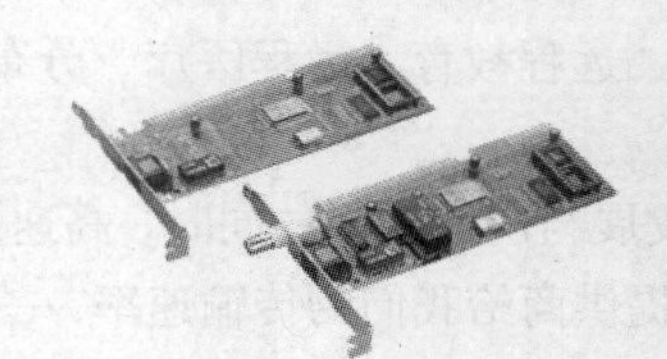

图 7-2 网卡

网卡有多种分类方法，根据不同的标准，有不同的分法。由于目前的网络有 ATM 网、令牌环网和以太网之分，所以网卡也有 ATM 网网卡、令牌环网网卡和以太网网卡。因为以太网的连接比较简单，使用和维护起来都比较容易，所以目前市面上使用以太网网卡比较多。

（3）网络传输介质

网络传输介质是通信网络中发送方和接收方之间的物理通路。常用的网络传输介质可分为两类，一类是有线的，另一类是无线的。有线传输介质主要有双绞线、同轴电缆和光纤等，如图 7-3 所示；无线传输介质有微波、无线电、激光、红外线等。

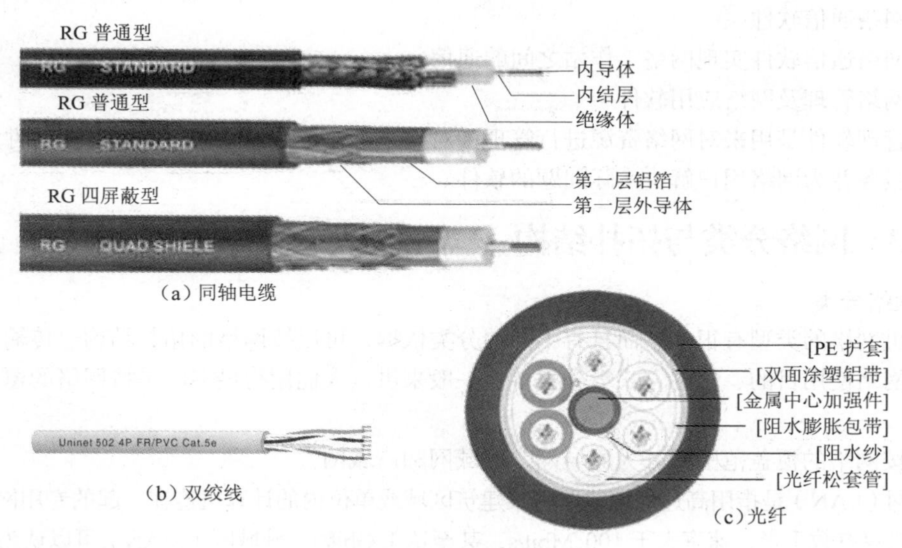

图 7-3　网络有线传输介质

通常，局部范围内的中、高速局域网中使用双绞线、同轴电缆等；在对网络速度要求很高的场合下，如视频会议，要采用光纤。在远距离传输中使用光纤或卫星通信线路，在有移动结点的网络中采用无线通信。

（4）共享的外部设备

共享的外部设备指连接在网络中的供整个网络使用的外部硬件设备，如网络打印机、绘图仪等。

（5）网络互连设备

网络互连设备主要用于计算机之间的互连和数据通信。常见的网络互连设备有多种，如集线器（Hub）、交换机（Switch）、中继器（Repeater）、网桥（Bridge）、路由器（Router）和网关（Gateway）。Internet 就是一个通过许多网络互连设备连接起来的庞大的网际网。

关于网络互连设备的详细介绍，见本章 7.2.3 小节的内容。

2. 网络软件系统

在网络系统中，网络上的每个用户都可享有系统中的各种资源，系统必须对用户进行控制，否则，就会造成系统混乱、信息数据的破坏和丢失。为了协调系统资源，系统需要通过软件工具对网络资源进行全面的管理、调度和分配，并采取一系列的安全保密措施，防止用户不合理地对数据和信息进行访问，以防数据和信息的破坏与丢失。网络软件是实现网络功能不可缺少的软件环境。

网络软件系统一般包括如下几部分。

（1）网络操作系统

像单个计算机需要操作系统（如 Windows 7）管理一样，整个网络的资源和运行也必须由网络操作系统来管理。它是用以实现系统资源共享、管理用户对不同资源访问的应用程序，它是最主要的网络软件。目前应用较为广泛的网络操作系统有 Microsoft 公司的 Windows Server 系列、Novell 公司的 Netware、UNIX、Linux 等。

（2）网络协议和协议软件

它通过协议程序实现网络通信规则功能。

（3）网络通信软件

通过网络通信软件实现网络工作站之间的通信。

（4）网络管理及网络应用软件

网络管理软件是用来对网络资源进行管理和对网络进行维护的软件。网络应用软件是为网络用户提供服务并为网络用户解决实际问题的软件。

7.1.3 网络分类与拓扑结构

1. 网络分类

计算机网络的类型有很多，而且有不同的分类依据，可以按网络的拓扑结构、传输介质、通信方式、网络使用目的、服务方式等分类。但一般来讲，人们用得最多的是按网络的覆盖地理范围分类。

（1）按网络的覆盖范围可分为局域网、城域网和广域网

局域网（LAN）是指用高速通信线路将某建筑区域或单位内的计算机连在一起的专用网络。其作用范围一般只有数千米；速率大于 100 Mbit/s，甚至达 1 Gbit/s。城域网（MAN）可以认为是一种大型的 LAN。其作用范围在 100 km 左右，能覆盖一个城市；其主干的工作速率可达数百 Mbit/s。广域网（WAN）又称为远程网，它的作用范围通常是几十到几千千米；其工作速率可从 1.2 kbit/s 到上百 Mbit/s。

（2）按网络的通信速率可分为低速网、中速网和高速网 3 类

低速网是指网上数据传输速率为 300 bps～1.4 Mbps，系统通常借助调制解调器利用电话网来实现。中速网是指网上数据传输速率为 1.5 Mbps～45 Mbps，这种系统主要是传统的数字式公用数据网。高速网是指网上数据传输速率为 50 Mbps～1000 Mbps。信息高速公路的数据传输速率将会更高，目前的 ATM 网的传输速率可以达到 2.5 Gbps。

（3）按网络的使用性质可分为公用网和专用网

例如，中国的 ChinaNET 为公用网，它向公众开放；而中国教育科研网（CERNET）就是专用网。

（4）按网络的传输介质可分为有线网和无线网

有线网是通过双绞线、电缆或光缆等介质将主机连接在一起的。无线网是通过自然空间的微波通信、卫星通信等将主机连接在一起的。

（5）按网络协议分类

按网络协议分类，可把计算机网络分为 Ethernet 网络（以太网）、Token Ring 网（令牌环网）等。

2. 网络拓扑结构

网络中各台计算机的连接形式和方法称为网络的拓扑结构（Network Topology）。网络的拓扑中用结点来表示联网的计算机和网络互连设备，用线来表示连接计算机的通信线路，计算机网络

的拓扑结构主要有如下几种。

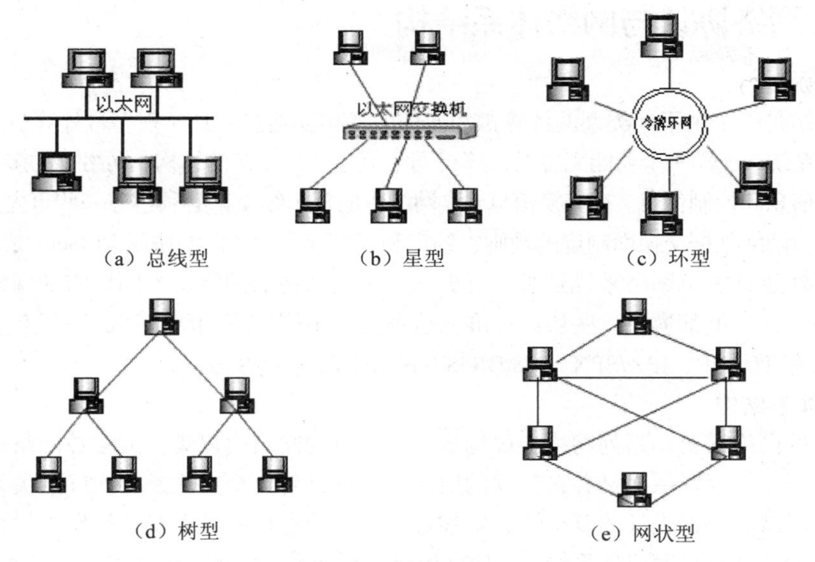

（a）总线型 （b）星型 （c）环型

（d）树型 （e）网状型

图 7-4 网络拓扑结构示意

（1）总线型拓扑结构

总线型拓扑结构通过一条传输线路（这条线路称为总线）将网络中的所有结点连接起来。网络中各结点都通过总线进行通信，在同一时刻只能允许一对结点占用总线通信。总线型拓扑结构简单，易实现、易维护、易扩充，但故障检测比较困难，如图 7-4（a）所示。

（2）星型拓扑结构

星型拓扑结构中各结点都与中心结点连接，呈辐射状排列在中心结点周围。网络中任意两个结点的通信都要通过中心结点转接。单个结点的故障不会影响到网络的其他部分，但中心结点的故障会导致整个网络的瘫痪。星型拓扑结构如图 7-4（b）所示。

（3）环型拓扑结构

环型拓扑结构中各结点首尾相连形成一个闭合的环，环中的数据沿着一个方向绕环逐站传输。环型拓扑结构的抗故障性能好，但网络中的任意一个结点或一条传输线路出现故障都将导致整个网络的故障。如图 7-4（c）所示是一个令牌环网。

（4）树型拓扑结构

树型拓扑结构是总线型拓扑结构的扩展，它是在总线型上加上分支形成的，其传输介质可有多条分支，但不形成闭合回路；也可以把它看成是星型拓扑结构的叠加。树型拓扑结构比较简单，成本低，网络中结点的扩充方便灵活，寻找链路路径比较方便，但对根的依赖性太大。如果根发生故障，则全网不能正常工作。树型拓扑结构如图 7-4（d）所示。

（5）网状型拓扑结构

网状型拓扑结构，其结点之间的连接是任意的，没有规律。其主要优点是系统可靠性高，容错能力最强，但结构复杂，控制管理工作艰巨，其结构如图 7-4（e）所示。目前，影响深远的 Internet 网的主干结构就是典型的网状型拓扑结构。

网络拓扑结构的选择往往和传输介质的选择和介质访问控制方法的确定紧密相关。选择拓扑结构时，应该考虑的主要因素有：安装费用、更改的灵活性以及运行的可靠性。网络拓扑结构对网络的各种性能起着至关重要的作用。

7.1.4 网络协议与网络体系结构

1. 网络协议

计算机网络是一个由不同类型的计算机和通信设备相互连接并且实现多台计算机之间信息传递和资源共享的系统。这样一个功能完善的计算机网络就是一个复杂的结构，网络上的多个结点间不断地交换着数据信息和控制信息。在交换信息时，网络中的每个结点都必须遵守一些事先约定好的共同的规则。这些为网络数据交换而制定的规则、约定和标准统称为“网络协议”（Network Protocol）。

网络协议对于计算机网络来说是必不可少的。不同结构的网络，不同厂家的网络产品，所使用的协议也不一样，但都遵循一些协议标准，这样便于不同厂家的网络产品进行互连。目前，比较流行的协议有 TCP/IP、IPX/SPX、NetBIOS、NetBEUI、XNS 等。

2. 网络体系结构

一个完善的网络需要一系列网络协议构成一套完备的网络协议集。大多数网络在设计时是将网络划分为若干个相互联系而又各自独立的层次，然后针对每个层次及层次间的关系制定相应的协议。这样可以减少协议设计的复杂性，增加灵活性。像这样的计算机网络层次结构模型及各层协议的集合称为“计算机网络体系结构”（Computer Network Architecture）。

具体地说，网络的体系结构是关于计算机网络应设置哪几层，每个层次又能提供哪些功能的精确定义。至于这些功能应如何实现，则不属于网络体系结构部分。

信息技术的发展在客观上提出了网络体系结构国际标准化的需求，在此背景下产生了国际标准化组织制定颁布的“开放系统互连（OSI）参考模型”和今天广泛使用的 Internet 网络协议的标准 TCP/IP。

3. ISO/OSI 参考模型

国际标准化组织于 1981 年提出了一个网络体系结构的开放系统互连参考模型。这里的“开放”指世界上任何两个地方的任意两个系统只要同时遵循 OSI 参考模型，这两个系统就可以进行通信。OSI 参考模型采用了三级抽象，即“体系结构”、服务定义和协议规格说明。体系结构部分定义 OSI 参考模型的层次结构、各层关系及各层可能的服务；“服务定义”部分详细说明了各层所提供的功能；“协议规格”部分的各种协议精确定义了每一层在通信中发送控制信息及解释信息的过程。OSI 参考模型将网络划分为 7 个层次，如图 7-5 所示。

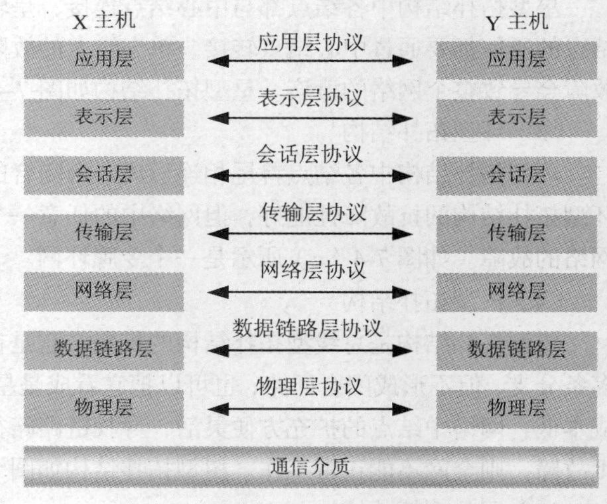

图 7-5　OSI 参考模型

（1）物理层（Physical Layer）

物理层是 OSI 参考模型的最低层，主要功能是利用物理传输介质为数据链路层提供连接，以透明地传输比特流。

（2）数据链路层（Data link Layer）

数据链路层在通信的实体间建立数据链路连接，传送以帧为单位的数据，并采用相应方法使有差错的物理线路变成无差错的数据链路。

（3）网络层（Network Layer）

网络层的功能是进行路由选择、阻塞控制与网络互连等。

（4）传输层（Transport Layer）

传输层的功能是向用户提供可靠的端到端服务，透明地传送报文。它是关键的一层。

（5）会话层（Session Layer）

会话层的功能是组织两个会话进程间的通信，并管理数据的交换。

（6）表示层（Presentation Layer）

表示层主要用于处理两个通信系统中交换信息的表示方式。它包括数据格式变换、数据加密、数据压缩与恢复等功能。

（7）应用层（Application layer）

应用层是 OSI 参考模型中的最高层。应用层确定进程之间通信的性质，以满足用户的需要。它在提供应用进程所需要的信息交换和远程操作的同时，还要作为应用进程的用户代理，来完成一些为进行信息交换所必需的功能。

建立 7 层模型主要是为解决异种网络互连时所遇到的兼容性问题。它的最大优点是将服务、接口和协议这 3 个概念明确地区分开来，也使网络不同功能的模块分担起不同的职责。OSI 参考模型本身不是网络体系结构的全部内容。这是因为它并未确切地描述用于各层的协议和服务，它仅仅告诉我们每一层应该做什么，只是一种网络教学模型。到目前为止，OSI 参考模型在实际应用中还没有真正实现。

4. TCP/IP

TCP/IP（Transmission Control Protocol / Internet Protocol）是 Internet 使用的分层模型，通俗地讲，就是用户在 Internet 上通信时所遵守的语言规范。计算机要连入 Internet 时，就必须安装并运行 TCP/IP 软件。TCP/IP 起源于 1969 年的 ARPANET。现在由 ARPANET 演变过来的世界上最大的计算机互联网 Internet 仍然延用 TCP/IP，因此，许多计算机网络厂商推出的产品都支持 TCP/IP。

TCP/IP 是一组协议簇（Internet Protocol Suite），而 TCP、IP 是该协议簇中最重要的、最普遍使用的两个协议，所以用 TCP/IP 来泛指该组协议。

在 Internet 内部，信息不是一个恒定的流，从主机传送到主机，而是把数据分解成数据包。例如，当传送一个很长的信息给在另一地区的朋友时，TCP 负责把这个信息分成很多个数据包，每一个数据包用一序号和接收地址来标定，还插入一些纠错信息；而 IP 则将数据包通过网络，把它们传送给远程主机。在另一端，TCP 接收到数据包并核查错误。若有错误发生，TCP 要求重发这个特定的数据包；只有所有的数据包都被正确地接收，TCP 才用序号来重构原始信息。换句话说，IP 的工作是把原始数据（数据包）从一地传送到另一地，TCP 的工作是管理这种流动并确保其数据是正确的。

TCP/IP 的体系结构分为 4 层，如图 7-6 所示。

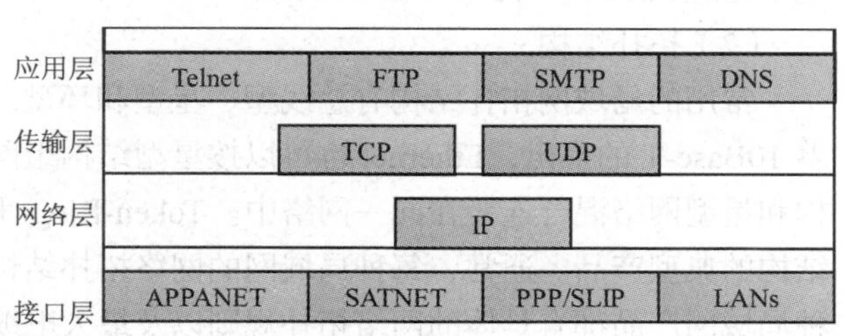

图 7-6 TCP/IP 层次模型

（1）接口层

接口层是该协议体系结构的最低层。其作用是接收 IP 数据报，通过特定的网络进行传输。网络接口包括设备驱动程序或专用的数据链路协议子系统。

（2）网络层

网络层为网际协议（Internet Protocol，IP）。它负责将信息从一台主机传送到指定接收的另一台主机。

（3）传输层

传输层为传输控制协议（Transmission Control Protocol，TCP），负责提供可靠和高效的数据传送服务。

（4）应用层

应用层为用户提供一组常用的应用程序协议，如电子邮件协议、文件传输协议（FTP）、远程登录协议（Telnet）、超文本传输协议（HTTP）等，并且随着Internet的发展，又为用户开发了许多新的应用层协议。

7.2 计算机局域网

7.2.1 局域网概述

局域网（Local Area Network，LAN）产生于20世纪70年代。微型计算机的发明和应用的迅速普及，以及人们对信息交流、资源共享和高带宽的迫切需求，都直接推动着局域网的发展。进入20世纪90年代以来，局域网技术的发展更是突飞猛进，特别是交换技术的出现，更是使局域网的发展进入了一个崭新的阶段。局域网是自计算机网络产生以来发展最快的一种网络。

1. 影响局域网的关键技术

局域网所涉及的技术有很多，但决定局域网性能的主要技术有传输媒体、拓扑结构和媒体访问控制方法。

（1）传输介质

传输介质是网络数据信号传输的载体。局域网常用的传输介质有双绞线、同轴电缆、光缆等。此外，还有用于移动结点之间通信的无线介质。传输介质的特性将影响网络数据通信的质量，这些特性包括物理特性、传输特性、连通特性、地理范围、抗干扰能力及价格等。Ethernet、ARCNET及Token-Ring等大多数局域网络，都支持同轴电缆和双绞线。

双绞线的特点是价格便宜，易于铺设。特别是100Base-T标准推出后，双绞线的传输速率被大大提高，目前在以太网（Ethernet）网络上已成为主要的传输介质，网络传输速率达到100 Mbps。光缆目前也是局域网上常用的传输介质，具有频带宽、速度快、距离长、抗干扰能力强及保密性能好等特点，是传输图像、声音和数据等多媒体信息的理想介质。目前在快速局域网中光缆传输速率已达到100 Mbps和1 000 Mbps。

（2）拓扑结构

常用的局域网拓扑结构有总线型、星型和环型。Ethernet是采用总线型结构的典型产品。随着10Base-T的推出，Ethernet也可以按星型结构组网，而且可以通过集线器和交换机将总线型结构和星型网络混合连接在同一网络中。Token-Ring和FDDI（光纤分布数据接口）都是采用环型结构的典型产品。通常，每种局域网的网络拓扑结构都有其对应的局域网媒体访问控制协议，每种局域网产品都有具体的网络拓扑规则以及最大电缆长度、每段可容纳的最大站点数量、网络的最大电缆长度等。

（3）媒体访问控制

媒体访问控制技术是局域网最重要的一项基本技术，也是网络设计和组成的最根本问题，因为它对局域网体系结构、工作过程和网络性能产生决定性的影响。

局域网上的媒体访问控制包括两个方面的内容：一是要确定网络的每个结点能够将信息发送到媒体上去的特定时刻；二是如何对公用传输媒体进行访问并加以利用和控制。常用的局域网媒体访问控制方法主要有 CSMA/CD、Token-Ring 两种。

- CSMA/CD（Carrier Sense Multiple Access/Collision Detect），即载波监听多路访问/冲突检测技术，是一种适用于总线型结构的分布式媒体访问控制方法，在国内外广为流行。

CSMA/CD 是一种争用型的介质访问控制协议，网络中的每个站点都争用同一个信道，都能独立决定是否发送信息，如果有两个以上的站点同时发送信息就会产生冲突。每个站点必须有能力判断冲突是否发生，如果发生冲突，则应等待随机时间间隔后重发，以免再次发生冲突。由于在媒体上传输的信号有衰减，为了能够正确地检测出冲突信号，一般要限制网络连接的最大电缆段长度。

- Token-Ring，即令牌环，是一种适用于环型网络分布式媒体访问控制的方法。这种媒体访问技术使用一个“令牌”（Token）沿着环路循环，“令牌”是一种特殊帧（通行证）。当各站点都没有信息发送时，令牌标记为空闲状态。当一个站点要发送信息时，必须等待空闲令牌通过本站，然后将令牌改为忙状态，紧随其后将数据发送到环上。由于令牌是忙状态，其他站点必须等待而不能发送信息，因此也就不可能发生任何冲突。

令牌环的主要优点在于其访问方式的可调整性和确定性，且各站点有同等的媒体访问权。但为了使某些站点得到优先访问，也可以有优先级操作和带宽保护。令牌环的主要缺点是令牌维护要求较复杂。

2. 局域网标准 IEEE802

1980 年 2 月，IEEE 成立了专门负责制定局域网标准的 IEEE802 委员会。该委员会开发了一系列局域网（LAN）和城域网（MAN）标准。最广泛使用的标准是以太网（Ethernet）家族、令牌环（Token Ring）、无线局域网、虚拟网等。IEEE802 委员会于 1984 年公布了 5 项标准：IEEE802.1～IEEE802.5。随着局域网技术的迅速发展，新的局域网标准不断被推出，最新的吉比特以太网技术目前也已标准化。

IEEE802 标准仅包含 OSI 参考模型的物理层和数据链路层协议。

IEEE802.1——局域网概述、体系结构、网络管理和网络互连。

IEEE802.2——逻辑链路控制（LLC）。

IEEE802.3——CSMA/CD 访问方法和物理层规范。

IEEE802.4——Token Passing BUS（令牌总线）。

IEEE802.5——令牌访问方法和物理层规范。

IEEE802.6——城域网访问方法和物理层规范。

IEEE802.7——宽带网技术规范。

IEEE802.8——光纤网技术规范。

IEEE802.9——综合语音/数据服务的访问方法和物理层规范。

IEEE802.10——安全与加密的访问方法和物理层规范。

IEEE802.11——无限局域网的访问方法和物理层规范。

IEEE802.12——快速局域网的访问方法和物理层规范。

3. 局域网的主要组网方法

（1）共享式以太网

以太网是基于总线型的广播式网络。在已有的局域网标准中，它是最成功的局域网技术，也是当前应用最广泛的一种局域网。它的核心技术是带有冲突检测的载波侦听多路访问方法（CSMA/CD）。

以太网有以下一些技术特性。

① 以太网是基带网，它采用基带传输技术。在同一时间，只能有一个设备占用信道发送数据。所以在基带现金上的设备能够使用全部有效带宽进行传输，对信道不进行多路复用。

② 以太网的标准是 IEEE802.3。它使用 CSMA/CD 介质访问控制方法，对单一信道的访问进行控制并分配介质的访问权，以保证同一时间只有一对网络站点使用信道，避免发生冲突。

③ 以太网是一种共享型网络，网络上的所有站点共享传输媒体和带宽。共享带宽的特性使每个站点分到的平均带宽很低，不能满足网络应用对带宽的需求。网络上的站点越多，每个站点所获得的带宽越少，再加上 CSMA/CD 的处理，使得以太网的带宽利用率比较低，一般为 30%；当利用率达到 40%时，网络的响应速度明显降低。

④ 以太网所支持的传输介质类型有 50 Ω 基带同轴电缆、非屏蔽双绞线和光纤。以太网所构成的拓扑结构主要是总线型和星型。

⑤ 有多种以太网标准，它们支持不同的传输速率（10 Mbps、100 Mbps 和 1 000 Mbps），最高可达 1 Gbps。以太网采用可变长帧传输，长度为 64 B～1 514 B。

以太网技术先进，但很简单，以太网技术成熟、价格低廉、易扩展、易维护、易管理，这些是它获得成功的主要原因。

近年来，随着多媒体通信的不断发展和上网用户数量的增加，人们对网络带宽的要求越来越高，原来的共享式局域网已逐渐不能满足要求。为了解决网络带宽的问题，人们提出了交换式局域网，用来代替共享式局域网。

（2）交换式局域网

交换式局域网的核心部分是局域网交换机.其一般是针对某一类局域网而设计的，如按照 802.3 以太网标准、802.5 令牌环标准设计交换机。图 7-7 所示为用典型的以太网交换机组成的交换式局域网。

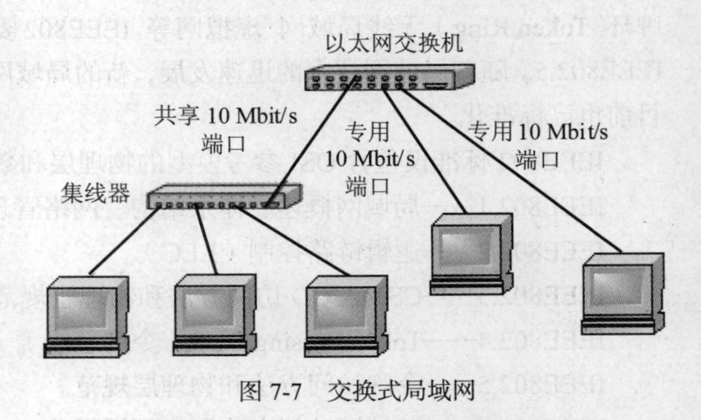

图 7-7　交换式局域网

以太网交换机有多个端口，每个端口可以单独与一个结点连接，这时的结点可以独享 10 Mbps 的带宽，端口成为专用的 10 Mbps 端口；端口也可以与一个共享式集线器相连，这时称其为共享 10 Mbps 端口。

以太网交换机端口之间可以实现多个并发连接，进行多个结点之间的同时传输，增加网络带宽，提高网络性能和服务质量。

交换式局域网的主要特点如下。

① 独占信道，独享带宽。交换式局域网的总带宽通常为交换机各个端口带宽之和，其随着用户数的增多而增加，即使在网络负荷很重时一般也不会导致网络性能下降。

② 多对结点之间可以各自同时进行通信。交换式局域网允许接入的多个结点间同时建立多条

链路，同时进行通信，大大提高了网络的利用率。

③ 端口速度配置灵活。由于结点独占信道，用户可以按需要配置端口速度，可以配置 10 Mbps、100 Mbps 或 10/100 Mbps 自适应的。

④ 便于网络管理和均衡负载。在交换式局域网中，可以采用虚拟局域网（VLAN）技术将不同网段、不同位置的结点组成一个逻辑工作组，其中的结点的移动或撤离只需软件设定，可以方便地管理网络用户，合理调整网络负载的分布。

⑤ 兼容原有网络。以太网交换技术是基于以太网的，其不必淘汰原有的网络设备，有效保护了用户的投资，实现了与以太网、快速以太网的无缝连接。

4. 局域网的运行模式

目前，局域网的运行模式有以下几种。

（1）客户机/服务器模式（Client/Server，C/S）

客户机/服务器网络又叫服务器网络。在客户机/服务器网络中，计算机划分为服务器和客户机。基于服务器的网络引进了层次结构，它是为了适应网络规模增大所需的各种支持功能而设计的。当服务器为用户建立了合法账户后，用户可在远程的客户端上使用由服务器提供的软件资源。通常我们将基于服务器的网络都称为客户机/服务器网络。由于客户机/服务器网络提供了强大的 Internet/Intranet Web 信息服务功能，它适合各大型组织使用。

（2）对等模式（Peer to Peer Networks，PtoP）

对等网中的每一台设备可以同时是客户机和服务器。网络中的所有设备可直接访问数据、软件和其他网络资源，即每一台网络计算机与其他联网的计算机是对等的，它们没有层次的划分。

对等网主要针对一些小型企业。因为它不需要服务器，所以对等网成本较低。对于规模较小的单位，这些有限的功能可满足他们的要求。

7.2.2　局域网的构建

下面以构建一学生宿舍的局域网为例，来介绍如何构建一个以太局域网的过程。

在学生宿舍中组网，一方面学生的资金不会充裕，另一方面宿舍中的局域网的主要用途是资源共享，如共享文件、互连游戏、把局域网接入校内网从而连上 Internet 等，因此在宿舍中构建局域网的最佳选择是构建对等网（PtoP）。这个学生宿舍局域网是没有特定的服务器的网络，每一台连接到网络上的学生计算机既是服务器，也是客户机，各计算机之间都可以由用户自行决定如何与网络内的其他用户分享资源，拓扑结构采用星型结构。

1. 准备工作及硬件安装

首先准备好已安装好以太网网卡和驱动程序的联网计算机、一个集线器、若干制好的双绞线网线，在集线器方面可选择 8 口和 10 Mbps 带宽的集线器。如果资金比较充裕的话，可以考虑选择 100 Mbps 的集线器。或者是直接把集线器升级为数据交换机，因为数据交换机的每个端口都可以占有网络全部的数据带宽。

然后用网线将所有联网的计算机与集线器连接。

2. 协议安装和设置

硬件安装好后，要进行系统的设定和添加有关网络通信协议，在各个计算机中分别添加 TCP/IP、IPX/SPX 兼容协议和 NetBEUI 协议。Windows 7 可以按照以下步骤添加。

打开“控制面板”中的“网络和共享中心”标签，选择“更改适配器设置”，打开“本地连接属性”对话框，如图 7-8 所示。

由于 Windows 7 在系统安装时已经把 TCP/IP 给装上了，所以只需要添加 IPX/SPX 兼容协议和 NetBEUI 协议。单击“安装/协议”命令，在“网络协议”菜单中分别添加这两个协议，如图 7-9 和图 7-10 所示。

添加完协议之后，必须给每一台机器分配一个静态的 IP 地址（这是为在局域网中添加服务器提供方便的），双击“Internet 协议（TCP/IP）”，在属性菜单中选择“使用下面的 IP 地址”单选按钮，在 IP 地址栏中添入 192.168.0.x（x 为 0～254 中的一个），如图 7-11 所示。

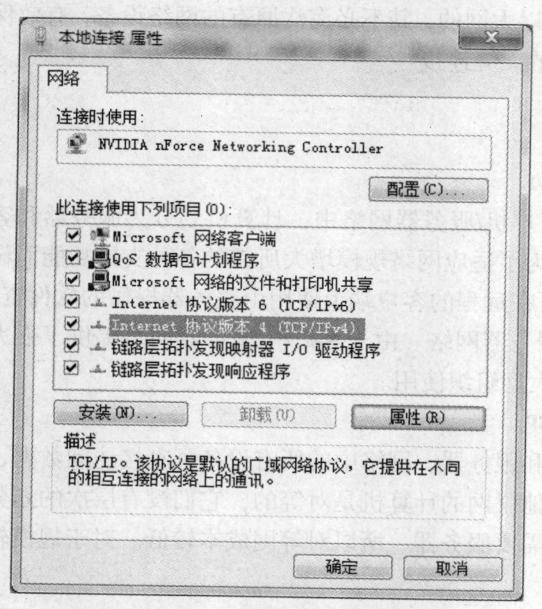

图 7-8 “本地连接属性”对话框

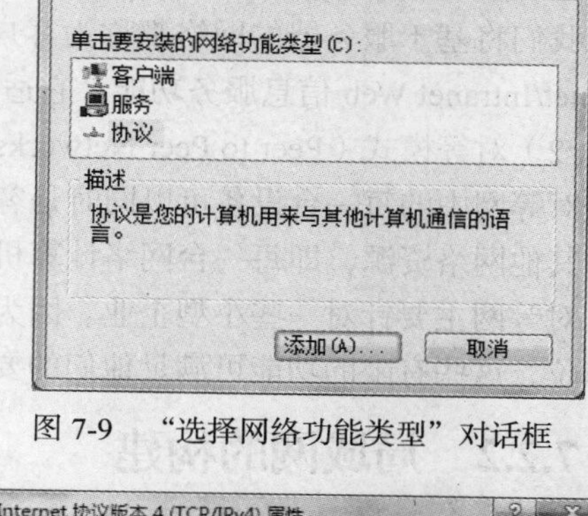

图 7-9 “选择网络功能类型”对话框

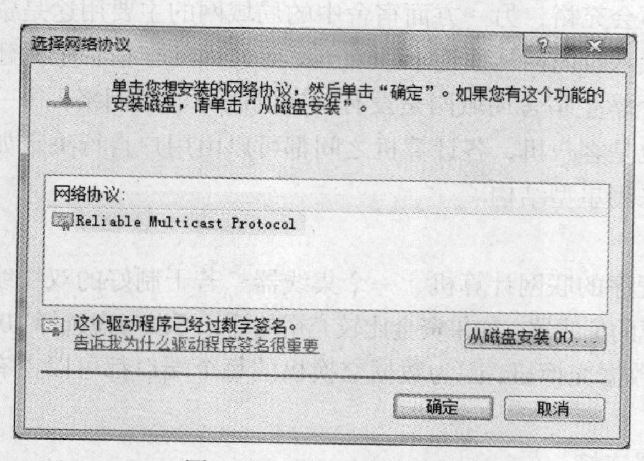

图 7-10 安装网络协议界面

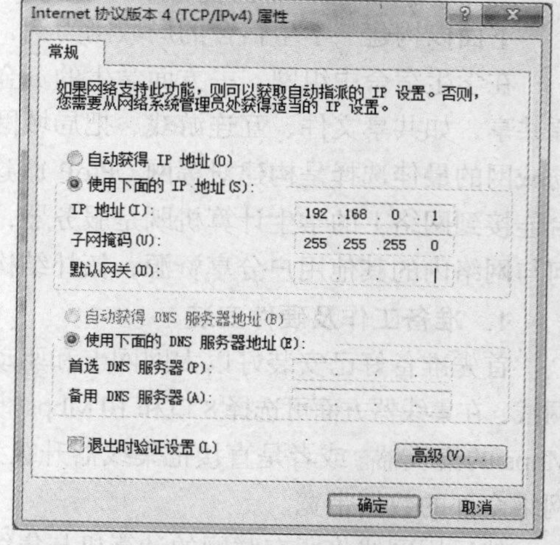

图 7-11 配置 IP 地址界面

为了方便我们选择 192.168.0.1～192.168.0.6 分别配给这 6 台计算机，同时在子网掩码栏中添上 255.255.255.0，单击“确定”按钮后，根据系统提示指定安装路径即可。

3. 工作组设置

局域网中的计算机如果在同一个工作组中，互访的速度会加快，因此我们把这 6 台计算机都加入到 PCM 组中。Windows 7 的操作步骤是：打开“控制面板”中的“系统”图标，单击“更改设置”按钮，在“计算机名”选项卡中设置计算机在网络上的名称标识。单击对话框中的“更改”按钮，打开“计算机名称/域更改”对话框。可在“隶属于”选项区域的“域”文本框中键入要加入的域的名称，在“工作组”文本框中输入“PCM”，如图 7-12 所示。单击“确定”按钮重启计算机。

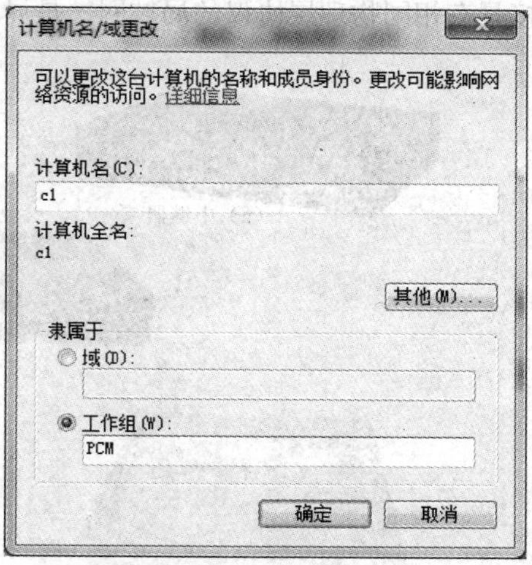

图 7-12　配置工作组界面

最后，测试网络是否接通。进入 MS-DOS 方式，在提示符下敲入 ping 192.168.0.1（假设这是自己的 IP 地址），然后是 ping 其他计算机的 IP，如果都接通了，说明网络已经接通了。

7.2.3　网络互连与互连设备

所谓网络互连（Internet Working），是指分布在不同地理位置的网络、设备相连接，以构成更大规模的互连网络系统，实现更大范围互连网络资源的共享。互连的网络和设备可以是同种类型的网络、不同类型的网络，以及运行不同网络协议的设备与系统。

由于目前存在着局域网和广域网两种类型的网络，因而可对应有以下 3 种形式的网络互连：

- 局域网与局域网互连（LAN-LAN）；
- 局域网与广域网互连（LAN-WAN）；
- 广域网与广域网互连（WAN-WAN）。

网络的体系结构是分层的，那么网络互连一定存在互连层次的问题。根据网络层次的结构模型，网络互连的层次可分为物理层互连、数据链路层互连、网络层互连和高层互连。表 7-1 所示为网络互连的层次与网络互连设备之间的关系。

表 7-1　网络互连的层次与网络互连设备之间的关系

ISO/OSI 模型	网络互连设备
应用层	网关
表示层	
会话层	
传输层	
网络层	路由器、第三层交换机
数据链路层	网桥、交换机
物理层	中继器、集线器

图 7-13 所示为各种典型的网络互连设备。

1. 中继器

由于存在损耗，在线路上传输的信号功率会逐渐衰减，衰减到一定程度时将造成信号失真，因此会导致接收错误。中继器就是为解决这一问题而设计的。它完成物理线路的连接，对衰减的信号进行放大，保持与原数据相同。中继器又叫转发器，是两个网络在物理层上的连接，用于连接具有相同物理层协议的局域网，是局域网互连的最简单的设备。

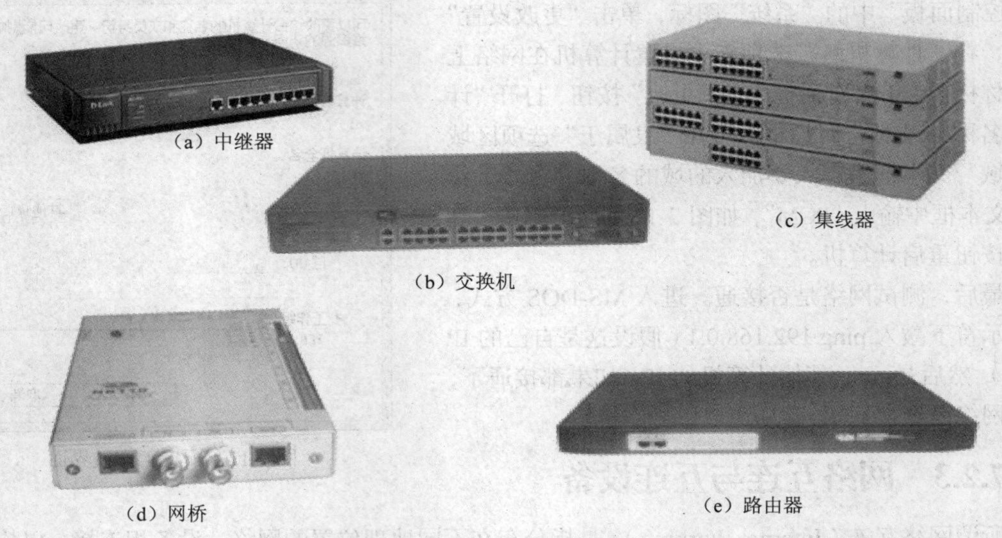

图 7-13　网络互连设备

当传输介质超过了网段长度后，可用中继器延伸网络的距离，对弱信号予以再生放大，如图 7-14 所示。中继器工作在物理层，不提供网段隔离功能。然而使用中继器连接 LAN 的电缆段是有限制的，遵循一定的网络标准。标准以太网络中就约定了一个以太网上只允许出现 5 个网段，最多使用 4 个中继器。

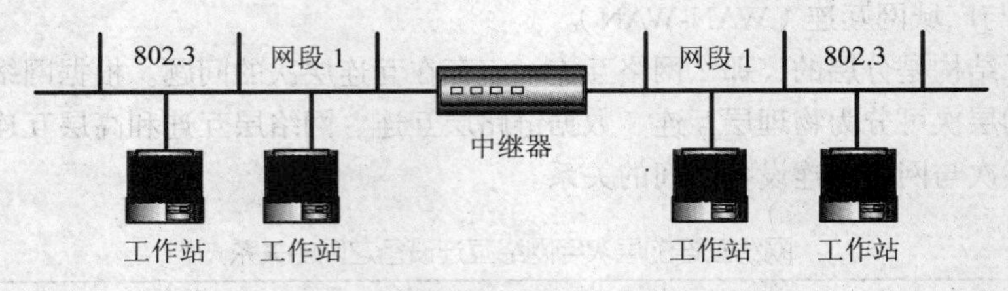

图 7-14　用中继器连接两个网段示意图

2. 集线器

集线器（Hub）是一种特殊的中继器，区别在于集线器能够提供多端口服务，也称为多口中继器。集线器的基本功能是信息分发，它把一个端口接收的所有信号向所有端口分发出去。

Hub 是一种以星型拓扑结构将通信线路集中在一起的设备。用 Hub 作为以太网的中心连接设备时，所有的结点通过非屏蔽双绞线与 Hub 连接，从结点到 Hub 的非屏蔽双绞线最大长度一般为 100m。在一个典型的 10Base-T 网络中，所有设备需要用非屏蔽双绞线连接到一个或多个集线器，集线器应该有多个端口甚至多种类型的端口，如图 7-15 所示。

一般来说，普通的 Hub 都提供两类端口：一类是用于连接结点的 RJ-45 端口，此类端口可以提供 8、12、16、24 等；另一类是可以用于连接粗缆的 AUI 端口，用于连接细缆的 BNC 端口，也可以是光缆连接端口。

Hub 按配置形式可分为独立型 Hub、模块化 Hub 和堆叠式 Hub 三种。按照 Hub 所支持的传输速率分类，主要分为以下 3 类：

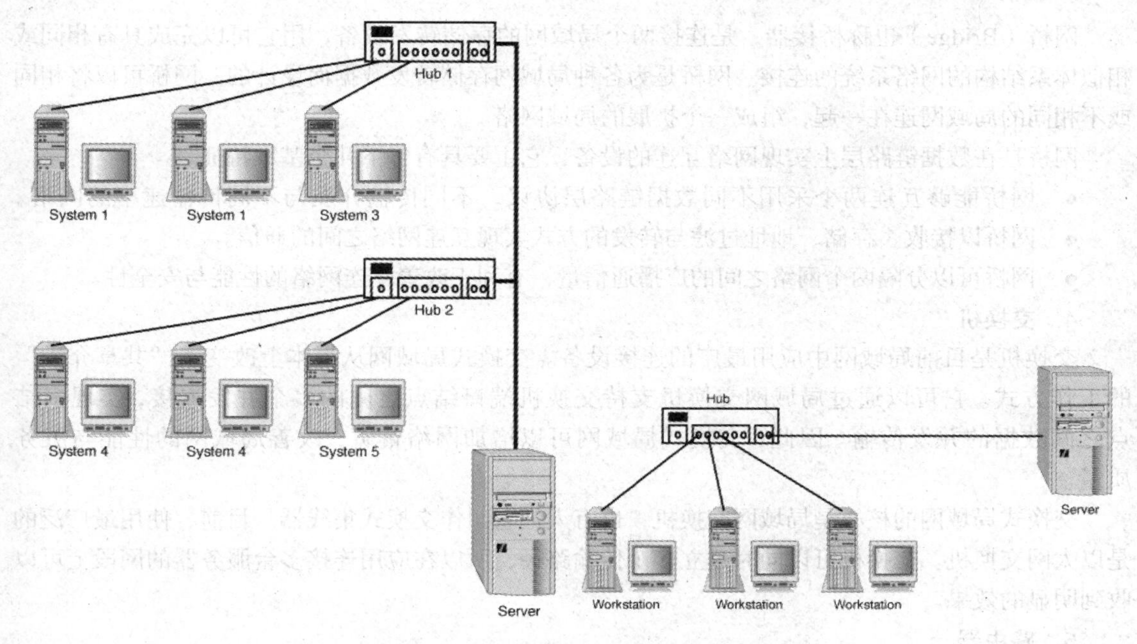

图 7-15　Hub 连接的典型 10Base-T 网络

- 10 Mbps Hub；
- 100 Mbps Hub；
- 10/100 Mbps 自适应 Hub。

目前，应用得比较广泛的 Hub 产品主要有：Cisco 公司的 FastHub400 系列、Cisco1528 系列集线器，3COM 公司的 Office Connet 系列与 SuperStackⅡ系列产品集线器，以及 D-link 公司的 DE-800TP 系列集线器。

3. 网桥

当局域网上的用户日益增多，工作站数量日益增加时，局域网上的信息量也将随着增加，可能会引起局域网性能的下降。在这种情况下，必须将网络进行分段，以减少每段网络上的用户量和信息量。将网络进行分段的设备称为网桥，如图 7-16 所示。

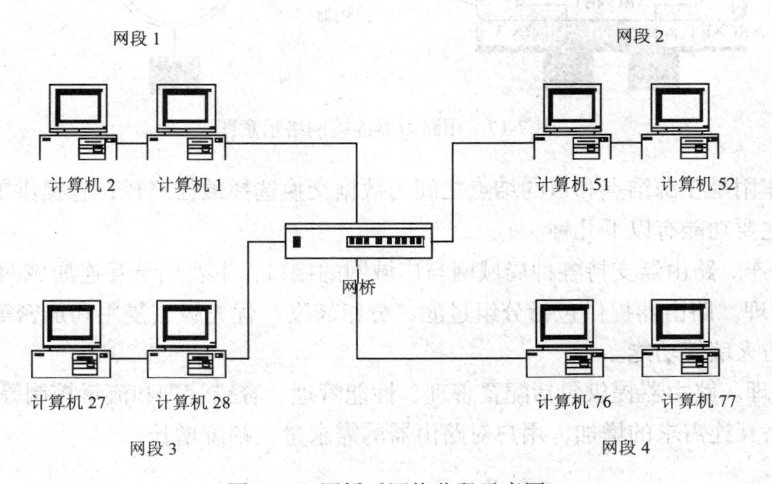

图 7-16　网桥对网络分段示意图

网桥（Bridge）也称桥接器，是连接两个局域网的存储转发设备，用它可以完成具有相同或相似体系结构的网络系统的连接。网桥是为各种局域网存储转发数据而设计的。网桥可以将相同或不相同的局域网连在一起，组成一个扩展的局域网络。

网桥是在数据链路层上实现网络互连的设备，它主要具有以下几个基本特征。

- 网桥能够互连两个采用不同数据链路层协议、不同传输介质与不同传输速率的网络。
- 网桥以接收、存储、地址过滤与转发的方式实现互连网络之间的通信。
- 网桥可以分隔两个网络之间的广播通信量，有利于改善互连网络的性能与安全性。

4. 交换机

交换机是目前局域网中应用最广的连接设备。交换式局域网从根本上改变了“共享介质”的工作方式。它可以通过局域网交换机支持交换机端口结点之间的多个并发连接，实现多结点之间数据的并发传输。因此，交换式局域网可以增加网络带宽，改善局域网的性能与服务质量。

交换式局域网的核心是局域网交换机，也有人把它叫作交换式集线器。目前，使用最广泛的是以太网交换机。交换机可以同时建立多个传输路径，所以在应用连接多台服务器的网段上可以收到明显的效果。

5. 路由器

路由器是网络互连中最常见的一种互连设备。在当今信息化社会中，人们对数据通信的要求日益增加，路由器作为 IP 网的核心设备，其技术已成为当前信息产业的关键技术。

路由器是工作在 OSI 参考模型第三层（网络层）的数据包转发设备。路由器通过转发数据包来实现网络互连。虽然路由器可以支持多种协议（如 TCP/IP、IPX/SPX、AppleTalk 等），但是在我国绝大多数路由器运行 TCP/IP。它既可以用于局域网与广域网的互连，也可以用于局域网与局域网的互连，如图 7-17 所示。

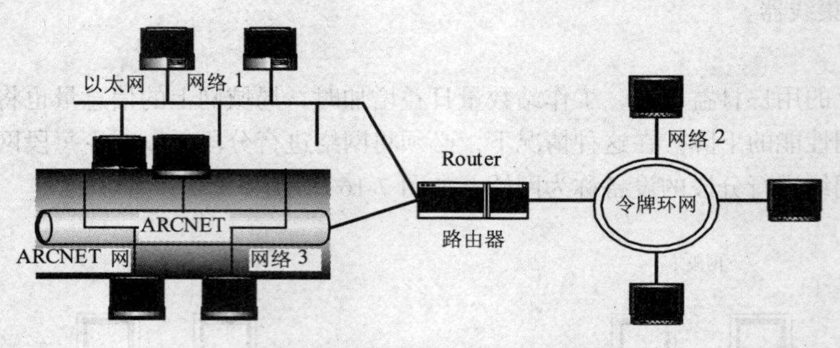

图 7-17　用路由器连接网络示意图

路由器的作用是在源结点和目的结点之间为数据交换选择最佳路径，它提供了各种网络的接口。路由器的主要功能有以下几种。

- 网络互连。路由器支持各种局域网与广域网的接口，主要用于互连局域网与广域网。
- 数据处理。路由器提供包括分组过滤、分组转发、优先级、复用和加密等的功能，此外还提供压缩和防火墙等功能。
- 网络管理。路由器提供包括配置管理、性能管理、容错管理和流量控制等的功能。

随着对网络互连需求的增加，用户对路由器的需求量大幅度增长。

6. 网关

网关是互连网络中操作在 OSI 网络层之上的具有协议转换功能的设施。之所以称为设施，是因为网关不一定是一台设备，有可能在一台主机中实现网关功能。当然也不排除使用一台计算机来专门实现网关具有的协议转换功能。由于网关是实现互连、互通和应用互操作的设施，通常又多用来连接专用系统，所以市场上从未有过出售网关的广告或公司。因此，在这种意义上，网关是一种概念，或一种功能的抽象。网关的范围很宽，在 TCP/IP 网络中，网关有时所指的就是路由器。

网关的主要工作是在异种网络之间进行数据格式转换、地址映射、网络协议转换等，因而网关主要用于连接不同体系结构的计算机网络，或用于局域网与主机的连接，如图 7-18 所示。

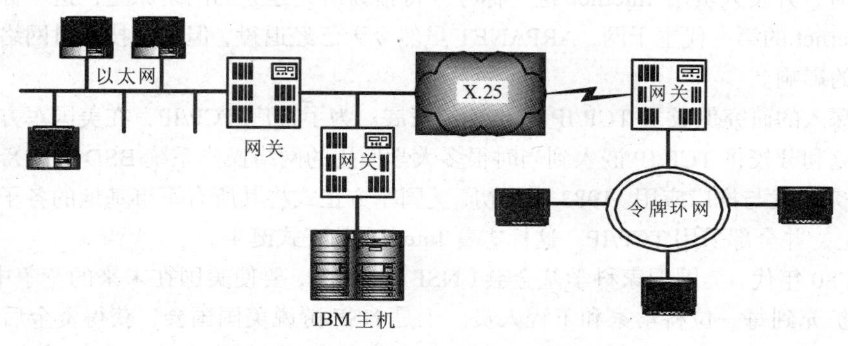

图 7-18　用网关连接网络示意图

网关用于以下几种场合的异构网络互连。

- 异构型局域网，如互连专用交换网 PBX 与遵循 IEEE802 标准的局域网。
- 局域网与广域网的互连。
- 广域网与广域网的互连。
- 局域网与主机的互连（当主机的操作系统与网络操作系统不兼容时，可以通过网关连接）。

7.3 Internet 概述

Internet 的中文名称为因特网，有时也称国际互联网、全球互联网或互联网。

Internet 是全球最大和最具影响力的计算机互连网络，也是世界范围的信息资源宝库。一般认为，Internet 是一个由多个网络互连组成的网络的集合。它通常是通过路由器实现多个广域网和局域网互连的大型网际网，对推动世界科学、文化、经济和社会的发展有着不可估量的作用。

Internet 中的信息资源涉及商业、金融、政府、医疗卫生、信息服务、科研教育、休闲娱乐等方面。用户还可以使用 Internet 的 WWW 服务、电子邮件服务和 IP 电话服务，也可以通过 Internet 与未曾谋面的网友聊天或在 Internet 上发表自己的见解。

Internet 的广泛应用和高速网络技术的快速发展，使得网络计算技术将成为未来几年里重要的研究与应用领域。移动计算网络、网络多媒体计算、网络并行计算、网格计算、存储区域网络、网络分布式对象计算等各种网络计算技术正在成为网络领域新的研究与应用的热点问题。

7.3.1 Internet 的起源及发展

Internet 起源于 20 世纪 60 年代，美国军方为寻求将其所属各军方网络互连的方法，由国防部下属的高级计划研究局（Advanced Research Project Agent，ARPA）出资赞助大学的研究人员开展网络互连技术的研究。研究人员最初在 4 所大学之间组建了一个实验性的网络，叫 ARPANET。

ARPANET 实际上是一个网际网。网际网的英文单词 Internet Work 被当时的研究人员简称为 Internet。同时，开发人员用 Internet 这一称呼来特指为研究建立的网络原型，这一称呼被沿袭至今。作为 Internet 的第一代主干网，ARPANET 虽然今天已经退役，但它的技术对网络技术的发展产生了重要的影响。

随后，深入的研究促成了 TCP/IP 的出现与发展。为了推广 TCP/IP，在美国军方的赞助下，加州大学伯克利分校将 TCP/IP 嵌入到当时很多大学使用的网络操作系统 BSD UNIX 中，促成了 TCP/IP 的研究开发与推广应用。1983 年年初，美国军方正式将其所有军事基地的各子网都连到了 ARPANET 上，并全部采用 TCP/IP。这标志着 Internet 的正式诞生。

20 世纪 80 年代，美国国家科学基金会（NSF）认识到，要使美国在未来的竞争中保持不败，必须将网络扩充到每一位科学家和工程人员。于是 NSF 游说美国国会，获得资金后组建了一个从开始就使用 TCP/IP 的网络 NSFNET。NSFNET 取代 ARPANET，于 1988 年正式成为 Internet 的主干网。

7.3.2 Internet 的主要功能

1. 信息资源浏览——WWW

WWW（World Wide Web）是基于超文本（Hypertext）方式的目前最先进的信息发布、浏览和查询方式，使用 WWW 浏览器可以获得丰富多彩的多媒体信息。

2. 搜索信息——搜索引擎

搜索引擎是一个网络服务器，相当于一个大的数据库，库里收集了大量的信息，通过软件，用关键字（词）等方式查询，可为用户查找出相关的资料或链接信息。通过链接，形成一个全球性的信息查询网络。较著名的免费搜索引擎有 Google、百度、雅虎、搜狐、新浪、天网等。

3. 收发电子邮件——E-mail

电子邮件是人们交流信息的一种常用方式。利用 E-mail 可以传输文件、订阅电子杂志、参与学术论坛、发送电子新闻等，还可以发送和阅读包括图像、图形、文本、声音和动画在内的多媒体邮件。

4. 远程登录——Telnet

Telnet 本身是一种 TCP/IP 上的通信软件，是目前 Internet 上最常用的一个工具软件。只要知道对方主机的名称、账号及密码，就能进出对方的主机系统，以获取该主机的数据，就像在该主机上操作一样。

5. 文件传输——FTP

FTP 是 Internet 上某一台计算机与另一台计算机彼此之间双向传输文件的一种通信协议，用于计算机之间传输各种格式的计算机文档。使用 FTP 可以交互式查看网上远程计算机中的文件目录并与远程计算机交换文件。这些远程计算机通常称为 FTP 服务器。

6. IP 电话

IP 电话（Internet Phone）又称网络电话。它通过 Internet 来实现计算机与计算机或者计算机与电话机之间的通信。

7. 电子商务——E-Business

企业可以在 Internet 上设置自己的 Web 页面，通过页面向客户、供应商、开发商和自己的雇员提供有价值的业务信息，从事买卖交易或各种商务服务。目前 Internet 的可靠性和保密性是解决电子商务发展的前提。但在不久的将来，Internet 会成为全球经济交流的主要途径。

8. 电子政务——E-Government

政府机构运用现代计算机和网络技术，充分利用政府掌握的各种资源，实现政府信息与政府业务的共享与集成，向全社会提供高效优质、规范透明和全方位的管理与服务。

7.3.3 IP 地址和域名

1. IP 地址

IP 地址是 Internet 协议地址的简称，用作 Internet 上独立的计算机的唯一标识。通信时要利用 IP 地址来指定目的机地址，就像电话网中每台电话机必须有自己的电话号码一样。

IP 提供整个 Internet 通用的地址格式，它分为两部分：网络地址和主机地址，如图 7-19 所示。

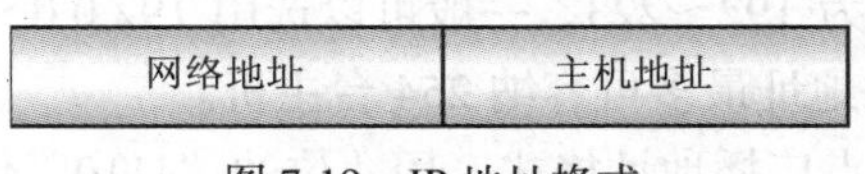

图 7-19 IP 地址格式

为了确保一个 IP 地址对应一台主机，网络地址由 Internet 注册管理机构网络信息中心（NIC）分配，主机地址由网络管理机构负责分配。如图 7-20 所示，每个 IP 地址占用 32 位，并被分为 A、B、C、D 和 E 五类。

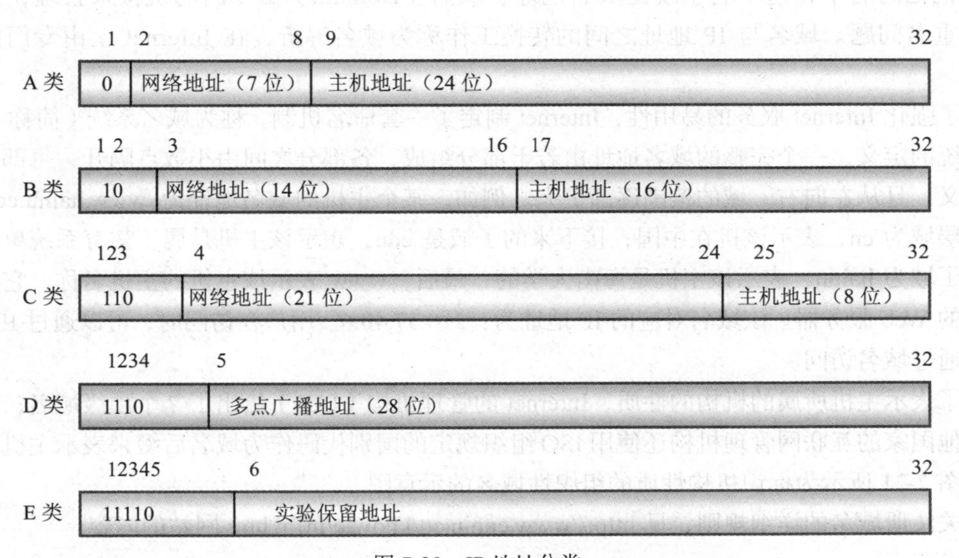

图 7-20 IP 地址分类

IP 地址是 32 位的二进制地址，例如，某地址为

11001010 01110010 01000000 00000010

由于它以“110”打头，所以是一个 C 类地址；又由于它太长，而且不便于记忆，因而常用 4 个十进制数分别代表 4 个 8 位二进制数，在它们之间用圆点分隔，以 X.X.X.X 的格式表示。如上述地址可以写为

202.114.64.2

其网络地址为 202.114.64，网络内主机地址为 2。

A、B、C 是 3 类基本地址类型，都由 3 部分 IP 数据组成：类型标志、网络标识符和主机编号。3 类基本地址类型的区别仅限于网络大小的不同。

（1）A 类地址：是给大型网络分配的 IP 地址。它用 1 位“0”作为类型标志。A 类 IP 地址的最高位为 0。其前 8 位为网络地址，是在申请地址时由管理机构设定的；后 24 位为主机地址，可以由网络管理员分配给本机构子网的各主机。用 A 类地址组建的网络称为 A 类网络。A 类网络地址可有 126 个，一个 A 类网络地址最多可容纳 $2^{24}-2$（约 1 600 万）台主机。

（2）B 类地址：用“10”作为标志。B 类 IP 地址的前 16 位为网络地址，后 16 位为主机地址。B 类地址的第一个十进制整数的值为 128～191，取值范围为 128.0～191.255，最多网络数为 16 384 个。一个 B 类网络地址最多可容纳 65 534 台主机。

（3）C 类地址：用“110”作为标志。C 类 IP 地址的前 24 位为网络地址，最后 8 位为主机地址。C 类地址的第一个整数值为 192～223，一般可以选用 192.0.0～223.255.255 的数，最多网络数为 200 万个。一个 C 类网络地址最多可容纳 254 台主机。

（4）D 类地址：是一种多点广播地址格式，用 4 位的“1110”作为标志。

（5）E 类地址：是为实验保留的地址。

2. 域名

为了便于记忆 IP 地址，可以以文字符号方式同样唯一地标识计算机，即给每台主机取一个便于记忆的名字，这个名字就是域名地址。域名（Domain）由专门的机构来管理，用来避免引起重名问题。域名与 IP 地址之间的转换工作称为域名解析，在 Internet 上由专门的服务器负责。

为了强化 Internet 服务的易用性，Internet 制定了一套命名机制，称为域名系统（简称 DNS）。按照系统的定义，一个完整的域名地址由若干部分组成，各部分之间由小数点隔开，每部分有一定的含义，且从左向右，域的范围逐渐扩大。例如，某个主机的域名地址为 www.hainu.edu.cn，其最高层域为 cn，表示该机在中国；接下来的子域是 edu，表示该主机是属于教育系统单位的；再下层子域为 hainu，表示该主机是海南大学的；最后，www 表示该主机的主机名称，它代表该校园网的 Web 服务器。该域名对应的 IP 地址为：210.37.40.6。用户在访问时，可以通过 IP 地址，也可以通过域名访问。

为了表示主机所属的机构的性质，Internet 的管理机构（IAB）给出了 7 个顶级域名；美国之外的其他国家的互联网管理机构还使用 ISO 组织规定的国别代码作为域名后缀来表示主机所属的国家。图 7-21 所示为标识机构性质的组织性域名的示意图。

有关注册域名的详细规则，见 http://www.cnnic.cn/knowle/infoi.htm 网站的内容。

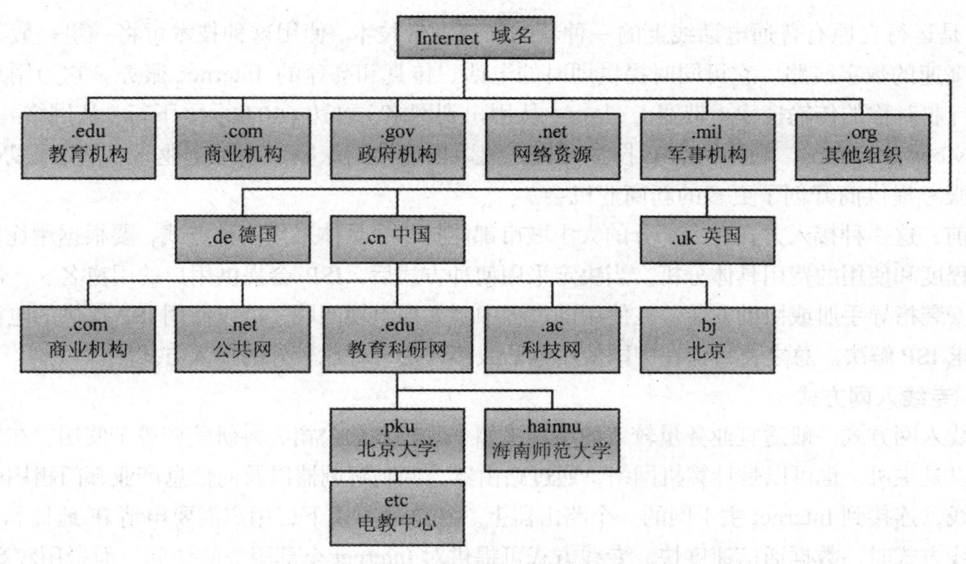

图 7-21 域名结构层次示意图

7.3.4 Internet 的接入

用户将自己的计算机连入 Internet，有多种实现方法，不同方法各有优、缺点。用户要连入 Internet，从具体实施角度来说，就是找一个 Internet 服务提供者（Internet Service Provider，ISP），提出连入 Internet 的申请，确定连入 Internet 的方式，实际连入的过程。这里，确定 ISP 的工作很重要。Internet 服务提供者是管理 Internet 接口的机构，负责向用户提供连入 Internet 的结点和连入方式，并为用户提供 Internet 接入服务（上网、TCP/IP 和 DNS）和 Internet 信息服务（包括 E–mail、FTP、WWW 和 Telnet 等）。

连入 Internet 的常用方式有以下两种。

1．拨号入网方式

拨号入网是目前接入 Internet 的主要方式。这是因为通过电话网接入 Internet 是最方便、最经济的方式之一。

目前，通过电话线接入 Internet 的方式有 3 种：普通电话线、ISDN 和 ADSL。

（1）普通电话线

通过普通电话拨号上网非常简单，用户需要有一台计算机并配有相应的操作系统和通信软件、一个调制解调器（Modem）以及一条与电话网相连的电话线。用户的计算机利用 Modem，通过电话线与 ISP 的宿主机相连，从而连入 Internet。使用普通电话线上网的缺点是数据传输率比较低，一般只能达到 56 kbit/s，并且上网的同时电话就不能使用了。

（2）ISDN

ISDN 是英文 Integrated Service Digital Network 的缩写，中文名称是综合业务数字网，也就是俗称的“一线通”。ISDN 将电话、传真和数字通信等业务集成在一个网内，利用一条用户线路，就可以在上网的同时拨打电话、收发传真，使用时类似有两条电话线，具有连接速率高、通信费用低的优点。

（3）ADSL

ADSL（Asymmetric Digital Subscriber Line）技术即非对称数字用户线路技术，俗称“网络快

车”。它是运行在原有普通电话线上的一种新的高速宽带技术，使用这种技术可将一组一般的电话线变成高速的数字线路。它可同时提供即时的电话、传真和高速的 Internet 服务。它为用户提供上、下行非对称的传输速率（带宽），上行（从用户到网络）可达 640 kbps，下行（从网络到用户）可达 6 Mbps～8 Mbps。利用 ADSL 技术可将高速数据连接到家庭、小型企业，以及远程办公室，为网络服务提供商开创了更多的新商业机会。

目前，这 3 种接入方式在大部分的大中城市都能提供，具体采用何种方式，要根据用途、接入的难易程度和使用的费用具体分析。当决定采用何种方式后，ISP 会提供用户的用户名、入网的密码以及安装指导手册或协助安装。在使用的过程中，如果出现问题，可以使用 ISP 提供的电话号码及时请求 ISP 解决。总之，目前在中国使用电话线接入是一种比较好的接入方式。

2. 专线入网方式

专线入网方式一般适宜业务量较大的用户（如一些较大的公司、科研院校等）使用。在用户一端，可以是主机，也可以是计算机网络，通过路由器、调制解调器以及向信息产业部门租用的数字通信专线，连接到 Internet 主干网的一个路由器上。在这种方式下，用户需要申请 IP 地址和域名。使用专线方式时，数据通信速度快。专线方式可提供对 Internet 全部服务的访问，但费用较高。

7.4 Internet 应用

7.4.1 万维网

万维网（World Wide Web），简称 WWW 或 Web，是 Internet 的一个用途最广泛的基于超文本方式的信息查询工具。

1989 年 3 月，欧洲粒子物理实验室（The European Laboratory for Particle Physics，CERN）科学家 Tim Berners Lee 首先提出了 WWW 这个新概念。WWW 于 1992 年由欧洲粒子物理实验室正式发布。CERN 的科学研究人员试图寻求一种方法，让分散在世界各地的研究机构能够及时沟通信息，共享最新研究成果。

WWW 的文件以超文本的格式编写，其中含有与其他文件链接的接口。当我们选择这些链接时，即可阅读被链接的文件。

1. Web 基本概念

（1）超文本和链接

超文本（Hypertext）是一种通过文本之间的链接将多个分立的文本组合起来的一种格式。在浏览超文本时，看到的是文本信息本身，同时文本中含有一些“热点”，选中这些“热点”就可以浏览其他的超文本。这样的“热点”就是超文本中的链接。

（2）Web 页面

阅读超文本不能使用普通的文本编辑程序，而要在专门的浏览程序（如 IE）中进行浏览，IE 9.0 中文版是目前比较流行的 Web 浏览器。在 World Wide Web 中，浏览环境下的超文本就是通常所说的 Web 页面。

（3）统一资源定位符 URL

WWW 犹如信息的海洋，如何快速准确地定位所需的信息是一个十分重要的问题。为此，WWW 使用了一种称为“统一资源定位符”（Uniform Resource Locator，URL）的方式表示某个

WWW 网页的地址。URL 能唯一且一致地描述 Internet 中每个超媒体文档的地址。这种地址可以是 Internet 中的站点，也可以是本地磁盘。

URL 的基本格式为：Scheme://host/path/filename

如：http://www.pku.edu.cn/

http://www.pku.edu.cn/education/kcsz/bks/bks.jsp

FTP://ftp.tsinghua.edu.cn

其中，域 Scheme 说明存取方法，存取方法基于一定的检索文档的协议。常见的 Scheme 值如表 7-2 所示。

表 7-2　通信协议的种类

域	意　义	域	意　义
http	WWW 服务器中的文档	WAIS	WAIS 服务器中的文档
ftp	FTP 服务器中的文档	telnet	登录到另一台主机
News	新闻组服务器中的新闻组	File	本地磁盘中的文档
Gopher	Gopher 服务器中的文档		

- host：是指 Internet 中经过注册的有效主机名。
- path 路径：它指明文件在服务器上保存的目录。
- filename 文档文件名：它指定浏览器要访问的最终目标。一般来说，这个最终目标是一个 HTML 文件，也可能是图像、声音和动画等文件。

（4）超文本标记语言

超文本是用超文本标记语言（Hyper Text Markup Language，HTML）来实现的。HTML 文档本身只是一个文本文件，只有在专门阅读超文本的程序中才会显示成超文本格式。

例如有如下的 HTML 文档：

```
<HTML>
<HEAD>
    <TITLE>这是一个关于 HTML 语言的例子</TITLE>
</HEAD>
    <BODY>这是一个简单的例子</BODY>
</HTML>
```

形如<HTML>、<TITLE>等的内容叫作 HTML 语言的标记。从例子可以看到，整个超文本文档是包含在<HTML>与</HTML>标记对中的，而整个文档又分为头部和主体两部分，分别包含在标记对<HEAD> </HEAD>与<BODY> </BODY>中。

HTML 中还有许多其他的标记（对）。HTML 正是用这些标记（对）来定义文字的显示、图像的显示和链接等多种格式的。

2. Web 信息浏览方法

Web 的信息非常庞大，为了在信息的海洋中浏览信息时“不迷航”，需要掌握浏览 Web 信息的一些基本方法。

首先，任何一个提供 WWW 信息的网站，都有一个“初始页面”，我们称为主页（Home Page）。通过它可以浏览到该网站的其他 Web 页面。每个 Web 页面采用所谓的“超文本”（Hypertext）格式，即可以有指向其他 Web 页面或其本身内部特定位置的“超级链接”（Hyper Link）。

其次，浏览器会提供 Web 页面访问的历史记录的功能，把用户访问 Web 文本所走过的历程都记录下来，以便用户能沿着原来的信息链接路径返回出发点。浏览器所提供的“Back”（后退）按钮可以使用户回退到历史记录中本页的“前一页”的位置上，而历史访问清单则可以使用户快速地调用以前访问过的 Web 网页。

7.4.2 电子邮件

电子邮件（Electronic Mail，E-mail）是利用计算机网络的通信功能实现数据文件（也就是邮件）传输的一种技术。E-mail 是客户机/服务器模式的服务，如图 7-22 所示。邮件服务器起着邮箱和收发邮件的作用，而客户机则通过 E-mail 的收发工具软件从服务器上读取邮件或通过服务器发送邮件。收信时，客户机程序通过 POP3（Post Office Protocol Version 3）与服务器上的 POP3 服务器软件通信。近年来，也有使用 IMAP（Interactive Message Access Protocol）取信的客户机/服务器软件。发信时，客户机程序通过 SMTP（Simple Mail Transfer Protocol）与服务器上的 SMTP 服务器软件通信。

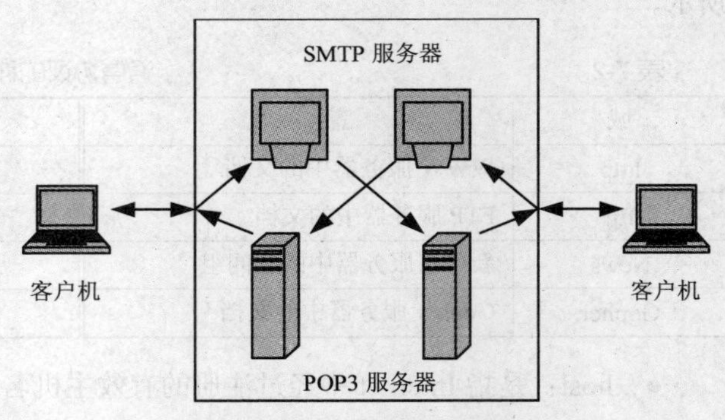

图 7-22 电子邮件工作方式

与普通邮件一样，接收 E-mail 也需要有地址，我们称为 E-mail 地址。

E-mail 地址的一般形式为：用户名@服务器地址。

这里，“用户名”表示电子邮件账户的用户名称，它由邮件服务器的管理员（根据用户要求）设置；“服务器地址”表示邮件服务器地址，可以为服务器的 IP 地址或域名。

发送、接收电子邮件的方式有以下两种。

（1）使用邮件代理软件

邮件代理软件是一种客户端软件，可帮助用户编辑、收发和管理邮件。初次使用邮件代理软件需要设定参数。著名的邮件代理软件有 Outlook、Foxmail 等。

（2）使用 Web 方式

自从因特网出现以后，国内外许多网站都提供 Web 页面式的收发 E-mail 界面。用户无须安装 E-mail 客户机软件，通过它们的 Web 网站就可以方便地收发 E-mail。

每个用户都有一个或多个邮箱收纳自己的信件。邮箱有收费和免费两种，差别在于容量大小、安全设置和服务方式的不同。

7.4.3 文件传输与远程登录

使用浏览器浏览 Web 页面，可以获得分布于世界各地的服务器上的多种信息资源，但并不是 Internet 上所有的资源都是以 Web 页面的形式组织起来的。文件传输（FTP）与远程登录（Telnet）是广域网络中两个广泛应用的领域，它们的功能不是 WWW 系统所能取代的。

FTP 是在不同的计算机系统之间传送文件，它与计算机所处的位置、连接方式以及使用的操作系统无关。很多共享软件、免费程序、学术文献和影像资料等都存放在 FTP 服务器上，获得这些资源主要是通过文件传输（FTP）服务。

远程登录是由本地计算机通过网络，连接到远程的另一台计算机上去。作为这台远程主机的终端，可以实时地使用远程计算机上对外开放的全部资源，也可以查询数据库、检索资料或利用远程计算机完成大量的计算工作。

FTP 与 Telnet 都采用客户机/服务器方式。FTP 与 Telnet 可在交互命令下实现，也可利用浏览器工具实现。

1. 文件传输

文件传输是指通过网络将文件从一台计算机传送到另一台计算机上。Internet 上的文件传输服务是基于文件传输协议（File Transfer Protocol，FTP）的，因此，通常被称为 FTP 服务。

使用 FTP 时，客户机首先要登录到 FTP 服务器上，通过查看 FTP 文件服务器的目录结构和文件，找到自己需要的文件后再将文件传输到自己的本地计算机上。一些 FTP 服务器提供匿名服务，用户在登录时可以用“anonymous”作为用户名，用自己的 E-mail 地址作为口令。一些 FTP 服务器不提供匿名服务，它要求用户在登录时提供自己的用户名与口令，否则就无法使用服务器所提供的 FTP 服务。

FTP 有上传和下载两种方式。上传（Up Load）是用户将本地计算机上的文件传输到 FTP 服务器上，下载（Down Load）是用户将文件服务器上提供的文件传输到本地计算机上。用户登录到 FTP 服务器可使用 IE 浏览方式和 FTP 专用工具软件。经常使用的 FTP 专用工具软件有 Cute FTP、WS-FTP 等。

（1）使用 WWW 浏览器访问 FTP 站点

WWW 浏览器支持 FTP 功能。用浏览器进行 FTP 时，要在浏览器的地址栏中输入 FTP 服务器的 URL。FTP 服务器 URL 的格式如下：

FTP://ftp.tsinghua.edu.cn

其中 FTP 代表文件传输协议或存取方式，://是分隔符，ftp.tsinghua.edu.cn 是 FTP 服务器的域名地址（也可以输入 IP 地址）。这里，ftp.tsinghua.edu.cn 是清华大学 FTP 服务器的域名地址。

在 IE 浏览器的地址栏中输入 ftp://ftp.tsinghua.edu.cn，如图 7-23 所示。

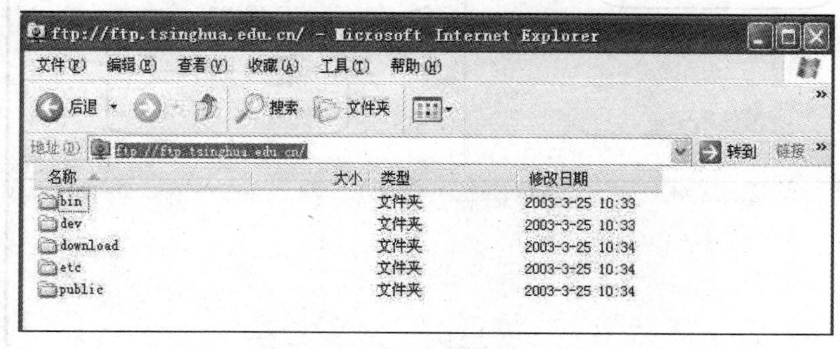

图 7-23　IE 6.0 中访问 FTP 站点

如果想从站点下载文件，可参考站点首页的文件。找到需要的文件，用鼠标右键单击所需下载文件的文件名，弹出快捷菜单，选择“目标地点另存为”命令，选择路径后，下载过程开始。

（2）使用软件访问 FTP 站点

Cute FTP 采用交互式界面与 FTP 服务器建立连接，连接成功之后允许用户上传或下载文件.Cute FTP 具有很多强大的功能，例如支持断点续传、上传文件和下载文件等功能；另外还有站点切换方便、使用简便快捷和操作界面友好等优点。它将远程主机的文件和目录结构信息以大家熟悉的 Windows 文件管理器的形式组织起来，并尽量减少网络的传输时间。

下面我们以 Cute FTP 5.0 XP 访问 ftp.tsinghua.edu.cn 站点为例，来讲解一下文件传输软件的使用。

① 启动 Cute FTP 5.0 XP，单击站点管理器，选择“文件/新建站点”命令，并按如下方式填写：站点标签为“下载文件”，FTP 主机地址为 ftp.tsinghua.edu.cn，按“匿名”方式登录，如图 7-24 所示。

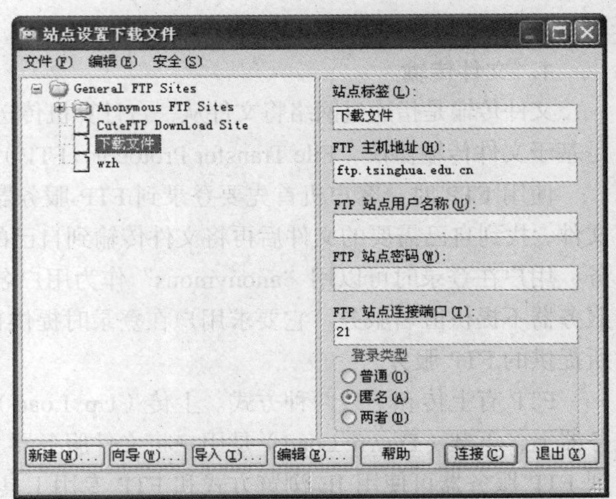

图 7-24　FTP 登录界面

② 单击“连接”按钮开始连接，连接成功则进入如图 7-25 所示的界面。

上栏为状态栏，中左栏为本地硬盘，中右栏为清华大学 FTP 服务器上的目录。

用鼠标选取右栏文件，然后拖动到左栏，便可下载文件；同样，如果对方服务器允许上传文件，在左栏选取文件，然后拖动到右栏，便可上传文件。

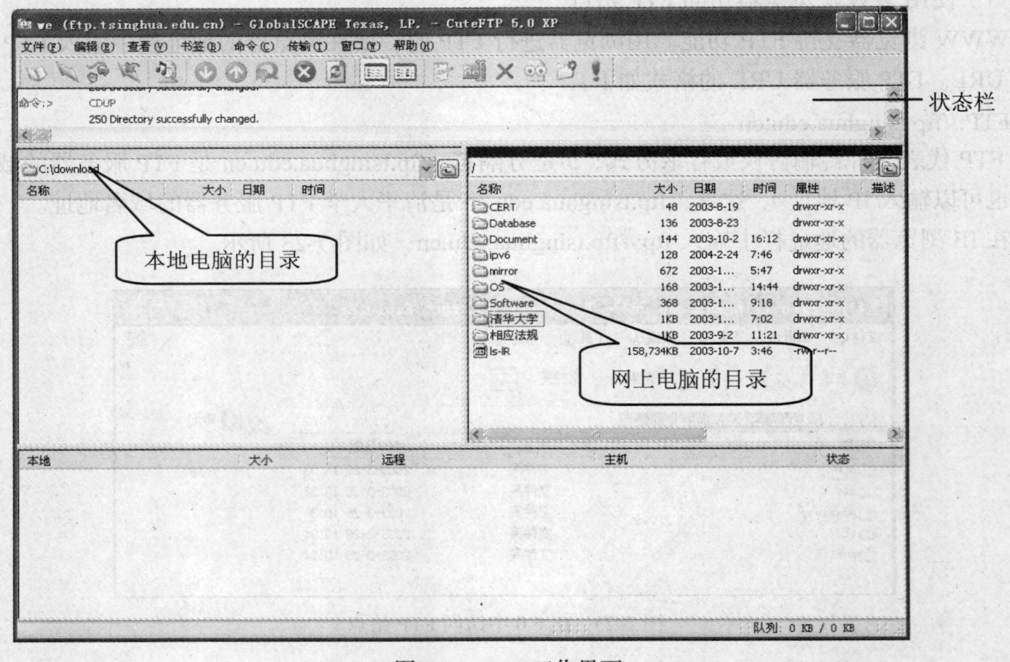

图 7-25　FTP 工作界面

2. 远程登录

Internet 的远程登录服务是基于 Telnet 标准的应用，Telnet 也是 TCP/IP 应用层的一部分。远程登录软件是 Windows 系统中的 Telnet.exe 程序。下面以登录 bbs.szptt.net.cn 主机为例，说明远程登录步骤。

（1）用户计算机接入 Internet 网络。

（2）在 Windows 中选择“开始/所有程序/附件/运行”命令，执行 telnet.exe 程序，如图 7-26 所示，然后在主机名栏填写远地主机域名或 IP 地址。

（3）与远程主机连接成功后，主机要求用户输入账号、密码。登录成功后，用户在主机返回信息的提示下使用主机功能。

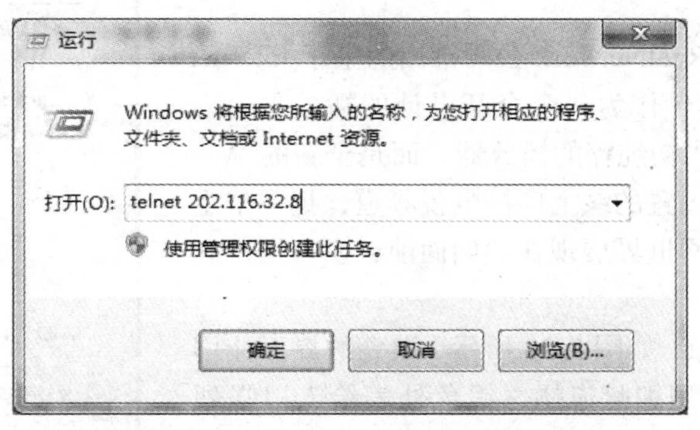

图 7-26　运行 Telnet 客户机程序

与匿名 FTP 类似，匿名登录可使用公共账号和口令 guest。要成为远程登录注册用户，可以通过匿名登录后在网上注册，或通过 E-mail 与远地计算机联系，申请成为注册用户。

7.4.4　Internet 其他应用服务

1. 网上聊天——QQ

QQ 是由腾讯科技有限公司开发的、基于 Internet 的免费网络寻呼软件，现已成为国内使用最为广泛的一个聊天工具，主要用于传送简短消息，一次允许发送消息的字数最多为 400 字节。QQ 支持显示朋友在线信息、即时传送信息、即时交谈、即时发送文件和传送语音网址。QQ 可以自动检查用户是否已联网，如果已连入 Internet，可以搜索网友、显示在线网友，可以根据 QQ 号、昵称、姓名和 E-mail 地址等关键词来查找，找到后可加入到通信录中。当通信录中的网友在线时，QQ 中朋友的头像就会显示 Online，根据提示就可以发送信息。如果对方登记了寻呼机或开通了 GSM 手机短消息，即使离线了，信息也可“贴身追踪”，及时将信息传递给对方。

QQ 有收发信息、传送文件、传送语音、二人世界、手机短信、发送邮件、个人主页、查看信息等功能。

2. 聊天软件——MSN Messenger

MSN Messenger 是 Microsoft 公司推出的即时消息软件。该软件凭借自身的优秀性能，目前在国内已经拥有了大量的用户群。使用 MSN Messenger 可以与他人进行文字聊天、语音对话和视频会议等即时交流，还可以通过此软件来查看联系人是否联机。MSN Messenger 界面简洁，易于使用，是与亲人、朋友、工作伙伴保持紧密联系的不错选择。

MSN Messenger 是一种快速消息传递程序，可以在用户的朋友联机时通知用户，或者可以查看认识的人是否正在联机。

MSN 安装非常方便。Microsoft 公司在 Windows 7 中捆绑了 MSN，其他操作系统的用户可去 Microsoft 公司的官方站点下载 MSN。安装成功后，申请与登录 MSN 时，登录名不像普通的聊天软件是一串号码，而是一个 E-mail 地址；登录成功后，界面如图 7-27 所示。

3. 网络电影

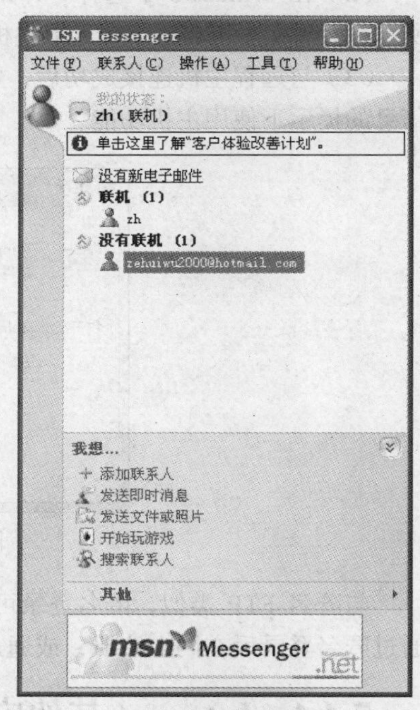

图 7-27 MSN 界面

电影是 Internet 网络上精彩的内容之一。可以通过访问一些电影站点，了解最新电影动态，选择欣赏某些电影片段，甚至先睹某些佳作风采。现在用得比较多的在线电影播放软件是 RealOne Player。

RealOne Player 是 RealNetwork 公司推出的基于 Internet 的全新流媒体播放工具。作为一个全新设计的播放平台，RealOne Player 不再是当初纯粹的播放器，而是全新的 Web 浏览、曲库管理和大量内置的线上广播电视频道，把一个生动、丰富而精彩的互联网世界展现在我们面前，实现用户和互联网的最亲密接触。

打开 RealOne Player，如图 7-28 所示，漂亮的界面让用户眼前一亮，超酷的造型细腻流畅，银色外表给人以强烈的现代感。界面的上半部分是 RealOne Player 的播放器窗口，下半部分是一个多功能的媒体浏览器窗口。在下部浏览器窗口中，左侧是正在播放的曲目列表，右侧是浏览窗口。通过单击界面下边简单明了的功能按钮，可以依次切换到播放列表窗口、Web 浏览窗口、媒体库窗口、CD 音轨列表及相关操作列表窗口、外部数码设备管理窗口、网络 Radio 窗口以及 Real 提供的服务频道 Web 窗口。另外，RealOne Player 的一大特点就是具有多层画面功能，即当一个屏幕播放影碟或歌曲的时候，旁边将有一个侧屏幕提供有关影碟或歌曲的信息或广告。

图 7-28 RealOne Player 界面

4. 网络收音机

随着宽带网的普及，网速越来越快，网上听广播已不成问题。现在用得比较多的网络收音机的收听软件是龙卷风网络收音机，只需用鼠标轻轻一点，就能听遍全世界的声音。网络收音机内建有 800 多个电台，包括 300 多个中文电台和美国、英国、日本、法国、德国、新加坡、加拿大以及韩国等其他国家的一些国际著名电台。

龙卷风网络收音机安装后界面如图 7-29 所示。

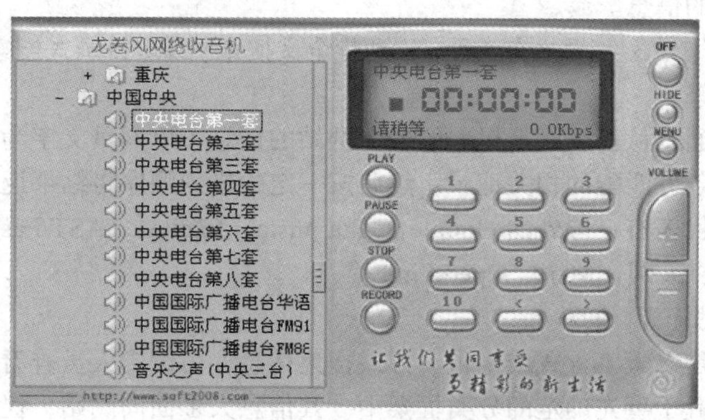

图 7-29　龙卷风网络收音机界面

*7.5 搜 索 引 擎

随着 Internet 的发展，互联网上的信息每时每刻都在变化、增加。面对这浩瀚无垠的信息海洋，如何能快速、准确地找到自己想要的信息和资源，搜索引擎已成为解决这一问题的最佳途径。搜索引擎提供了 Web 信息查询的快捷方式，就像图书馆的馆藏目录，借助它的帮助，可以直接查到信息的所在。按它提供的链接路径，到相应的网站就可以找到相应的信息或资源。

在我国，搜索引擎 Google、百度、雅虎、搜狐等广泛应用，已成为仅次于电子邮件的第二大网络应用领域。研究表明，搜索引擎是目前最重要、效果最明显的网站推广方式，也是最为成熟的一种网络营销方法。CNNIC 最新调查报告同时显示：搜索引擎是用户得知新网站的最主要途径，82.2%以上的网站访问量来源于搜索引擎。为此，学习和掌握搜索引擎登录方式及技巧就显得非常重要。

现代意义上最早的搜索引擎出现于 1994 年 7 月。当时 Michael Mauldin 将 John Leavitt 的蜘蛛程序接入到其索引程序中，创建了大家现在熟知的 Lycos。同年 4 月，斯坦福（Stanford）大学的两名博士生——David Filo 和美籍华人杨致远（Gerry Yang）共同创办了超级目录索引 Yahoo，并成功地使搜索引擎的概念深入人心。从此，搜索引擎进入了高速发展时期。

目前，互联网上有名的搜索引擎已达数百家，常用搜索引擎如下。

- 百度：http://www.baidu.com/。
- 简体中文 google：http://www.google.cn。
- 搜狗（搜狐）搜索：http://www.sogou.com/。
- 新浪搜索：http://www.sina.com.cn/。
- 网易搜索：http://www.163.com/。

- 中国雅虎全能搜索：http://www.yahoo.cn/。

7.5.1 搜索引擎的分类

所谓搜索引擎，是指在万维网（WWW）中主动搜索信息并能起自动索引、提供查询服务的一类网站。这些网站通过网络搜索软件（又称为网络搜索机器人）或网站登录等方式，将 Internet 上大量网站的页面收集到本地，经过加工处理建成数据库，从而能够对用户提出的各种查询做出响应，提供用户所需的信息。

搜索引擎按其工作方式主要分为 3 种，分别是全文搜索引擎、目录式搜索引擎和元搜索引擎。

（1）全文搜索引擎

全文搜索引擎是通过从互联网上提取的各个网站的信息（以网页文字为主）而建立的数据库中，检索与用户查询条件匹配的相关记录，然后按一定的排列顺序将结果返回给用户。

这类搜索引擎的代表有：国外的 Google、Alta Vista、Excite、FAST/Fast Search、Lycos 等，国内的百度（Baidu）、天网、悠游、Open Find 等。

（2）目录式搜索引擎

目录式搜索引擎是以人工方式或半自动方式搜集信息，由编辑人员查看信息之后，人工形成信息摘要，并将信息置于事先确定的分类框架中。其信息大多面向网站，提供目录浏览服务和直接检索服务。该类搜索引擎因为加入了人的智能，所以信息准确、导航质量高；缺点是需要人工介入、维护量大、信息量少，并且信息更新不及时。

该类搜索引擎的代表有：国外的 Yahoo、Look Smart、Open、Directory、Go Guide 等，国内的搜狐、新浪、网易等。

（3）元搜索引擎

这类搜索引擎没有自己的数据，而是将用户的查询请求同时向多个搜索引擎递交，将返回的结果进行重复排除、重新排序等处理后，作为自己的结果返回给用户。服务方式为面向网页的全文检索。这类搜索引擎的优点是返回结果的信息量更大、更全；缺点是不能够充分使用所使用搜索引擎的功能，用户需要做更多的筛选。

这类搜索引擎的代表有：Meta Crawler、Blow Search、Savvy Search 等。

7.5.2 搜索引擎的原理及使用

1. 搜索引擎的原理

搜索引擎并不是真正地搜索互联网，它搜索的实际上是预先整理好的网页索引数据库。搜索引擎的原理，可以分为三步：先从互联网上抓取网页，然后建立索引数据库，再在索引数据库中搜索排序。

（1）从互联网上抓取网页

从互联网上抓取网页是指利用能够从互联网上自动收集网页的 Spider 系统程序，自动访问互联网，并沿着任何网页中的所有 URL 进入其他网页，重复这一过程，并把进入过的所有网页收集回来。

（2）建立索引数据库

建立索引数据库是指由分析索引系统程序对收集回来的网页进行分析，提取相关网页信息（包括网页所在 URL、编码类型、页面内容包含的所有关键词、关键词位置，生成时间、大小，与其他网页的链接关系等），根据一定的相关度算法进行大量复杂计算，得到每一个网页针对页面文字中及超级链接中每一个关键词的相关度（或重要性），然后用这些相关信息建立网页索引数据库。

（3）在索引数据库中搜索排序

在索引数据库中搜索排序是指当用户输入关键词搜索后，由搜索系统程序从网页索引数据库中找到符合该关键词的所有相关网页。因为所有相关网页针对该关键词的相关度早已算好，所以只需按照现成的相关度数值排序。相关度越高，排名越靠前。

最后，由页面生成系统将搜索结果的链接地址和页面内容摘要等内容组织起来返回给用户。

互联网虽然只有一个，但各搜索引擎的能力和偏好不同，所以抓取的网页各不相同，排序算法也各不相同。大型搜索引擎的数据库储存了互联网上几千万至几十亿的网页索引，数据量达到几千 G 甚至几万 G。但即使最大的搜索引擎建立超过 20 亿网页的索引数据库，也只能占到互联网上普通网页的不到 30%。不同搜索引擎之间的网页数据重叠率一般在 70%以下。我们使用不同搜索引擎的重要原因，就是它们能分别搜索到不同的网页。而互联网上有更大量的网页是搜索引擎无法抓取索引的，也是我们无法用搜索引擎搜索到的。

2. 搜索引擎使用举例

目前，WWW 信息资源极为丰富，国内许多著名机构都在 WWW 上建立了自己的站点和主页，而且每年 WWW 服务器都以非常快的速度增长。网络上的搜索主要借助于网上提供信息搜索服务的站点（又称搜索引擎），这些站点大都是开放的。绝大多数搜索引擎既提供“分类检索”又提供“关键词查询”，即在一定的分类中按网页内容搜索。

- 分类检索：如果要从各网页上按照主题分类来查找所需信息，这种查询方法就被称为“分类检索”。这种查询方法首先要求搜索者必须知道相关的网址，然后搜索查询。
- 关键词查询：这种方法就是通过输入查找的关键词在各个 Web 网页上查找所需的信息。关键词查询又分为简单查询和复杂查询。

只有掌握了这些查询方法，才可以在最短的时间内获得更多的有效信息。一般来讲，大多数信息检索网站还提供图像信息检索功能。

（1）简单关键词的查询

当输入“电子商务”或“计算机系统”等这种简单的查询字符串时，表示要查询的文章内容必须含有这些关键词，这是最简单的查询方式。但是，对于这样的查询仍然要注意以下几点。

① 输入的关键词必须能说明一个主题。如不可以简单地输入“张强”，因为这个人并不一定出名，或者目前还没有此人的主页，因而搜索的结果极有可能是“无可奉告”。

② 倘若输入的字符串是空格，有的搜索引擎则按照多个字符串来搜索，如搜索“计算机技术”和“计算机　技术”将会得到不同的结果。

③ 对于专用名词或复合词（字符串），可以用双引号引起来查询。如查询“中国网”这个关键词，如果不加双引号，搜索系统则先将关键词分词，结果则按照“中”、“国”、“网” 3 个字分别查询；加上引号则按“中国网”一个词来查询。

（2）复杂关键词的查询

复杂关键词的查询需要使用 AND（&）、OR（|）和 AND NOT（&!）等逻辑符号。

其中，AND 表示在查询的结果中包括输入的每一个关键词，如“计算机 AND 人类”、“运动 AND 健康”等；OR 表示在查询结果中包括关键词中的一个或全部都可以，如“橄榄球 OR 篮球”；AND NOT 表示在查询的结果中不可以出现这个关键词，如“北京 OR 上海” AND NOT “天津”这个字符串，表示要查询的资料或文章内必须含有“北京”或“上海”，但是其中不可有“天津”字符串。有的查询也可以运用“+/–”号。

7.5.3 几个著名的搜索引擎介绍

1. Google（http://www.google.com）

搜索引擎发展至今已经十余年，但真正带动这项技术向前发展的是 1998 年诞生的 Google。Google 属于全文式搜索引擎，它通过“蜘蛛”（Spider）程序在网络上搜索网站或信息，由搜索引擎进行信息的筛选，最终的结果采用先进的 PageRank 技术进行排序。目前，Google 已是世界上最大的搜索引擎。

Google 的成功之处归结如下。

（1）坚持全球化的发展战略。Google 重视用户的全球性特征，开发出近 90 种语言的版本，为全球 80 多家门户和终点网站提供支持，客户遍及 20 多个国家。

（2）以人为本，重视查询的易用性。Google 的设计充分体现了以人为本的搜索理念，其首页设计给人以开门见山的感觉。在用户进行查询以及显示结果时，都以用户为最优先考虑的对象。

（3）选择合理的商业模式。为了维持网站的生存，同时又考虑用户的检索心理，Google 探索出一种全新的商业模式，在为搜索结果顺序付费的厂商和消费者的利益之间寻求最佳平衡。Google 目前根据某网站有多少链接来排列该网站在搜索结果中的次序。广告客户只能以文本广告的形式链接到 Google 自己的网站上，并在搜索结果中体现。

（4）丰富的信息和先进的排序技术。Google 以收集了极其丰富的网络信息著称，同时还采用了先进的 PageRank 排序技术。这项技术是 Google 独创的“链接评价体系”技术，根据网页被链接次数来决定网页的排列顺序。单击率越高的网站，排列越靠前。

（5）个性化和特色化服务。除了能对一般的网页进行搜索以外，Google 还能对 PDF 文件、DOC 文档和 PPT 文档进行搜索，拥有 4 亿多较好的图像搜索。Google 的英文在线词典服务，拥有出色的页面翻译。Google 同时兼有极强的新闻网站群。

2. 百度（http://www.baidu.com）

自 1999 年在美国硅谷成立以来，百度目前已是全球最大的中文信息库。百度也属于全文式搜索引擎，同样采用“蜘蛛”程序搜索网络上的网站或信息，检索结果同样由搜索引擎进行筛选。与 Google 不同的是，它是通过网页的链接率来确定检索结果的排列顺序的。据 2006 年中国搜索引擎市场调查报告显示，百度所占的市场份额比例为 62.1%，远远超过了世界上最大的搜索引擎 Google，成为了中国网民首选的中文搜索引擎。调查表明，百度的设计方式非常符合中国网民使用网络的习惯。

百度能成为中国网民的最爱，与它自身的特点和搜索技巧有关。

（1）IE 搜索伴侣。百度 IE 搜索伴侣同时具有“网站直达”功能和“搜索引擎”功能。在已经安装“百度 IE 搜索伴侣”的情况下，用户只要在浏览器地址栏处输入关键字，如果关键字与百度“网站直达”数据库中的网站信息一致，则“百度 IE 搜索伴侣”就可以在用户单击后直接链接到网站上。

（2）搜索结果的相关性排序。为了能够对收集到的网页进行客观的分析、评价和排序，百度采用了词频统计、超链分析和竞价排名相结合的方式对搜索结果进行相关性评价，从而在一定程度上保证了检索结果的相关性。

（3）百度快照。百度搜索引擎已先预览了各网站，拍下网页的快照，在百度的服务器上保存了大量的页面。百度快照服务稳定，下载速度极快，从而巧妙地解决了死链接问题。

（4）相关检索词智能推荐技术。用户在使用百度之类的纯搜索引擎时，常常为不知如何提问而犯难，也就是说，用户想要查找的信息，不知如何用关键词来表达，以致搜索结果往往与想要的相去甚远。百度相关检索词智能推荐技术，可在用户第一次使用关键词检索后，提示相关检索词，以帮助用户获取更适宜的搜索结果。

（5）百度的分类目录。作为纯搜索引擎，百度在其主页上只提供了几十个文字和一个百度搜索框，给人一种印象：似乎无分类目录。其实不然，百度公司还将其所收集的网络资源粗略地分为新闻、网站、网页、MP3、图片、Flash、信息快递等专题搜索库。

3. Yahoo（http://www.yahoo.cn）

Yahoo 不同于前两个搜索引擎，它属于目录式搜索引擎。Yahoo 是全球第一个也是目前 WWW 环境下最著名的分类主题索引。它的检索过程加入了人工的操作，以人工或半自动工作方式对信息进行搜索、分类和筛选，因此，在检索结果的排序方面，也常常需要人工介入。

Yahoo 的检索方式分为两类：通过关键词进行搜索和分类目录逐层查找。它以 14 个类别排列，分别是艺术与人文、商业与经济、电脑与因特网、教育、娱乐、政府与政治、健康与医药、新闻与媒体、休闲与生活、参考资料、区域、科学、社会科学以及社会与文化。

除了这些基本的分类之外，Yahoo 还有以下特点。

（1）Yahoo 黄页（http://yp.yahoo.com）。黄页能够很好地满足人们生活上的需要。它不仅提供最直接的电话联系方式，还提供厂家的位置、地图、距离等相关信息。

（2）地图检索（http://maps.yahoo.com）。Yahoo 提供的电子地图信息相当丰富。它不受比例尺、图形样式的限制，抽象化程度更低，对象化更好，可以根据用户的意图智能化地显示其需要的信息。

（3）人物检索（http://people.yahoo.com）。又可称为白页检索，与黄页检索对应。用于查询个人电话号码、地址的 Yahoo“白页检索”，功能强大，检索的结果非常详细，不仅包括被检索人的姓名、电子邮箱、电话号码，甚至连居住的具体地址都列举出来。

（4）其他特色服务。如网上商店（http://shopping.yahoo.com）、旅游信息搜索服务（http://travel.yahoo.com）、天气搜索（http://weather.yahoo.com）、金融信息搜索服务（http://finance.yahoo.com）、热门职业搜索（http://hotjobs.yahoo.com）、图片检索（http://gallery.yahoo.com）等。

习　　题

一、思考题

1. 什么是计算机网络？其主要功能是什么？
2. 计算机网络中的信息是如何传输的？
3. 网络体系结构的基本概念是什么？
4. 网络按覆盖范围分为几类？其覆盖范围分别是多少？
5. 铺设总线型局域网需要什么传输介质？铺设星型局域网需要什么传输介质？
6. Internet 执行的是什么协议？此协议分为几层？电子邮件、远程登录、文件传输和 WWW 各属于哪一层？
7. 局域网的拓扑结构有几种？
8. 网络互连设备有哪些？画一个局域网通过广域网互连的示意图。
9. 解释 ISO/OSI 参考模型和 TCP/IP 参考模型的意义。

10. 画出对等网络和客户机/服务器模式的网络示意图，并标出客户机和服务器以及使用的传输介质、连接设备。

11. 说明中继器、网桥、路由器、网关各自的主要功能以及分别工作在网络体系结构的哪一层。

二、单项选择题

1. 在计算机网络中，通常把提供并管理共享资源的计算机称为（　　）。
（A）服务器　（B）工作站　（C）网关　（D）网桥

2. 通过电话线拨号上网需要配备（　　）。
（A）调制解调器　（B）网卡　（C）集线器　（D）打印机

3. Hub 是（　　）。
（A）网卡　（B）交换机　（C）集线器　（D）路由器

4. 在计算机网络中，为了使计算机或终端之间能够正确传送信息，必须按照（　　）来相互通信。
（A）信息交换方式　（B）网卡　（C）传输装置　（D）网络协议

5. 开放互连 OSI 参考模型描述了（　　）层协议网络体系结构。
（A）4　（B）5　（C）6　（D）7

6. TCP 基本上可以相当于 ISO 协议中的（　　）。
（A）应用层　（B）传输层　（C）网络层　（D）物理层

7. 目前使用的 IP 地址为（　　）位二进制数。
（A）8　（B）128　（C）4　（D）32

8. IP 地址格式写成十进制时有（　　）组十进制数。
（A）8　（B）128　（C）4　（D）32

9. IP 地址为 210.37.0.32 的地址是（　　）类地址。
（A）A　（B）B　（C）C　（D）D

10. 连接到 Internet 上的机器的 IP 地址（　　）。
（A）可以重复　（B）唯一　（C）可以没有　（D）可以是任意长度

第 8 章 数据库基础知识

【本章概述】

数据库系统是对数据进行有效保存和科学管理的计算机系统。本章是对数据库系统的一个概述，主要介绍数据库、数据模型、数据库系统和数据库管理系统的基本概念，重点介绍关系数据库的概念及设计开发方法，最后给出利用 Access 创建一个小型数据库的应用实例，为读者今后学习数据管理系统奠定基础。

8.1 数据库系统概述

数据库技术是数据管理的技术，主要研究如何存储、使用和管理数据。数据库技术作为计算机软件的一个重要分支，一直倍受信息技术界的关注。尤其是在信息技术高速发展的今天，数据库技术的应用可以说是深入到了各个领域。对于一个国家来说，数据库的建设规模、数据库信息量的大小也成为衡量国家信息化程度的重要标志。当前，数据库技术已成为现代计算机信息系统和应用系统开发的核心技术，数据库成了管理信息系统（MIS）、办公室自动化系统（OA）、决策支持系统（DSS）等各类应用系统的核心部分。特别是大数据（Big Data）时代到来的今天，数据挖掘和数据分析技术的应用将更加深入和突出。

8.1.1 数据管理技术的发展

数据库技术是 20 世纪 60 年代后期发展起来的数据管理技术，至今已有 40 多年的发展历史。数据库是数据管理的产物，数据管理是数据库的核心任务，内容包括对数据的分类、组织、编码、存储、检索和维护。随着计算机硬件和软件的发展，计算机数据管理技术至今大致经历了 3 个发展阶段：人工管理、文件系统和数据库系统阶段。

1. 人工管理阶段

20 世纪 50 年代中期以前，由于没有操作系统，更没有进行数据管理的软件，受计算机软、硬件等方面的限制，无法将数据存储在磁盘上，数据无法实现共享，也不具有独立性。程序员只能使用最原始的手工方式来操纵计算机。例如可通过纸带穿孔来标记数据，然后由计算机批量处理这些数据。如图 8-1 所示。

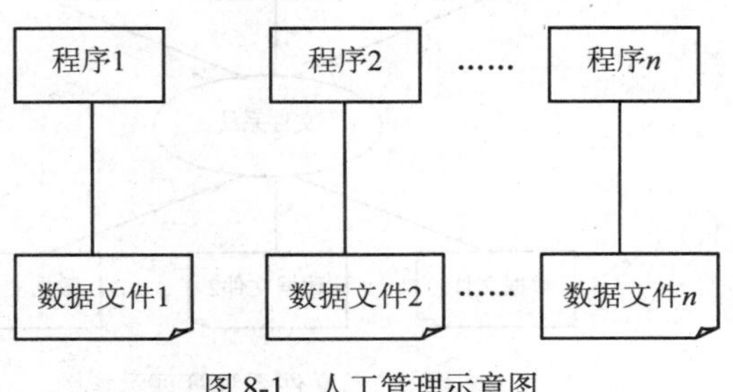

图 8-1 人工管理示意图

2. 文件系统阶段

20世纪60年代中期，随着软、硬件技术的发展，可以将数据存储在磁盘和其他存储设备上。更重要的是出现了专门处理数据的软件，即文件系统（File System）。它可以重复使用已有的大量数据，并且文件中有一定的结构格式来存储数据，便于管理和检索相关记录。这一阶段数据管理的特点如下。

（1）数据以文件的形式可以长期保留在外存上反复使用。

（2）文件管理系统对文件进行统一管理，它提供各种例行程序对文件进行查询、修改、插入、删除等操作。

（3）文件由记录组成，记录是数据存取的基本单位。

（4）一个文件对应一个或几个程序。如果一个程序想用几个文件中的数据产生一个新的报表，则必须重新编写程序。

（5）由于各个应用程序各自建立自己的数据文件，因此各文件之间不可避免地会出现重复项，造成数据冗余。例如，在一个学校部门有人事管理文件（包括编号、姓名、部门、职称、年龄和工资等数据项）和教学档案文件（包括编号、姓名、部门、职称、教学工作量和评价等数据项），在这两个文件中存在一定的重复数据项（编号、姓名、部门和职称）。这种数据冗余不仅浪费了存储空间，而且可能导致数据不一致等问题。

图8-2所示为文件系统阶段的示意图。

3. 数据库系统阶段

随着数据管理的规模日趋增大，数据量急剧增加，文件管理系统已不能适应要求。20世纪60年代末，发生了对数据库技术有着奠基作用的3件大事，标志着以数据库系统为基本手段的数据管理阶段的开始。

（1）1968年，美国的IBM公司推出了世界上第一个数据库管理系统——IMS，它是基于层次模型的。

（2）1969年，美国数据系统语言协会（CODASYL）的数据库任务组（DBTG）发表了网状数据模型的DBTG报告。

（3）1970年，美国的IBM公司的高级研究员E.P.Codd连续发表论文，提出了关系数据模型，奠定了关系数据库的理论基础。

以数据库为中心的数据库系统，是当代数据管理的主要方式。它克服了文件系统的弊病，是一种更高级、更有效的数据管理方式，获得了广泛的应用。数据库管理技术为用户提供了更广泛的数据共享和更高的数据独立性，进一步减少了数据的冗余度，为用户提供了方便的操作使用接口，如图8-3所示。

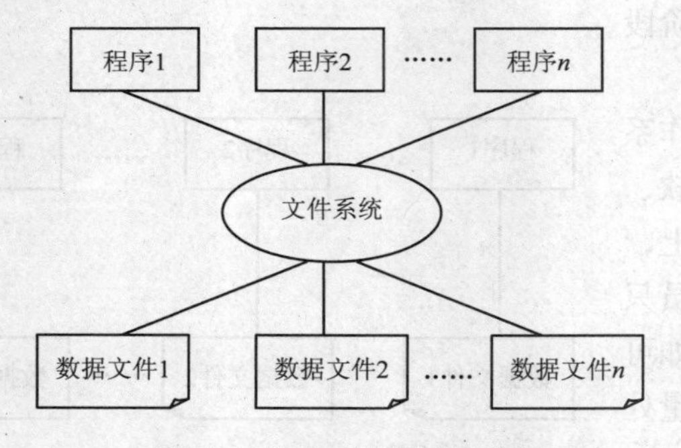

图8-2　文件系统管理示意图

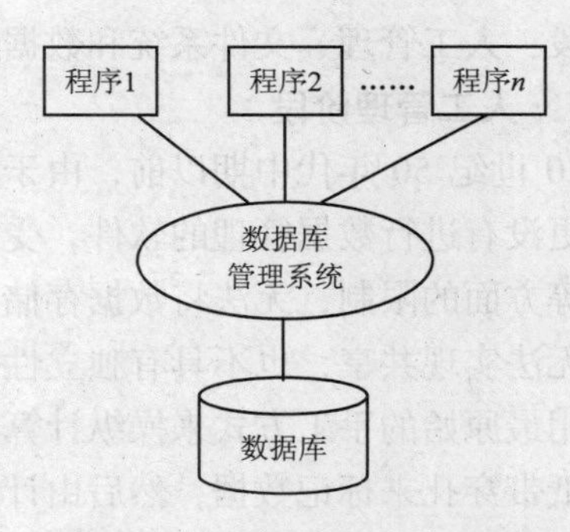

图8-3　数据库系统管理示意图

在构造数据库时，我们要最大限度地减少数据的冗余度。如前面提到的人事管理文件和教学档案文件，这两个文件中存在一定的重复数据项（编号、姓名、部门和职称），在构造数据库时，就可以消除姓名、部门和职称这 3 项数据的冗余。

8.1.2 数据库系统的基本概念

数据库系统作为信息系统的核心和基础，涉及一些常用的术语和基本概念。

1. 数据

数据（Data）是指能被计算机存储和处理的反映客观实体信息的物理符号。它包括数字、文字、表格、图形、音频、视频、图像、动画等。

通常，人们是通过数据来认识世界、交流信息的。用数据描述的现实世界中的对象可以是实在的事物，如一个学生的情况：学号、姓名、性别、年龄、班级等。数据也可以描述一个抽象的事物，如用文本描述一个想法，用图画描述一个画面等。这些都是数据，都可以输入到计算机中，由计算机进行管理和操作。

2. 数据库

数据库（Data Base，DB）是长期存储在计算机外存上、有结构、可共享的数据的集合。数据库中的数据按一定的数据模型描述、组织和存储，具有较少的冗余度、较高的数据独立性和可扩展性，并可以为多个用户所共享。

根据数据库管理系统的类型，数据库可以分为两类：桌面数据库和网络数据库。

由 Access、FoxPro 等数据库管理系统创建的数据库被称为桌面数据库，主要运行在个人计算机上。其应用于小型的数据库系统，用来满足日常小型办公需要。网络数据库运行在 Windows 2000 Server、UNIX 等网络操作系统上，具有强大的网络功能和分布式功能，技术先进，功能强大。

3. 数据库系统

数据库系统（Data Base System，DBS）是指使用数据库技术统一管理、操纵和维护数据资源的整个计算机系统。它由计算机的硬件、软件、数据和人构成，能最大限度地减少数据冗余，提高数据的独立性，向用户提供共享数据。

我们可以这样比喻，在现实事物中，仓库是保存和管理物资的，并能根据其服务对象的要求随时提供所需物资。一个仓库系统，不管其规模大小，都有 5 个基本部分：物资、库房、管理机构、管理人员和服务对象。数据库是存储和管理数据并负责向用户提供所需数据的“机构”。就像仓库不能简单地与库房等同起来一样，也不能把数据库仅仅理解为存储数据的集合，而应视为一个系统，即数据库系统。

与仓库系统的情况相类似，数据库系统的情况也包括 5 个主要组成部分：数据库、运行环境、数据库管理系统、数据库系统管理员和用户，如图 8-4 所示。

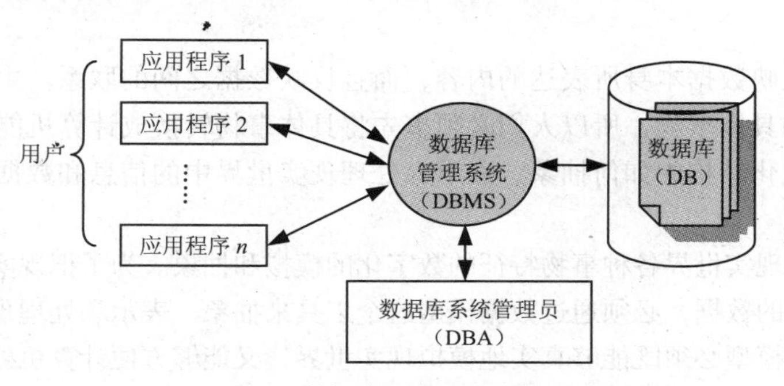

图 8-4 数据库系统组成示意图

4. 数据库系统的运行环境

在数据库系统中应有存放数据文件的大容量存储器，还有相应的输入设备、输出设备、中央处理机、系统软件等，它们构成了数据库系统的运行环境。由于数据库系统要处理大量的数据，所以它除了要求具有高速的CPU以外，对内存和外存容量的要求也比数值计算大得多。在为数据库系统选择运行环境时，要着重考虑I/O的速度和存储容量。对于分布式数据库系统或网络数据库系统，还需要考虑数据在网络上的传输速度。

一个数据库系统的硬件环境有多种实现方式。它可以是由一台大型机或小型机支持若干台终端存取其上的数据库，也可以是一台微机上的独立的数据库系统，或者是一批计算机（微机或服务器）通过网络互连，共享存放在数据库服务器上的数据库。

5. 数据库管理系统

数据库管理系统（Data Base Management System，DBMS）是指数据库系统中对数据库进行管理的软件系统，是数据库系统的核心组成部分。它负责数据库中数据的查找、更新、插入、删除等操作，并维护数据的一致性、完整性等管理任务。

DBMS实际上是数据库的一个专门的管理软件，即把所有的数据独立出来集中管理，按照数据本身的内在联系组织、存放和管理。它是实际存储的数据和用户之间的一个接口，负责处理用户（或应用程序）存取、操纵数据库的各种请求。用户（或应用程序）不能直接使用数据库，只能提出数据要求。

6. 数据库系统管理员

数据库系统管理员（Database Administrator，DBA）是指负责数据库的建立、使用和维护的专门人员。数据库管理员对程序语言和系统软件（如OS、DBMS等）要比较熟悉，还要了解各应用部门的所有业务工作。数据库管理员不一定只有一个人，它往往是一个工作小组。

7. 用户

用户是数据库系统的服务对象。一般而言，一个数据库系统有两类用户：应用程序员和终端用户。

应用程序员用高级程序设计语言和数据库语言编写使用数据库的应用程序，应用程序根据需要向DBMS发出适当的请求，由DBMS对数据库执行相应的操作。这类用户通常称为批处理用户。终端用户从联机终端或客户机上以交互方式向系统提出各种操作请求，使用数据库中的数据。终端用户给出的操作命令由DBMS响应执行。

8.2 数据模型

数据库不仅反映数据本身所表达的内容，而且反映数据之间的联系。由于计算机不能直接处理现实世界中的具体事物，所以人们必须事先将具体事物转换成计算机能够处理的数据。在数据库系统的形式化结构中如何抽象、表示、处理现实世界中的信息和数据呢？这就是数据库的数据模型。

数据模型是对现实世界各种事物特征的数字化的模拟和抽象。为了把现实世界的具体事物转换成计算机能处理的数据，必须通过数据模型这个工具来抽象、表示和处理现实世界中的信息和数据。所以，数据模型必须既能够真实地模拟现实世界，又能够方便计算机处理。

不同的数据模型实际上提供给我们模型化数据和信息的不同工具。根据模型应用的不同，可将模型分为两类，它们分别属于两个不同的层次，如图 8-5 所示。

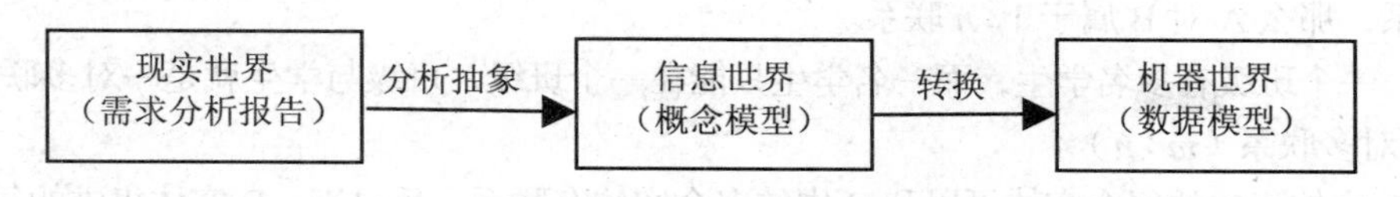

图 8-5　数据抽象或建模的基本过程

第一类模型是概念模型，也称信息模型。它是一种独立于计算机系统的数据模型，完全不涉及信息在计算机中的表示。概念模型是按用户的观点对数据和信息建模，是对现实世界的第一层抽象。它是用户和数据库设计人员之间进行交流的工具，语义表达应该简单、清晰、易于用户理解。这一类模型中最著名的是“实体-联系模型”或 E-R 图。

第二类模型是数据模型，主要包括网状模型、层次模型、关系模型等。它是按计算机系统的观点对数据建模，是直接面向数据库的逻辑结构，是对现实世界的第二层抽象。这类模型直接与 DNMS 有关，称为“逻辑数据模型”或“结构数据模型”。这一类模型中应用最广的是关系数据库中的关系表或二维表。

8.2.1　概念模型

概念模型是对信息世界的管理对象、属性及联系等信息的描述形式。它是现实世界到信息世界的第一层抽象，是数据库设计人员进行数据库设计的有力工具，也是数据库设计人员和用户之间进行交流的语言。概念模型不依赖计算机及 DBMS，它是现实世界的真实、全面反映。

1．基本概念

（1）实体（Entity）

实体是客观存在的并且可以相互区别的事物或对象。实体可以是具体的人、事、物，也可以是抽象的概念或联系。例如，具体的学生、教师、书本或汽车等，或抽象的一次选课、一次借书、一场音乐会等。

（2）属性（Property）

每个实体都具有一定的属性，属性用来描述实体的某些特定性质。例如，教师实体可由教师的姓名、年龄、地址、工资和工作单位等属性进行描述。对于特定的实体而言，每个属性都具有特定的值（Value）。描述每个实体的属性值是数据库存储的主要对象。

（3）联系（Relation）

实体之间的对应关系称为联系，它反映现实世界事物之间的相互关系。这些联系在信息世界中反映为实体内部的联系和实体之间的联系。实体内部的联系通常是指组成实体的各属性之间的联系，实体之间的联系通常是指不同实体之间的联系。

两个实体集之间的联系可归纳为以下 3 类：一对一联系、一对多联系、多对多联系。

① 一对一联系（1 : 1）

设 A、B 为两个实体集，若 A 中的每个实体至多和 B 中的一个实体有联系，反过来，B 中的每个实体至多和 A 中的一个实体有联系，则称 A 对 B 或 B 对 A 是 1 : 1 联系。

例如，在一个公司里面只有一个经理，而一个经理只能在一个公司里任职，则公司与经理之间具有一对一联系。

② 一对多联系（1 : n）

如果A实体集中的每个实体可以和B中的几个实体有联系，而B中的每个实体都和A中一个实体有联系，那么A对B属于1∶n联系。

例如：一个班级有多名学生，而一名学生只能在一个班级，班级与学生就是一对多联系。

③ 多对多联系（m∶n）

如果A实体集中的每个实体可以和B中的多个实体有联系，反过来，B实体集中的每个实体可以和A中的多个实体有联系，则称A对B或B对A是多对多联系。

例如，一名学生可以选修多门课程，一门课程可由多名学生选修，学生和课程间存在多对多联系。

2. 概念模型的表示

概念模型（Concept Model）是对信息世界建模，因此概念模型应能方便、准确地描述信息世界中的常用概念。概念模型的表示方法很多，其中广泛被采用的是Peter Chen博士于1976年提出的实体-联系法（Entity-Relationship Approach）。该方法用E-R图来描述现实世界的概念模型。

E-R图是直观表示概念模型的有力工具。在E-R图中，常用的图符如图8-6所示。

图8-6　E-R图的基本图符

（1）实体集，简称实体，用矩形框表示。

（2）属性，用椭圆框表示，框内写上属性名。

（3）联系，用菱形或三角形表示。

（4）各种图符之间的连线用直线表示。实体和属性之间用无箭头的直线连接。实体和实体之间的联系可以用无箭头或有箭头的直线来表示。

例如，某学生实体有学号、姓名、性别和院系属性，图8-7所示为学生实体的E-R图；课程实体有课程号、课程名、学分和学时属性，其学生和课程的E-R模型如图8-8所示。

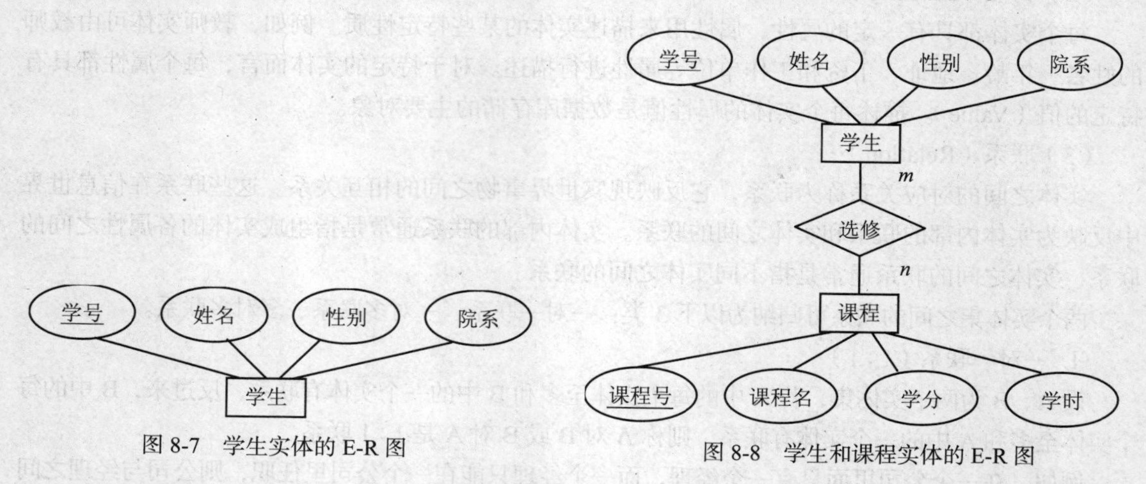

图8-7　学生实体的E-R图

图8-8　学生和课程实体的E-R图

E-R图用得最成功和最广泛的是作为数据库概念设计的数据模型。在E-R模型中，基本的建模结构是实体、联系和属性。实体联系数据模型用E-R模型图描述。它在软件工程和数据库设计过程中使用很普遍，是描述数据模型很方便的方法。

8.2.2 数据模型

数据模型（Data Model）是数据库系统的核心。它规范了数据库中数据的组织形式，表示了数据之间的联系。在建立和使用数据库时，数据库中数据结构的合理性直接影响着数据库的使用性能。

目前支持数据库系统的常用数据模型主要有以下几种。

（1）层次模型（Hierarchical Model）：描述数据之间的从属层次关系。

（2）网状模型（Network Model）：描述数据之间的多种从属的网状关系。

（3）关系模型（Relational Model）：以一个二维表来描述各类数据及其关系，这个表称为“关系表”。

层次模型和网状模型是早期数据库使用的数据模型，目前虽然还有一定的用户，但整体上应用非常少。关系模型具有简单灵活的特点。目前，众多的流行数据库管理系统软件大多使用关系模型。随着面向对象技术在软件开发中的日益普及，面向对象数据模型逐步发展，并吸引了部分数据库用户。

1. 层次模型

最简单的数据库模型是将实体排列成层次结构。在层次模型中，实体称为结点，层次结构中的顶部结点称为根结点，上层结点称为父结点，下层结点称为子结点。层次模型的数据库就像一棵倒置的树，也被称为树状模型，如图 8-9 所示。

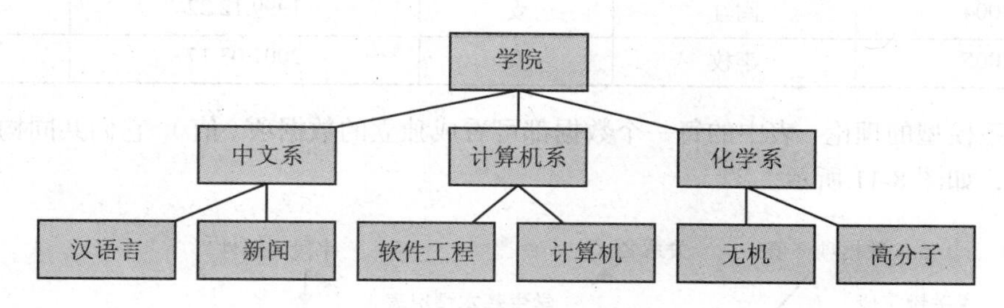

图 8-9　层次模型示意图

层次模型的特点是父结点可以有多于一个的子结点，而子结点只能有一个父结点。

层次模型对于数据之间的关系简单，并且数据访问可以预测时，层次数据库是很高效的。但对于有复杂关系，或者需要动态访问数据时，层次数据库的效率并不高。如果想增加一个记录类型或者定义一个新的关系，需要重新定义数据库并重新将它存储到一个新表中。

2. 网状模型

网状模型和层次模型很类似，是一种比较常见的模型。网状模型的特点是一个子结点可以有不止一个父结点，如图 8-10 所示。和层次数据库相比，网状模型可以提供更大的灵活性，这种数据库在数据库技术的发展史上有着极为重要的地位。但这种数据模型在概念上、结构上都较层次模型要复杂，操作上也有很多不便。

3. 关系模型

关系模型的发展较晚，20 世纪 70 年代初由 IBM 公司的 E.P.Codd 发表的论文中首先提出。关系模型是完全不同于前两种模型的一种新的模型。它的基础不是图而是表格，任何一个信息模型均可用二维表的形式表示出来。

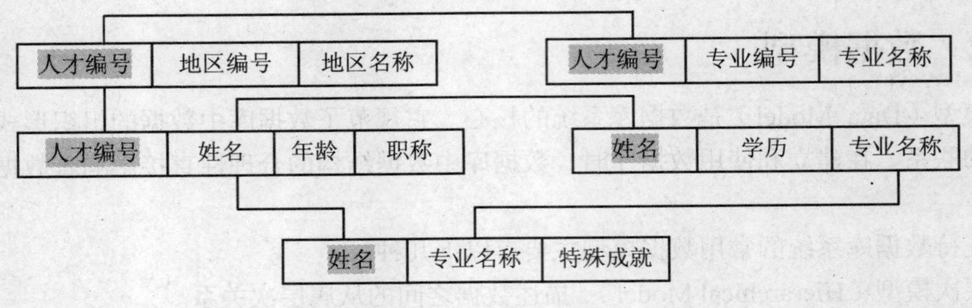

图 8-10　网状模型示意图

一个关系（Relational）可以理解为一个满足某些约束条件的二维表。用二维表表示实体及实体间的联系的数据模型就称为关系模型（Relational Model）。

表 8-1 所示为“学生基本情况表”。表中的这些数据虽然是平行的，不代表从属关系，但它们构成了某个班级学生的属性关系结构，即关系模型。

表 8-1　　学生基本情况表

学　　号	姓　　名	性　　别	出生日期	籍　贯
2007001	冯亮	男	2000.05.01	北京
2007002	张缘	女	2001.10.15	辽宁
2007003	张伟	男	2002.08.25	湖北
2007004	陶红	女	1999.12.22	海南
2007005	李枚	女	2001.03.17	江苏

依照关系模型的理论，表中的每一个数据都可看成独立的数据项（值），它们共同构成了关系的全部内容，如图 8-11 所示。

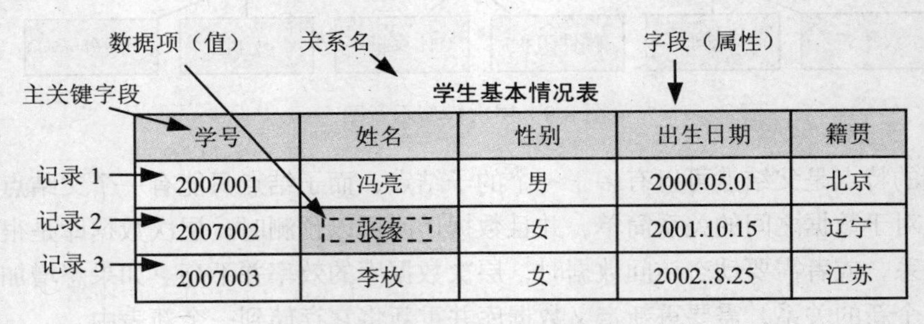

图 8-11　关系模型术语称谓

关系模型中常用的术语如下。

- 记录（Record）：表中的每一行，称为一个记录或一个元组。记录用来表示关系模型中若干平行的、相对独立的个体事物的多个属性。每一个记录由若干数据项组成。
- 字段（Field）或属性：表中的每一列，称为一个字段或一个属性。每一字段由若干按照某种界域划分的相同类型的数据项（值）组成。

一般在表中的第一行（表头）标识字段（属性）的名称，也称为字段名，它说明该字段名下的数据的属性。

- 主键（Primary Key）：即主关键字段，在关系中能唯一标识记录的最小属性集。

关系模型的主要特点如下。

（1）一个关系是一张二维表，不允许有相同的字段名，也不允许有相同的记录行。

（2）关系中的每一数据项不可再分，是最基本的单位。

（3）每一列字段是同属性的。列数根据需要而设，且各列的顺序是任意的。

（4）每一行记录由一个实体事物的多个字段值构成。记录的顺序可以是任意的。

4. 面向对象模型

20 世纪 80 年代面向对象技术兴起后，人们开始探索用对象模型来组织数据库。以对象模型组织的数据库叫面向对象数据库（Object Oriented Database）。对象（Object）封装了数据和操作，子对象继承父对象的数据和操作。如何封装、继承由类对象定义。每个实体对象在存储时只有各属性的数据，当向该实体对象发消息时，根据实体对象查出它的类对象，从中找出方法并检查无误后，以该实体对象的数据处理该消息。面向对象模型检索时也需要导航，面向对象模型数据库具有检索效率高、自然合理（与人类的思维最接近）等特性，是目前数据库技术发展的热点。

8.3 数据库系统的三级模式结构

目前世界上有大量的数据库系统正在运行，其类型和规模可能相差很大，但其体系结构却是大体相同的。一般都遵循美国国家标准协会（ANSI）于是 1987 年提出的一个有关数据库标准的报告，简称 SPARC 报告。该报告提出，数据库系统应具有三级模式的结构，即由外模式、逻辑模式和内模式三层构成，如图 8-12 所示。

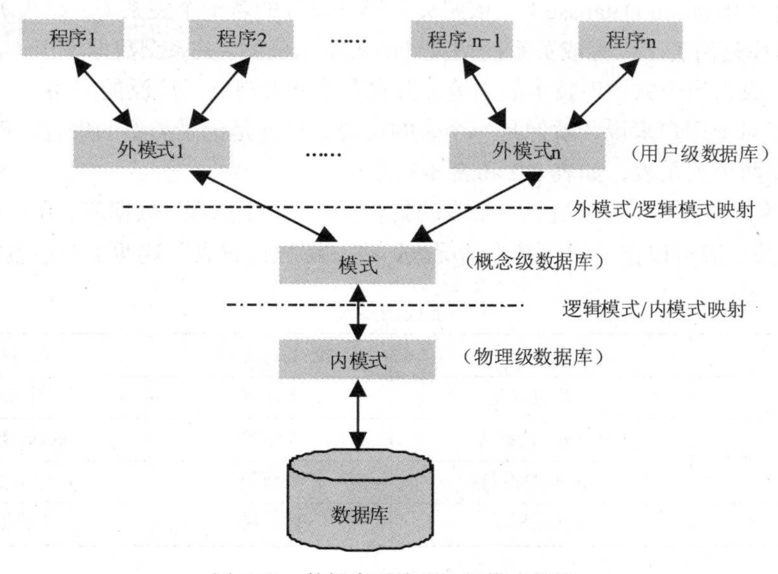

图 8-12 数据库系统的三级模式结构

具体地讲，数据库系统的三级模式的含义如下。

1. 内模式

内模式属物理级数据库，是数据物理结构和实际存储方式的描述。它是数据在数据库内部的表示方式。一个数据库只有一个内模式。

2. 逻辑模式

逻辑模式是概念级数据库，是数据库中全体数据的逻辑结构和特征的描述，是所有用户视图的最小并集。概念模式是数据库管理员看到和使用的数据库，是数据库的一个整体的抽象表示。其形式要比数据的物理存储方式抽象，既不涉及数据的物理存储细节和硬件环境，也与具体的应用程序、开发工具及高级程序设计语言（如 Visual Basic、PowerBuilder 等）无关。

3. 外模式

外模式也称子模式，属用户级数据库，是数据库用户能够看见和使用的数据库，又称用户视图。外模式的地位是介于逻辑模式与应用之间。

数据库系统的三级模式是对数据的 3 个抽象级别。它把数据的具体组织交给了 DBMS 管理，使用户能逻辑地、抽象地处理数据，而不必关心数据在计算机中的具体表示方式与存储方式。为了能够在内部实现这 3 个抽象层次的联系和转换，数据库管理系统在 3 个模式之间提供了两层映射，既外模式/逻辑模式映射和逻辑模式/内模式映射，如图 8-12 所示。对数据库的使用，要经过该二级映射实现从外模式到内模式的对应和转换。数据库中只有一个内模式，对应于同一个概念级模式可以有任意个外模式。

8.4 关系数据库的设计与应用

8.4.1 关系数据库的概念

关系数据库（Relation Database）是依照关系模型设计的若干个关系（二维表）的集合。也可以说，关系数据库是由若干个完成关系模型设计的关系组成的。关系型数据库由于其简单易用性、理论基础坚实而成为当今数据库技术的主流，并在各个领域得到了广泛的应用。

关系数据库对于用户来说，就像是一个表的集合，也就是记录类型的集合。例如，在表 8-1 的基础上再建立两个关系表，如表 8-2 和表 8-3 所示。

表 8-1、表 8-2 和表 8-3 可以组成一个表的集合，即“学生选课”数据库。在这个表的集合中，“学生选课表”关系表可以把“学生基本情况表”和“课程设置表”这两个关系表联系起来。

表 8-2　课程设置表

课程编号	课程名称	授课教师	教材名称
C120	计算机导论	张建平	计算机导论
C121	Access 数据库	周洁群	Access 数据库基础
C122	VB 程序设计	张海英	VB 程序设计基础
C123	数据结构	林　雁	数据结构

表 8-3　学生选课表

学号	课程编号	成绩	学号	课程编号	成绩
2007001	C120	85	2007003	C120	78
2007001	C121	75	2007003	C121	82
2007002	C121	81	2007004	C123	88
2007002	C120	80	2007004	C122	90

在关系数据库中，称一个“关系”（一张二维表）为一个数据表文件（简称表）。表是由数据及表结构组成的。一个关系数据库由若干个表组成，一个表又由若干个记录组成，而每一个记录由若干个以字段属性加以分类的数据项组成。

在关系数据库中，各表之间可以相互关联，表之间的这种联系是依靠每一个独立表内部的相同属性字段建立的。例如，“学号”字段可以把“学生基本情况表”和“学生选课表”这两个表联系起来，“课程编号”字段可以把“学生选课表”和“课程设置表”这两个表联系起来。

总体来说，关系数据库具有以下特点。

（1）以面向系统的观点组织数据，使数据具有最小的冗余度，支持复杂的数据结构。

（2）具有高度的数据和程序的独立性，用户的应用程序与数据的逻辑结构及数据的物理存储方式无关。

（3）由于数据具有共享性，使数据库中的数据能为多个用户服务。

（4）关系数据库允许多个用户同时访问，同时提供了各种控制功能，保证数据的安全性、完整性和并发性控制。在这里，安全性控制可防止未经允许的用户存取数据；完整性控制可保证数据的正确性、有效性和相容性；并发性控制可防止多用户并发访问数据时由于相互干扰而产生的数据不一致。

8.4.2　关系数据库的设计开发

数据库系统开发根据“以数据为中心”和“以处理为中心”可分为两类。前者以提供数据为目的，重点在数据采集、建库及数据库维护等工作；后者虽然也包含这些内容，但重点是使用数据，即进行查询、统计和打印报表等工作，其数据量比前者小得多。“以处理为中心”的数据库应用系统适用于一般企事业单位。本小节主要介绍这类系统的开发方法，其开发过程如图 8-13 所示。

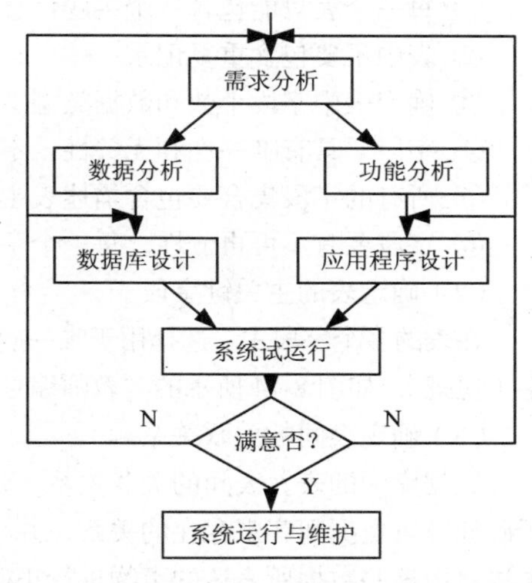

图 8-13　以“处理为中心”的数据库开发过程

1. 需求分析

系统需求包括对数据的需求和应用功能的需求两方面内容。图 8-13 中把前者称为数据分析，后者称为功能分析。数据分析的结果是归纳出系统应该包括的数据，以便进行数据库设计；功能分析的目的是为应用程序设计提供依据。进行需求分析时应该注意以下几点。

（1）确定需求必须建立在调查研究的基础上，包括访问用户、了解人工系统模型、采集和分析有关资料等工作。在开发之初所做的设计方案往往会对最终结果产生很大的影响。认真细致地规划能节省时间、精力和资金。

（2）需求分析阶段应该让最终用户更多地参与。即使进行了仔细分析，在系统实施过程中也会需要不断修改设计，为此需随时接受最终用户的反馈。

2. 数据库设计

在设计应用程序之前，应先组织数据。通过设置数据库来统一管理数据，既能增强数据的可靠性，也便于进行系统开发。

数据库设计过程包括以下步骤。

（1）建立数据库中的表

数据库中的表是数据库的基础数据来源。确定需要建立的表，是设计数据库的关键。表设计的好坏直接影响数据库其他对象的设计及使用，如图8-14所示。

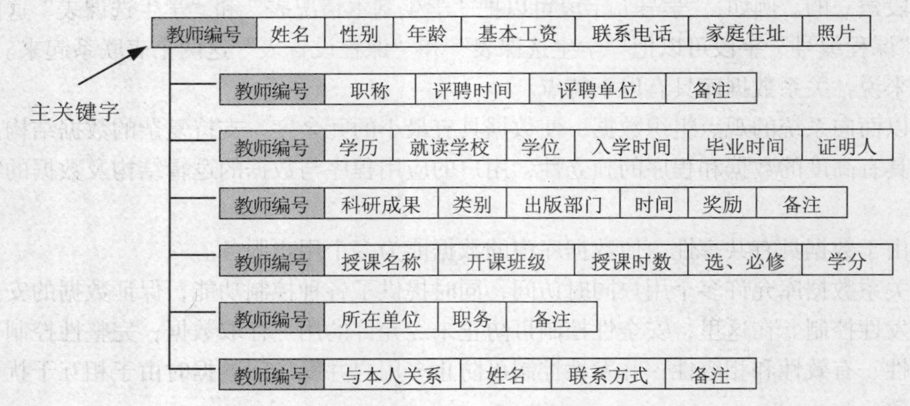

图8-14 某高校人才信息管理数据库

从图8-14中看到，设计能够满足需求的表，要考虑以下内容。

① 每一个表只能包含一个主题信息。

② 表中不要包含重复记录。

③ 确定表中字段个数和数据类型。

④ 字段要具有唯一性和无关性，不要包含重复字段和可以由其他字段推导而得到的字段。

⑤ 所有的字段集合要包含描述表主题的全部信息。

⑥ 字段要有不可再分性，每一个字段对应的数据项是最小的单位。

（2）确定表的主关键字段

在表的多个字段中，选择用于唯一确定每个记录的一个字段或一组字段，被确定为表的主关键字（主键），如图8-14所示的“教师编号”即为主键。主键便于连接和快速查询不同表中的信息。

（3）确定表间的关联关系

数据库中的表及表间的关联关系，是数据库中数据的组织与结构的体现。一个数据库若不能正确地尊重数据间客观存在的关系，并将其以相应的组织与结构表达出来，则这个数据库系统将无法对由这些数据所表达的事物进行正确的处理。因此，根据数据间客观存在的关系建立表间的关联关系是数据库设计中继建立表之后的一个重要环节。

3. 应用程序设计

在以处理为中心的应用系统中，应用程序设计和数据库设计这两方面的需求是相互制约的。具体地说，应用程序设计时将受到数据库当前结构的约束；而在设计数据库的时候，也必须考虑为实现应用程序数据处理功能的需要。这方面包括设计查询、报表和窗体等数据库对象。

应用程序最好能加密，并且能在Windows环境中独立运行，这就需要将应用程序“打包”为“.exe”可执行程序，并进行应用程序发布。

4. 软件测试

数据库设计和应用程序设计这两项工作完成后，系统应投入试运行，即把数据库连同有关的应用程序一起装入计算机，从而考察它们在各种应用中能否达到预定的功能和性能需求。若不能满足要求，还需返回前面的步骤再次进行需求分析或修改设计。

试运行阶段一般只装入少量数据，待确认没有重大问题后再正式装入大批数据，以免导致较大的返工。

5. 系统运行与维护

试运行的结束标志着系统开发的基本完成，但是只要系统还在使用，就可能经常需要调整和修改，主要包括纠正错误和系统升级改进等。

8.4.3 常用关系数据库系统简介

目前，关系数据库的种类繁多，大型的数据库系统有 Oracle、Informix、Sybase、SQL Server、DB2 等，小型的有 Visual FoxPro、Access 等。它们各有所长，能分别满足不同层次的需要：Oracle 以稳定性著称；Informix 因先进性闻名，它们适合建立工程、企业等大型数据库；而 Visual FoxPro 简单快速；Access 小巧便捷，能很好地为家庭及中小型数据库服务。在众多的数据库系统中，有几个数据库系统已成为应用最广泛、市场最流行的数据库平台。

1. SQL Server

SQL Server 是美国 Microsoft 公司推出的一种关系型数据库系统。它是一个可扩展的、高性能的、为分布式客户机/服务器计算所设计的数据库管理系统，实现了与 Windows 的有机结合，提供了基于事务的企业级信息管理系统方案。SQL Server 简单易学，操作简便，具有很高的性价比和最高的市场占有率。

2. Oracle

Oracle 是美国 Oracle 公司研制的一种大型关系型数据库管理系统，是一个协调服务器和用于支持任务决定型应用程序的开放型关系数据库管理系统。它可以支持多种不同的硬件和操作系统平台，从台式机到大型和超级计算机，为各种硬件结构提供高度的可伸缩性，支持对称多处理器、群集多处理器、大规模处理器等，并提供广泛的国际语言支持。Oracle 主要用于高端企业级领域应用。

3. Informix

Informix 是美国 Informix Software 公司研制的关系型数据库管理系统。Informix 有 Informix-SE 和 Informix-Online 两种版本。Informix-SE 适用于 UNIX 和 Windows 平台，是为中小规模的应用而设计的；Informix-Online 在 UNIX 操作系统下运行，可以提供多线程服务器，支持对称多处理器，适用于大型应用。

4. Sybase

Sybase 是美国 Sybase 公司研制的一种关系型数据库系统，是一种典型的 UNIX 或 Windows 平台上客户机/服务器环境下的大型数据库系统。Sybase 提供了一套应用程序编程接口和库，可以与非 Sybase 数据源及服务器集成，允许在多个数据库之间复制数据，适于创建多层应用。

5. Visual FoxPro

Visual FoxPro 最初由美国 Fox 公司于 1988 年推出。1992 年 Fox 公司被 Microsoft 公司收购后，相继推出了 FoxPro2.5/2.6 和 Visual FoxPro 等版本，其功能和性能有了较大的提高。它是运行速度最快的数据库管理系统。它能够简化用户数据库管理，使得数据的组织、定义数据库规则和创建应用程序等工作更加简单便捷，并且易学易懂。

6. Access

Access 是美国 Microsoft 公司于 1994 年推出的微机数据库管理系统。它具有界面友好、易学易用、开发简单、接口灵活等特点，可以用来开发小型的数据库系统。它是典型的新一代桌面数据库管理系统。

8.4.4 桌面数据库 Access

1. Access 简介

Access 是基于 Windows 的桌面关系数据库管理系统，是随 Microsoft Office 办公软件一起发行的软件。Access 主要适用于中小型应用系统，或作为客户机/服务器系统中的客户端数据库。

它的强大功能为建立功能完善的数据库管理系统提供了方便，也使得普通用户不必编写代码，就可以完成大部分数据管理的任务。其主要特点如下。

（1）Access 是一个可视化工具，界面友好、易操作；作为 Office 套件的一部分，可以与 Office 集成，实现无缝连接。

（2）Access 基于 Windows 操作系统下的集成开发环境，该环境集成了各种向导和生成器工具，极大地提高了开发人员的工作效率，使得建立数据库、创建表、设计用户界面、设计数据查询、报表打印等可以方便有序地进行。

（3）完善地管理各种数据库对象，具有强大的数据组织、用户管理、安全检查等功能。

（4）Access 的一个数据库文件中包含了此数据库中的全部内容，包括所有的表、数据、由数据表产生的查询对象、报表、窗体等。

（5）能够利用 Web 检索和发布数据，实现与 Internet 的连接。

2. Access 应用实例

这里以表 8-1 所示的“学生基本情况”表、表 8-2 所示的“课程设置”表和表 8-3 所示的“学生选课”表为素材，使用 Access 创建一个小型的“学生选课.mdb”数据库。

（1）创建“学生选课.mdb”数据库

Access 数据库文件包含了该数据库中的全部数据表、查询、窗体、报表等相关内容，因此用户需要首先建立自己的数据库，然后创建相关的表、查询等其他对象，把它们放在同一个数据库文件中。

创建空数据库的操作步骤如下。

① 启动 Access 后，弹出“Microsoft Access”窗口，如图 8-15 所示；单击窗口右边“新建文件”窗格中的“空数据库”项，弹出“文件新建数据库”对话框，如图 8-16 所示；在此指定新建数据库的存放位置和文件名（学生选课）。

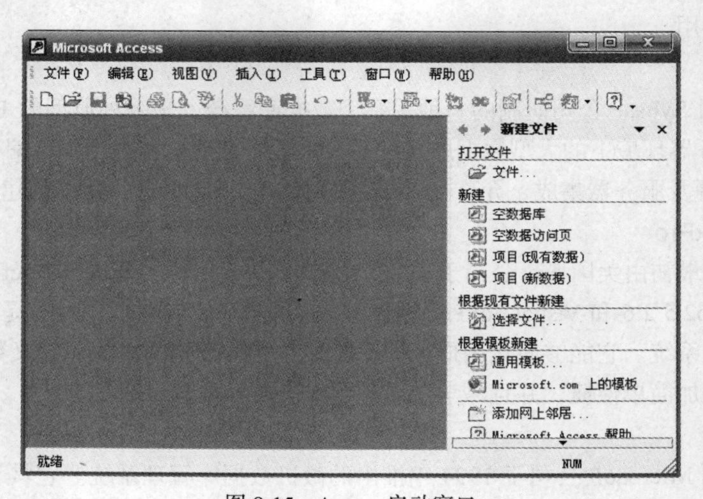

图 8-15 Access 启动窗口

图 8-16　“文件新建数据库”对话框

② 单击“创建”按钮，完成一个新数据库，即“学生选课.mdb”数据库的建立，如图 8-17 所示。

（2）创建数据表

在“学生选课.mdb”数据库中，创建 3 个数据表并录入相关的数据。

表是数据库的基础和核心。它保存数据库的基本数据信息，并且是其他对象的数据来源。创建表的基本操作步骤如下。

① 在“学生选课：数据库”窗口中，选择“对象”栏中的“表”组件选项，单击“新建”按钮，弹出“新建表”对话框，如图 8-18 所示。在此对话框中选择“设计视图”项，单击“确定”按钮后，进入“定义表结构”对话框，如图 8-19 所示。

② 在“字段名称”列中输入各字段的名称；移动鼠标指针到“数据类型”列，选择字段的数据类型。

③ 在窗口下部指定字段的属性，主要包括如下几项。

- 字段大小：限定文本字段的长度和数字型数据的类型。
- 格式：控制数据显示或打印的格式。
- 输入掩码：指定所输入数据的有效性标志。

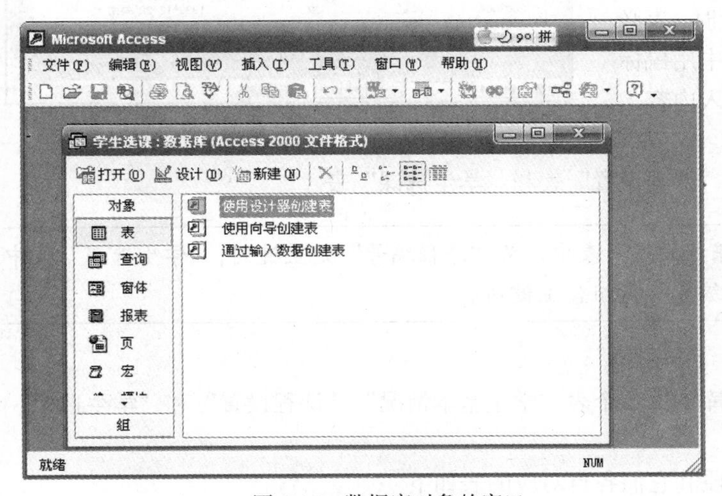

图 8-17　数据库对象的窗口

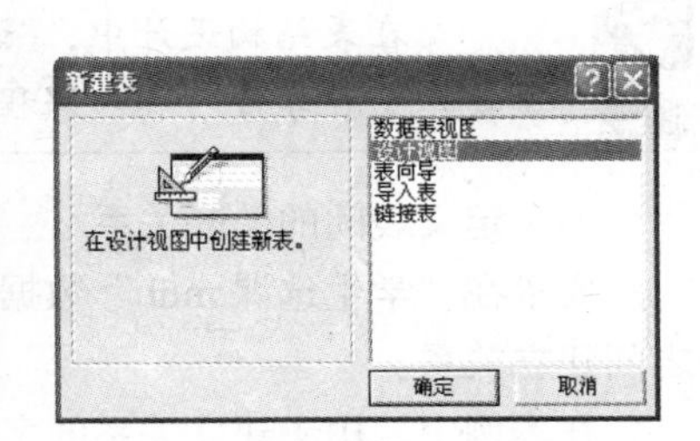

图 8-18　“新建表”对话框

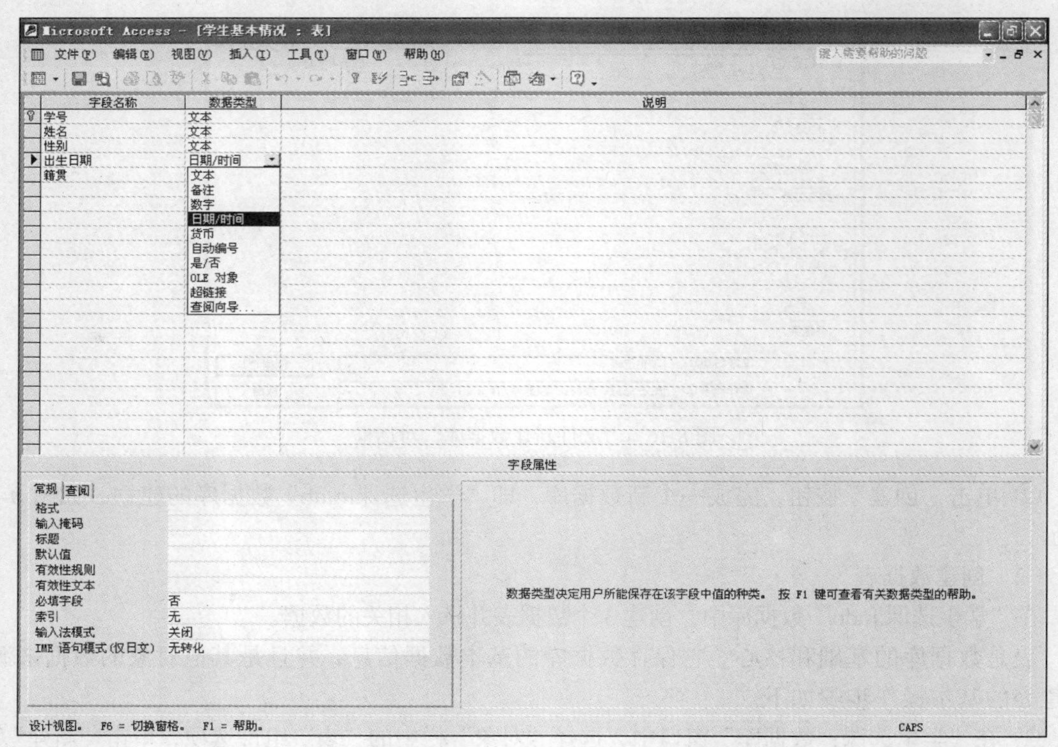

图 8-19　“定义表结构”对话框

- 标题：用于在窗体和报表中取代字段名称。
- 默认值：添加新记录时自动加入到字段中的值。
- 有效性规则：根据表达式或宏建立的规则来确认数据。

④ 定义表的主键。定义各字段的名称和数据类型等属性后，可以继续定义表的主键。首先选中表中的“学号”主键列，然后单击工具栏上的“主键”图标，定义完成后保存表，取名为“学生基本情况”。

⑤ 添加数据。向表中添加记录时，表必须处于打开状态，即在数据表列表中用鼠标双击“学生基本情况”表，然后输入内容，如图 8-20 所示。

学生基本情况 : 表

学号	姓名	性别	出生日期	籍贯
2007001	冯亮	男	2000-5-1	北京
2007002	张缘	女	2001-10-15	辽宁
2007003	张伟	男	2002-8-25	湖北
2007004	陶红	女	1999-12-22	海南
2007005	李枚	女	2001-3-17	江苏

记录：6 共有记录数：6

图 8-20　“学生基本情况：表”窗口

用类似的方法，可以分别创建“课程设置”表和“学生选课”表。

在表结构设计中，“课程设置”表中定义“课程编号”是主键列；“学生选课”表中要定义“学号”和“课程编号”是组合主键列。

（3）定义表间的关联关系

要求在“学生选课.mdb”数据库中的 3 个表“学生基本情况”、“课程设置”和“学生选课”之间建立关系。

在本例中，用于建立关系的字段和它们各自对应的表如下。

通过“学号”字段，建立“学生基本情况”表和“学生选课”表的一对多的关系；

通过“课程编号”字段，建立“课程设置”表和“学生选课”表的一对多的关系。

单击主窗口工具栏上的“关系”图标，弹出如图 8-21 所示的窗口。在此窗口中选择要建立关系的表，单击“添加”按钮，全部表添加完成后单击“关闭”按钮，显示出如图 8-22 所示的“关系”窗口。

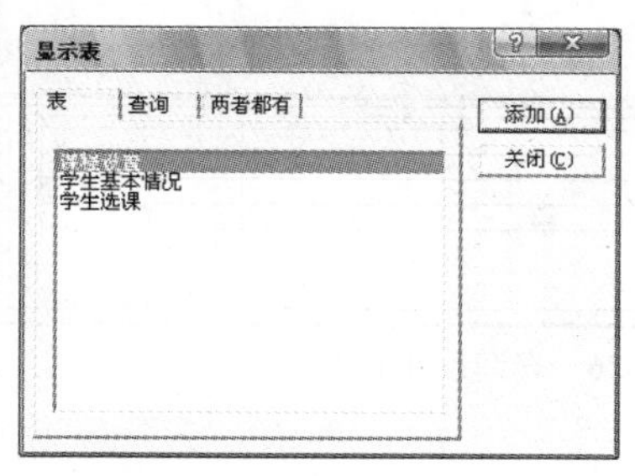

图 8-21　“显示表”窗口

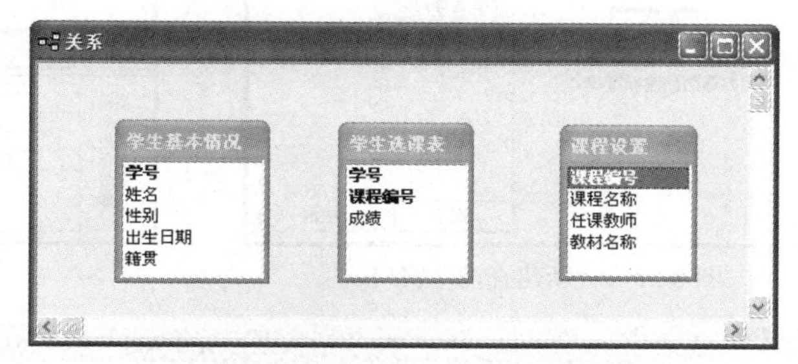

图 8-22　选择好定义表的“关系”窗口

在图 8-22 所示的“关系”窗口中，用鼠标选中“学生基本情况”表中的“学号”字段，将其拖动到“学生选课”表上的“学号”字段上，并释放鼠标左键，系统会弹出“编辑关系”窗口，如图 8-23 所示，单击“创建”按钮创建此关系并回到“关系”窗口。

用类似方法通过拖动“课程编号”字段，创建“学生选课”表和“课程设置”表的关联关系。此时在此窗口中就用连线显示出建立的表间的关联关系，如图 8-24 所示。

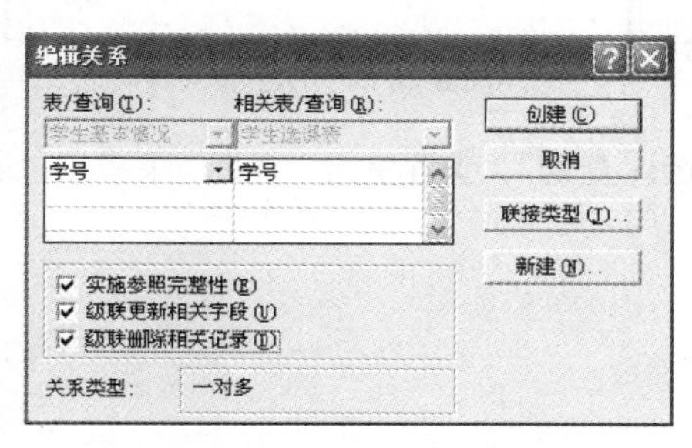

图 8-23　“编辑关系”窗口

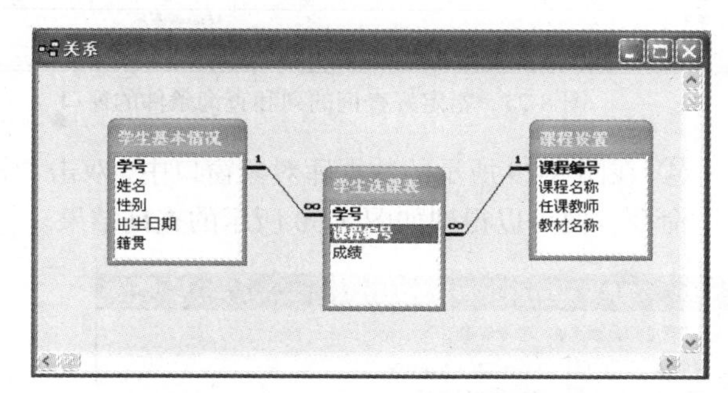

图 8-24　建立好表间关系的“关系”窗口

（4）创建查询

所谓“查询”，是指根据用户指定的一个或多个条件，在数据库中查找满足条件的记录，并将其作为文件存储起来。例如，我们查询有哪些学生选修了“Access 数据库”课程、任课教师姓名、成绩等。

① 在图 8-17 所示的数据库对象窗口中，选择“对象”栏中的“查询”组件选项，然后单击“新建”按钮，弹出如图 8-25 所示的窗口；在此窗口中选择“设计视图”项，然后单击“确定”按钮，弹出与图 8-21 相类似的窗口；在此窗口中选择查询中所涉及的表，即“学生基本情况”表、“课程设置”表和“学生选课”表，单击“添加”按钮，然后单击“关闭”按钮，进入如图 8-26 所示的查询窗口。

② 在图 8-26 所示的窗口的“字段”列表框中，双击各个表中的字段，选择要查询的字段，这里我们选择查询学生的学号、姓名、性别、课程名称和成绩字段；在“条件”部分指定数据的筛选条件，在“课程名称”列和“条件”行相交的单元格中输入“Access 数据库”，如图 8-27 所示。

③ 关闭图 8-27 所示的窗口，弹出如图 8-28 所示的“另存为”对话框，命名并保存该查询文件。

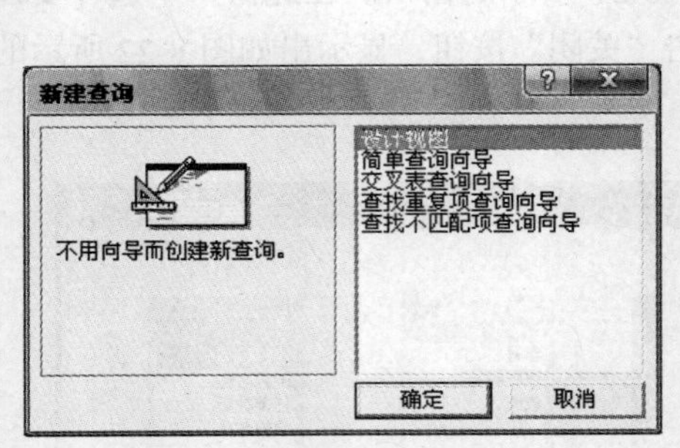

图 8-25 “新建查询”窗口

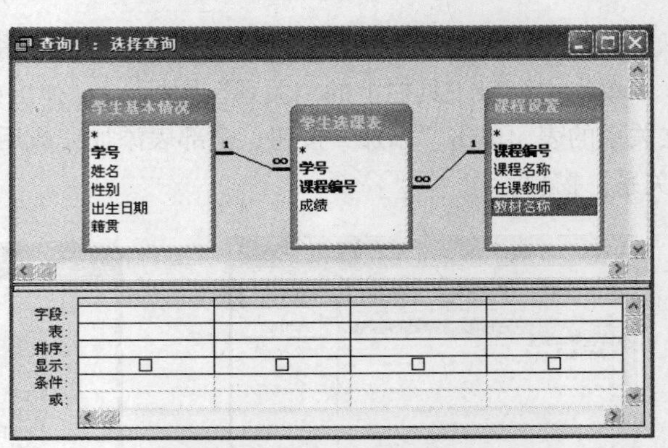

图 8-26 查询条件的窗口

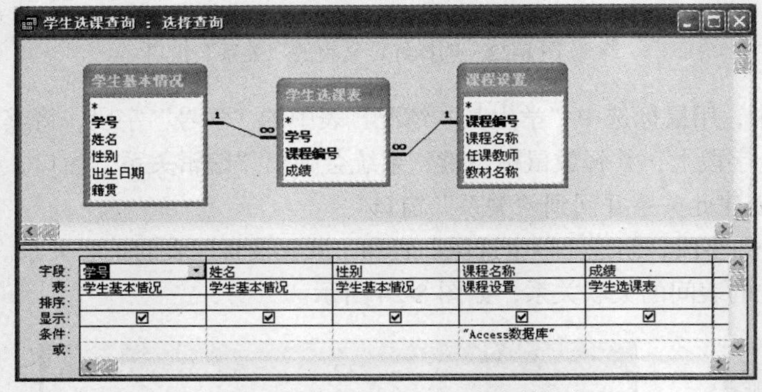

图 8-27 指定好查询的列和查询条件的窗口

图 8-28 “另存为”对话框

④ 在图 8-29 所示的数据库对象窗口中，双击“学生选课查询”，或者单击“查询”菜单中“运行”命令，便可以得到如图 8-30 所示的查询结果。

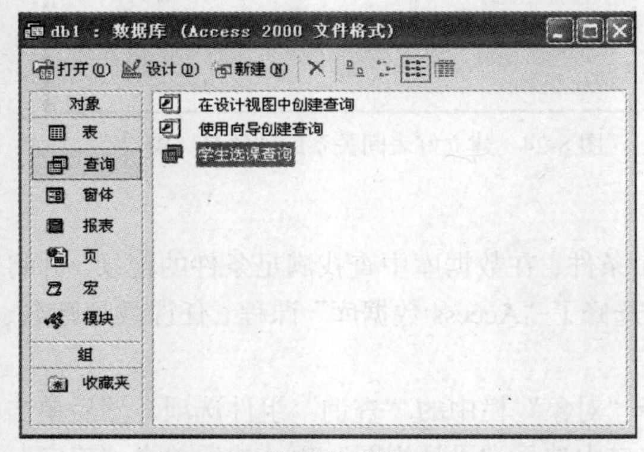

图 8-29 数据库对象的窗口

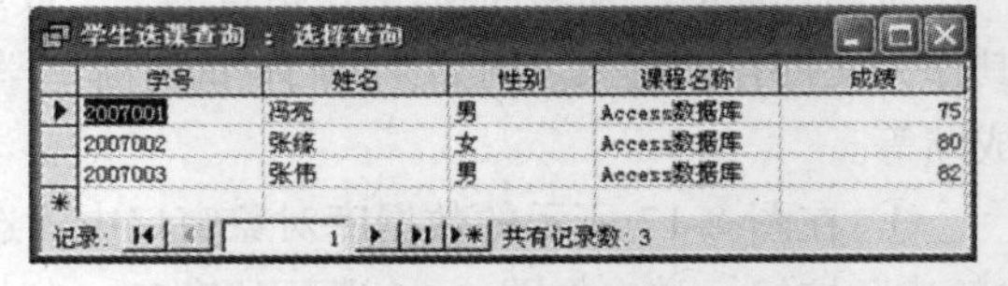

图 8-30 查询结果

定义好查询后，可单击工具栏上的“保存”图标，将所建查询文件保存起来。

8.4.5 SQL 简介

SQL（Structured Query Language）即结构化查询语言。它是一种关系数据库语言，是 IBM 公司在 20 世纪 70 年代开发的关系数据库原型 System R 的一部分。它功能丰富，不仅具有数据定义、数据控制功能，还有着强大的查询功能，而且语言简洁，容易学习，容易使用。现在 SQL 已经成为关系数据库通用的查询语言，1986 年由美国国家标准局（ANSI）及国际标准化组织（ISO）公布作为关系数据库的标准语言。几乎所有的关系数据库系统都支持它。

SQL Server 2000 是 Microsoft 公司在 2000 年推出的 SQL Server 数据库管理系统。

1. SQL 的特点

（1）SQL 是一种结构化语言，提供数据的定义、查询、更新和控制等功能，功能强大，能够完成各种数据库操作。

（2）SQL 可以直接以命令方式交互使用，也可以嵌入到程序设计语言中以程序方式使用。此外，尽管 SQL 的使用方式不同，但 SQL 的语法基本是一致的。

（3）SQL 还具有高度的非过程化，在对数据库进行操作时只需指明做什么而无须说明怎么做，大大减轻了用户负担，并且有利于提高数据的独立性。

（4）SQL 非常简洁。虽然 SQL 功能很强，但它只有为数不多的几条指令。另外，SQL 也非常简单，它很接近英语自然语言，因此容易学习和掌握。

2. SQL 的基本语句

SQL 提供了以下基本语句，分别完成数据定义、数据操作、数据查询和数据控制功能，如表 8-4 所示。

表 8-4 SQL 的基本语句

SQL 功能	语　句	SQL 功能	语　句
数据定义	CREATE、DROP、ALTER	数据查询	SELECT
数据操作	INSERT、UPDATE、DELETE	数据控制	GRANT、REVOKE

为了增强查询功能，SQL 提供了许多库函数，如表 8-5 所示。

表 8-5 SQL 的库函数

函　数	功　能	函　数	功　能
COUNT（*）	统计查询结果中的记录个数	MIN（<列名>）	计算查询结果中一个列上的最小值
COUNT（<列名>）	统计查询结果中一个列上值的个数	SUM（<列名>）	计算查询结果中一个数值列上的总和
MAX（<列名>）	计算查询结果中一个列上的最大值	AVG（<列名>）	计算查询结果中一个数值列上的平均值

3. SQL 数据查询

SQL 数据查询是 SQL 中最重要、最丰富也是最灵活的内容。建立数据库的目的就是为了查询数据。关系代数的运算在关系数据库中主要由 SQL 数据查询来体现。SQL 提供 SELECT 语句进行数据库的查询。SQL 数据查询的一般格式为：

```
SELECT [ALL | DISTINCT] <目标列名序列>
FROM <表或视图>
[WHERE <条件表达式>]
[GROUP  BY <列名 1>] [HAVING  <条件表达式>]
[ORDER  BY <列名 2>] [ASC | DESC]
```

一般格式的含义是：从 FROM 子句指定的关系（表或视图）中，取出满足 WHERE 子句条件的记录，最后按 SELECT 的查询项形成结果表。若有 ORDER BY 子句，则结果按指定的列的次序排列。若有 GROUP BY 子句，则将指定的列中相同值的记录都分在一组；并且若有 HAVING 子句，则将分组结果中去掉不满足 HAVING 条件的记录。

由于 SELECT 语句的成分多样，可以组合成非常复杂的查询语句。下面将通过例子来介绍 SELECT 语句的基本功能。表 8-6 所示为“职工基本情况表”。

表 8-6 职工基本情况表

编号	姓名	性别	出生日期	工资	党员
0001	吴志威	男	1967.08.12	2 500	是
0002	周洁群	女	1963.03.08	3 000	否
0003	秦海捷	男	1970.12.28	2 200	否
0004	张建平	男	1963.05.18	3 000	否
0005	张一欣	男	1956.02.22	3 500	是
0006	张海瑛	女	1969.11.08	2 500	是
0007	罗刚	男	1968.10.06	2 500	否

【例 8.1】在“职工基本情况表”中查询所有职工的基本情况。

SELECT * FROM 职工

【例 8.2】在“职工基本情况表”中查询所有职工的姓名和性别。

SELECT 姓名，性别 FROM 职工

【例 8.3】在“职工基本情况表”中查询工资在 3 000 以上的职工的姓名和工资。

SELECT 姓名，工资 FROM 职工 WHERE 工资>=3 000

【例 8.4】在“职工基本情况表”中查询所有职工工资的总额。

SELECT SUM（工资）AS 总额 FROM 职工

【例 8.5】查询“职工基本情况表”中所有职工的编号、姓名、性别和工资，并按工资升序排序。

SELECT 编号，姓名，性别，工资 FROM 职工 OEDRE BY 工资

【例 8.6】查询“职工基本情况表”中男职工和女职工的平均工资。

SELECT AVG（工资） AS 平均工资 FROM 职工 GROUP BY 性别

4. SQL 数据操纵

数据操纵指的是对数据的插入、删除和修改操作。

下面我们分别介绍这些操作的实现语句。

（1）插入数据

SQL 中数据插入使用 INSERT 语句。其基本语法格式为：

INSERT INTO <表名> [(<列名表>)] VALUES（<值列表>）

功能：插入一个符合表结构的数据行，将“值列表”数据按表中列定义顺序（<列名表>中定义的顺序）赋给对应的列名。

【例 8.7】在“职工”表插入一条记录，记录的具体内容为“0008，张怀成，男，1972.12.05，3 200，否”。

INSERT INTO 职工 VALUES（"0008"，" 张怀成"，"男"，{1972-12-05}，3 200，"否"）

（2）更新数据

当用 INSERT 语句向表中添加了记录以后，如果某些数据发生了变化，那么就需要对表中已有的数据进行修改，可以使用 UPDATE 语句对数据进行修改。其语法格式为：

UPDATE <表名> SET <列名> = <表达式> [，<列名> = <表达式>]…
[WHERE <更新条件>]

【例 8.8】 将“职工基本情况表”中所有职工工资增加 100 元。

UPDATE 职工 SET 工资=工资+100

【例 8.9】 将编号为“0005”的职工工资改为 4 000 元。

UPDATE 职工 SET 工资=4 000 WHERE 编号="0005"

（3）删除数据

当确定不再需要某些记录时，就可以用删除语句 DELETE 将这些记录删除。DELETE 语句格式为：

DELETE FROM <表名> [WHERE <条件>]

【例 8.10】 删除职工工资小于 2 500 元的记录。

DELETE 职工 WHERE 工资<=2 500

8.5 数据库技术的发展和应用

8.5.1 数据库技术的发展

数据库技术最初产生于 20 世纪 60 年代中期，因其发展速度快、应用范围广而成为现代信息技术的重要组成部分。根据数据模型的发展，数据库技术可以划分为 3 代。

1. 第一代：网状、层次数据库系统

20 世纪 70 年代最早研制的是网状数据库系统。网状数据模型对于层次和非层次结构的事物都有比较自然的模拟。在数据库的发展史上，网状数据库占有重要地位。

层次数据库是紧随网状数据库而出现的。现实世界中许多事物是按层次组织起来的。层次模型的提出，是为了模拟这种按层次组织起来的事物。最著名的层次数据库管理系统是 1969 年 IBM 公司研制的 IMS（Information Management System），迄今为止已经发展到 IMS 9。这种具有近 40 年历史的数据库管理系统在如今的 Web 应用中扮演着新的角色。

2. 第二代：关系数据库系统

第二代数据库的主要特征是支持关系数据模型。1970 年，IBM 公司发表了题为“大型共享数据库数据的关系模型”的论文，提出了关系数据模型，开创了关系数据库方法和关系数据库理论，为关系数据库技术奠定了理论基础。它的最大优点是：

① 使用了非过程化的数据库语言 SQL；

② 具有很好的形式化理论基础，高度的数据独立性；

③ 使用方便，二维表格可直接处理多对多的关系。

20 世纪 80 年代是关系数据库发展和应用最广泛的时期。到目前为至，数据库技术的发展与应用绝大多数以关系数据库为基础。

目前最典型的关系数据库管理系统有 SQL Server、Oracle、DB2、MySql 等。

3. 第三代：以面向对象模型为主要特征的数据库系统

从 20 世纪 80 年代以来，数据库技术在商业上的巨大成功刺激了其他领域对数据库技术需求的迅速增长。这些新的领域为数据库应用开辟了新的天地，并在应用中提出了一些新的数据管理的需求，推动了数据库技术的研究与发展。随着新的应用领域的要求，在 20 世纪 80 年代后期出现了支持面向对象数据模型的面向对象数据库管理系统 OODBMS。

OODBMS 是在关系模型数据库基础上扩充复杂的数据类型和操作而产生的。主要的扩充包括增加描述非文本、非结构化数据的对象类和相应的对象操作支持功能，使数据库系统可以满足跨平台和不同媒体对象的应用，特别是支持 Web 数据库应用。

8.5.2 新的数据库技术

数据库技术在商业领域的巨大成功，促进了数据库应用领域的迅速扩展。数据库技术在不断提高的应用需求的驱动下，在与网络、通信、人工智能、面向对象程序设计和并行计算等技术的相互渗透、互相结合中不断发展，形成了一些新型的数据库系统及新的应用技术，包括分布式数据库、面向对象数据库、多媒体数据库、并行数据库、空间数据库、Web 数据库等。

1. 分布式数据库

物理上分散在不同地方、通过网络互连，逻辑上可以看作一个整体的数据库，称为分布式数据库。分布式数据库是数据库技术与网络技术相结合的产物，是数据库领域的重要分支。

分布式数据库系统强调数据在地理位置上的分布性，即数据分布存储在网络中不同的计算机（结点）上，各结点自成系统，具有高度的自治性，同时，网络中各结点上数据库系统之间又具有较强的协作性。对数据库的使用者来说，一个分布式数据库系统在逻辑上就如同一个集中式数据库系统，用户可以在任何一个节点执行全局应用或局部应用。分布式数据库在拥有各节点系统间的协同性特点的同时，将集中式数据库系统的数据独立性、数据共享和减少冗余度、并发控制、完整性、安全性及恢复性等许多技术和概念进行了推进和发展，具有了许多新的、更加丰富的内容。

分布式数据库系统的优点可归纳为以下几点。

① 更适合分布式的管理与控制。

② 具有灵活的体系结构。

③ 系统经济，可靠性高，可用性好。

④ 在一定条件下（若数据存储在本地数据库中）响应速度快。

⑤ 可扩展性好，易于集成现有系统，也易于扩充。

分布式数据库系统的缺点可归纳如下。

① 通信开销较大，故障率高。

② 数据的存取结构复杂。

③ 数据的安全性和保密性较难控制。

④ 分布式数据库的设计、结点划分及数据在不同结点的分配比较复杂。

2. 面向对象数据库

面向对象程序设计方法在计算机科学的各个领域都产生了深远的影响，同样也给数据库技术带来了新的发展机会和希望。当人们把面向对象技术与数据库技术进行科学的结合时，发现能有效地支持新一代数据库应用，因而，对面向对象数据库系统的研究开始蓬勃发展，吸引了一大批数据库工作者，并获得了大量研究成果，开发了很多面向对象的数据库管理系统，并不断努力将其推向实用化和市场化。

面向对象数据模型和面向对象数据库的研究是沿着以下 3 个方面展开的，因此形成了 3 类不同的面向对象数据库。

① 以关系数据库和 SQL 为基础的扩展关系模型。

② 以面向对象的程序设计语言为基础，研究持久的程序设计语言，支持面向对象模型。

③ 建立新的面向对象数据库系统，支持面向对象模型。

3. 多媒体数据库

媒体是信息的载体，多媒体是多种媒体，如数字、文本、图形、图像和声音的有机集成。其中，数字、字符称为格式化数据，文本、图形、图像、声音和视频等称为非格式化数据。非格式化数据具有数据量大、处理复杂等特点。

多媒体数据库是数据库技术与多媒体技术相结合的产物。多媒体数据库提供了一系列功能用来存储图像、声音和视频对象类型，实现对格式化和非格式化数据的存储、管理和查询。多媒体数据库的主要特征如下。

① 应能够表示多媒体的数据。非格式化数据表示起来比较复杂，需要根据多媒体系统的特点来决定表示方法。

② 应能够协调处理各种媒体数据，正确识别各种媒体数据之间在空间或时间上的关联。

③ 应提供比传统数据管理系统更强的、适合非格式化数据查询和搜索的功能。

4. 并行数据库

并行数据库系统是新一代高性能的数据库系统，致力于开发数据操作的时间并行性和空间并行性，充分发挥并行计算机的优势，利用网络系统中各个处理机结点并行地完成数据库任务，提高数据库系统的整体性能。20 世纪 90 年代以后，存储技术、网络技术、微机技术及通用并行计算机硬件的快速发展，为并行数据库技术奠定了基础。基于关系模型和基于对象模型的并行数据库是两个不同的重要研究方向。

5. 空间数据库

空间数据库是用于表示空间物体的位置、形状、大小和分布特征等方面信息的数据，适用于描述所有二维、三维和多维分布的关于区域的现象和问题。空间数据不仅包括物体本身的空间位置及状态信息，还包括表示物体的空间关系的信息。空间数据的属性数据是空间物体性质的描述。空间数据库系统是描述、存储和处理空间数据及其属性数据的数据库系统。它是随着地理信息系统的开发和应用而发展起来的数据库新技术，大多数以地理信息系统为基础和核心。

6. Web 数据库

随着 WWW 的迅速发展，WWW 上可用数据源的数量也在迅速增长，使人们可以通过网络获得大量信息。人们正试图把 WWW 上的数据源集成为一个完整的 Web 数据库，使这些数据资源得到充分利用。Web 数据库是大势所趋，它是数据库技术与 Web 技术相融合的必然产物。

Web 技术和数据库的结合源于两者各自的优势和缺陷。Web 上的数据的特点是数量大，类型多，但组织管理明显不足；数据库系统的数据组织管理成熟，但数据有限而且不够灵活。尽管 Web 数据库是刚发展起来的新兴领域，其中许多相关问题仍然有待解决，但 Web 技术和数据库相结合是数据库技术发展的方向之一。

*8.5.3　数据仓库与数据挖掘

1. 数据仓库

数据仓库技术是近年来信息领域中迅速发展起来的数据库新技术。其目的是能够更好地存储和处理大规模数据，并能够从这些数据中提取出有用的信息，以供企业更好地决策。数据仓库技术是从数据库技术发展而来的，是面向主题的、集成的、稳定的和随时间变化的数据集合。数据仓库具有以下两个主要功能。

① 从各信息源提取需要的数据，加工处理后，存储到数据仓库。

② 直接在数据仓库上处理用户的查询和决策分析请求，尽量避免访问信息源。

数据仓库于20世纪80年代中期提出。它一经提出，就受到了广大的数据库用户、DBMS厂商和学术界的重视。在20世纪90年代，数据仓库技术已从探索走向实用阶段，数据仓库系统的产品也纷纷出现，如Oracle公司的Oracle Discover和Oracle Express，Sybase公司的决策支持服务器Sybase IQ，Informix公司的OLAP产品MetaCube，IBM公司的Data Warehouse Plus。这些系统在实际应用中起到了很好的作用。

建立数据仓库的具体步骤如下。

① 确定用户的需要，为数据仓库中存储的数据建立模型。

② 深入地分析数据源，记录数据源系统的功能和处理过程。

③ 确定从源数据到数据仓库模型所必需的转化/综合逻辑。

④ 生成源数据。

⑤ 生成物理的数据仓库数据库，并将各种源系统中的数据装入数据仓库之中。

⑥ 生成用户应用软件，或通过其他方法为用户提供查询工具，以便用户从数据仓库中获取所需信息。

随着企业数据量的不断增加，需要对原有信息进行提炼和加工，为企业领导提供集成化和历史化的数据，提供决策支持。传统数据库因自身的局限性已不能适应要求，而数据仓库技术的应用将越来越广，其研究也将越来越深入。

2. 数据挖掘

随着计算技术和Internet技术的发展，数据库爆炸性增长，规模日益扩大，数据资源日益丰富。但是，数据资源中蕴涵的知识至今未能得到充分的挖掘和利用。

数据挖掘（Data Mining）正是在这样的应用需求背景下产生并发展起来的新兴数据库技术。它将数据库理论和人工智能技术相结合，用于从大规模的数据库中提取蕴涵的、有价值的信息或发现原来不知道的、可以理解的知识，用于决策支持或预测未来。提取的知识表现为概念（Concepts）、规则（Rules）、规律模式约束等形式。在人工智能领域，又习惯称其为数据库中知识发现（Knowledge Discovery in Database，KDD）。其本质类似于人脑对客观世界的反映，从客观的事实中抽象成主观的知识，然后指导客观实践。数据挖掘就是从客体的数据库中概括、抽象、提取规律性的东西以供决策支持系统的建立和使用。

数据挖掘以数据库中的数据为数据源，整个过程可分为数据集成、数据选择、预处理、数据开采、结果表达和解析5个过程。挖掘的范围可针对多媒体数据库、数据仓库、Web数据库、主动型数据库、时间型及概率型数据库等。采用的技术有人工神经网络、决策树、遗传算法、规则归纳、分类、聚类、模式识别、不确定性处理等。发现的知识有广义型知识、特征型知识、差异型知识、关联型知识、预测型知识、偏离型知识等。

数据挖掘能够发现描述性的和预见性的信息。例如，销售商可以预测未来几个月的销售价格；通过对每个雇员销售历史的描述信息，指导选择雇员的决策。

数据挖掘对于收集了大量资料的机构来说是非常有价值的。例如，银行业、保险业、信用卡公司等，可以从大量难以人为处理的数据中获得有评判价值的信息。

最常见的数据挖掘应用，如个人信用风险评估，超市中商品如何摆放可以提高销售量，医疗诊断、气象预报以及任何商务或学术上收集和研究的大量数据，都是数据挖掘的候选对象。

数据挖掘的实现方法有两种：直接数据挖掘和间接数据挖掘。

（1）直接数据挖掘

给出所有已知的因素和输入变量，便于数据挖掘引擎根据数据模型的规则，找出各个属性之间最合理的关系。直接数据挖掘以预测未知值或目标变量为基础，即直接数据挖掘是基于已知的输入变量值预测未知数据的最大可能的取值。

直接数据挖掘采用当今流行的数据挖掘技术和算法，如决策树算法。它根据数据的分类直接求出目标值。如银行预测可能拖欠贷款的账户，商店预测商品的销售对象等。

（2）间接数据挖掘

间接数据挖掘不用于预测，不受目标值的限制和约束。它只对数据进行整理，发掘整个数据集合的结构和数据组织形式，进行理解和应用。

数据挖掘技术是由众多学科，诸如数据库和知识库、人工智能、机器学习、模式识别、统计学、数据可视化等相互交叉、融合所形成的一个新兴的具有广阔应用前景的领域。相信随着各学科研究的不断深入发展，数据挖掘技术的应用必将越来越广。

习　题

1. 什么是数据库？什么是数据库管理系统（DBMS）？简要说明两者之间的区别和联系。
2. 什么是数据库系统？一个完整的数据库系统主要由哪几部分组成？
3. 目前支持数据库系统常用的数据模型主要有哪几种？举例说明各自的特点。
4. 什么是概念模型？什么是数据模型？举例说明两者在数据抽象过程中所起的作用。
5. 什么是实体？什么是属性？什么是实体之间的联系？举例画出学生、教师、课程这三个实体联系的 E-R 图描述。
6. 在一个关系模型的数据库中，如何理解表、字段、记录和数据项的概念？
7. 如何理解关系数据库中数据和程序的独立性问题？
8. 利用 Access 数据库管理系统，创建一个小型的“新生入学班级信息管理”数据库。
9. 简述关系数据库应用系统设计开发的过程。

第 9 章 程序设计基础知识

【本章概述】

本章简述计算机程序设计语言的发展，并通过一些简单的引例，介绍程序和程序设计、算法的基本概念、程序设计的基本方法以及常用的编程语言。通过本章的学习，读者应初步建立起程序设计的基本概念，理解程序设计的基本方法，为今后系统地学习程序设计课程打下良好的基础。

9.1 程序设计概述

计算机之所以能够自动连续地进行工作，最根本的原因就在于“存储程序”和“程序控制”。计算机能自动进行信息处理，实际上是执行特定程序的结果。学习程序设计的目的，就是学会编写程序。

9.1.1 程序设计语言的发展

语言是用来表达、交流思想的工具。而计算机语言则是人们用来向计算机传递信息与下达命令的通信工具。虽然计算机是人类所发明的最灵活的机器，但必须由人事先告诉它要做什么和怎样去做。在今天的科技水平下，人们仍然只能通过人工设计的计算机语言向计算机传达信息，计算机也只能识别人们用某种程序设计语言编写的程序。我们学习计算机语言和程序设计方法的目的，就是利用计算机解决实际问题。程序设计语言正是问题求解方法的描述工具。人类渴望在不远的将来可以使用与人们习惯完全一致的自然语言指示计算机做各种事情。

随着计算机的发展，计算机语言的发展也经历了如下几个主要阶段。

1. 第一代语言

在 20 世纪 50 年代以前，人们使用的计算机语言是第一代语言，也称为“机器语言”（Machine Language）。它将计算机指令中的操作码和操作数以二进制代码表示，是计算机能直接识别和执行的语言。

机器语言的优点是无须翻译，占用内存少，执行速度快。缺点是随机而异，通用性差；而且因指令和数据都是二进制代码形式，难于阅读和记忆，编程工作量大，难以维护。

2. 第二代语言

第二代语言也叫“汇编语言”（Assembly Language）。它诞生于 20 世纪 50 年代中期，是用“助记符”来表示机器指令的符号语言。它的优点是比机器语言易学易记；缺点与机器语言一样，即通用性差，随机而异。由于计算机只能执行用机器语言编写的程序，因而，必须用汇编程序将汇编语言编写的源程序翻译成机器能执行的目标程序。

例如，对于一个计算赋值语句 a=3a−2b+1，写成汇编语言和对应的机器语言如表 9-1 所示。

表 9-1　a=3a-2b+1 的两种语言表示

汇编语言	机器语言
mov eax, DWORD PTR a_$[ebp]	8b 45 fc
Lea eax, DWORD PTR [eax+eax*2]	8d 04 40
mov ecx, DWORD PTR b_$[ebp]	8b 4d fc
add ecx, ecx	03 c9
sub eax, ecx	2b c1
inc eax	40
mov DWORD PTR a_$[ebp], eax	89 45 fc

无论是第一代语言还是第二代语言都是直接面向机器的语言，它们都密切依赖于计算机的硬件结构。虽然它们是一种“低级语言”（Low-level Language），但却为高级程序语言的设计奠定了基础。从软件工程的角度来说，使用低级语言编程，效率低，容易出错，而且难学、难读、难改，一般适合专业编程人员使用。

3. 第三代语言

第三代语言也称为“面向过程的语言”（Procedure-Oriented Language），是 20 世纪 60 年代开发的。用它设计的程序比较接近于人们习惯使用的自然语言和解决问题的方式，所以也称为“高级语言”（High-level Language）。它的优点是通用性强，可以在不同的机器上运行，程序简短易读，便于维护，极大地提高了程序设计的效率和可靠性。常用的第三代语言有 FORTRAN、Pascal、C、BASIC 和 COBOL 等。

第三代语言是面向过程的语言。人们用它来解题时，要考虑每一步算法和过程的描述，即不但要告诉计算机做什么，而且要说明怎样去做。因此利用它所编制的软件在满足用户需求、提高开发效率以及降低使用维护成本等方面还不尽如人意。对于普通的计算机用户来说，它仍然是较难掌握的语言。关于面向过程的程序设计方法详见后面 9.2 节介绍。

4. 第四代语言

第四代语言又叫“面向对象的程序设计语言”（Object-Oriented Promgramming Language oopl），是 20 世纪 80 年代开发的。它的发展速度极快，前景远大，日益受到人们的重视。其主要特点如下。

（1）非过程性。使用这种语言不必去了解或描述解决问题的具体过程和步骤，只要告诉计算机做什么，给出解决问题的条件及要求，即可得到答案。因而，利用这种语言所编写的程序更简单，更便于一般用户去使用计算机。

（2）图形窗口和人机对话形式。利用第四代语言，人们能够以符合习惯且容易掌握、接受的图形窗口和对话交流方式与计算机进行交互。

（3）面向对象方法。将现实世界的问题通过对象、封装、消息、类、继承等抽象概念进行描述和解决，这种方法更符合人类习惯的思维方式，而不单纯强调计算机解决问题的算法和过程。

（4）基于数据库技术。数据库技术是保存、管理和利用信息资源的最有效的手段，因此在数据库技术的基础上开发的第四代语言更便于用户利用和管理各种软件资源。

（5）提高软件开发效率。利用这种语言开发的软件以事先构造的原型为基础，再按照结构化的方法和自动生成工具快速建立系统，因此可以减少软件的开发周期及成本，提高开发效率。

（6）易读、易使用和易维护。由于第四代语言采用了上述设计原理，所以它在提高软件的重用性和可维护性方面都具有极大的优越性。

第四代语言包括查询和更新语言、图形语言、规格说明语言、决策支持语言、报表生成器、菜单生成器、应用系统生成器、CASE 开发工具、应用软件包等，比较典型的有 Visual FoxPro、Power Builder、Visual Basic、Java 等。

5. 第五代语言

20 世纪末，计算机语言已发展到第五代语言，也称为“智能化语言”。它主要是指使用在人工智能领域（如专家系统、推理工程、自然语言处理和知识库）的语言。它可以将复杂的知识编程，让计算机依据程序推理，完成高智能的工作。典型的第五代语言是 LISP 和 Prolog。

第三代以后的语言是高级语言。它们与面向机器的语言相比，几乎不使用二进制代码，因此利用高级语言编写的程序，必须经过翻译后，才能被机器识别执行。通常这类翻译称为“语言处理程序”。这类系统中还包括处理应用问题的预定过程，它能够根据用户对要求和条件的描述，将程序转换成相应的处理过程，再将这一处理过程转换为机器能执行的步骤。

9.1.2 程序设计语言的组成

每一种程序设计语言都有规定的词汇，词汇集由标识符、保留字、特殊字符、数值等组成。学习程序设计语言时，应该注意它的语法和语义。

（1）语法：表示语言的各个构成记号之间的组合规则。

（2）语义：表示的含义。

程序设计语言有很多种，但它们的组成是类似的，都包括数据、运算、控制和传输这 4 种表示成分。

1. 数据

数据用于描述程序所涉及的数据对象。在程序运行过程中，其值不变的数据称为“常量”，其值可以改变的数据称为“变量”；另外，有些可以不加任何说明就能引用的运算过程，称为“标准函数”，其函数值可以像常量或变量一样参加运算；由常量、变量、函数、运算符和圆括号组成的式子称为“表达式”，它在程序中代表一个值。程序设计语言所提供的数据结构是以数据类型的形式表现的，程序中的每一个数据都属于某一种数据类型（整型、实型、字符型等）。

2. 运算

运算用于描述程序中应该执行的数据操作。在程序中的运算一般都包括算术运算（加+、减-、乘*、除/、乘方^）、关系运算（大于>、小于<、等于=、大于等于>=、小于等于<=、不等于<>）和逻辑运算（与 AND、或 OR、非 NOT）。

3. 控制

控制用于描述程序的操作流程控制结构。在程序中只要有 3 种形式的流程控制结构（顺序结构、选择结构和循环结构），就足以表示出各种各样复杂的算法过程，这已从理论上得到证明。

4. 传输

传输用于表达程序中数据的输入和输出。任何一种程序设计语言都包含编制程序所必需的最基本的语句，这些语句分别是赋值语句、输入/输出语句、选择或条件语句、转移语句和循环语句。

9.1.3 语言翻译器

计算机中有两种语言翻译器：解释器和编译器。它们的作用是将已编写的源程序代码转换成计算机能够直接执行的机器代码，尽管采用不同的方法，但目的是一样的，如图 9-1 所示。

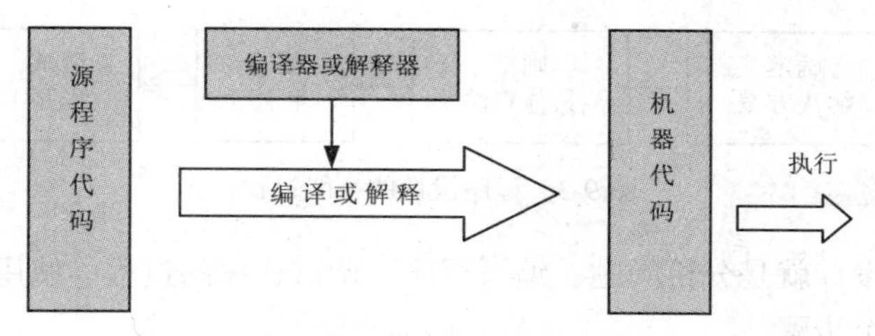

图 9-1　语言翻译器示意图

1. **解释器**

有些语言使用解释方式的语言翻译器，如 BASIC、APL、Java 等，我们称之为解释式程序设计语言，其翻译器称为"解释器"（Interpreter）。解释器的工作方式是对源程序代码每转换一行，就执行一行。由于这种方式一次解释一行，执行一行，解释结果并不保留，以后再次执行该程序之前，仍需同样的解释。

例如，一个含有循环结构的 BASIC 程序段：

```
For I=1 To 100
 Print "I="; I
Next I
```

在 100 次的运行中就被翻译了 100 次，显然做了一些重复的工作。因此，这种方式下的程序执行速度慢。

然而，基于解释器的语言，对于初学者来说交互性能好，比较容易理解和调试程序。

2. **编译器**

编译器（Compiler）是指在编译过程中将高级语言源程序的所有代码经过"编译器"转换为计算机能识别的目标程序代码。使用编译器时，如果程序有错误，必须在编译成功之前改正所有的错误。如 FORTRAN、Pascal、C 等语言都是这种编译型的程序设计语言。

许多的编程者愿意使用编译型的编程语言，因为程序一旦编译好，其编译结果就以目标代码文件保存起来，可以反复运行，再次运行时的速度显然比解释方式下要快得多。

【例 9.1】运行一个 Visual Basic 程序代码，显示如图 9-2 所示的图形。

```
 Private Sub Form_Click()
   For i = 1 To 5
     Print Tab(i); String(6 - I, "▼"); Spc(6); String(I, "▲")
   Next i
End Sub
```

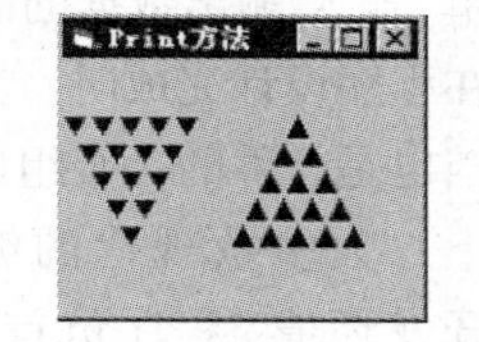

图 9-2　一个 Visual Basic 程序代码的运行结果

使用编译型语言的另一个优点是，生成的可执行文件可以脱离编译器，在没有编译器的情况下照样运行，为程序的发布提供了条件。软件公司出售的软件是经过编译以后的可执行代码，用户无法知道它的源代码，这一方面增加了程序的安全性，另一方面也避免了软件产权的纠纷。编译后的可执行程序比在解释程序支持下运行高级语言源程序要快得多。

9.1.4　程序设计的一般过程

所谓程序，是表示一些操作序列的计算机指令的集合；"程序设计"就是把问题世界转换为程序世界的过程，或者说是为解决某一具体问题而编写计算机程序的活动，如图 9-3 所示。

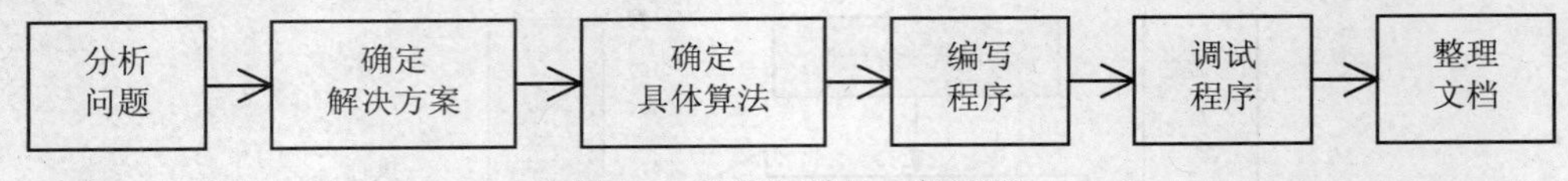

图 9-3　程序设计的一般过程

概括地说，程序设计就是分析问题、编写程序、调试程序的过程。使用计算机解决具体问题时，通常需要下列几个步骤。

（1）分析问题或建立数学模型

首先是明确要解决什么问题，确定所需的输入、处理和输出对象，把解题过程归纳为一系列的数学步骤，建立各种量之间的关系。

（2）算法设计

对所确定的解题模型提出解决的方法和步骤，选择适当的计算方法加以实现。算法设计过程中还要考虑数据的组织形式，即数据结构。

（3）画出流程图

流程图是描述算法的常用工具，可以作为编写程序的依据来使用。

（4）编写程序

在确定算法和画出流程图后，用选定的程序设计语言编程。

（5）程序调试

用测试数据对编好的程序上机调试，分析所得的运行结果，特别要注意程序中的逻辑错误。反复调试，直到运行结果正确。

（6）文档整理

在程序设计的各个步骤中，都要注意建立文档资料，内容包括任务要求、算法、流程图、程序清单、输入/输出数据的内容及格式、出错处理方法等。在程序设计完成时，文档资料应全部建立完毕。文档也是软件的一个组成部分。

大多数现代的编译程序都提供了一个集成开发环境。程序员首先在集成开发环境中编辑源程序，或在其他编译器中输入“源程序”（Resource Program），然后，在集成环境中启动编译程序将源程序转换成“目标程序”（Object Program）。如果没有错误，还必须用“连接器”把目标文件连接为“可执行文件”并运行得出结果。开发一个高级语言程序的过程如图 9-4 所示。

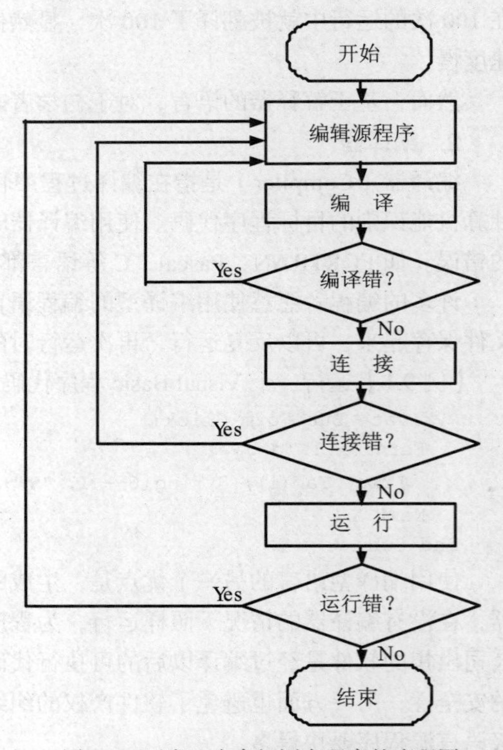

图 9-4　开发一个高级语言程序的流程图

9.1.5　程序的调试与运行

程序调试是自己寻找和排错的过程。前人把程序中的错误称作 Bug（臭虫），是因为第一个有记录的计算机运行错误确实是一只虫子。Mark Ⅱ计算机是一台 1945 年建造的机电式计算机。有一天，它神秘地停止了工作。通过艰难的搜寻，最后竟然发现在继电器的接触点上夹住了一只飞蛾，于是工作人员将它夹在工作日志中，并记录为“这是第一个实际找到的错误”，也因此，把除去计算机运行中的错误称为 Debug（除去虫子）。

程序中出现的错误可以分为 3 类：编译错误、运行错误和逻辑错误。

（1）编译错误

编译错误是由句法不正确的代码造成的，如键入了一个拼写错误的关键词，遗漏了某个必需的标点符号，或使用 For 语句时丢失了与之匹配的 Next 语句等。对于这类错误，编译系统会做出提示，指出错误所在的行号，以便我们在调试时及时发现并改正。这类错误对于初学编程者来说容易出现。

（2）运行错误

当一条语句试图执行一个不可能执行的操作时，会发生运行错误。最常见的运行错误便是除数为 0 的结果“溢出”（Overflom）错误，如程序中含有 A=B/C 这样的语句。但如果在运行时，变量 C 的值可能为 0，则该除法是一个无效的运算，而语句本身是正确的，并且变量 C 的值在不是 0 的情况下，程序是会得到正确结果的。另外，还有诸如求平方根函数 SQR(X)的参数 X 为负数等这样一类错误，只有在程序运行时才能发现。

（3）逻辑错误

如果应用程序没有按预定的方式运行，则发生的是逻辑错误，即一个应用程序在句法上代码有效，运行时无任何无效的操作，未发生以上两类错误，但得不到正确的运行结果。例如，在编写求球体积的程序中，使用的数学公式为 4/3*3.141 59*r*r，显然正确的球体积公式应该是 4/3*3.141 59*r*r*r。编译系统在编译时是不能查出此类错误的，因此，这类错误具有更大的隐蔽性，只有通过已知结果的数据进行运行测试并分析后，才能发现和改正。这类错误的排除难度更大，很大程度上需要的是程序调试者的经验和耐心。

9.2 程序设计方法

编写一个程序，必须掌握一种程序设计语言和它的开发环境，同时要熟悉问题世界的知识并掌握把问题世界转换为程序世界的方法，通常称之为“程序设计方法”，如图 9-5 所示。

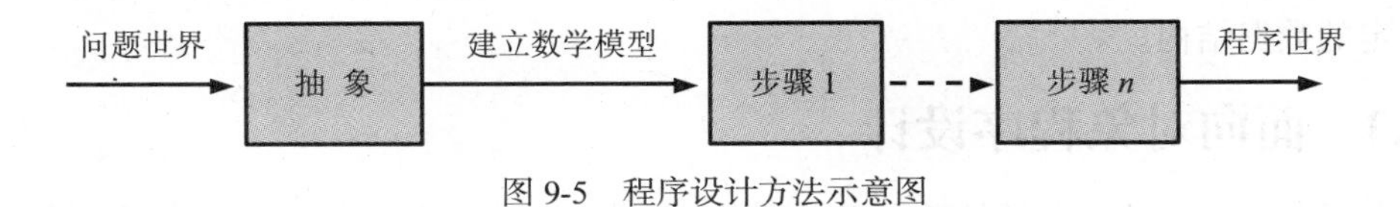

图 9-5　程序设计方法示意图

9.2.1 面向过程程序设计

早期，人们把程序看作处理数据的一系列过程（Procedure）。一个过程或函数（Function）是指一组特定的一个接一个顺序执行的指令，它们完成某一专门任务或计算出一个结果值。数据与过程是分离的。其程序设计的技巧主要是在处理过程之间的调用及完成任务或计算的算法，关心的是数据的变化。面向过程程序设计的关键是程序设计语言所提供的子程序及参数传递形式。从程序组织的角度来看，子程序是用于有组织地管理大量算法的有力工具。

为解决面向过程程序设计可能存在的问题，结构化程序设计应运而生。结构化程序设计的主要思想是把功能分解并逐步求精。在问题世界中一个任务太大或十分复杂时，就把它分解为若干个小任务；在程序世界中使一个程序分解为若干个过程，每一过程完成一个确定的小任务。由于面向过程程序设计是根据数据的不同来决定程序的编写的，所以，人们把程序描述为

程序 = 算法 + 数据结构（包含数据和数据类型）

即算法和数据结构分别是一个独立的整体，两者分开设计，程序设计以算法（过程或函数）为主。

【例 9.2】 输入 10 个学生的成绩，求平均成绩、最高分和最低分。

C 语言程序代码如下：

```
main ( )       / 主函数
{ int  a[10] ;                                 / 10 个学生的成绩 a[10]/
     int  s , v , max, min , i;
     for ( i = 0 ; i < 10 ; i + +)
          scanf( "%d" , a[i]);               / 标准输入函数 scanf/
s = 0 ; max = 100; min = 0;
for ( i = 0 ; i < 10 ; i + +)
{    s = s + a[i] ;
     if ( a[i]>max )   max = a[i] ;
     if ( a[i]<min )   min = a[i] ;
 }
 v = s /10 ;
printf (" %d %d %d " , v , max , min); / 标准输出函数 printf /

}
```

9.2.2 模块化程序设计

随着软件的发展，考虑到程序的可重复使用，人们越来越注重于系统的整体关系和对数据的组织。我们把数据与操作数据的相关过程称为模块（Module）。程序是根据模块的需要来划分的，并使数据隐藏在模块中。其程序设计的技巧主要是模块中过程的设计，在模块中既包含具体问题的数据，又包含这些数据上的操作。由于模块化程序设计是把算法和数据结构（数据和数据类型）看作一个独立的功能模块，所以，程序就被描述为

程序 =（算法+数据结构）

即算法与数据结构是一个整体，算法总是离不开数据与数据类型，算法含有对数据的访问，只能适用于特定的数据结构。

9.2.3 面向对象程序设计

在面向对象程序设计中，类是具有相同属性和操作的一组对象的集合。它为属于该类的全部对象提供了统一的抽象描述。一个对象是类的一个实例，它具有自己确定的属性。例如桌子（Desk）是一个类，各种尺寸和风格（属性）的不同的桌子（桌子的实例）就是属于桌子类的对象。

对象属于一个具有一定特性的“类”（Class）或组。如 Windows 操作系统中，“窗口”类是比较常见的类，所有的窗口对象（包括应用程序窗口）都属于“窗口”类，它们具有相同的属性，如都具有一个标题栏、工具栏、关闭按钮和最大化按钮以及最小化按钮等组成元素。在创建一个窗口对象时，它就获得或者说继承了窗口类的属性和操作，但一个特定的窗口实例可以具有自己特定的属性，如标题、大小和屏幕上的位置均可不同。

又如 Windows“写字板”程序窗口就是窗口类的一个子类，属于应用程序窗口，这一类窗口一般

都会有一个最大化按钮、一个最小化按钮、一个菜单条等。而“另存为”对话窗口（或称为对话框）也是窗口类的一个子类，它有一个标题条，但没有菜单条，也没有最大化按钮、最小化按钮。

同一对象可用在不同的程序中，这无形中就提高了程序员编写程序的效率。例如，许多应用软件都给用户文件提供了打开、保存、另存为、打印等操作，如果编写这样的应用程序，定义一个对象来完成这些操作会很方便，只要程序中用到这些操作，随时都可调用这些对象，避免了编写重复代码。例如在 Visual C++中，可以不编写一句代码，就轻松创建一个含有打开、保存、另存为、打印等基本操作的程序窗口。

我们现在使用计算机的方式是利用按钮、菜单或窗口，通过选择后触发计算机去执行某一事件动作，这种编程方法称为“事件驱动”，是一种交互性很强的编程方法。面向对象程序设计可以满足上述的需求。它能实现软件组件的可重用性，并把数据和操作数据的过程结合起来作为一个整体“对象”（Object）。其程序设计的技巧是以“类”（Class）作为构造程序的基本单位。它具有封装、抽象、继承、多态性等特点。

由于在面向对象程序设计中，算法与数据结构被结合在一起成为一个类，问题世界本身就是一个对象世界，任何对象都具有一定的属性与操作，所以，程序又被描述为

对象 =（算法 + 数据结构）

程序 =（对象 + 对象 + …）

【例 9.3】 图 9-6 所示为一个事件驱动程序的界面和该事件的代码。代码窗口列出的是对象 Command1 的单击事件代码，代码的功能是连续绘制若干个以半径为递增的圆。单击“按钮”，该事件就触发与此对象关联的指令执行。

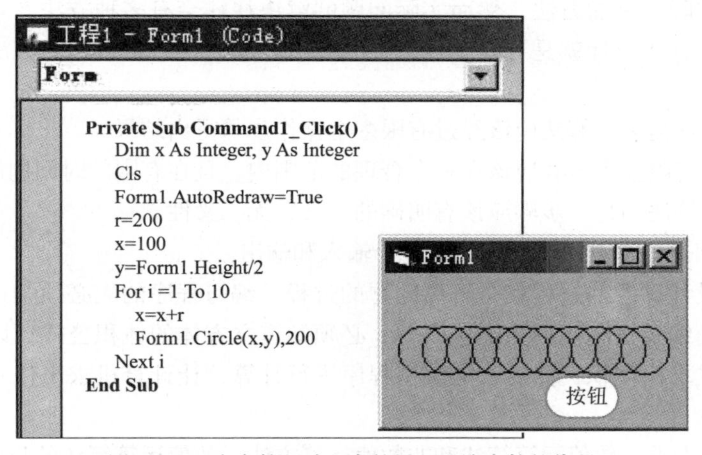

图 9-6　一个事件驱动程序的界面和该事件的代码

9.3 算　法

只有先提出问题，才能谈得上解决问题。设计计算机程序首先从问题的描述开始，它是算法的基础。所以，我们把用来解决问题的有限多个步骤组成的具体过程称为“算法”（Algorithm）。

9.3.1 问题描述

问题描述就是要说明一些能用来解决问题的要素。一个表达清晰的问题描述要具备以下3个特征。

（1）能说明描述问题的任何假设。

（2）列出所有的已知条件。

（3）具体说明需要解决什么问题。

问题描述中的已知条件，就是可以用来解决问题的原始信息，它是解决问题所必需的，也是设计算法的依据。问题描述解决什么问题时，应该说明程序应有的输出是什么，也就是通过编程，解决了什么问题，问题的答案应该就是程序的输出结果。

【例9.4】 求几何体的容积，容器的形状是选择体积公式的依据，实际的几何体如果是球体，就应该选用球体公式。而半径则是求解过程中必须输入的数据。

上述问题可以做以下描述。

假设：不计容器壁的厚度。

已知：有一容器形状为立方体，棱长5 m。

计算：该容器的体积。

输出：容器的容积数据。

9.3.2 算法设计

算法是解决实际问题的方法，然而实际问题的解决往往会有多种方法，不同的方法也可能得到不同的结果。算法设计就是寻找一种适合的算法。那么什么是适合的算法呢？算法应具有以下特点。

（1）有限性。任何一个算法应该经过有限多个操作步骤得出结果。

（2）可行性。有限多个步骤应该在一个合理的范围内，且在有限的时间内能够完成。

（3）确定性。算法的每一步骤应该有明确的含义，无二义性。

（4）输入/输出。一个算法可以定义若干个输入和输出。

通俗地讲，设计算法的过程就是解决问题的过程。编写程序的人必须知道解决问题的方法和步骤，才能正确编写程序。例如上述问题，必须知道立方体的体积公式，以及在已知棱长的条件下利用该公式求出体积，然后才能编写程序进行计算，让计算机求出任一给定棱长的立方体的体积。

算法可分为两大类：数值运算算法和非数值运算方法。数值运算算法的目的是求数值解，例如，求解一元二次方程的根所用的求解算法等。而非数值运算算法不一定有确定的数学公式，其对应的数据模型种类繁多，可以是表、树、图等，例如排序算法和最短路径算法。

对于同一个问题，也往往有不同的算法。例如，排序就有多种方法，如插入排序法、选择排序法、冒泡排序法、希尔排序法、堆排序法等。查找也有顺序查找、二分查找、分块查找等。如数值积分运算就有梯形求积法、辛卜生求积法和勒让德-高斯求积法等。

9.3.3 算法表示

下面介绍几种常用的算法表示方法。

1. 自然语言描述法

自然语言描述法是用一种接近人类语言的方法来描述算法的。它能把算法正确地表达出来，而不涉及具体的语法细节。但它是不能被计算机识别的，需要细化后再转化为程序代码，才能为计算机所执行。

【例 9.5】 在计算机上计算某学生数学、语文和英语三科的平均分。

其过程用自然语言描述如下。

第 1 步：输入数学成绩 X、语文成绩 Y 和英语成绩 Z。

第 2 步：计算三科总分 Total，Total = X+Y+Z。

第 3 步：计算平均分 Average，Average = Total/3。

第 4 步：输出平均分 Average 的值。

2. 流程图法

流程图（Flowchart）描述了计算机程序的输入、处理和输出模型的中间框图。它描述的是计算机如何一步一步地去完成指定的任务。

流程图虽然不包含所有的程序细节，但它为最终的程序提供了逻辑结构。在绘制好了能够正确表达所要求的算法的流程图之后，下面编写程序的工作就比较容易了。

绘制流程图需要注意两个方面：其一是掌握构成流程图的标准符号，熟悉各种符号的含义和使用，图 9-7 所示列出了几种常用的流程图符号；其二是用户要表达的算法的逻辑结构比较清楚。

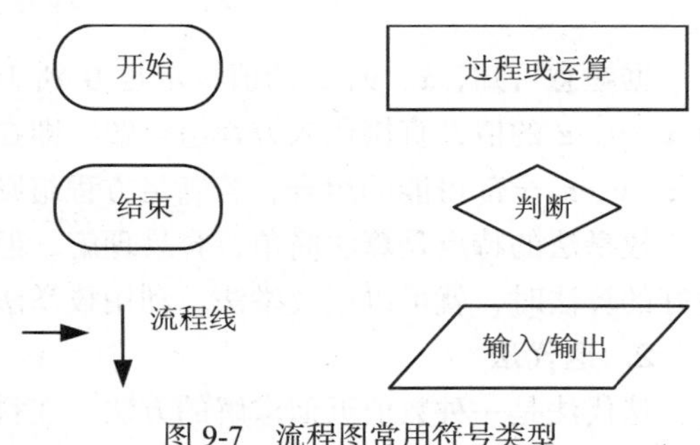

图 9-7　流程图常用符号类型

3. 伪代码法

伪代码法是指采用类似于某一种高级语言的代码来描述算法。这种表示方法虽然不能为计算机所识别，但它稍加修改就能马上成为可执行的计算机程序。

【例 9.6】 求解一元二次方程 $ax^2+bx+c=0$ 两个实根的算法。由于该问题有现成的数学公式，我们可以直接依据数学公式来设计此算法。用伪代码法算法描述如下。

```
Input  a,b,c       // 输入 a,b,c 的值
d=b²-4*a*c         // 计算 b²-4ac 的值
IF (d>=0) then
      x1=(-b+sqr(b²-4*a*c))/(2*a)
      x2=(-b-sqr(b²-4*a*c))/(2*a)
         // 判断 b²-4ac>=0 是否成立；若是，则计算两个实根
Else
       //b²-4ac<0
       显示“无实解”
Endif
```

9.3.4　常用的几种典型算法

关于算法的研究可参阅有关的书籍，本书就不罗列出所有的算法策略了。这里只介绍几个典型算法，目的是使读者了解一些解题的基本思想和方法，了解如何设计算法。

1. 穷举法

穷举法也称为枚举法。它的基本思想是：首先根据问题的部分条件预估答案的范围，然后在此范围内对所有可能的情况进行逐一验证，直到全部情况均通过验证为止。若某个情况使验证符合题目的全部条件，则该情况为本题的一个答案；若全部情况的验证结果均不符合题目的全部条件，则说明该题无答案。

在实际应用问题中，许多问题需要用穷举法来解决。如中国古代数学家张丘提出著名的“百钱百鸡问题”，就是一个典型的枚举问题。其题目如下。

【例 9.7】 鸡翁一，值钱五；鸡母一，值钱三；鸡雏三，值钱一；百钱买百鸡，翁、母、雏各几何？如果用 x、y、z 分别代表公鸡、母鸡、小鸡的数量，根据题意列方程：

$$x+y+z=100$$

$$5x+3y+\frac{z}{3}=100$$

据题意可知，x、y、z 的值一定是 0 到 100 的正整数，那么，最简单的解题方法是：假设一组 x、y、z 的值，直接代入方程组求解，即在各个变量的取值范围内不断变化 x、y、z 的值，穷举 x、y、z 全部可能的组合，若满足方程组则是一组解。这样即可得到问题的全部解。

枚举法的特点是算法简单，容易理解，但运算量较大。对于可确定取值范围但又找不到其他更好的算法时，就可以用枚举法。利用枚举法设计算法大多以循环控制结构实现。

2. 迭代法

迭代法是一种数值近似求解的方法。在科学计算领域中，许多问题需要用这种方法解决。迭代法的特点是：把一个复杂问题的求解过程转化为相对简单的迭代算式，然后重复执行这个简单的算式，直到得到最终解。

迭代法有精确迭代法和近似迭代法。所谓精确迭代，是指算法本身提供了问题的精确解。如对 n 个数求和、求均值、求方差等，这些问题都适合使用精确迭代法解决。

【例 9.8】 计算 S=1+2+3+4+…+100

其迭代方法如下：

确定迭代变量 S 的初始值为 0；

确定迭代公式 $S+I\rightarrow S$；

当 i 分别取值 1，2，3，4，…，100 时，重复计算迭代公式 $S+I\rightarrow S$，迭代 100 次后，即可求出 S 的精确值。

迭代法的应用更主要的是数值的近似求解。它既可以用来求解代数方程，又可以用来求解微分方程。在科学计算领域，人们时常会遇到求微分方程的数值解或解方程 $f(x)=0$ 等计算问题。这些问题无法用求和或求均值那样的精确迭代法直接求解，为此，人们只能用数值计算的近似迭代法求出问题的近似解，而解的误差是人们可以估计和控制的。

3. 递归算法

递归是这样定义的：如果一个过程直接或间接地有限次地调用了它自身，则称这个过程是递归的。如 Visual Basic 允许在一个 Sub 子过程和 Function 函数的定义内部调用自己，即递归 Sub 子过程和递归 Function 函数。

【例 9.9】编写 fac(n)=n! 的递归函数。

```
Function fac(n As Integer) As Integer
    If n = 1 Then
```

```
fac = 1
        Else
           fac = n * fac(n - 1)
        EndIf
     End Function
```

通常递归算法要求语言具有反复自我调用子程序的能力。递归算法往往比非递归算法要耗费更多执行时间，但因很多问题的数学模型或算法设计方法本来就是递归的。因此，递归仍是一种强有力的算法设计方法。

4. 分治法

在求解一个复杂问题时，应尽可能地把这个问题分解为较小部分，找出各部分的解，然后把各部分的解组合成整个问题的解，这就是所谓的分治法。分治法常用于解决非数值运算问题。

使用分治法时，往往要按问题的输入规模来衡量问题的大小。当要求解一个输入规模为 n 且它的取值又相当大的问题时，应选择适当的设计策略，将 n 个输入分成 k 个不同的子集合，从而得到 k 个可分别求解的子问题，其中 k 的取值为 $1<k\leqslant n$。在求出各个子问题的解之后，就可找到适当的方法把它们合并成整个问题的解。这里要注意的是，子问题要独立，要尽可能小。如果得到的子问题相对来说还太大，则可再次使用分治法进行分解。

9.4 程序结构及流程控制

根据结构化程序设计的观点，任何程序只用顺序结构、选择结构和循环结构这 3 种控制结构即可实现。

9.4.1 顺序结构

顺序结构（Sequence Structure），就是计算机按照程序中语句的书写先后顺序，逐一执行每一条语句。整个顺序结构只有一个入口和一个出口，其结构如图 9-8 所示。

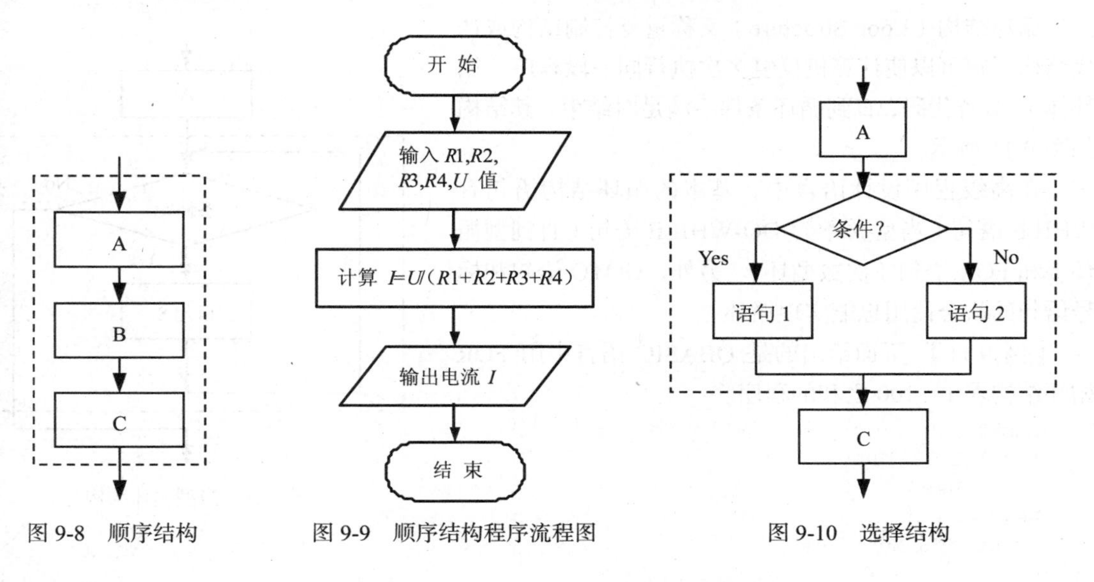

图 9-8 顺序结构　　图 9-9 顺序结构程序流程图　　图 9-10 选择结构

【例 9.10】 一个 BASIC 顺序结构的程序段如下。

```
PRINT "R1,R2,R3,R4,U=?"
INPUT  R1,R2,R3,R4,U
LET I=U/(R1+R2+R3+R4)
PRINT  "I="; I
END
```

本程序的功能是根据电阻 *R*1，*R*2，*R*3，*R*4 和电压 *U* 的值，计算出电流 *I* 的大小，程序执行流程图如图 9-9 所示。

顺序结构是 3 种控制结构中最简单的一种。由于程序大多需要处理判断问题和重复执行一些语句，因此，绝大多数程序不可能只由顺序执行的逻辑结构组成。

9.4.2 选择结构

在许多实际问题中，需要根据不同的条件采用不同的处理动作序列。选择结构（Selection Structure）也称为分支结构。这种结构中，程序根据是否满足给定的条件来决定是否执行某一条或一组语句。因此，选择结构中的语句只有其中之一被执行。其结构如图 9-10 所示。

在计算机高级语言中，选择结构是用 IF 语句来实现的。通常 IF 语句的格式为：

```
IF （条件成立） THEN
    语句 1
 ELSE
   语句 2
 ENDIF
```

如下面一个 QBASIC 程序段即是选择结构。

```
IF a>b THEN
   max=a
ELSE
   max=b
ENDIF
```

9.4.3 循环结构

循环结构（Loop Structure）又称重复控制结构或迭代结构。它可以使计算机反复多次执行同一段程序（循环体），节省代码，直到循环条件不满足时结束。其结构如图 9-11 所示。

在高级程序设计语言中，基本的循环结构语句有 WHILE 语句（当型循环）、DO-WHILE 语句（直到型循环）和 FOR 语句（次数循环）。另外，GOTO 语句和标号语句的联合使用也能实现循环。

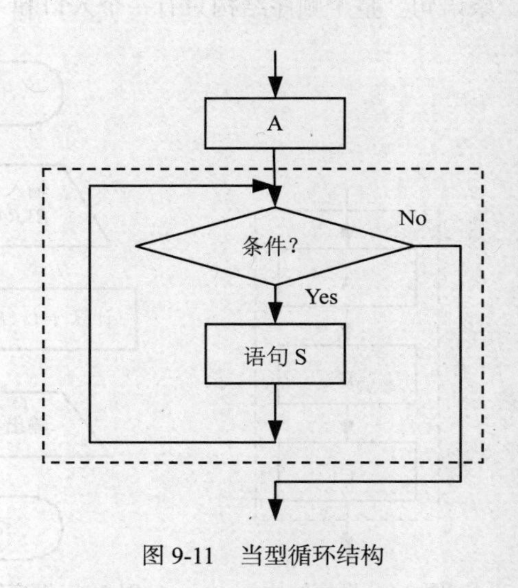

图 9-11 当型循环结构

【例 9.11】 下面给出的是 QBASIC 语言中用 FOR 循环结构求 1～100 之和的程序。

```
Sum=0
For I=1 To 100
  Sum=Sum+I
Next I
Print  "SUM="; Sum
```

9.4.4　子程序和函数

所谓子程序，就是将程序分为更小的逻辑组成部分，这样可简化复杂的程序编写，这些组成部分就叫子程序，也有的语言把它称作过程或函数。子程序是程序模块化的一种组织形式。通过它可以将一项复杂的任务分为若干项子任务，并如此一步一步地细分下去，直到面对更小的、更具体的任务，而且能够找到解决它的算法。因此，用子程序的思想编程有以下一些优点。

（1）子程序允许我们将程序分为一个个独立的逻辑单位，对每个单位的调试比起一个大的程序要容易得多。

（2）一个子程序可以稍做修改或不做修改，再被其他程序调用，从而避免了书写重复代码，节省了时间和资源。

【例 9.12】 下面是一个用 C 语言编写的函数调用程序。

```
 main ( )      / 主函数
{ int sum ( );
   int a, b, c;
   scanf ("%d %d",  &a ,  &b );
   c = sum  ( a  , b);        /调用求和子函数 Sum
   printf (" c  = %d " , c);
}
int sum (int  x ,  int y )
   int x , y
  {
     int s;
     s = x + y;
     return  s ;           / 返回主函数
  }
```

如在 BASIC 中，调用子程序使用 GOSUB 语句或 CALL 语句。在被调用的子程序中使用 RETURN 语句结束子程序，返回调用子程序的语句处（断点）继续执行程序。

9.5　常用的程序设计语言

在过去的 50 年里，程序设计语言种类繁多，风格迥异，各有所长，在各自的应用领域发挥着巨大的作用。一些语言的开发是为了提高编程效率，降低出错率；而另一些则是为专门的编程提供高效的指令集。例如，商务语言 COBOL、科学计算语言 FORTRAN、结构化程序设计教学语言 Pascal 以及可生成高效程序代码的 C/C++语言。这些语言在描述如何工作，如何为一个要解决的任务提供合适的数据类型时各具特色。当需要选择语言来编程时，了解这些语言的特色和它们的优缺点将很有帮助。

通常情况下，一项任务可以用多种编程语言来实现。当为一项工程选择语言时，应该考虑下面几个问题。

（1）这种编程语言是否适合于解决手中的任务?

（2）这种语言在其他的应用程序中是否也经常使用?

（3）小组中的人是否都精通这门语言?

如果这些问题的回答都是肯定的，那么这门语言对这项工程来说是一个很好的选择。因此，了解当今一些较流行的语言的特性对编程者会有很大的帮助。

1. BASIC 语言和 Visual Basic

BASIC（Beginners All-purpose Symbolic Instruction Code）可译为“初学者通用符号指令代码”，是一种具有会话功能的、规模较小的、易于学习的高级语言。它是为初级编程者设计的。BASIC 是一种过程性的高级语言。它的大多数版本都是解释方式执行的，但也有一些是编译执行的。BASIC 自从 1964 年问世以来，已经出现了几种流行的版本，包括 IBM-PC 上的 GW-BASIC 和 Microsoft 公司的 QBASIC 版本。由于 BASIC 语言的交互性能好，容易使用和适合于各种计算机系统，它已成为最流行和最广泛使用的语言之一。

BASIC 早期的版本对于开发复杂的商用程序非常有限，但 Microsoft 公司推出的 Visual Basic（VB）给广大编程人员提供了开发 Windows 应用程序最迅速、最简捷的方法。不论是 Windows 应用程序的资深开发人员还是初学编程者，VB 都为他们提供了整套的开发工具，以方便各层次的编程人员开发应用程序。

Visual Basic 是在结构化的 BASIC 语言基础上发展起来的，加上面向对象的设计方法，因此是更出色的结构化程序设计语言。这里的“Visual”，含义是“可视化”，指的是一种开发图形用户界面的方法。它不需要编写大量代码去描述界面元素的外观和位置，而只要把预先建立的对象添加到屏幕上即可，所以 VB 被称为“可视化程序设计语言”。

【例 9.13】 用 VB 设计程序，实现两个文本框的内容互换。编写程序代码如下。

```
Private Sub Command1_Click()
     t = Text1.Text
     Text1.Text = Text2.Text
     Text2.Text=t
End Sub
```

VB 采用面向对象和事件驱动的程序设计新机制，把过程化和结构化编程集合在一起，为开发 Windows 应用程序提供了强有力的开发环境和工具。随着 Windows 操作平台的不断成熟，VB 的版本也在不断地升级。1997 年，Microsoft 公司推出 VB 5.0，它可以运行在 Windows 9.x 或 Windows NT 环境下。1998 年，Microsoft 公司发布了 VB 6.0，VB 6.0 提供了学习版、专业版和企业版。

2. 商务语言 COBOL

美国海军上将 Grace Hopper（第一只计算机臭虫的发现者）和工作小组，设计了一种用于商业方面计算的语言 COBOL。COBOL 是通用商务对象语言（Common Business Oriented Language）的缩写。

COBOL 是发展于 20 世纪 60 年代的一种语言，适合于大型计算机系统上的事务处理。COBOL 是编译执行的过程性高级语言，主要被一些专业程序员用来开发和维护大型商业集团的复杂程序。COBOL 程序往往很长，但容易读懂、调试和维护。这种特性对于大型商业组织机构尤其重要，因为许多重要的程序必须由不同的程序员维护和修改。

3. 科学计算语言 FORTRAN

FORTRAN 的含义是公式翻译器（Formula Translator），它主要用于数学计算和科学应用。FORTRAN 适用于对高精度数字进行处理，并且提供了一个优良的三角函数库，专门用于针对科学开发者的需求。多年以来，程序员们为 FORTRAN 语言添加了许多内容，使其具有了更强的字符处理能力。FORTRAN 的早期版本主要考虑的是解决数学计算，而对结果的表达形式没有太多的关注。

【例 9.14】 设计求一元二次方程的两个实根 $X1$，$X2$ 的 FORTRAN 程序。我们可以通过这个具体的程序例子真正地接触一下 FORTRAN 程序。

```
READ(*, *) A, B, C
D=B*B-4.0*A*C
IF(D.GT.0.0) THEN
    X1=(-B+SQRD(D))/(2.0*A)
    X2=(-B-SQRD(D))/(2.0*A)
    WRITE(*, *) ' X1=', X1, 'X2=', X2
ELSE
    WRITE(*, *) 'NO  REAL  ROOT! '
ENDIF
END
```

FORTRAN 较新的版本在保持其数学运算能力的基础上，大大增强了对字符数据的处理能力。FORTRAN 是一门高级语言，其程序比汇编语言程序要容易阅读，但它并不是一门初学者语言。对于初学者来说，它并不足够地浅显易懂。FORTRAN 语言以擅长数据计算的特点一直在科学研究领域中占有立足之地。近年来，它的领地虽已被 Pascal、VB 和 VC（Visual C++）等占据了不少，但是其超强的数值计算能力仍是其他语言不可替代的。

4. Pascal 语言和 Delphi

（1）结构化程序设计语言 Pascal

Pascal 是编译执行的过程性高级语言，是在 1971 年由瑞士教授沃斯（N.Wirth）正式提出的。它是在 Algol 60 程序设计语言的基础上发展而成的一种良好的结构化程序设计语言（语言结构化和数据结构化）。Pascal 语言的诞生，可以说是程序设计语言发展的一个里程碑。

Pascal 具有丰富完备的数据类型、简明灵活的通用语句和清晰明了的程序结构。因此，Pascal 语言表达能力强、适用面广，既能描述数值问题，又能描述非数值问题，既能用于应用程序设计开发，又能用于系统程序设计，曾经成为国际上最受欢迎和流行的程序设计语言之一。

Pascal 语言性能良好、程序简明，易编且易懂，得到了广泛应用和发展。特别是在教学上，Pascal 早已被国内外学校选为程序设计教学语言，用于帮助学生学习计算机编程。但 Pascal 很少用于专业编程和商用软件的开发。多年教学实践证明，它是一门很好的程序设计教学语言。

【例 9.15】 根据输入的半径计算圆的周长和面积。编写的 Pascal 程序代码如下。

```
PROGRAM circle(input, oupput);
CONST
    Pi=3.141 593;
    Width=10;
    Prec=4;
VAR
    r,area,circuit:real;
BEGIN
    Write('Please enter radius: ');
    Readln(r);
    Circuit:=2*pi*r;
    Area:=pi*r*r;
    Writeln('circuit=', circuit:width:prec);
    Writeln('area=', area:width:prec);
END
```

（2）Delphi

Delphi 是 Borland 公司推出的可视化开发工具。它拥有世界上最快的编译器，并提供了丰富的组件集、强大的代码自动生成功能、丰富的数据库管理工具等。使用它的集成开发环境，编程人员可以更快地建立应用程序。

Delphi 的英文原义是古希腊一个城市的名称，因她拥有阿波罗（Apollo）神殿而闻名于世。古希腊人认为 Delphi 是世界的中心。Borland 公司将其可视化编程工具命名为 Delphi，是期望它将成为可视化开发工具的先驱与核心。

Delphi 是基于 Object Pascal 语言的面向对象的开发工具，使用它的集成开发环境（IDE）可以快速地建立应用程序，许多传统的、常规的编程都可以借助于类库（Class Library）来实现。使用 Delphi 既可以开发本地类型的软件，又可以开发客户机/服务器（C/S）类型的软件。

Delphi 提供了丰富的组件集和强大的代码生成功能，并提供了丰富的数据库管理工具，它集成了 Borland 公司的数据库引擎 BDE（Borland Database Engine）。借助于 BDE，Delphi 可与 DBASE、Paradox 以及支持 ODBC 的数据库连接。

Delphi 目前的版本有 1.0 版至 6.0 版，其中 1.0 版是在 Windows 3.x 下运行的。Windows 95/98/2000 推出后，Borland 公司推出了可运行在 Windows 95/98/2000/XP 和 Windows NT 上的 32 位的 2.0 版至 6.0 版。

5. C 语言和 Visual C++

C 语言是 1972 年由贝尔实验室的 Dennis Ritchie 为一台 DEC PDP-11 计算机配置操作系统而设计的。C 语言作为 UNIX 操作系统的开发语言而开始广为人知。它既适合于系统程序的开发，也适合于应用程序的开发。实际上，当今许多新的、重要的操作系统都是用 C 语言或 C++语言编写的。

C 语言是编译执行的过程性高级语言并带有低级语言的接口，是与硬件无关的，这种特性给程序员带来很大的灵活性。C 语言以其语言简洁、紧凑，使用方便、灵活，提供了丰富的运算符和数据类型，生成的目标代码质量高，程序运行效率高，可移植性好等独有的特点风靡全世界。

随着面向对象程序设计思想的日益普及，很多面向对象程序设计方法的语言也相继出现了，C++语言就是这样一种优秀的程序设计语言。C++语言是 Bjarne Stroustrup 于 1980 年在 AT&T 的贝尔实验室开发的一种语言，它是 C 语言的超集和扩展。它包括了 C 语言的全部特征、属性和优点，比 C 语言更容易学习。

C++语言在程序结构上与 C 语言是一致的，都是用“函数”驱动机制实现。它既可以进行过程化程序设计，也可以进行面向对象程序设计。C++语言强调对高级抽象的支持，它实现了类的封装、数据隐藏、继承及多态，使得其代码容易维护并具有高度可重用性。随着 C++语言逐渐成为 ANSI 标准，这种新的面向对象程序设计语言迅速成为了程序员最广泛的使用工具。几乎在所有计算机研究的应用领域，都能看到 C++语言。

目前，用户可以选择的 C++编译器很多。基于 Windows 操作平台环境下，微软公司和 Borland 公司都有自己的 C++编译器，如微软的 Visual C++ 6.0 和 Borland 公司的 Borland C++ 5.0、C++ Builder 等。它们不仅仅是 C++编译器，而是一个完整的开发平台。

Visual C++ 6.0 提供了良好的可视化编程环境，集项目建立、打开、浏览、编辑、保存、编译、连接和调试等功能于一体，可以运行在 Windows 9.x 或 Windows NT 环境下。

6. 小型数据库开发系统 Visual FoxPro

Visual FoxPro 6.0 关系数据库系统，是 Microsoft 公司推出的新一代小型数据库管理系统的杰出代表。它以强大的性能、完整而丰富的工具、极高的处理速度、友好的界面以及完备的兼容性等特点，备受广大用户的欢迎。

Visual FoxPro 6.0 及其中文版，是可运行 Windows 95 和 Windows NT 平台的 32 位数据库开发系统。它不仅可以简化数据库管理，而且能使应用程序的开发流程更为合理。Visual FoxPro 6.0 使组织数据、定义数据库规则和建立应用程序等工作变得简单易行。利用其可视化的设计工具和向导，用户可以快速创建表单、查询和打印报表。

Visual FoxPro 6.0 还提供了一个集成化的系统开发环境。它不仅支持过程式编程技术，而且在语言方面进行了强大的扩充，支持面向对象可视化编程技术，并拥有功能强大的可视化程序设计工具。目前，Visual FoxPro 6.0 是用户收集信息、查询数据、创建集成数据库系统和进行实用系统开发的较为理想的工具软件。

7. SQL

SQL 是为数据库的定义和操作开发的一种标准语言。它是一种类似于英语的数据查询语言。SQL 的最大特点是简单易学，因而深受广大编程者的欢迎。越来越多的关系数据库系统都采用了 SQL，它实际上已成为通用的标准语言。数据库界将 SQL 审定为新的国际标准。因此，掌握 SQL 对于学习数据库系统，推广应用数据库有着重要意义。

SQL 是说明性的高级语言，只需要程序员和用户对数据库中数据元素之间的关系和欲读取的信息的类型予以描述。虽然数据库也可用 COBOL 等过程性的语言操作，但 SQL 语句由于更适应数据库操作而效率更高。

8. Java 和 JavaScript

Java 语言是 Sun 公司于 1995 年 6 月推出的新一代面向对象程序设计语言，特别适合于 Internet 应用程序的开发。“连接 Internet，用 Java 语言编程”，已经成为 IT 专业人士的一种时尚。它作为一种支持 Internet 应用开发的编程语言，由于其独到的面向对象、跨平台、分布式、简捷性、健壮性、安全性等特点，深受广大 Internet 应用开发人员的欢迎，因而得到了迅速的普及和广泛的应用。Java 语言作为软件开发的一种革命性的技术，其地位已经被确定。

Java 程序应用分成两种：Java Application（Java 应用程序）和 Java Applet（Java 小应用程序）。其中 Java Application 与其他高级语言的应用程序类似，主要用来进行大型计算。

Applet 是 Java 语言迅速流行的重要原因。Applet 是 Java 语言的小应用程序，它是动态、安全和跨平台的网络应用程序。Java Applet 嵌入 HTML，通过主页发布到 Internet 上。网络用户访问服务器的 Applet 时，这些 Applet 从网络上进行传输，然后在支持 Java 语言的浏览器中运行。由于 Java 语言的安全机制，用户一旦载入 Applet，就可以放心地生成多媒体的用户界面或完成复杂的计算，因为 Applet 不能对本地文件进行操作。虽然 Applet 可以和图像、声音以及动画等一样从网络上下载，但它并不同于这些多媒体的文件格式。它可以接收用户的输入，动态地进行改变，而不仅仅是动画的显示和声音的播放。

习　题

1. 什么是计算机语言？计算机语言的发展经历了哪几个主要阶段？
2. 什么是机器语言？什么是汇编语言？什么是高级语言？
3. 什么是程序设计方法？简述程序设计的步骤。
4. 试述面向过程程序设计、模块化程序设计和面向对象程序设计的各自特点。
5. 写出一个高级语言程序的开发过程。
6. 何谓算法？写出几种常用的算法表示方法。
7. 利用计算机解决实际问题时，你可以考虑选择的编程语言有哪些？如何选择编程语言？

*第10章 信息安全与职业道德

【本章概述】

本章是对信息系统安全的一个概述，主要介绍信息系统安全的含义，安全威胁和安全策略，以及主要的安全技术防范方法；重点介绍了计算机病毒的定义和特征、病毒分类和病毒防治方法，介绍防火墙的技术要领和发展趋势；最后给出计算机黑客与计算机犯罪的概念，要求学习者树立信息安全意识及采取相关防范对策。

10.1 信息安全概述

随着计算机网络的不断普及应用，全球信息化已成为人类发展的重大趋势，信息技术正在以惊人的速度渗透到人类社会的各个领域。信息网络化使信息公开化、信息利用自由化，如何确保信息系统的安全保密，防止非法组织的信息“侵犯”、黑客的攻击、计算机病毒侵害、网络泄密及有害信息的传播，就成了信息系统安全技术建设的重要内容。

10.1.1 信息系统的定义

信息系统（Information System，IS）是泛指那些具有信息获取、传递、加工、存储、信息服务和信息管理等功能的系统，如党政部门信息系统、金融业务系统、企业商务系统、联机数据库、档案馆、图书馆及博物馆等。

广义理解的信息系统包括的范围很广，各种处理信息的系统都可算作信息系统，包括人体本身和各种人造系统。现代信息系统特指基于计算机和网络通信技术的，能为作业、管理和决策提供所需信息服务的各类人机系统。它是指以计算机为信息处理工具，以网络为信息传输手段的系统。常用的信息系统的种类有：

- 管理信息系统（Management Information System，MIS）；
- 决策支持系统（Decision Support System，DSS）；
- 专家系统（Expert System，ES）；
- 办公自动化系统（Office Automation，OA）；
- 地理信息系统（Geography Information System，GIS）；
- POS 系统（Point Of Sales）。

管理信息系统（MIS）是用系统思想建立起来的，以电子计算机为基本信息处理手段，以现代通信设备为基本传输工具，并能为管理决策提供信息服务的人机系统。它是一个由人和计算机等组成的，能收集、传输、存储、加工、维护和使用管理信息的系统。

决策支持系统（DSS）是辅助决策者通过数据、模型和知识，以人机交互方式进行半结构化或非结构化决策的计算机应用系统。它是 MIS 向更高一级发展而产生的先进信息管理系统。它为决策者提供分析问题、建立模型、模拟决策过程和方案的环境，调用各种信息资源和分析工具，帮助决策者提高决策水平和质量。

专家系统（ES）是一种具有智能特点的计算机程序。它的智能化主要表现为能够在特定的领域内运用知识和推理模仿人类专家思维来求解一些复杂问题。因此，专家系统是基于“知识”的系统，它必须包含领域专家大量的经验和专业知识，拥有类似人类专家思维的“推理”能力，并能用这些知识来解决实际问题。当前，专家系统主要应用领域有医学、计算机系统、电子学、工程、地质学、军事科学和过程控制等。

10.1.2 信息系统安全

1. 安全含义

信息系统安全是指保护计算机中存放的信息，以防止不合法的使用所造成的信息泄漏、更改或破坏。它涉及计算机的硬件系统、软件系统、网络系统等的安全性问题，是关系到整个计算机系统保持信息的机密性、完整性、可用性以及抗抵赖性的系统辨识、控制、策略和过程。计算机系统安全应包括技术安全、管理安全和政策法律。

信息系统安全包括以下 5 个基本要素。

① 机密性：确保信息不暴露给未授权的实体或进程。

② 完整性：只有得到允许的人才能修改数据，并且能够判别出数据是否已被篡改。

③ 可用性：得到授权的实体在需要时可访问数据，即攻击者不能占用所有的资源而阻碍授权者的工作。

④ 可控性：可以控制授权范围内的信息流向及行为方式。

⑤ 可审查性：对出现的网络安全问题提供调查的依据和手段。

2. 安全威胁

维护信息载体的安全就要抵抗对网络和系统的安全威胁。这些安全威胁包括物理侵犯（如机房侵入、设备偷窃、废物搜寻、电子干扰等）、系统漏洞（如旁路控制、程序缺陷等）、网络入侵（如窃听、截获、堵塞等）、恶意软件（如病毒、蠕虫、特洛伊木马、信息炸弹等）、存储损坏（如老化、破损等）等。

一般认为，目前网络中存在的威胁主要表现在以下 5 个方面。

（1）非授权访问：没有预先经过同意，就使用网络或计算机资源被看作非授权访问，如有意避开系统访问控制机制，对网络设备及资源进行非正常使用，或擅自扩大权限，越权访问信息。它主要有以下几种形式：假冒、身份攻击、非法用户进入网络系统进行违法操作、合法用户以未授权方式进行操作等。

（2）信息泄漏或丢失：指敏感数据在有意或无意中被泄漏出去或丢失。它通常包括信息在传输中丢失或泄漏（如黑客利用电磁泄漏或搭线窃听等方式截获机密信息，或通过对信息流向、流量、通信频度和长度等参数的分析，推出有用信息，如用户口令、账号等重要信息），信息在存储介质中丢失或泄漏，通过建立隐蔽隧道等窃取敏感信息等。

（3）破坏数据完整性：以非法手段窃得对数据的使用权，删除、修改、插入或重发某些重要信息，以取得有益于攻击者的响应；恶意添加、修改数据，以干扰用户的正常使用。

（4）拒绝服务攻击：它不断地对网络服务系统进行干扰，改变其正常的作业流程，执行无关程序使系统响应减慢甚至瘫痪，影响正常用户的使用，甚至使合法用户被排斥而不能进入计算机网络系统或不能得到相应的服务。

（5）利用网络传播病毒：通过网络传播计算机病毒，其破坏性大大高于单机系统，而且用户很难防范。

维护信息自身的安全就要抵抗对信息的安全威胁。这些安全威胁包括身份假冒、非法访问、信息泄露、数据受损、事后否认等。为抵抗对信息的安全威胁，通常采取的安全措施包括身份鉴别、访问控制、数据加密、数据验证、数字签名、内容过滤、日志审计、应急响应、灾难恢复等。

3. 安全策略

安全策略是指在一个特定的环境里，为保证提供一定级别的安全保护所必须遵守的规则。安全策略模型包括了建立安全环境的 3 个重要组成部分。

（1）威严的法律：安全的基石是社会法律、法规与手段。这部分用于建立一套安全管理标准和方法，即通过建立与信息安全相关的法律、法规，使非法分子慑于法律威严，不敢轻举妄动。1994 年 2 月 18 日，中华人民共和国国务院发布了《中华人民共和国计算机信息系统安全保护条例》。

（2）先进的技术：先进的安全技术是信息安全的根本保障。用户对自身面临的威胁进行风险评估，决定其需要的安全服务种类，选择相应的安全机制，然后集成先进的安全技术。

（3）严格的管理：各网络使用机构、企业和单位应建立相宜的信息安全管理办法，加强内部管理，建立审计和跟踪体系，提高整体信息安全意识。

当前，随着计算机信息技术的迅猛发展，对计算机信息系统的窃密也日渐猖獗。只要我们真正警惕起来，牢固树立安全保密意识，完善制度措施，加强安全保密设施建设和安全保密管理，就一定能够防患于未然。

10.1.3　信息安全技术概述

当前，主要的技术防范方法有以下几种。

（1）防病毒技术。计算机病毒程序的主要特征是潜伏、传染和破坏，防治的基本任务是检测和清除。目前，比较有效的方法是选用网络防病毒系统，并指定专人具体负责，用户端只需做一次系统安装，以后由系统统一进行病毒的自动查杀。

（2）鉴别或验证技术。在计算机信息系统的安全机制中，鉴别技术主要是为了发现未授权用户非法地与合法用户越权地对信息的存取与访问。此外，近年来国外发明了一种秘密共享技术，即把秘密（密钥）分成若干份，只有当规定数目的份额齐备时，整个秘密才能还原，少于规定数，秘密就无法还原。这种技术含有鉴别和防止个人泄密或集体共谋泄密的功能。

（3）访问控制。访问控制是计算机信息系统安全的关键技术，它由访问控制原则和访问机制构成。访问控制原则是一种政策性规定，它确定了每个用户的权力限制条件。

（4）隐蔽信道消除技术。隐蔽信道又称隐性通道或泄漏路径，因为某些信息可以由它不经意泄漏出去。

（5）数据库安全技术。数据库安全与计算机系统安全的要求、技术方法相近。制定正确的安全政策，贯彻“知所必需”的存取控制原则；应用过程中利用技术手段对数据库管理系统采取严密的安全保密措施，如数据加密保护、身份鉴别、传输保密、防病毒传染、介质安全保护等，强调使用安全的操作系统；数据库管理软件、加密软件需异地存放，以防数据库被攻击和摧毁；制订数据库应急计划，以防天灾、预谋窃密与破坏。

（6）审计跟踪。审计跟踪是计算机信息系统安全中一项重要的安全技术措施。其主要任务是：对用户的访问模式、情况、特定进程以及系统的各项安全保护机制与有效性进行审计检查；发现用户绕过系统的安全保护机制的企图；发现越权操作的行为；制止非法入侵并给予警告；记录入侵的全过程。

（7）网络安全技术。网络的安全保密比计算机系统的安全保密更为复杂，它是建立在各子系统安全的基础之上的，涉及安全保密技术的所有领域。

10.2 计算机病毒与防治

病毒是一种攻击性程序，采用把自己的副本嵌入到其他文件中的方式来感染计算机系统。当今计算机病毒造成的危害越来越严重。尤其是近十年来计算机网络的迅猛发展，为更大范围内快速传染计算机病毒提供了更为有利的条件。目前世界上的计算机病毒达 4 万余种，并且以每月 100 个以上新病毒的速度不断增长。几乎所有的计算机用户都已知道“计算机病毒”这一名词。因此，计算机病毒的检测、清除和防治，今天已成为计算机系统安全和信息系统安全维护工作中非常重要的一个方面。

10.2.1 病毒的产生和发展

1. 病毒的起源

世界上第一个计算机病毒起源于 1988 年 11 月 2 日发生在美国的莫里斯事件，这是一场损失巨大、影响深远的大规模“病毒”疫情。美国康乃尔大学一年级研究生罗特·莫里斯写了一个“蠕虫”（Worm）程序。该程序利用 UNIX 系统中的某些缺点，利用 finger 命令查联机用户名单，然后破译用户口令，用 Mail 系统复制、传播本身的源程序，再调用网络中远地编译生成代码。从 11 月 2 日早上 5 时开始，到下午 5 时使联网的 6 000 多台 UNIX、VAX、Sun 工作站受到感染。尽管莫里斯蠕虫程序并不删除文件，但无限制的繁殖抢占大量时间和空间资源，使许多联网计算机被迫停机。直接经济损失达 6 000 多万美元，莫里斯也受到了法律的制裁。

2. 病毒的发展历史

计算机病毒的发展历史可以划分为 4 个阶段。

（1）第一代病毒（1988—1989 年）

这一时期出现的病毒可以称为传统的病毒，是计算机病毒的萌芽和滋生时期。由于当时计算机的应用软件较少，而且大多是单机运行环境，因此病毒没有大量流行，病毒的种类也很有限，病毒的清除工作相对来说较容易。

（2）第二代病毒（1990—1991 年）

第二代病毒又称为混合型病毒，它是计算机病毒由简单发展到复杂，由单纯走向成熟的阶段。当时计算机局域网开始应用与普及，许多单机应用软件开始转向网络环境，应用软件更加成熟，由于网络系统尚未有安全防护的意识，缺乏在网络环境下病毒防御的思想准备与方法对策，这给计算机病毒带来了第一次流行高峰。

（3）第三代病毒（1992—1995 年）

第三代病毒被称为“多态性”病毒或“自我变形”病毒。“多态性”或“自我变形”的含义是指此类病毒在每次传染目标时，放入主程序中的病毒程序大部分是可变的，即在搜集到同一种病毒的多个样本中，病毒程序的代码绝大多数是不同的。由于这一特点，传统的利用特征码的方法不能检测出此类病毒。

（4）第四代病毒（20世纪90年代中后期）

随着远程网、远程访问服务的开通，病毒流行面更加广泛，病毒的流行迅速突破地域的限制。首先通过广域网传播至局域网内，再在局域网内传播扩散。1996年下半年，随着国内Internet的大量普及和E-mail的使用，隐藏于E-mail内的Word宏病毒成为当当病毒的主流。由于宏病毒编写简单、破坏性强且清除繁杂，这给清除工作带来了诸多不便。这一时期病毒的最大特点是利用Internet作为其主要传播途径，病毒传播快、隐蔽性强且破坏性大。

3. 病毒产生的根源

那么病毒究竟是如何产生的呢？归纳起来，其产生的根源主要有以下几种。

（1）开玩笑，恶作剧。某些爱好计算机并对计算机技术精通的人士为了炫耀自己的高超技术和智慧，凭借对软、硬件的深入了解，编制一些特殊的程序。这些程序通过载体传播出去后，在一定条件下被触发，如显示一些动画，播放一段音乐，或提一些智力问答题目等，其目的是想自我表现一下。这类病毒一般都是良性的，不会有破坏操作。

（2）产生于个别人的报复心理。每个人都处于社会环境中，总有人对社会不满或受到不公正的待遇。如果这种情况发生在一个编程高手身上，那么他有可能会编制一些危险的程序。在国外有这样的事例：某公司职员在职期间编制了一段程序代码隐藏在其公司的系统中，一旦检测到他的名字在工资报表中删除，该程序立即发作，破坏整个系统。

（3）用于版权保护。计算机发展初期，由于在法律上对于软件版权保护还没有像今天这样完善，很多商业软件被非法复制，有些开发商为了保护自己的利益制作了一些特殊程序，附在产品中。如巴基斯坦病毒，其制作者是为了追踪那些非法拷贝他们产品的用户。

（4）用于特殊目的。某组织或个体为达到特殊目的，对政府机构、单位的特殊系统进行宣传和破坏或用于军事目的。

10.2.2 病毒的定义和特征

1. 病毒的定义

“计算机病毒”（Virus）与医学上的“病毒”不同，它不是天然存在的，是某些人利用计算机软、硬件所固有的脆弱性编制的具有特殊功能的程序。由于它与生物医学上的“病毒”具有类似的传染和破坏的特性，因此这一名词是由生物医学上的“病毒”概念引申而来的。

简单地说，凡是能够引起计算机故障，破坏计算机数据的程序统称为计算机病毒。国内专家和研究者都对计算机病毒做过不尽相同的定义，但一直没有公认的明确定义。直至1994年2月18日，我国正式颁布实施了《中华人民共和国计算机信息系统安全保护条例》。在《条例》第二十八条中明确指出：“计算机病毒，是指编制或者在计算机程序中插入的破坏计算机功能或者毁坏数据，影响计算机使用，并能自我复制的一组计算机指令或者程序代码”。此定义具有法律性、权威性。

2. 病毒的特征

计算机病毒具有以下几种特征。

（1）非授权可执行性。病毒具有正常程序的一切特性。它隐藏在正常程序中，当用户调用正常程序时窃取到系统的控制权，先于正常程序执行；在没有得到用户许可的情况下，开始了破坏行动。

（2）传染性。传染性是计算机病毒最主要的特点。病毒一旦侵入系统，就会搜寻其他符合其传染条件的程序或存储介质，确定目标后再将自身代码插入其中，达到自我繁殖的目的。只要一台计算机被感染病毒，如不及时清除，那么病毒会在这台计算机上迅速扩散，其中的大量文件（一般是可执行文件）会被感染。而被感染的文件又成了新的传染源，再与其他机器进行数据交换或通过网络接触，病毒会继续进行传染。

（3）隐蔽性。病毒一般是具有很高编程技巧、短小精悍的程序，通常附在正常程序中或磁盘较隐蔽的地方，也有个别的以隐含文件形式出现，目的是不让用户发现它的存在。病毒可以在一个系统中存在很长时间而不被发现，在发作时才会使人们猝不及防，造成重大损失。

（4）潜伏性。大部分的病毒感染系统之后一般不会马上发作，它可以长期隐藏在系统中，只有在满足其特定条件时才启动其表现（破坏）模块。例如，"PETER-2"在每年 2 月 27 日会提 3 个问题，答错后会将硬盘加密。著名的"CIH"每逢 4 月 26 日发作。

（5）破坏性。病毒的破坏性主要表现为占用 CPU 时间和内存开销，从而造成进程堵塞。病毒对数据或文件进行破坏，干扰外围设备正常工作等，重者会导致系统崩溃。

（6）可触发性。计算机病毒大部分会设定发作条件，这个条件可以是某个日期、键盘的点击次数或是某个文件的调用。

10.2.3　病毒分类

从第一个病毒问世以来，究竟世界上有多少种病毒，说法不一。无论有多少种，病毒的数量仍在不断增加。按照计算机病毒的特点及特性，计算机病毒有许多种分类方法，如表 10-1 所示。比较典型的分类方法有以下 3 种。

表 10-1　　计算机病毒的分类

分类的方法	病毒的类型
按照计算机病毒攻击的系统分类	攻击 DOS 系统的病毒 攻击 Windows 系统的病毒，如 CIH 病毒 攻击 UNIX 系统的病毒 攻击 OS/2 系统的病毒
按照病毒的攻击机型分类	攻击微型计算机的病毒 攻击小型机的计算机病毒，如 Worm 程序 攻击工作站的计算机病毒
按照计算机病毒的链接方式分类	源码型病毒 嵌入型病毒 外壳型病毒 操作系统型病毒，如圆点病毒和大麻病毒
按照计算机病毒的破坏情况分类	良性计算机病毒 恶性计算机病毒，如米开朗·基罗病毒
按照计算机病毒的寄生部位或传染对象分类	磁盘引导区传染的病毒，如大麻病毒和小球病毒 操作系统传染的病毒，如"黑色星期五"病毒 可执行程序传染的病毒
按照传播媒介分类	单机病毒 网络病毒
按照寄生方式和传染途径分类	引导型病毒 文件型病毒，如 1575/1591 病毒、848 病毒 混合型病毒

1. 按照寄生方式和传染途径分类

计算机病毒可分为引导型病毒、文件型病毒和混合型病毒。

- 引导型病毒：会去改写磁盘上的引导扇区（Boot Sector）的内容，软盘或硬盘都有可能感染病毒；或者就是改写硬盘上的分区表（FAT）。如果用已感染病毒的软盘来启动计算机系统，则会感染硬盘。这种病毒在系统启动时，先执行病毒程序，获得CPU控制权，使计算机系统带病毒工作，并进行传染和破坏。
- 文件型病毒：主要以感染文件扩展名为.com、.exe和.ovl等的可执行程序为主。大多数的文件型病毒都会把它们自己的代码复制到其宿主（要运行病毒的载体程序）的开头或结尾处。这会造成已感染病毒文件的长度变长。这是较为常见的传染方式。已感染病毒的文件执行速度会减缓，甚至完全无法执行。有些文件遭感染后，一旦执行就会遭到删除。
- 混合型病毒：兼有以上两种病毒的特点，既感染引导区又感染文件，因此扩大了这种病毒的传染途径，如1997年国内流行较广的“TPVO-3783（SPY）”病毒。

2. 按照病毒的链接方式分类

计算机病毒可分为源码型病毒、嵌入型病毒、操作系统型病毒和外壳型病毒。

- 源码型病毒：它攻击高级语言编写的源程序，在源程序编译之前插入其中，并随源程序一起编译、连接生成合法的可执行文件，此时刚刚生成的可执行文件便感染病毒。
- 嵌入型病毒：它将自身嵌入到现有程序中，把计算机病毒的主体程序与其攻击的对象以插入的方式链接。这种计算机病毒是难以编写的，一旦侵入程序体后也较难消除。如果同时采用多态性病毒技术、超级病毒技术和隐蔽性病毒技术，将给当前的反病毒技术带来严峻的挑战。
- 操作系统型病毒：用它自身的程序意图加入或取代部分操作系统进行工作，具有很强的破坏力，会导致整个系统的瘫痪。例如圆点病毒和大麻病毒就是典型的操作系统型病毒。这种病毒在运行时，用自己的逻辑部分取代操作系统的合法程序模块在操作系统中运行，对操作系统进行破坏。这类病毒的危害性也较大。
- 外壳型病毒：将自身附在正常程序的开头或结尾，相当于给正常程序加了个外壳，对原来的程序不做修改。这种病毒最为常见，易于编写，也易于发现，一般测试文件的大小即可知。

3. 按照计算机病毒的破坏性分类

计算机病毒可分为良性病毒、恶性病毒。

- 良性病毒：就是仅表现而不进行破坏的计算机病毒。这种病毒多数是病毒制造者恶作剧的结果。这类病毒为了表现其存在，只是不停地进行扩散，从一台计算机传染到另一台，并不破坏计算机内的数据，如屏幕上有时可能只显示某些画面或音乐、无聊的语句，它没有任何破坏动作，但会占用系统资源。这类病毒有小球病毒、1575/1591病毒、救护车病毒、扬基病毒、Dabi病毒等。
- 恶性病毒：就是指在其代码中包含损伤和破坏计算机系统的操作，在其传染或发作时会对系统产生直接的破坏作用。最常见的恶性病毒是清除计算机系统所存储的数据、删除文件或加密磁盘、格式化磁盘等破坏，有的对数据造成不可挽回的破坏。这类病毒有黑色星期五病毒、火炬病毒、米开朗·基罗病毒等。如米开朗·基罗病毒发作时，硬盘的前17个扇区将被彻底破坏，使整个硬盘上的数据无法被恢复，造成的损失是无法挽回的。

计算机病毒的种类虽多，但对病毒代码进行分析、比较可看出，它们的主要结构是类似的，有其共同特点。整个病毒代码虽短小，但通常都包含三部分：引导部分、传染部分和表现部分。

计算机病毒感染的症状取决于病毒的种类。计算机病毒常常感染的是可执行文件。当用户运行一个被感染了的程序时，则计算机也就运行了病毒指令，从而病毒进行了复制或发出了某些指令，以破坏数据或计算机系统。有的病毒附着在磁盘的引导区，当计算机启动时，这种病毒就会广泛传播并造成严重的危害。

下面是目前几种常见的病毒种类。

（1）宏病毒（Macro）

随着微软 Word 字处理软件的广泛使用和计算机网络尤其是 Internet 的推广普及，病毒家族又出现一种新成员，这就是宏病毒。宏病毒是一种寄存于文档或模板的宏中的计算机病毒。一旦打开这样的文档，宏病毒就会被激活，转移到计算机上，并驻留在 Normal 模板上。从此以后，所有自动保存的文档都会感染上这种宏病毒。宏病毒的前缀是 Macro，该类病毒的公有特性是能感染 Office 系列文档，然后通过 Office 通用模板进行传播，如著名的美丽莎解（Macro.Melissa）病毒。

（2）特洛伊木马（Trojan Horse）

特洛伊木马是一个有用的或表面上有用的程序或命令过程，包含了一段隐藏的、激活时进行某种有害功能的代码。这是一种常见的病毒攻击。被传染这类病毒的计算机从表面上看，不破坏内存，也不使计算机瘫痪，但其中却隐藏着秘密指令。程序看起来在执行有用的程序（如计算器程序），但它可能已悄悄地按照病毒设置者的秘密要求，删除用户文件，直到破坏数据文件。例如，有一种特洛伊木马病毒看上去就像网络的登录界面。但是，当用户进行登录时，特洛伊木马病毒就会收集用户的 ID 以及口令。这些信息会存放到一个病毒设置者可以访问的文件中。有了用户的 ID 以及口令，病毒设置者就可以随时访问这些用户存储的数据。

（3）时间炸弹和逻辑炸弹（Logic Bomb）

“时间炸弹”指的是这样一种病毒程序，它可以潜伏在计算机中几天或者几个月而不被发现，直到某个特定的时刻（计算机系统时钟到达某一天）被引发。

“逻辑炸弹”是指嵌入在某个合法程序里的一段程序代码，被设置成当满足条件时就会发作，也可以理解为“爆炸”，它具有计算机病毒明显的潜伏性。一旦触发，逻辑炸弹的危害性会改变或删除数据或文件，完成某种特定的破坏工作。例如，1996 年上海某公司寻呼台主控计算机系统被破坏一案就是比较典型的逻辑炸弹案例。该公司某工程师因对公司不满，遂产生报复心理，离职前在计算机系统中设置了逻辑炸弹。这一破坏性程序在当年 6 月 29 日这一特定的时间激活，导致系统瘫痪，硬盘分区表被破坏，系统用户数据全部丢失，使公司遭受很大的损失。

（4）蠕虫（Worm）

蠕虫是一种体积很小、繁殖很快、爬行迟缓的小虫子。用它的名称命名计算机病毒，就是用于比喻染上这种病毒的计算机运行起来像蠕虫爬行那样缓慢。“蠕虫”病毒并不毁坏数据，但是它会占用大量的存储空间，从而大大降低计算机的运行速度。“蠕虫”病毒是通过计算机安全系统的漏洞进入计算机系统的。与其他计算机病毒相同，蠕虫病毒也进行自我复制；但不同的是，“蠕虫病毒”不需要附着在文档或可执行文件上来进行复制。

网络蠕虫程序是一种使用网络连接从一个系统传播到另一个系统的感染病毒程序。一旦这种程序在系统中被激活，网络蠕虫可以表现得像计算机病毒对系统进行破坏或毁灭行动。为了演化复制功能，网络蠕虫传播主要靠网络载体实现。例如，近年来网络上流行的 CodeRed（红色代码）蠕虫病毒，就是利用微软 Web 服务器 IIS 4.0 或 5.0 中 Index 服务的安全缺陷，攻击目的机器，并通过自动扫描感染方式传播“蠕虫”的。

10.2.4 病毒的防治

计算机病毒的防治是系统安全管理和日常维护的一个重要方面。计算机病毒的防治可从预防、检测和清除3个方面入手。

1. 病毒的预防

目前世界上没有能检测和清除所有计算机病毒的杀毒软件，同时，由于计算机病毒也在不断地发展，许多新的、危害性更大的计算机病毒不断产生。与计算机病毒的产生相比，杀毒软件永远具有滞后性，所以对计算机病毒必须以预防为主。

一般可以采取以下几个方面的预防措施。

（1）认识计算机病毒的破坏性及危害性，不随便复制和使用盗版软件和来历不明的软件，对从网络上下载的各种免费软件和共享软件，要进行必要的检查和杀毒，杜绝计算机病毒交叉感染的可能。

（2）公共软件在使用前和使用后应该用反病毒软件检查，确保无病毒感染。尤其是相互之间交流信息的盘片，更应在严格检测后方可使用。

（3）对所有系统盘和不写入数据的盘片，应进行写保护，以免被病毒感染。

（4）计算机系统中的重要数据要定期备份。

（5）计算机启动后和关机前，用反病毒软件对系统和硬盘进行检查，以便及时发现并清除病毒。

（6）对新购买的软件必须进行病毒检查。

（7）不在计算机上运行非法拷贝的软件或盗版软件。

（8）对于重要科研项目所使用的计算机系统，要实行专机、专盘和专用。

（9）一旦发现病毒，应立即采取消毒措施，不得带病操作。

（10）发现计算机系统的任何异常现象，应及时采取检测和清除措施。

2. 病毒的检测和清除

病毒检测和清除就是想办法发现病毒并加以清除。发现病毒有主动和被动两种方法。被动方法是在系统运行出现异常后，怀疑有病毒存在并对它检测；主动方法是主动对磁盘或文件进行检查，或对系统的运行过程进行监控，以便识别和发现病毒并加以清除。

计算机感染病毒的症状通常如下。

① 装入程序的时间比平时长、运行异常。

② 磁盘空间突然变小，或系统不能识别磁盘设备。

③ 有异常动作，如突然死机又自动重启等。

④ 访问设备时有异常现象，如显示器显示乱字符、打印机乱动作或打印乱字符。

⑤ 程序或数据无缘无故地丢失，找不到文件。

⑥ 可执行文件、覆盖文件或一些数据文件长度发生变化。

⑦ 发现来历不明的隐含文件。

⑧ 访问设备的时间比平时长，如长时间访问磁盘等现象。

⑨ 上网的计算机发生不能控制的自动操作现象。

⑩ 机器发出怪声。

想要知道自己的计算机中是否染有病毒，最简单的方法是采用较新的反病毒软件对磁盘进行全面的检测。病毒清除主要是指从内存、磁盘系统内和文件中清除病毒程序，恢复系统的正常工作。

病毒清除一般有两种方法。

（1）人工处理的方法

用正常的文件覆盖被病毒感染的文件、删除被病毒感染的文件以及重新格式化磁盘等，但这种方法有一定的危险性，容易造成对文件的破坏。

（2）用反病毒软件清除病毒

常见国产反病毒软件有 360 杀毒软件、瑞星杀毒软件、金山毒霸、熊猫卫士等杀毒软件。这些反病毒软件操作简单、提示丰富且行之有效，但对某些病毒的变种不能清除。

由于病毒清除软件必须在发现新病毒之后增加针对新病毒的清除病毒程序，所以要经常进行版本的升级。

10.2.5 常用的杀毒软件

病毒是防不胜防的，为了对付计算机病毒，人们设计了许多杀毒软件。一般每一种病毒都会有所谓的"特征码"，当被它感染后，病毒就会把特征码标识上去，这样病毒在感染文件和系统时，先检查被感染者有无这个标识，如果有，说明已经被感染过了，就不会再感染了，如果没有标识则感染。一般的杀毒软件就是通过查找病毒的特征码和病毒的一些特殊性质来查毒杀毒的。常见反病毒软件有 360 杀毒、瑞星、金山毒霸、诺顿、天网等。下面介绍几种常用的杀毒软件。

1．360 杀毒软件

360 杀毒是 360 安全中心出品的一款免费的云安全杀毒软件。360 杀毒具有以下优点：查杀率高、资源占用少、升级迅速等。同时，360 杀毒可以与其他杀毒软件共存，是一个理想杀毒备选方案。360 杀毒是一款一次性通过 VB100 认证的国产杀毒软件，它无缝整合了来自国际知名杀毒软件 BitDefender（比特梵德）（病毒）查杀引擎、国际权威杀毒引擎（小红伞）和 360 云查杀引擎，提供完善的病毒防护体系，它可以第一时间防御新出现的病毒、木马。由于它完全免费，无需激活码，轻巧快速不卡机，适合中低端机器，360 杀毒采用全新的"SmartScan"智能扫描技术，使其扫描速度奇快，能为您的电脑提供全面保护，二次查杀速度极快。在各大软件站的软件评测中屡屡获胜。迄今，360 杀毒是包揽 VB100、AV-C、AV-Test 以及 Checkmark 权威认证"四大满贯"的杀毒软件。艾瑞数据显示，360 杀毒月度用户量已突破 3.7 亿，在个人版杀毒市场份额大幅领先。

2．瑞星杀毒软件

瑞星公司是目前中国最大的提供全系列反病毒及信息安全产品的专业厂商，专门研制生产涉及计算机反病毒和信息安全相关的全系列产品，目前已自主研发成功了基于多种操作系统的瑞星杀毒软件单机版、网络版、企业级防火墙、入侵检测及漏洞扫描等系列信息安全产品，是中国主流的信息安全产品和服务提供商。

瑞星杀毒软件的主要特点如下。

（1）国际领先杀毒技术，评测第一优秀产品。采用国际上最先进的瑞星新一代病毒扫描引擎（VST）技术，可全面处理 DOS、Windows 3X、Windows 9X、Windows Me、Windows NT 和 Windows 2000、Windows XP 等各种操作系统平台上的病毒，如宏病毒、互联网病毒、黑客程序、邮件病毒以及其他类型的各种病毒，查毒高效准确。在公安部进行的所有杀毒软件评测中，它名列第一，被国家质量技术监督局确认为"一级品"。

（2）邮件系统实时保护，切断各种病毒感染通道。电子邮件已成为目前计算机病毒最主要的传播媒体，感染率高达 87%。瑞星杀毒软件采用先进的实时监控技术，不仅对传统的文件系统，并且对电子邮件系统进行实时、高效的防护。当用户在发送、接收和打开电子邮件时，瑞星杀毒软件将自动对邮件本身及附件进行监控，一旦发现病毒将自动进行清毒，确保用户的邮件无毒，彻底切断病毒的感染通道。

（3）支持众多压缩格式，使各类病毒无处藏身。瑞星杀毒软件支持 DOS、Windows 和 UNIX 等系统的几十种压缩格式，如 ZIP、GZIP、ARJ、CAB、RAR、ZOO、ARC 等，使得病毒无处藏身。

（4）智能升级，方便快捷。提供智能升级功能，采用增量方式，无须访问瑞星主页，不必下载庞大的程序包，只需轻轻一点鼠标，即可自动升级，使计算机时刻处在瑞星杀毒软件的最新版本保护之下。

（5）病毒隔离系统。病毒隔离系统将带毒文件隔离到安全区域，在需要的情况下安全恢复，完全避免了因为设置或其他误操作引起的重要文件丢失。而且可以把备份的未知病毒发给瑞星公司，以进行具体的病毒分析。

（6）个性化设计，双界面自由切换。采用独特的双界面设计，豪华与朴实相结合，朴实界面简洁明了，豪华界面富有质感，立体感强。

3. 金山毒霸杀毒软件

金山毒霸是金山公司开发的查毒杀毒软件。它继承了金山软件的一贯风格，功能强大，性能卓越。

金山毒霸杀毒软件的主要特点如下。

（1）彻底查杀恶性 CIH 病毒、各类宏病毒、蠕虫病毒、数百种黑客程序和特洛伊木马，对木马的查杀在国内领先。

（2）强大的病毒防火墙。病毒防火墙和黑客防火墙二合一，时刻监测来自光盘、软盘和互联网等各种途径的病毒。

（3）可检测 ZIP、CAB、ARJ 和 RAR 等十多种流行压缩文件内的病毒，彻底查杀各类电子邮件病毒。

（4）办公防毒。嵌入 Microsoft Office 的安全助手，保障 Word、Excel、PowerPoint 文档免受宏病毒攻击。

（5）网页防毒，有效拦截网页中恶意脚本。聊天防毒，自动扫描清除 QQ、MSN、ICQ 的即时消息及其附件中的病毒，彻底查杀 QQ 狩猎者、MSN 射手。

（6）同时提供定时杀毒、局域网杀毒、硬盘修复、任务管理、查毒日志等先进功能。

10.3 Internet 防火墙技术

21 世纪是网络和知识经济的时代，据国外研究机构 2007 年统计的数据，世界网民 13.6 亿约占世界人口的六分之一，2013 年将突破 20 多亿，而我国网民规模已达到 4.57 亿，列居全球之首。互连网已越来越广泛地应用于社会的各个方面。计算机网络安全已经逐渐成为一个人们关注的问题。

黑客的攻击曾经使雅虎网站的网络停止运行 3 小时，这令它损失了几百万美金的交易。我国春节期间 263 的若干服务器也遭到黑客的疯狂攻击。在 IDC 里面托管的服务器几乎每天都要受到大量的扫描器的疯狂扫描。黑客一般都是通过一些系统的漏洞和网络管理人员的疏忽侵入主机的。比如黑客可以利用 Wu-ftp 的溢出来获得 root 权限等。面对如此脆弱的网络，我们必须搭建一个安全体系来维护网络的安全，这些可以通过防火墙和入侵检测系统来实现。

10.3.1　防火墙的定义和分类

所谓防火墙（Fire Wall），指的是一个由软件和硬件设备组合而成，在内部网和外部网之间、专用网与公共网之间的界面上构造的保护屏障。防火墙技术，最初是针对 Internet 网络不安全因素所采取的一种保护措施。顾名思义，防火墙就是用来阻挡外部不安全因素影响的内部网络屏障，其目的就是防止外部网络用户未经授权的访问。它是一种计算机硬件和软件的结合，使 Internet 与 Intranet 之间建立起一个安全网关（Security Gateway），从而保护内部网免受非法用户的侵入，如图 10-1 所示。

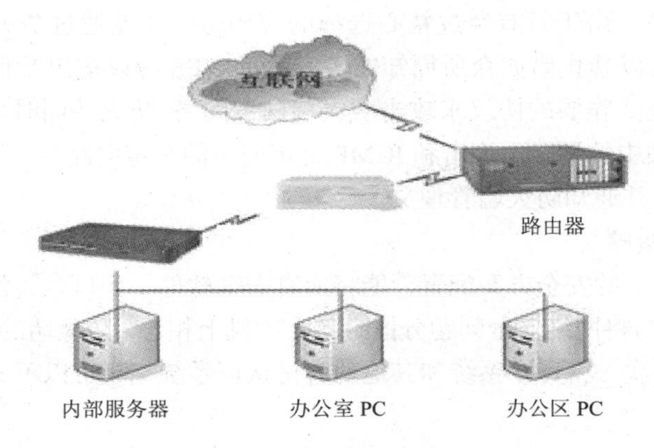

图 10-1　防火墙示意图

防火墙主要由服务访问政策、验证工具、包过滤和应用网关 4 个部分组成。防火墙就是一个位于计算机和它所连接的网络之间的软件或硬件。该计算机流入流出的所有网络通信均要经过此防火墙。根据防火墙所采用的技术不同，我们可以将它分为三种基本类型：包过滤型、代理型和监测型。

1. 包过滤型

包过滤型产品是防火墙的初级产品，其技术依据是网络中的分包传输技术。网络上的数据都是以“包”为单位进行传输的，数据被分割成为一定大小的数据包，每一个数据包中都会包含一些特定信息，如数据的源地址、目标地址、TCP/UDP 源端口和目标端口等。防火墙通过读取数据包中的地址信息来判断这些“包”是否来自可信任的安全站点，一旦发现来自危险站点的数据包，防火墙便会将这些数据拒之门外。系统管理员也可以根据实际情况灵活制定判断规则。

2. 代理型

代理型防火墙也可以被称为代理服务器，它的安全性要高于包过滤型产品，并已经开始向应用层发展。代理服务器（Proxy Server）是一种重要的安全功能。它的工作主要在开放系统互联（OSI）模型的对话层，从而起到防火墙的作用。代理服务器大多被用来连接 Internet（国际互联网）和 Intranet（局域网）。

3. 监测型

监测型防火墙是新一代的产品，这一技术实际已经超越了最初的防火墙定义。监测型防火墙能够对各层的数据进行主动的、实时的监测。在对这些数据加以分析的基础上，监测型防火墙能够有效地判断出各层中的非法侵入。

10.3.2　防火墙技术的功能

防火墙对流经它的网络通信进行扫描，这样能够过滤掉一些攻击，以免其在目标计算机上被执行。防火墙还可以关闭不使用的端口。而且它还能禁止特定端口的流出通信，封锁特洛伊木马。最后，它可以禁止来自特殊站点的访问，从而防止来自不明入侵者的所有通信。防火墙的功能主要体现在以下几个方面。

1. 网络安全的屏障

一个防火墙（作为阻塞点、控制点）能极大地提高一个内部网络的安全性，并通过过滤不安全的服务而降低风险。由于只有经过精心选择的应用协议才能通过防火墙，所以网络环境变得更安全。如防火墙可以禁止诸如众所周知的不安全的NFS协议进出受保护网络，这样外部的攻击者就不可能利用这些脆弱的协议来攻击防火墙内部网络。防火墙同时可以保护网络免受基于路由的攻击，如IP选项中的源路由攻击和ICMP重定向中的重定向路径。防火墙应该可以拒绝所有以上类型攻击的报文并通知防火墙管理员。

2. 强化网络安全策略

通过以防火墙为中心的安全方案配置，能将所有安全软件（如口令、加密、身份认证、审计等）配置在防火墙上。与将网络安全问题分散到各个主机上相比，防火墙的集中安全管理更经济。例如在网络访问时，一次一密口令系统和其他的身份认证系统完全可以不必分散在各个主机上，而集中在防火墙身上。

3. 监控审计

如果所有的访问都经过防火墙，那么，防火墙就能记录下这些访问并做出日志记录，同时也能提供网络使用情况的统计数据。当发生可疑动作时，防火墙能进行适当的报警，并提供网络是否受到监测和攻击的详细信息。另外，收集一个网络的使用和误用情况也是非常重要的。首要的理由是可以清楚防火墙是否能够抵挡攻击者的探测和攻击，并且清楚防火墙的控制是否充足。而网络使用统计对网络需求分析和威胁分析等而言，也是非常重要的。

4. 防止内部信息的外泄

通过利用防火墙对内部网络的划分，可实现内部网重点网段的隔离，从而限制了局部重点或敏感网络安全问题对全局网络造成的影响。再者，隐私是内部网络非常关心的问题，一个内部网络中不引人注意的细节可能包含了有关安全的线索而引起外部攻击者的兴趣，甚至因此而暴露了内部网络的某些安全漏洞。使用防火墙就可以隐蔽那些透漏内部细节，如Finger，DNS等服务。

Finger显示了主机的所有用户的注册名、真名，最后登录时间和使用shell类型等。但是Finger显示的信息非常容易被攻击者所获悉。攻击者可以知道一个系统使用的频繁程度，这个系统是否有用户正在连线上网，这个系统是否在被攻击时引起注意等。防火墙可以同样阻塞有关内部网络中的DNS信息，这样一台主机的域名和IP地址就不会被外界所了解。除了安全作用，防火墙还支持具有Internet服务特性的企业内部网络技术体系VPN（虚拟专用网）。

5. 数据包过滤

网络上的数据都是以包为单位进行传输的，每一个数据包中都会包含一些特定的信息，如数据的源地址、目标地址、源端口号和目标端口号等。防火墙通过读取数据包中的地址信息来判断这些包是否来自可信任的网络，并与预先设定的访问控制规则进行比较，进而确定是否需对数据包进行处理和操作。数据包过滤可以防止外部不合法用户对内部网络的访问，但由于不能检测数据包的具体内容，所以不能识别具有非法内容的数据包，无法实施对应用层协议的安全处理。

6. 网络 IP 地址转换

网络 IP 地址转换是一种将私有 IP 地址转化为公网 IP 地址的技术，它被广泛应用于各种类型的网络和互联网的接入中。网络 IP 地址转换一方面可隐藏内部网络的真实 IP 地址，使内部网络免受黑客的直接攻击；另一方面，由于内部网络使用了私有 IP 地址，从而有效解决了公网 IP 地址不足的问题。

7. 虚拟专用网络

虚拟专用网络将分布在不同地域上的局域网或计算机通过加密通信，虚拟出专用的传输通道，从而将它们从逻辑上连成一个整体，不仅省去了建设专用通信线路的费用，还有效地保证了网络通信的安全。

8. 日志记录与事件通知

进出网络的数据都必须经过防火墙，防火墙通过日志对其进行记录，能提供网络使用的详细统计信息。当发生可疑事件时，防火墙更能根据机制进行报警和通知，提供网络是否受到威胁的信息。

10.3.3　防火墙技术的未来展望

作为内部网络与外部公共网络之间的第一道屏障，防火墙是最先受到人们重视的网络安全产品之一。虽然从理论上看，防火墙处于网络安全最底层，负责网络间的安全认证与传输，但随着网络安全技术的整体发展和网络应用的不断变化，现代防火墙技术已经逐步走向网络层之外的其他安全层次，不仅要完成传统防火墙的过滤任务，同时还能为各种网络应用提供相应的安全服务。另外，还有多种防火墙产品正朝着数据安全与用户认证、防止病毒与黑客侵入等方向发展。

目前，国内外的防火墙研制技术已经日趋成熟。从产品及功能上，今后其技术动向和趋势可朝如下方向发展。

1. 过滤深度不断加强，从目前的地址、服务过滤发展到对 Active X、Java 等的过滤，并逐渐有病毒扫除功能。
2. 防火墙的扩展功能将进一步完善，而且随着算法的优化，使对网络流量的影响减到最少。
3. 利用防火墙建立专用网（VPN）是较长一段时间的用户使用的主流。IP 的加密需求越来越强，安全协议的开发是一大热点。
4. 对网络攻击的检测和告警将成为防火墙的重要功能。逐步建立和完善入侵检测数据库。
5. 防火墙和硬件的进一步结合。

10.4　计算机黑客与计算机犯罪

10.4.1　计算机黑客与防范

黑客（Hacker）是指那些利用计算机作为工具进行犯罪活动，对计算机信息系统、国际互联网安全构成危害的人。他们的主要手段有寻找系统漏洞，非法侵入涉及国家机密的计算机信息系统；非法获取口令，偷取特权，侵入他人计算机系统，盗取他人商业秘密、隐私或者挪用、盗窃公私财产，或者对计算机资料进行删除、修改和增加，或者传播复制淫秽作品，或者制作、传播计算机病毒等破坏活动。黑客对国家安全、社会安全、公共秩序、个人合法权益造成了极大的危害。

为了防范黑客的侵害，从技术上对付黑客攻击，需采取以下主要防范手段。

1. 使用防火墙技术

使用防火墙系统来防止外部网络对内部网络的未授权访问，建立网络信息系统的对外安全屏障。目前全球连入 Internet 的计算机中约有 1/3 是处于防火墙保护之下的，主要目的就是根据本单位的安全策略，对外部网络与内部网络交流的数据进行检查，符合规则的访问予以放行，不符合的拒之门外。

2. 使用安全扫描工具发现黑客

使用安全检测、扫描工具作为加强内部网络与系统的安全防护性能和抗破坏能力的主要扫描工具，用于发现安全漏洞及薄弱环节。当网络或系统被黑客攻击时，及时发现黑客入侵的迹象，并进行处理。

3. 使用有效的监控手段抓住入侵者

使用监控工具对网络和系统的运行情况进行实时监控，用于发现黑客或入侵者的不良企图及越权使用，及时进行相关处理（如跟踪分析、反攻击等），防患于未然。

4. 时常备份系统

系统管理员要定期地备份文件系统，以便在非常情况下（如系统瘫痪或受到黑客的攻击破坏时）能及时修复系统，将损失减到最低。

5. 加强防范意识

加强管理员和系统用户的安全防范意识，可大大提高网络、系统的安全性能，更有效地防止黑客的攻击破坏。

10.4.2 计算机犯罪

在计算机开始使用的 20 世纪 50 年代，就开始出现计算机犯罪。首先在军事、情报领域，以后逐步发展到科学技术、金融和商业领域。从 20 世纪 60 年代以来，随着计算机应用领域的扩大和深入，计算机犯罪已经在国防、经济、政治、科学技术和社会生活等各个方面造成严重破坏，给计算机数据的安全造成了极大的威胁。

对于计算机犯罪，国际上还没有形成一个公认的定义。例如，美国有关专家认为，计算机犯罪涉及 3 个概念：计算机滥用（与计算机有关的行为）、计算机犯罪（以计算机技术为手段）、与计算机有关的犯罪（所进行的非法行为中计算机知识起了基本作用）。目前我国对计算机犯罪有两种定义，一种是“与计算机相关的危害社会并应当处以刑罚的行为”，另一种是“以计算机为工具或以计算机资产为对象实施的犯罪行为”。

当前计算机犯罪主要包括以下行为。

（1）制作和传播计算机病毒并造成重大危害。

（2）利用信用卡等信息存储介质进行非法活动。

（3）窃取计算机系统信息资源。

（4）破坏计算机的程序或资料。

（5）利用计算机系统进行非法活动。

（6）非法修改计算机中的资料或程序。

（7）泄露或出卖计算机系统中的机密信息。

近年来，各国计算机犯罪活动迅速增加，日趋严重，已经成为国际上非常重视的问题。在美国等计算机化程度较高的国家，计算机犯罪已经成为当前一种严重的社会问题。我国计算机应用正在迅速发展，因此，对于保障计算机及其数据的安全，防止和制止计算机犯罪的问题，应当引起足够的重视。

10.5　信息道德与法规

10.5.1　信息意识与信息道德

正确认识和理解与信息技术相关的文化、伦理和社会等问题，培养高尚的信息道德（Information Morality）和良好的信息意识，负责任地使用信息技术，是每一个公民应该遵守的道德。特别是面对当前迅猛发展的科学技术，在 Internet 上有各种各样的信息，我们更应该有明确的立场和高尚的道德观，应该有选择、有舍弃地获取那些对自己身心健康和成长有益的信息，抵制那些色情、暴力等危害社会公德的信息垃圾。要加强以下几个方面的信息道德修养。

（1）不阅读、不复制、不传播和不制作妨碍社会治安和污染社会环境的暴力、色情等有害信息。

（2）不制作或故意传播计算机病毒，绝不模仿计算机“黑客”的行为；不在网络上随意发表言论，不做危及别人计算机的事。

（3）尊重他人的信息权利，未经他人同意不删改他人计算机的设置或数据；不窃取他人密码；不偷看或擅自删改他人的文件；未经同意不复制别人的软件。

（4）不剽窃别人的计算机作品，不使用盗版软件。

（5）要注意防止计算机病毒或黑客的侵害，善于保护自己的信息资料，善于分辨有用、无用或有害的信息。

10.5.2　信息法规

为了维护广大群众的利益，保障人民正常的生活秩序和工作环境，保障国家利益，我国有专门的部门负责计算机信息网络安全的工作。近年来，我国陆续制定了《中华人民共和国统计法》、《中华人民共和国档案法》、《中华人民共和国测绘法》、《中华人民共和国国家安全法》、《中华人民共和国保守国家秘密法》、《中华人民共和国著作权法》、《中华人民共和国广告法》及《中华人民共和国反不正当竞争法》等一系列与信息活动有密切关系的法律。2001 年还颁布了《计算机软件保护条例》。1994 年颁布了《中华人民共和国计算机信息系统安全保护条例》，1997 年 3 月新修订的《中华人民共和国刑法》增加了制裁计算机犯罪的条款，2000 年 9 月开始正式实施《互联网信息服务管理办法》和《中华人民共和国电信条例》，2000 年 12 月第九届全国人大常委会第十九次会议表决通过《全国人民代表大会常务委员会关于维护互联网安全的决定》等，为我国的信息化法制建设奠定了基础。

《全国人民代表大会常务委员会关于维护互联网安全的决定》重要决定中，对保障因特网的运行安全，维护国家安全和社会稳定，维护社会主义市场经济秩序和社会管理秩序，以及保护个人、法人和其他组织的人身、财产等合法权利等方面，做了明确界定。该决定规定，对有下述行为之一构成犯罪的，依照刑法有关规定追究刑事责任。

1．保障因特网的运行安全方面

侵入国家事务、国防建设和尖端科学技术领域的计算机信息系统；故意制作、传播计算机病毒等破坏性程序，攻击计算机系统及通信网络，致使计算机系统及通信网络遭受损害；违反国家规定，擅自中断计算机网络或者通信服务，造成计算机网络或者通信系统不能正常运行。

2. 维护国家安全和社会稳定方面

利用因特网造谣、诽谤或者发表、传播其他有害信息，煽动颠覆国家政权、推翻社会主义制度，或者煽动分裂国家、破坏国家统一；通过因特网窃取、泄漏国家秘密、情报或者军事秘密；利用因特网煽动民族仇恨、民族歧视，破坏民族团结；利用因特网组织邪教组织、联络邪教组织成员，破坏国家法律、行政法规实施。

3. 维护社会主义市场经济秩序和社会管理秩序方面

利用因特网销售伪劣产品或者对商品、服务做虚假宣传；利用因特网损坏他人商业信誉和商品声誉；利用因特网侵犯他人知识产权；利用因特网编造并且传播影响证券、期货交易或者其他扰乱金融秩序的虚假信息；在因特网上建立淫秽网站、网页，提供淫秽站点链接服务，或者传播淫秽书刊、影片、音像和图片。

4. 保护个人、法人和其他组织的人身、财产等合法权利方面

利用因特网侮辱他人或者捏造事实诽谤他人；非法截获、篡改或删除他人电子邮件或者其他数据资料，侵犯公民通信自由和通信秘密；利用因特网进行盗窃、诈骗或敲诈勒索。

利用因特网实施所列行为以外的其他行为，构成犯罪的，依照刑法有关规定追究刑事责任。利用因特网实施违法行为，违反社会治安管理，尚不构成犯罪的，由公安机关依照《治安管理处罚条例》予以处罚；违反其他法律、行政法规，尚不构成犯罪的，由有关行政管理部门依法给予行政处罚；对直接负责的主管人员和其他直接责任人员，依法给予行政处分或者纪律处分。利用因特网侵犯他人合法权益，构成民事侵权的，依法承担民事责任。

随着社会的不断发展，法制的不断健全，还将有新的法规出台。在这些国家法规的基础上，一些省市也相继制定了相关的地方法规。国家法规和地方法规的相互补充，将大大加强中国在计算机信息系统安全方面的管理，促进中国信息产业的发展。

习 题

1. 什么是信息系统安全？信息系统安全包括的基本要素有哪些？
2. 简述信息系统受到的主要安全威胁。
3. 信息系统安全主要的技术防范措施有哪些？
4. 加强计算机信息系统安全使用与管理应该从哪些方面入手？
5. 什么是计算机病毒？计算机病毒的主要特征是什么？
6. 如何检测、清除和防治计算机病毒？
7. 什么是防火墙技术？防火墙主要功能是什么？
8. 什么是计算机黑客？如何对黑客进行防范？
9. 什么是计算机犯罪？计算机犯罪的行为有哪些？
10. 如何认识信息道德？你在日常生活中是如何处理的？

参考文献

[1] 中国高等院校计算机基础教育改革课题研究组. 中国高等院校计算机基础教育课程体系（CFC）2006[M]. 北京：清华大学出版社，2006.

[2] 教育部高等学校计算机基础课程教学指导委员会. 高等学校计算机基础教学发展战略研究报告暨计算机基础课程教学基本要求[M]. 北京：高等教育出版社，2009.

[3] 教育部高等学校文科计算机基础教学指导委员会.大学计算机教学要求(第6版——2011年版)[M]. 北京：高等教育出版社，2011.

[4] 吴丽华等. 计算机文化基础[M]. 北京：人民邮电出版社，2003.

[5] 吴丽华，冯建平，符策群，等. 大学计算机文化基础[M]. 北京：人民邮电出版社，2004.

[6] 吴丽华，陈明锐，等. 大学信息技术应用基础[M]. 北京：人民邮电出版社，2008.

[7] 龚沛曾等. 数据库技术及应用[M]. 北京：高等教育出版社，2008.

[8] 周以真. 计算思维[J].中国计算机学会通讯，2007，3(11).

[9] 陈国良，董荣胜. 计算思维与大学计算机基础教育[J]. 中国大学教学，2011，1.

[10] 李廉. 计算思维——概念与挑战[J]. 中国大学教学，2012，1.

[11] 谭浩强. 研究计算思维，坚持面向应用[J]. 全国高等院校计算机基础教育研究会 2012 年会学术论文集. 北京：清华大学出版社，2012.

[12] 卢湘鸿. 浅议计算思维能力培养与大学计算机课程改革方向[J]. 全国高等院校计算机基础教育研究会 2012 年会学术论文集. 北京：清华大学出版社，2012.

[13] 王飞跃. 从计算思维到计算文化[J].中国计算机学会通讯，2007，3(1).

[14] J.M.Wing. Computational Thinking[J]. Communication of the ACM，2006，49(3).

[15] 牟琴，谭良. 计算思维的研究及其进展[J]. 计算机科学，2011，38(3).

[16] 董荣胜，古天龙. 计算思维与计算机方法论[J]. 计算机科学，2009，36(1).

[17] 何明昕. 关注点分离在计算思维和软件工程中的方法论意义[J]. 计算机科学，2009，36(4).

[18] 朱立平，林志英. 基于思维教学理论的程序设计课程教学模式的构建[J]. 计算机教育，2008，(8).

[19] 李芳，李一媛，杨兵. 计算思维在《图像处理》课程中的实践及应用[J]. 计算机科学，2008，35(11).

[20] 李雁翎，陈光. Access 2000 基础与应用[M]. 北京：清华大学出版社，2002.

[21] 易著梁等. 计算机应用基础教程[M]. 北京：地质出版社，2007.

[22] 沈昕等. Flash 8 动画设计案例教程. 北京：电子工业出版社，2007.

[23] 黄红杰等. 网页制作基础教程（第 3 版）. 北京：电子工业出版社，2007.

[24] 龚沛曾等. Visual Basic 程序设计教程（第 3 版）. 北京：高等教育出版社，2007.

[25] 韦纲. Flash MX 多媒体课件制作教程[M]. 北京：海洋出版社，2005.

[26] 安志远等. 计算机导论[M]. 北京：高等教育出版社，2004.

[27] 朱仁成等. Photoshop CS 中文版基础与实用案例[M]. 西安：西安电子科技大学出版社，2004.

[28] 胡国钰. Adobe Photoshop 6.0 基础教程[M]. 北京：北京希望电子出版社，2001.

[29] 卢湘鸿．计算机应用教程（Windows XP 环境）[M]．北京：清华大学出版社，2002.
[30] 尚俊杰．计算机应用基础[M]．北京：北京大学出版社，2002.
[31] 徐安东等．计算机信息技术基础[M]．上海：上海交通大学出版社，2002.
[32] 李丽萍等．计算机应用基础教程[M]．广州：华南理工大学出版社，2002.
[33] 戴宗坤，罗万伯，等．信息系统安全[M]．北京：电子工业出版社，2002.
[34] 宋一兵等．Flash MX 基础培训教程[M]．北京：人民邮电出版社，2002.
[35] 叶乃文，宋承建．多媒体技术与应用教程[M]．北京：人民邮电出版社，2002.
[36] 胡晓峰等．多媒体技术教程[M]．北京：人民邮电出版社，2002.